U0252738

C#语言程序设计教程
(第2版) (微课版)

彭玉华　刘　艳　徐文莉　王先水　主编

清华大学出版社

北　京

内 容 简 介

本教材以项目为轴线，秉持成果导向教育理念，以 Windows 窗体应用程序开发为载体，讲解面向对象 C#语言的基础知识和 Windows 程序设计的基本技能，定位应用型人才培养。

本教材共 15 章，内容涵盖 C#语言开发环境概述、C#语言程序设计基础、字符串和数组、类和方法、继承和多态、集合和泛型、调试和异常处理、委托和事件、Windows 窗体应用程序、文件和流、进程和线程、ADO.NET 技术、数据绑定技术、三层架构学生信息管理系统实现及上机实验。

本教材理论与实践相结合，注重基础、突出应用、案例丰富、步骤完整，Windows 窗体应用程序界面设计、事件驱动后台代码设计详细具体、三层架构项目搭建、功能模块代码清晰，例题和项目均在 Visual Studio 2019 环境下测试通过。

本教材可作为高等院校计算机及相关专业的教材，也可作为计算机编程爱好者的自学用书。

图书在版编目(CIP)数据

C#语言程序设计教程：微课版 / 彭玉华等主编.
2 版. -- 北京：清华大学出版社, 2024.6. -- ISBN
978-7-302-66436-9

Ⅰ. TP312.8

中国国家版本馆 CIP 数据核字第 202441FH15 号

责任编辑：刘金喜
封面设计：高娟妮
版式设计：芃博文化
责任校对：孔祥亮
责任印制：丛怀宇

出版发行：清华大学出版社
网　　　址：https://www.tup.com.cn，https://www.wqxuetang.com
地　　　址：北京清华大学学研大厦 A 座　　　　　邮　　编：100084
社 总 机：010-83470000　　　　　　　　　　邮　　购：010-62786544
投稿与读者服务：010-62776969，c-service@tup.tsinghua.edu.cn
质 量 反 馈：010-62772015，zhiliang@tup.tsinghua.edu.cn
印 装 者：三河市君旺印务有限公司
经　　销：全国新华书店
开　　本：185mm×260mm　　　　印　　张：26.25　　　　字　　数：705 千字
版　　次：2020 年 8 月第 1 版　　2024 年 7 月第 2 版　　印　　次：2024 年 7 月第 1 次印刷
定　　价：79.00 元

产品编号：107747-01

前　言

C#是微软公司在 2000 年为 Visual Studio 开发平台推出的一款简洁、类型安全的面向对象编程语言，开发人员通过它可以编写在.NET Framework 上运行的各种安全可靠的应用程序，如窗体程序、Web 程序等。

本书以构建 SPOC 混合教学模式对 C#语言程序设计课程进行总体设计：课程以"准职业人"的身份，以工作过程为导向、以工作任务为基础、以学生能力为落脚点，突出培养学生的软件设计、代码编写和算法设计能力，通过课内课外双线同步实施教学，培养软件开发设计、数据库设计、ADO.NET 技术等方面的高技能与高素质应用型人才；按职业岗位能力设计五大课程模块，包括 C#语言程序设计基础模块、C#语言高级应用模块、ADO.NET 数据库访问技术模块、基于三层架构综合项目训练模块、上机实验模块。

本书的编写目的在于让学生更快、更好地理解和掌握 C#语言的每一个知识要点。本书在整理时参考了目前市面上已有的相关书籍，集各家之所长，结合作者多年的教学手稿笔记进行扩展与整理，将一些原本深奥并难以理解的开发技术思想通过一些简单的案例进行解析，让学生能够轻松掌握 C#语言程序设计思想的精髓。

本书遵循"案例驱动教学"的整体编写原则，秉持成果导向教育理念。每一个知识要点均基于一个或两个案例，通过案例来加深读者对程序设计中语法结构和算法思想的理解，设计的案例来自于作者多年的教学总结与反思，在上机实验部分体现了知识的综合应用及设计开发能力的培养。本书中的所有例题、上机实验内容均在 Visual Studio 2019 以上版本开发平台下通过测试且运行无误。在这种思想指导下，组织本书的内容如下：

第 1 章 C#开发环境概述，重点讲述.NET Framework 体系结构，Visual Studio 2019 的安装及开发 Windows 窗体程序的具体步骤；

第 2 章 C#语言程序设计基础，重点讲述 C#语言基本数据类型、运算符、常量与变量、选择语句、循环语句；

第 3 章 字符串和数组，重点讲述 C#的常用字符串、数据类型的转换、正则表达式、一维数组、枚举和结构体；

第 4 章 类和方法，重点讲述类的设计、方法的设计、构造方法及重载、属性的作用、几个常用类的属性及方法；

第 5 章 继承和多态，重点讲述继承的应用、多态的实现、抽象类和抽象方法的实现、接口的实现；

第 6 章 集合和泛型，重点讲述 ArrayList 类的属性和方法的应用、Queue 类与 Stack 类的属性和方法的应用、Hashtable 类与 SortedList 类的属性和方法的应用、泛型类、泛型方法、泛型集合的高级应用；

第 7 章　调试和异常处理，重点讲述 try…catch…finally 形式语句的应用；

第 8 章　委托和事件，重点讲述命名方法委托、多播委托、事件；

第 9 章　Windows 窗体应用程序，重点讲述窗体属性、事件和方法、窗体中的基本控件、窗体中的对话框控件、窗体间的数据交互；

第 10 章　文件和流，重点讲述文件基本操作、流的基本应用；

第 11 章　进程和线程，重点讲述进程的基本操作、线程的基本操作；

第 12 章　ADO.NET 技术，重点讲述 ADO.NET 五大对象、使用 ADO.NET 技术操作数据库实现增删改查；

第 13 章　数据绑定技术，重点讲述数据视图控件使用代码法绑定数据的基本方法和基本应用。

第 14 章　三层架构学生信息管理系统实现，重点讲解项目的需求分析、项目总体功能结构分析、数据库设计、项目目录结构搭建、三层构架基本原理，管理员模块中用户信息添加、浏览、查询、修改、删除功能的界面设计和后台功能逻辑设计、测试。

第 15 章　上机实验，重点讲解 C#语言在今后项目开发中常用的和重要的综合知识的应用。

为便于教学，本书提供了大量的教学资源，如教学大纲、教学课件、源代码、微视频等，这些资源可通过扫描下方二维码下载。微课视频可通过扫描书中二维码观看。

教学资源下载

本书在武汉工程科技学院计算机与人工智能学院和武昌理工学院人工智能学院的大力支持下，由武汉工程科技学院计算机与人工智能学院计算机系的王先水和刘艳、武昌理工学院人工智能学院计算机科学与技术系的彭玉华、软件工程系的徐文莉四位老师共同编写完成。书中的案例全部来自于教师多年上课的手稿笔记和讲稿，同时引用了参考文献中列举的 C#语言相关书籍中的部分内容，吸取了同行的宝贵经验，在此谨表谢意。因编者水平有限，书中难免会出现欠妥之处，欢迎广大读者批评指正。

编　者

2024 年 1 月于武汉

目　录

❧ 第 1 章 ❧
C#开发环境概述

1.1　C#简介

　　C#(英文名为 C Sharp)是微软公司为配合.NET 开发平台推出的一种面向对象的、运行于.NET Framework 的编程语言，具有现代的、类型安全的、面向对象语言的基本特征，即封装性、继承性、多态性、抽象及接口，并增加了事件和委托，增强了编程的灵活性。C#凭借通用的语法和便捷的使用方法受到众多企业和开发人员的青睐。Visual Studio 是专门的一套基于组件的开发工具，主要用于.NET 平台的软件开发。

　　1998 年，Anders Hejlsberg(安德斯·海尔斯伯格，Delphi 和 Turbo Pascal 的设计者)与他的软件开发团队开发设计了 C#的第一个版本。2000 年 9 月，欧洲计算机制造联合会(European Computer Manufacturers Association，ECMA)成立任务小组，着力为 C#定义一个开发标准。标准是制定"一个简单、现代、通用、面向对象的编程语言"，于是发布了 ECMA-334 标准，这是一种令人满意的简洁的语言，它既借鉴了 C 语言和 C++的风格，又有类似 Java 语言的语法特征。

　　设计 C#是为了增强软件的健壮性，它提供了数组越界检查和"强类型"检查，并且禁止使用未初始化的变量。C#正式发布于 2002 年，伴随着 Visual Studio 开发环境一起，受到众多程序员的青睐。

　　C#继承 C 和 C++特征的同时又派生为一种面向对象和类型安全的编程语言，并且与.NET 开发平台完美结合，C#具有以下突出的特点。

- 语法简洁，不允许直接操作内存，去掉了指针操作。
- 完全面向对象设计，具有面向对象编程语言的基本特征，即封装性、继承性、多态性、抽象和接口等。
- 与 Web 紧密结合，C#支持绝大多数的 Web 标准，如 HTML、HTML5、XML 等。
- 强大的安全机制，可以消除软件开发中常见的语法错误，.NET 开发平台提供的垃圾回收器能够帮助开发者有效地管理内存资源。
- 兼容性。C#遵循.NET 开发平台的公共语言规范(CLS)，从而保证能够与其他语言开发的组件兼容。
- 完善的错误、异常处理机制。C#提供完善的错误和异常处理机制，更好保证了程序交付应用的健壮性。

1.2 .NET 开发平台

1.2.1 .NET Framework

.NET 平台是 Microsoft 公司在 2000 年推出的全新的应用程序开发平台，可用来构建和运行新一代 Microsoft Windows 和 Web 应用程序。它建立在开放体系结构之上，集 Microsoft 在软件领域的主要技术成就于一身。.NET 框架也是 Windows 7、Windows 8、Windows 10 操作系统的核心部件。

微软对.NET 的定义是：.NET 拥有以新方式融合计算与通信的工具和服务，它是建立于开放互联网协议标准的革命性的新平台。是一种新的跨语言、跨平台、面向组件的操作系统环境，适用于 Web 服务(Web Services)和因特网(Internet)分布式应用程序的生成、部署和运行。.NET 应用是一个运行于.NET Framework 之上的应用程序。

.NET 平台主要由.NET Framework(.NET 框架)、基于.NET 的编程语言、开发工具 Visual Studio 构成。其中，.NET Framework(.NET 框架)是基础和核心。.NET Framework 的体系结构如图 1.1 所示。

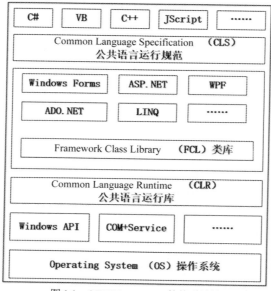

图 1.1 .NET Framework 的体系结构

.NET Framework(.NET 框架)由编程语言(如 C#、VB 等)、公共语言运行规范(CLS)、类库(开发 Windows Forms 应用程序、ASP.NET 应用程序等所用到的类库文件 FCL)、公共语言运行库(用户可以将 CLR 看作一个在执行管理代码的代码，以公共语言运行库为目标的代码称为托管代码，不以公共语言运行库为目标的代码称为非托管代码)、操作系统构成。

类库(Framework Class Library，FCL)和公共语言运行库(Common Language Runtime，CLR)两部分为.NET 框架的核心。

(1) 框架类库

框架类库为开发人员提供统一的、面向对象的、分层的可扩展的类库集，其主要部分是 BCL(Base Class Library，基类库)。通过创建跨所有编程语言的公共 API 集，公共语言运行库使得跨语言继承、错误处理和调试成为可能。框架类库采用命名空间来组织和使用。

(2) 公共语言运行库

公共语言运行库负责内存分配和垃圾回收，保证应用和底层系统的分离。公共语言运行库所负责的应用程序在运行时是托管的，具有跨语言调用、内存管理、安全性处理等优点。

1.2.2　Visual Studio 2019 集成开发环境

Visual Studio 2019(也可简称 VS 2019)是软件公司为了配合.NET 开发平台推出的开发环境，同时也是开发 C#程序的工具。

Visual Studio 2019 集成开发环境有三个版本，分别是 Community 社区版、Professional 专业版、Enterprise 企业版。其中 Visual Studio Community 社区版是完全免费的，其他两个版本是收费的。本教材采用的开发环境是 Visual Studio Community 社区版，可以到微软官方网站下载并安装。

1.2.3　Visual Studio 2019 安装的步骤

用户在安装 Visual Studio 2019 集成开发环境之前，可以在微软的官网上了解 Visual Studio 2019 中各版本的具体功能和特点、安装的操作系统要求。

1. 启动安装程序

从微软的官网上下载 Visual Studio 2019 的在线安装程序 VS_Community。在计算机联网状态下双击该程序，程序运行 Visual Studio 2019 安装界面，如图 1.2 所示。

2. 下载安装程序

在图 1.2 所示的 Visual Studio 2019 安装界面中单击"继续"按钮，则从软件官网上下载安装程序，如图 1.3 所示。

图 1.2　Visual Studio 2019 安装界面　　　　　图 1.3　下载安装程序

3. VS 开发环境选择

程序下载完毕，则出现图 1.4 所示的 VS 安装程序开发环境选择界面，根据开发需要勾选相应的开发环境，如开发 C#程序，则勾选".NET 桌面开发"。一般选默认的安装路径，选择安装方式后，单击"安装"按钮，进入安装状态。

4. VS 安装过程

在图 1.4 中单击"安装"按钮，则程序的安装过程如图 1.5 所示。

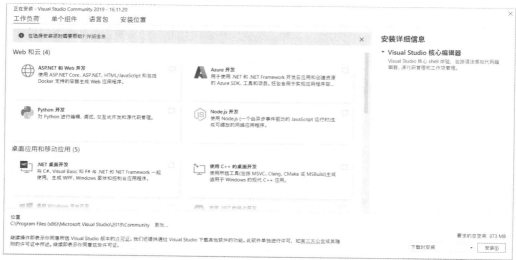

图 1.4　VS 安装程序环境选择界面

图 1.5　VS 安装程序的安装过程

1.3　Visual Studio Community 2019 的开发环境

Visual Studio Community 2019 社区版是一款非常好用的开发工具，软件除了大多数 IDE 提供的标准编辑器和调试器之外，还包括编译器、代码完成工具、图形设计器和许多其他功能，可以简化软件开发过程，适用于 Android、iOS、Windows、Web 和云开发。

1.3.1　Visual Studio Community 2019 创建项目

安装完成后，启动 Visual Studio Community 2019，出现创建或打开项目界面，如图 1.6 所示。

图 1.6　创建或打开项目界面

在图 1.6 中，直接单击"继续但无需代码(W)"，则打开 Visual Studio Community 2019 开发环境，开发环境中显示菜单栏、工具栏、工具箱面板、解决方案资源管理器面板等信息。通过执行"新建│项目"命令，打开"创建新项目"界面。

在图 1.6 的"开始使用"中选择"创建新项目"，打开"创建新项目"界面；在"创建新项目"界面右边提供的模板中选择"空解决方案"，单击"下一步"按钮，打开"配置新项目"界面；在"配置新项目"界面中输入解决方案名称并选择解决方案的保存位置，单击"创建"按钮。Visual Studio Community 2019 创建空解决方案界面如图 1.7 所示。

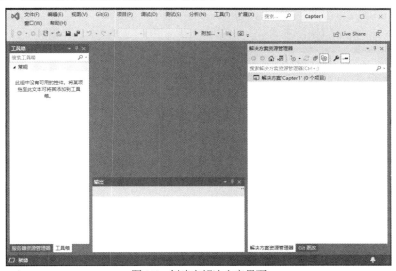

图 1.7　创建空解决方案界面

在图 1.7 中右击"解决方案 Capter1"，执行"添加│新建项目"命令，打开"添加新项目"界面；在"添加新项目"界面中选择开发项目"控制台应用程序"模板，单击"下一步"按钮，打开"配置新项目"界面；在"配置新项目"界面中输入项目名称，单击"下一步"按钮，打开"其他信息"界面,在"其他信息"界面上单击"创建"按钮,则创建一个C#控制台程序,如图1.8所示。

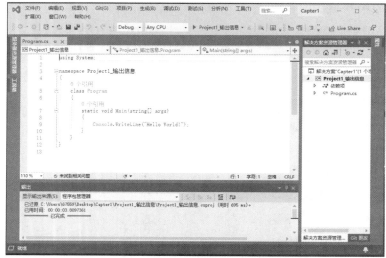

图1.8　创建一个C#控制台程序

1.3.2　C#程序

使用 C#语言,可以创建多种应用程序,包括控制台应用程序、Windows 窗体应用程序、WPF 应用程序、Web 应用程序和 Silverlight 应用程序。在 Visual Studio Community 2019 中,创建这些程序的基本步骤相似。本教材先创建空解决方案,然后在已创建的空解决方案中添加开发程序新项目。

【例题 1.1】　设计一个 C#控制台程序,程序功能是在控制台中输出信息:"欢迎来到 C#编程世界!"。

【操作步骤】

(1) 启动 Visual Studio 2019。

(2) 创建空解决方案。

在 Visual Studio Community 2019 的打开项目界面的"开始使用"中选择"创建新项目/继续但无需代码",打开"创建新项目│Visual Studio 开发环境"界面;在"创建新项目"界面右边提供的模板中选择"空解决方案",单击"下一步"按钮,打开"配置新项目"界面;在"配置新项目"界面中输入解决方案名称"Capter1"并选择解决方案的保存位置,单击"创建"按钮,完成解决方案 Capter1 的创建。

(3) 添加新项目。

右击"解决方案 Capter1",执行"添加│新建项目"命令,打开"添加新项目"界面;在"添加新项目"界面上选择开发项目"控制台应用程序"模板,单击"下一步"按钮,打开"配置新项目"界面;在"配置新项目"界面上输入项目名称"Project1_输出信息",单击"下一步"按钮,打开"其他信息"界面;在"其他信息"界面上单击"创建"按钮,则创建一个C#控制台程序。

系统自动完成项目的配置,其中必不可少的配置是对.NET Framework 类库的引用,控制台应用程序和源代码文件是 Program.cs。新建项目"Project1_输出信息"效果如图1.9所示。

从图1.9 中可以看到,项目创建好后自动生成一段程序代码,其中 Main 所在行的代码表示一个方法,在该方法中编写程序代码,并且Main()方法是程序的主入口,程序执行时会从 Main()方法开始执行。

图 1.9 中，第 1 行是 C#程序引用的命名空间。命名空间是一种组织 C#程序中出现的不同类的方式，可使类具有唯一的完全限定名称。一个 C#程序至少包含一个或多个命名空间，命名空间可由程序员定义，或者用先前编程写好的类库的一部分定义，或者由系统生成的项目自动生成。第 3 行是开发者定义的命名空间，也就是项目的名称。第 4 行"{"花括号和第 13 行"}"花括号是项目的组织结构，在该组织结构中可以定义类、方法。第 5 行是系统自动声明的 Program 类，在该类中可以定义字段、属性、构造函数、方法成员。第 7 行是程序的入口或静态 Main()方法，方法的返回值是 void。

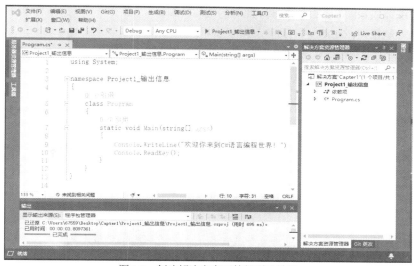

图 1.9　创建解决方案下的新项目效果

程序实现功能语句在 Main()方法的一对大括号内进行书写。语句功能是调用控制台字符读写系统静态 Console 类的 WriteLine()方法、ReadKey()方法实现信息输出。

(4) 功能代码设计。

在编写 C#程序时，程序中出现的空格、括号、逗号、分号等符号必须采用英文半角格式，否则程序会出现编译错误。设计代码参考如下。

```
using System;                    //系统自动导入命名空间

namespace Project1_输出信息      //开发者自命名空间，也称项目名称
{
    class Program               //系统默认的类
    {
        static void Main(string[] args)//系统默认的主方法，程序运行入口地址
        {
            //开发者编写的程序代码
            Console.WriteLine("欢迎你来到 C#语言编程世界！");
            Console.ReadKey();
        }
    }
}
```

(5) 编译运行。

编译程序：完成代码设计，保存所有代码，右击解决方案，执行"生成解决方案｜重新生成解决方案"；或者右击项目名称，执行"生成｜重新生成"，以检查项目的语法错误。

运行程序：项目调试设置为"设为启动项目"调试，执行"调试｜开始调试"命令；或单击工具栏中的"启动调试"按钮；或按快捷键F5。项目调试为指定项目，右击调试项目，执行"调试｜启动新实例"命令。

运行程序原理：使用 C#语言进行程序开发时，必须了解 C#语言程序的运行原理。程序运行机制分两步完成：①编译期，CLR 对 C#代码进行第一次编译，将编写的代码编译成.dll 文件或.exe 文件，此时的代码被编译为中间语言；②运行期，CLR 针对目前特定的硬件环境使用即时编译(JIT)，将中间语言编译成为本机代码并执行，把编译后的代码放入一个缓冲区中，下次使用相同的代码时，就直接从缓冲区中调用，也就是说相同的代码只编译一次，从而提高了程序运行的效率。C#程序在.NET Framework 中编译和运行的过程如图 1.10 所示。

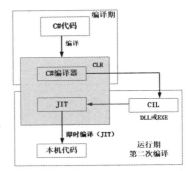

图 1.10　C#程序在.NET Framework 中编译和运行的过程

单击工具栏中的"启动"按钮后，Visual Studio 2019 将自动启动 C#语言编译器编译源程序并执行程序，最后将程序的运行结果显示在命令提示符窗口中。Project1_输出信息程序运行结果如图 1.11 所示。

图 1.11　Project1_输出信息程序运行结果

【结果分析】

对于一个 C#控制台程序来说，虽然功能单一，但包含了 C#程序的基本结构。C#语言程序基本结构如下。

- 引用命名空间：告诉编译器程序集引用的命名空间。
- 自定义命名空间：C#使用命名空间来控制源程序代码的范围，以加强源程序代码的组织管理，采用 namespace 关键字来声明。Visual Studio 2019 在创建应用程序项目时，自动使用项目名称来设置命名空间的名字，用户编写的代码就放在自定义的命名空间的一对大花括号"{}"中。
- 定义类：C#是面向对象的编程语言，C#语句必须封装在类中，一个程序至少包括一个自定义类。类的定义采用 class 关键字声明，类中成员语句放在类的一对大花括号"{}"中。

- 定义方法：C#控制台程序必须有一个 Main() 方法，程序运行时，首先从 Main() 方法开始执行，当最后一条语句被执行之后，程序结束运行。方法有规范的格式要求，在 Main() 方法中有一个可带若干个字符串参数的数组 args。
- 编写语句：一个 C#程序由若干条语句组成，每条语句必须符合 C#语法规范，每条语句的结束标志为英文字符 "；"。
- 添加代码注释：C#语言的注释有单行注释//、块注释/* */、参数化注释///。

【例题 1.2】设计一个 C#的 Windows 程序，实现功能：在姓名文本框中输入姓名"王先水"字符串，单击"显示"按钮，在 Windows 窗体的指定标签位置显示信息为"王先水：你好！欢迎学习 C#语言程序设计！"。程序运行效果如图 1.12 所示。

图 1.12　程序运行效果

【操作步骤】

(1) 启动 Visual Studio 2019。

(2) 创建空解决方案。

在启动 Visual Studio Community 2019 打开界面的"开始使用"中选择"创建新项目｜继续但无需代码"命令，打开"创建新项目｜Visual Studio 开发环境"界面；在"创建新项目"界面右边提供的模板中选择"空解决方案"，单击"下一步"按钮，打开"配置新项目"界面；在"配置新项目"界面中输入解决方案名称"Capter1"并选择解决方案的保存位置，单击"创建"按钮，完成解决方案 Capter1 的创建。

(3) 添加新项目。

右击"解决方案 Capter1"，执行"添加｜新建项目"命令，打开"添加新项目"界面；在"添加新项目"界面上选择开发项目 "C# Windows 窗体应用(.NET Framework)" 模板，单击"下一步"按钮，打开"配置新项目"界面；在"配置新项目"界面上输入项目名称"Project2_输出文本框信息窗体程序"，单击"下一步"按钮，打开"其他信息"界面，在"其他信息"界面上单击"创建"按钮。

单击"确定"按钮后，系统自动完成项目的配置，包括对.NET Framework 类库的引用，生成包括 Main() 方法的 Program.cs 文件，生成 Windows 窗体文件 Form1.cs。

(4) 窗体界面设计。

在窗体界面上设计两个 Label 标签对象，一个表示静态提示信息标签，一个表示动态显示信息标签；一个输入信息的 TextBox 文本框对象；一个 Button 按钮对象，用于实现程序交互的"单击"事件。各控件对象的属性和属性值设置如表 1.1 所示。

表 1.1　各控件对象的属性和属性值设置

控件对象	属性	属性值	控件对象	属性	属性值
Label2	Name	lblShow	Label1	Text	姓名
	AutoSize	False	TextBox1	Name	txtName
	BorderStyle	Fixed3D	Button1	Name	btnShow
	Text	Null		Text	显示

根据表 1.1，例题 1.2 的窗体界面设计效果如图 1.13 所示。

图 1.13　例题 1.2 的窗体界面设计效果

注意：

各控件对象的 Name 属性的属性值是后台程序访问窗体界面对象的唯一标识符。

(5) 后台代码设计。

C#的Windows 应用程序开发是基于事件驱动编程，例题 1.2 中"显示"按钮事件驱动为单击事件。在窗体设计界面双击"显示"按钮或者在"显示"按钮"属性"面板中切换到"事件"面板，在"事件"面板中双击"Click"，则进入后台"显示"按钮单击事件代码设计界面，在"btnShow_Click"事件中设计实现程序功能代码，设计代码参考如下。

```csharp
using System;
using System.Collections.Generic;
using System.ComponentModel;
using System.Data;
using System.Drawing;
using System.Linq;
using System.Text;
using System.Threading.Tasks;
using System.Windows.Forms;
namespace Project2_输出文本框信息窗体程序
{
    public partial class Form1 : Form
    {
        public Form1()   //构造函数
        {
            InitializeComponent();
        }
        private void btnShow_Click(object sender, EventArgs e)   //显示按钮单击事件
        {
            lblShow.Text = txtName.Text + "：你好！欢迎学习 C#语言程序设计！";
        }
    }
}
```

(6) 编译运行程序。

编译程序：完成代码设计，保存所有代码，右击解决方案，执行"生成解决方案 | 重新生成解决方案"；或者右击项目名称，执行"生成 | 重新生成"，以检查项目的语法错误。

运行程序：项目调试设置为"设为启动项目"调试，执行"调试 | 开始调试"命令；或单击工具栏中的"启动调试"按钮 ▶；或按快捷键 F5。项目调试为指定项目，右击调试项目，执行"调

试｜启动新实例"命令。程序运行的结果如图 1.12 所示。

【结果分析】

在自命名空间 Project2 的 From1 类的 btnShow_Click()事件方法中编写程序代码。将文本框中输入的字符串"王先水"与字符串"：你好！欢迎学习 C#语言程序设计！"，通过连接运算符"+"连接的结果在窗体的 lblShow 标签外显示。

C# Windows 程序的 From1 类继承了基类 From 类的基本属性，如窗体的最大化、最小化、还原属性。在 From1 类中，有一个 From1 类的构造函数(在后续章节中介绍)，在构造函数中调用初始化窗体的方法 InitializeComponent()进行窗体界面设计；用"显示"按钮的单击事件方法 btnShow_Click()，用于实现程序功能代码设计。

习题 1

1. 填空题

(1) C#是一种_____类型的编程语言。

(2) .NET Framework 由编程语言、_____、_____、公共语言运行库和操作系统组成。

(3) .NET 开发平台主要由_____、_____和_____构成，其中_____是核心和基础。

(4) 托管代码是_____。

(5) C#语名必须封装在_____中，一个程序至少包括一个自定义_____。

(6) C#语言必须从_____开始执行。

(7) 一个 C#程序由若干条语句组成，每条语句的结束标志必须是_____。

(8) C#程序的注释有_____、_____和_____。

(9) Windows 窗体程序是基于_____的编程。

(10) 在 Windows 窗体程序结构中，public partial class Form1 : Form 的含义是____。

(11) 在 Windows 窗体程序结构中，下列语句的作用是_____。

```
public Form1()
{
    InitializeComponent();
}
```

(12) Console 类静态类，调用 Console 静态类的成员属性或方法的方式是_____。

(13) 控件对象中的 Name 属性的作用_____。

2. 编程题

(1) 编写一个控制台程序，求任意两个整型数据的和，以算术等式的形式输出结果。

(2) 编写一个 Windows 程序，在文本框中分别输入自己的"学号""姓名""专业"，单击"显示"按钮，在窗体的指定标签处分行显示相关的信息。

❧ 第 2 章 ℃
C#语言程序设计基础

数据类型、运算符和表达式是编程的基础，C#支持丰富的数据类型和运算符，掌握好C#的基本语法、基本数据类型、运算符、常量和变量是非常必要的。程序由若干条语句构成，任何一个程序的设计都离不开程序的基本结构(顺序、选择、循环)语句。本章将介绍 C#程序设计必备的基础知识。

2.1 基本数据类型

数据类型主要是指常量和变量存储值的类型，C#是一门强类型的编程语言，它对变量的数据类型有严格的限定。在定义变量时必须声明变量的数据类型，在为变量赋值时必须赋予和变量同一类型的值，否则程序编译会报错。

C#语言的数据类型有值类型和引用类型两大类。值类型主要包括整型、浮点型、字符型、布尔型、枚举型等；引用类型主要包括字符串、数组、类、接口、委托。

从内存存储空间来看，值类型的值是存储到栈中，每次存取值都是在栈内存中操作；引用类型则会在栈中先创建一个引用变量，然后在堆中创建对象本身，再把这个对象所在内存的首地址赋给引用变量。

本节将介绍 C#语言中常用的基本数据类型，包括值类型中的整型、浮点型、字符型、布尔型，引用类型中常用的字符串类型。

2.1.1 整型

整型是存储整数的类型。在 C#中，为了给不同取值范围的整数合理分配存储空间，将整数类型分为 4 种不同的类型：字节型(byte)、短整型(short)、整型(int)、长整型(long)。4 种整数类型所占存储空间大小和取值范围如表 2.1 所示。

在 C#中默认的整型是 int 类型。在为一个长整型变量赋值时需要在所赋值的后面加上一个字母 L 或 l，说明赋值为 long 类型，如果赋值未超出 int 类型的取值范围，则可以省略字母 L 或 l。

表 2.1 4 种整数类型所占存储空间大小和取值范围

类型名	占用存储空间	取值范围
byte	8 位(1 字节)	$-2^7 \sim 2^7-1$
short	16 位(2 字节)	$-2^{15} \sim 2^{15}-1$

类型名	占用存储空间	取值范围
int	32 位(4 字节)	$-2^{31} \sim 2^{31}-1$
long	64 位(8 字节)	$-2^{63} \sim 2^{63}-1$

2.1.2　浮点型

浮点类型是指小数类型，在 C#语言中浮点型有两种：一种称为单精度(float)浮点型；另一种称为双精度(double)浮点型。两种浮点型所占存储空间大小和取值范围如表 2.2 所示。

表 2.2　两种浮点型所占存储空间大小和取值范围

类型名	占用存储空间	取值范围
float	32 位(4 字节)	$-3.4E+38 \sim 3.4E+38$
double	64 位(8 字节)	$\pm 5.0E-324 \sim \pm 1.7E+308$

在 C#中，一个小数会被默认为 double 类型的值，在赋值时可以加上字母 D 或 d，也可不加；但在为 float 类型赋值时，所赋值的后面一定要加上字母 F 或 f。在程序中也可以为浮点型变量赋整型类型值，但整型变量不可以赋浮点类型值。

2.1.3　字符型和字符串型

字符型只能存放一个字符，它占用两个字节，能存放一个汉字。字符类型的类型名用 char 关键字表示，存放 char 类型的字符需要使用英文单引号括起来，如'3'、'我'等。

字符串类型能存放多个字符，它是一个引用类型，在字符串类型中存放的字符数可以认为没有限制，因为其使用的内存大小不是固定的而是可变的。字符串类型名用 string 关键字表示，字符串类型的数据必须使用英文双引号括起来，如"欢迎来到C#编程世界！"。

在 C#语言中还有一些特殊的字符串，代表不同的特殊作用。由于在声明字符串类型数据时需要使用英文双引号将其括起来，那么英文双引号就成了特殊字符，不能直接输出，转义字符的作用就是输出这个有特殊含义的字符。转义字符非常简单，常用的转义字符如表 2.3 所示。

表 2.3　常用的转义字符

转义字符	等价字符
\'	单引号
\\"	双引号
\\	反斜杠
\n	换行
\0	空
\a	警告(产生蜂鸣音)
\b	退格
\f	换页

(续表)

转义字符	等价字符
r	回车
\t	水平制表符
\v	垂直制表符

2.1.4 布尔类型

在 C#语言中，布尔类型使用 bool 关键字来表示，布尔类型的值只有两个：真值(true)和假值(false)。当某个值只有两种状态时可以将其声明为布尔类型。例如，判断某个数是否为奇数时，编写一个向数据库的数据表中插入一条记录的方法，判断方法的返回值若是真，说明插入一条记录成功，否则插入一条记录失败。

2.2 运算符

运算符是每一种编程语言中实现程序计算的符号，运算符主要执行程序代码的运算，如加法、减法、乘法、除法、大于、小于等。本节主要介绍算术运算符、逻辑运算符、比较运算符、赋值运算符、三元运算符及运算符的优先级别。

2.2.1 算术运算符

算术运算符是最常用的一类运算符，包括加法、减法、乘法、除法等。算术运算符的表示符号如表 2.4 所示。

表 2.4 算术运算符

运算符	功能说明
+	实现两个操作数的加法运算
−	实现两个操作数的减法运算
*	实现两个操作数的乘法运算
/	实现两个操作数的除法运算
%	实现两个操作数的模运算

在 C#语言中，如果两个字符串类型的值使用"+"运算符，则这个"+"实现的是两个字符串的连接，而不是做加法运算。在使用"/"运算符时，要注意操作数的类型，如果两个操作数的数据类型均为整数，结果相当于取整运算，不包括余数；如果两个操作数的数据类型中有一个是浮点数，则结果是正常的除法运算。在使用"%"运算符时，如果两个操作数的数据类型均为整数，则结果相当于进行除法运算，结果取其余数，经常用该运算符来判断某个数能否被某个数整除。

【例题 2.1】设计一个控制台程序，求任意两个整数的和，以算术等式的形式输出结果，程序运行效果如图 2.1 所示。

图 2.1　例题 2.1 程序运行效果

【实现步骤】

(1) 启动 Visual Studio 2019。

(2) 创建空解决方案。

在 Visual Studio 2019 开始使用界面，单击"继续但无需代码"选项，打开"Visual Studio 开发环境"界面；执行"文件｜新建｜项目"命令，打开"创建新项目"界面；在"搜索模板"中搜索"空白解决方案"，选定模板中的"空白解决方案"模板，单击"下一步"按钮，打开"配置新项目"界面；在"解决方案名称"框中输入 Capter2(若没有输入解决方案名，则系统默认为 Solution1)，在位置框中选择解决方案保存的磁盘路径，单击"创建"按钮，完成空解决方案 Capter2 的创建。

(3) 添加项目。

右击解决方案 Capter2，执行"添加｜新建项目"命令，打开"添加新项目"界面；选择"C# 控制台应用程序"，单击"下一步"按钮，打开"配置新项目"界面；在项目名称框中输入项目名称为"Project1_求任意两整数和控制台程序"，单击"下一步"按钮，打开其他信息界面；单击"创建"按钮，完成项目创建，并打开控制台程序代码编辑窗口。

(4) 代码设计。

在控制台代码编辑窗口的 Main()方法中，定义两个整型变量用于接收键盘输入的数据，调用 Console 静态类的 WriteLine()方法提示输入数据信息；调用 Console 静态类的 ReadLine()方法输入数据，键盘输入的整数是数字字符串，则需调用 Convert 静态类的 ToInt32()方法将字符串转换为整型数据；调用 Console 静态类的 WriteLine()方法以格式化参数形式输出结果。代码设计参考如下。

```csharp
using System;

namespace Project1_求任意两整数和控制台程序
{
    class Program
    {
        static void Main(string[] args)
        {
            //定义两个整型变量
            int num1;
            int num2;
            //提示用户通过键盘输入两个整数
            Console.WriteLine("请输入一个数后回车，再输入另一个数！ ");
            num1 = Convert.ToInt32(Console.ReadLine());
            num2 = Convert.ToInt32(Console.ReadLine());
            //以算术等式形式输出结果
            Console.WriteLine("{0}+{1}={2}", num1, num2, num1 + num2);
            Console.ReadKey();
```

```
            }
        }
    }
```

(5) 编译运行。

编译程序：完成代码设计，保存所有代码，右击解决方案，执行"生成解决方案|重新生成解决方案"命令；或者右击项目名称，执行"生成|重新生成"命令，以检查项目的语法错误。

运行程序：项目调试设置为"设为启动项目"调试，执行菜单"调试|开始调试"命令；或单击工具栏中的"启动调试"按钮 ▶；或按快捷键F5。项目调试为指定项目，右击调试项目，执行"调试|启动新实例"。程序运行结果如图2.1所示。

【例题2.2】设计 Windows 程序。设计要求：在第一、第二文本框中分别输入23、12，单击"="标签，两数运算和在第三个文本框中显示，程序运行效果如图2.2所示。

图 2.2　例题 2.2 运行效果

【实现步骤】

(1) 启动 Visual Studio 2019。

(2) 创建空解决方案。

在 Visual Studio 2019 开始使用界面中，单击"继续但无需代码"选项，打开"Visual Studio 开发环境"界面，执行"文件|新建|项目"命令，打开"创建新项目"界面；在"搜索模板"中搜索"空白解决方案"，选定模板中的"空白解决方案"模板，单击"下一步"按钮，打开"配置新项目"界面；在"解决方案名称"框中输入 Capter2(若没有输入解决方案名，则系统默认为 Solution1)，在位置框中选择解决方案保存的磁盘路径，单击"创建"按钮，完成空解决方案 Capter2 的创建。

(3) 添加项目。

右击解决方案 Capter2，执行"添加|新建项目"命令，打开"添加新项目"界面；选择"Windows 窗体应用"，单击"下一步"按钮，打开"配置新项目"界面；在项目名称框中输入项目名称为"Project2_求任意两整数和窗体程序"，单击"下一步"按钮，打开其他信息界面；单击"创建"按钮，完成项目创建，并在开发环境窗口中显示创建的 Form1 窗体。

(4) 窗体界面设计。

在窗体界面上设计 3 个文本框对象，分别实现输入任意的两个整数和存放结果；设计两个标签对象分别表示"+"和"="。各对象的属性及属性值设置如表2.5所示。

表 2.5　例题 2.2 界面各对象属性及属性值

对象名	属性	属性值	对象名	属性	属性值
TextBox1	Name	txtNum1	Label1	Text	+
TextBox2	Name	txtNum2	Label2	Text	=
TextBox3	Name	txtResult	Form1	Text	求任意两整数和

(5) 功能代码设计。

在窗体界面上，双击标签"="，或选定标签"="，右击执行"属性"命令，切换到事件面板，双击"Click"事件，则打开后台代码"lblResult_Click"事件编辑框架。设计代码参考如下。

```
using System;
using System.Collections.Generic;
using System.ComponentModel;
using System.Data;
using System.Drawing;
using System.Linq;
using System.Text;
using System.Threading.Tasks;
using System.Windows.Forms;

namespace Project2_求任意两整数和窗体程序
{
    public partial class Form1 : Form
    {
        public Form1()
        {
            InitializeComponent();
        }

        private void lblResult_Click(object sender, EventArgs e)
        {
            int num1 = Convert.ToInt32(txtNum1.Text);
            int num2 = Convert.ToInt32(txtNum2.Text);
            txtResult.Text = Convert.ToString(num1 + num2);
        }
    }
}
```

(6) 编译运行。

编译程序：完成代码设计，保存所有代码，右击解决方案，执行"生成解决方案 | 重新生成解决方案"；或者右击项目名称，执行"生成 | 重新生成"，以检查项目的语法错误。

运行程序：项目调试设置为"设为启动项目"调试，执行菜单"调试 | 开始调试"命令；或执行工具栏"启动调试"按钮 ▶；或按快捷键 F5。项目调试为指定项目，右击调试项目，执行"调试 | 启动新实例"。在运行窗体的第 1 个文本框中输入 23，第 2 个文本框中输入 12，单击"="，则运行结果显示在第 3 个文本框中，程序运行效果如图 2.2 所示。

【例题 2.3】设计一个控制台程序，通过键盘输入一个任意的 4 位正整数，要求输出这个 4 位正整数的各位数字，程序实现效果如图 2.3 所示。

图 2.3　例题 2.3 程序运行效果

【实现步骤】

(1) 启动 Visual Studio 2019。

(2) 创建空解决方案。

在 Visual Studio 2019 开始使用界面中，单击"继续但无需代码"选项，打开"Visual Studio 开发环境"界面；执行"文件│新建│项目"命令，打开"创建新项目"界面；在"搜索模板"中搜索"空白解决方案"，选定模板中的"空白解决方案"模板，单击"下一步"按钮，打开"配置新项目"界面；在"解决方案名称"框中输入 Capter2(若没有输入解决方案名，则系统默认为 Solution1)，在位置框中选择解决方案保存的磁盘路径，单击"创建"按钮，完成空解决方案 Capter2 的创建。

(3) 添加项目。

右击解决方案 Capter2，执行"添加│新建项目"命令，打开"添加新项目"界面；选择"控制台应用程序"，单击"下一步"按钮，打开"配置新项目"界面；在项目名称框中输入项目名称为"Project3_显示一个 4 位数的各位数字"，单击"下一步"按钮，打开其他信息界面，单击"创建"按钮，完成项目创建，并在开发环境窗口中显示 Program 程序类的 Main()主方法，同时系统自动完成项目的配置，其中必不可少的配置是对.NET Framework 类库的引用。

(4) 功能代码设计。

调用 Console 静态类的读写方法完成操作提示信息、写入一个 4 位整数赋给定义的整型变量 num，通过键盘写入的整数是一个字符串，因此需调用 Convert 静态类的转换方法，将字符串转换为整型数据。运用整除或求余运算分别得到千位数、百位数、十位数、个位数。设置各位数的读出格式以换行格式显示，格式中的"{}"为占位符，占位符中输出信息为格式中对应的参数，"\n"为转义字符回车换行，格式中的文本信息原样输出。设计代码参考如下。

```
using System;

namespace Project3_显示一个 4 位数的各位数字
{
    class Program
    {
        static void Main(string[] args)
        {
            int num;
            Console.WriteLine("请输入一个 4 位整数");
            num = Convert.ToInt32(Console.ReadLine());
            Console.WriteLine("千位数：{0}\n 百位数：{1}\n 十位数：{2}\n 个位数：{3}\n", num / 1000,
                num / 100 % 10, num / 10 % 10, num % 10);
            Console.ReadKey();
        }
    }
}
```

(5) 编译运行。

编译程序：完成代码设计，保存所有代码，右击解决方案，执行"生成解决方案│重新生成解决方案"；或者右击项目名称，执行"生成│重新生成"，以检查项目的语法错误。

运行程序：项目调试设置为启动项调试，执行"调试│开始调试"命令；或单击工具栏中的"启动调试"按钮；或按快捷键 F5。项目调试为指定项目，右击调试项目，执行"调试│启动新实例"命令。在程序运行字符界面中输入 5324，按 Enter 键，程序运行效果如图 2.3 所示。

【例题 2.4】设计一个 Windows 程序，实现在窗体加载时在窗体界面的指定位置显示 4321 这个数的千位数是 4、百位数是 3、十位数是 2、个位数是 1 的信息，程序运行效果如图 2.4 所示。

图 2.4　例题 2.4 程序运行效果

【实现步骤】

(1) 启动 Visual Studio 2019。

(2) 创建空解决方案。

在 Visual Studio 2019 开始使用界面，单击"继续但无需代码"选项，打开"Visual Studio 开发环境"界面；执行"文件｜新建｜项目"命令，打开"创建新项目"界面；在"搜索模板"中搜索"空白解决方案"，选定模板中的"空白解决方案"模板，单击"下一步"按钮，打开"配置新项目"界面；在"解决方案名称"框中输入 Capter2(若没有输入解决方案名，则系统默认为 Solution1)，在位置框中选择解决方案保存的磁盘路径，单击"创建"按钮，完成空解决方案 Capter2 的创建。

(3) 添加项目。

右击解决方案 Capter2，执行"添加｜新建项目"命令，打开"添加新项目"界面；选择"Windows 窗体应用"，单击"下一步"按钮，打开"配置新项目"界面；在项目名称框中输入项目名称为"Project4_显示 4 位数各位数字窗体程序"，单击"下一步"按钮，打开其他信息界面；单击"创建"按钮，完成项目创建，并在开发环境窗口中显示创建的 Form1 窗体。系统自动完成项目的配置，其中必不可少的配置是对.NET Framework 类库的引用。

(4) 窗体界面设计。

在 Windows 窗体对象 Form1 上设计一个 Label 标签对象，同时设置 Label 标签对象的名字、自动大小、边框和显示属性的属性值。Label 标签对象属性和属性值设置如表 2.6 所示。

表 2.6　Label 标签对象属性和属性值设置

控件对象	属性	属性值
Form1	Text	显示 4 位数中千、百、十、个各位数
Label1	Name	lblShow
	AutoSize	False
	BorderStyle	Fixed3D
	Text	空

(5) 功能代码设计。

按功能要求，我们只需要设计窗体的加载事件，也就是说在程序运行时实现将 4321 这个数进行分离拆分，将其结果加载到窗体的指定标签处显示。

执行窗体加载事件的方法：第一种是直接双击窗体 Form1 的空白处；第二种是右击窗体 Form1，在弹出的下拉菜单中执行"属性"命令，在"属性"面板中单击"事件"标签，则显示窗体的所有事件，找到 Load 按钮单击即可。设计后台代码如下。

```
using System;
using System.Collections.Generic;
using System.ComponentModel;
using System.Data;
using System.Drawing;
using System.Linq;
using System.Text;
using System.Threading.Tasks;
using System.Windows.Forms;
namespace Project4_显示 4 位数各位数字窗体程序
{
    public partial class Form1 : Form
    {
        public Form1()
        {
            InitializeComponent();
        }
        private void Form1_Load(object sender, EventArgs e)
        {
            int num = 4321;
            lblShow.Text += "\n" + "千位数是：" + num / 1000;
            lblShow.Text += "\n" + "百位数是：" + num / 100 % 10;
            lblShow.Text += "\n" + "十位数是：" + num / 10 % 10;
            lblShow.Text += "\n" + "个位数是：" + num % 10;
        }
    }
}
```

（6）编译运行。

编译程序：完成代码设计，保存所有代码，右击解决方案，执行"生成解决方案｜重新生成解决方案"；或者右击项目名称，执行"生成｜重新生成"，以检查项目的语法错误。

运行程序：项目调试设置为"设为启动项目"调试，执行菜单"调试｜开始调试"命令；或执行工具栏中的"启动调试按钮▶"；或按快捷键F5。项目调试为指定项目，右击调试项目，执行"调试｜启动新实例"。程序运行效果如图 2.4 所示。

【结果分析】

从程序运行结果中可以看出，定义一个整型变量 num 并对其赋值 4321，运用算术运算符的"/"除法运算和"%"求余运算，设计相应的表达式完成各个数的分离。分离结果与"\n"转义字符串、"千位数是："字符串通过"+"连接运算符连接的结果在标签 lblShow 处显示。

若要分离任意的一个多位数，并将各位数字在窗体的指定标签处显示出来，如何设计？请读者自行完成。

2.2.2 逻辑运算符

逻辑运算符用于布尔类型数据的操作，其结果仍然是一个布尔类型数据。逻辑运算有：逻辑与、逻辑或、逻辑非，逻辑运算符如表 2.7 所示。

表 2.7　逻辑运算符

运算符	含义	说明
&&	逻辑与	运算符两边值为 true，表达式结果为 true
||	逻辑或	运算符两边值一个为 true，表达式值为 true
!	逻辑非	表示和原来逻辑相反的逻辑

在使用逻辑运算符时需要注意逻辑运算符两边的表达式返回的值都必须是逻辑型的。判断某年是闰年的条件有两个：一个是年份能被 4 整除但不能被 100 整除，另一个是能被 400 整除，要求设计成逻辑表达式。

假设年变量是 year，判断 year 是闰年的逻辑表达式设计如下：

year%4==0&&year/100!=0||year%400==0

2.2.3　比较运算符

比较运算符是对两个数值或变量进行比较，其结果是一个布尔类型值。比较运算符包括大于、小于、等于、不等于、大于等于、小于等于，具体的比较运算符如表 2.8 所示。

表 2.8　比较运算符

运算符	含义	说明
>	大于	表示左边表达值大于右边表达式值
<	小于	表示左边表达值小于右边表达式值
==	等于	表示左边表达值等于右边表达式值
!=	不等于	表示左边表达值不等于右边表达式值
>=	大于等于	表示左边表达值大于等于右边表达式值
<=	小于等于	表示左边表达值小于等于右边表达式值

使用比较运算符得到的结果是布尔型的值，因此常常将使用比较运算符的表达式用到逻辑运算中。例如，判断一个数是否是偶数，需要设计一个比较运算符的表达式，该数求余 2 的结果是否等于 0.

2.2.4　赋值运算符

赋值运算符中最常用的是等号，除了等号外还有很多赋值运算符，它们通常与其他运算符连用达到简化操作的效果。赋值运算符如表 2.9 所示。

表 2.9　赋值运算符

运算符	说明
=	等号右边的值赋给等号左边的变量
+=	例如，x+=y，等同于 x=x+y
-=	例如，x-=y，等同于 x=x-y
*=	例如，x*=y，等同于 x=x*y
/=	例如，x/=y，等同于 x=x/y

2.2.5 三元运算符

三元运算符也称为条件运算符，与本章第 4 小节的选择语句中的 if 语句功能完全相似，但条件运算符能使语句更简洁。C#语言中的三元运算符只有一个，其语法形式如下：

布尔表达式? 表达式 1:表达式 2

说明：

布尔表达式：判断条件，其结果是一个布尔型值的表达式。

表达式 1：如果布尔表达式的值为 true，则该三元运算符得到的结果就是表达式 1 的运算结果。

表达式 2：如果布尔表达式的值为 false，则该三元运算符得到的结果就是表达式 2 的运算结果。

例如，判断一个数 23 是偶数还是奇数，则三元运算符表示为 23%2==0?"偶数": "奇数"。

同学们自己设计一个控制台应用程序或 Windows 程序进行测试。

2.2.6 运算符的优先级

在 C#语言的表达式中使用多个运算符进行计算时，运算符的运算有先后顺序。如果改变运算符的运算顺序，则必须依靠括号。运算符的优先级如表 2.10 所示，表中显示的内容从高到低顺序排列。

表 2.10 运算符的优先级从高到低排列

运算符	结合性
.(点)、()(小括号)、[](中括号)	从左到右
++(自增)、−−(自减)、！(逻辑非)	从右到左
*(乘)、/(除)、%(取余)	从左到右
+(加)、−(减)	从左到右
>、>=、<、<= 比较运算符中的大于、大于等于、小于、小于等于	从左到右
==、！= 比较运算符中的等于、不等于	从左到右
&& 逻辑运算符与	从左到右
|| 逻辑运算符或	从右到左
=、+=、−=、*=、/= 赋值运算符	从右到左

尽管运算符本身有优先级，但在实际设计表达式时尽可能地使用括号来控制优先级，以增强代码的可读性。

2.3 常量和变量

常量和变量是程序语句的重要组成部分，正确定义及使用常量和变量，会使软件开发人员在编程中少犯错误，提高编程效率。

2.3.1　命名规范

命名规范是为了让整个程序代码统一，以增强可读性。每个软件公司在开发软件前都会编写一份编码规范的文档。常用的命名规范有两种：一种是 Pascal 命名法，另一种是 Camel 命名法。Pascal 命名法是指每个单词的首字母大写；Camel 命名法是指第一个单词小写，从第二个单词开始每个单词的首字母大写。

1. 变量的命名规范

变量的命名规范遵循 Camel 命名法，尽量使用能描述变量作用的英文单词，例如，描述学生信息的学号、姓名的变量可定义成 studentNo、studentName。变量的定义可用数据类型的标识符来声明。

2. 常量的命名规范

为了与变量有所区分，通常定义常量单词的所有字母大写。例如，定义求圆面积 π 的值，可以定义成一个常量以保证在整个程序中使用的值是统一的，直接定义成 PI 即可。

3. 类的命名规范

类的命名规范遵循 Pascal 命名法，即每个单词的首字母大写。例如，定义一个存放人信息的类，可以定义成 Person。

4. 接口的命名规范

接口的命名规范遵循 Pascal 命名法，接口通常以 I 开头，并将其后的每个单词的首字母大写。例如，定义一个 USB 的操作接口，可将其命名为 IUsb。

5. 方法的命名规范

方法的命名规范遵循 Pascal 命名法，一般采用动词来命名。例如，修改用户信息的操作方法，可将其命名为 UpdataUser。

6. 属性的命名规范

属性的命名规范遵循 Pascal 命名法，单词的首字母大写，如果由多个单词构成，则每个单词的首字母大写。例如，学生类中属性成员姓名 name，可将姓名属性命名为 Name。

2.3.2　声明常量

常量是指在程序执行过程中其值不发生改变的量。在 C#语言中，声明常量需要使用关键字 const，其语法形式如下：

```
const 数据类型 常量名=值;
```

说明：在定义常量时必须对其赋值，可同时声明多个常量，多个常量间用逗号隔开。程序中使用常量的好处：增强程序的可读性、便于程序的修改。

【例题 2.5】设计一个控制台程序，通过键盘输入圆的半径，在控制台以换行格式输出圆的周长和圆的面积，程序运行效果如图 2.5 所示。

图 2.5　例题 2.5 程序运行效果

【实现步骤】

(1) 启动 Visual Studio 2019。

(2) 创建空解决方案。

在 Visual Studio 2019 开始使用界面，单击"继续但无需代码"选项，打开"Visual Studio 开发环境"界面，执行"文件│新建│项目"命令，打开"创建新项目"界面，在"搜索模板"中搜索"空白解决方案"，选定模板中"空白解决方案"模板，单击"下一步"，打开"配置新项目"界面，在"解决方案名称"框中输入 Capter2(若没有输入解决方案名，则系统自动为 Solution1)，在位置框中选择解决方案保存的磁盘路径，单击"创建"，完成空解决方案 Capter2 的创建。

(3) 添加项目。

右击解决方案 Capter2，执行"添加│新建项目"命令，打开"添加新项目"界面，选择"控制台应用程序"，单击"下一步"，打开"配置新项目"界面，在项目名称框中输入项目名称为"Project5_求圆的周长和面积控制台程序"，单击"下一步"，打开其他信息界面，单击"创建"，完成项目创建，并在开发环境窗口中显示 Program 程序类的 Main()主方法，同时系统自动完成项目的配置，其中必不可少的配置是对.NET Framework 类库的引用。

(4) 功能代码设计。

在 Program 程序类的 Main()主方法中，定义一个圆半径的符号常量 PI，调用 Consoles 静态类的输入输出方法实现半径的输入和圆面积及周长的输出，同时还需调用 Convert 静态类转换方法将输入的数字字符串转换为半径的数据类型，程序代码设计参考如下。

```
using System;

namespace Project5_求圆的周长和面积控制台程序
{
    class Program
    {
        static void Main(string[] args)
        {
            const double PI = 3.14;        //定义符号常量 PI 为 3.14
            double radius;
            Console.WriteLine("请输入圆的半径?");
            radius = Convert.ToDouble(Console.ReadLine());
            Console.WriteLine("圆的周长是：{0}\n 圆的面积是：{1}", 2 * PI * radius, PI * radius * radius);
            Console.ReadKey();
        }
    }
}
```

(6) 编译运行。

编译程序：完成代码设计，保存所有代码，右击解决方案，执行"生成解决方案｜重新生成解决方案"；或者右击项目名称，执行"生成｜重新生成"，以检查项目的语法错误。

运行程序：项目调试设置为"设为启动项目"调试，执行菜单"调试｜开始调试"命令；或执行工具栏中的"启动调试"按钮 ▶；或按快捷键 F5。项目调试为指定项目，右击调试项目，执行"调试｜启动新实例"。在运行的字符界面中，通过键盘输入圆的半径 5 回车，程序运行的效果如图 2.5 所示。

【例题 2.6】设计一个 Windows 程序，实现功能：在窗体界面的文本框中输入圆半径值，单击"计算"按钮，在窗体指定的标签处显示圆的周长和面积，程序运行效果如图 2.6 所示。

图 2.6　例题 2.6 程序运行效果

(1) 启动 Visual Studio 2019。

(2) 创建空解决方案。

在 Visual Studio 2019 开始使用界面，单击"继续但无需代码"选项，打开"Visual Studio 开发环境"界面，执行"文件｜新建｜项目"命令，打开"创建新项目"界面，在"搜索模板"中搜索"空白解决方案"，选定模板中"空白解决方案"模板，单击"下一步"，打开"配置新项目"界面，在"解决方案名称"框中输入 Capter2(若没有输入解决方案名，则系统默认为 Solution1)，在位置框中选择解决方案保存的磁盘路径，单击"创建"，完成空解决方案 Capter2 的创建。

(3) 添加项目

右击解决方案 Capter2，执行"添加｜新建项目"命令，打开"添加新项目"界面，选择"Windows 窗体应用"，单击"下一步"，打开"配置新项目"界面，在项目名称框中输入项目名称为"Project6_ 求圆的周长和面积窗体程序"，单击"下一步"，打开其他信息界面，单击"创建"，完成项目创建，并在开发环境窗口中显示创建的 Form1 窗体。系统自动完成项目的配置，其中必不可少的配置是对.NET Framework 类库的引用。

(4) 窗体界面设计。

在 Form1 窗体界面上设计 2 个 Label 标签对象，一个是静态标签"半径"，另一个是动态标签显示圆的周长和面积信息；1 个 TextBox 文本框对象，用于输入圆的半径值；1 个 Button 按钮对象，用于单击"计算"按钮实现圆的周长和面积的计算并在动态标签处显示结果。各个控件对象的属性和属性值设置如表 2.11 所示。

表 2.11　各控件对象的属性和属性值设置

控件对象	属性	属性值	控件对象	属性	属性值
Form1	Text	计算圆的周长面积		Name	lblShow
Label1	Text	半径	Label2	AutoSize	False
Button1	Name	btnCalculate		BorderStyle	Fixed3D
	Text	计算		Text	NULL
TextBox1	Name	txtRadius		—	

(5) 功能代码设计。

在窗体界面上,右击"计算"按钮,执行"属性"命令,打开"属性"设置面板,单击"事件"标签,在"事件"列表中双击 Click 按钮,进入"计算"按钮的单击事件代码编辑区。或者直接双击"计算"按钮,也能进入"计算"按钮的单击事件代码编写辑区。在"btnCalculate_Click"事件下编写计算圆的周长和面积的功能代码,设计代码参考如下。

```csharp
using System;
using System.Collections.Generic;
using System.ComponentModel;
using System.Data;
using System.Drawing;
using System.Linq;
using System.Text;
using System.Threading.Tasks;
using System.Windows.Forms;
namespace Project6_求圆的周长和面积窗体程序
{
    public partial class Form1 : Form
    {
        public Form1()
        {
            InitializeComponent();
        }
        private void btnCalculate_Click(object sender, EventArgs e)
        {
            const double PI = 3.14;        //定义符号常量 π 的值 3.14
            //定义半径 radius 变量获取窗体界面文本框 txtRaiuse.Text 的值,并将该值转换为 double 类型
            double radius =Convert .ToDouble ( txtRadius.Text);
            //定义周长、面积变量并计算周长、面积
            double perimeter = 2 * PI * radius;
            double acreage = PI * radius * radius;
            //采用字符串格式化语句输入周长和面积
            lblShow.Text=string.Format("输入半径: {0}\n 计算圆的周长: {1}\n 计算圆的面积: {2}",radius,
                perimeter ,acreage );
        }
    }
}
```

(6) 编译运行。

编译程序:完成代码设计,保存所有代码,右击解决方案,执行"生成解决方案 | 重新生成解决方案";或者右击项目名称,执行"生成 | 重新生成",以检查项目的语法错误。

运行程序:项目调试设置为"设为启动项目"调试,执行菜单"调试 | 开始调试"命令;或执行工具栏"启动调试"按钮 ▶ ;或按快捷键 F5。项目调试为指定项目,右击调试项目,执行"调试 | 启动新实例"。在运行程序窗体界面的文本框中输入 5,单击窗体界面的"计算"按钮,程序运行结果如图 2.6 所示。

【结果分析】

在程序代码设计中,定义 3 个 double 类型变量,分别是半径 radius、周长 perimeter、面积 acreage。运用数学公式计算圆的周长、面积。采用字符串格式化输出周长、面积的结果在 lblshow 处显示。

字符串格式化输出语句：

string.Format("输入半径：{0}\n 计算圆的周长:{1}\n:计算圆的面积: {2}",radius ,perimeter ,acreage);

其中，string 是 C#语言的字符串类。Format 是字符串类中的字符串格式化方法，该方法有两部分：一部分是字符串用英文双引号括起来，这部分中有说明性的字符串、转义字符串和输出信息的占位符，如"输入半径：{0}\n"；另一部分是在占位符中显示信息的变量，如 radius。

在程序运行后的窗体界面文本框中输入 3 是字符串类型数据，是引用数据类型，而定义半径变量是 double 双精度类型，是值类型。将一个字符串类型的值赋给一个双精度型变量时，C#语言中不能隐式转换，需要调用 Convert 类中的字符串转换为双精度型的方法 ToDouble()。

2.3.3　声明变量

变量是指在程序运行过程中存放数据的存储单元标识符。变量的值在程序执行过程中是可以改变的。在声明变量时，首先要明确在变量中存放的值的数据类型，再确定变量的内容，根据命名规范定义好变量名。声明变量的具体方法如下：

数据类型 变量名;

例如，定义一个存放整型数据的变量，可定义成：int number;。

定义变量后对变量赋值有两种方式：一种是在声明变量的同时直接赋值，另一种是在声明变量后再对变量赋值，其定义如下。

数据类型　变量名=值;
数据类型　变量名;
变量名=值;

在声明变量后，对变量赋值要注意所赋的值与定义变量的数据类型相兼容。定义变量时，变量赋值时也可一次为多个变量赋值，各个变量间用","隔开，例如，double a=3.14, b=4.12;。

【例题 2.7】设计一个 Windows 程序，在 Windows 窗体上指定标签外显示两个整型数据交换前、交换后的数据信息，程序运行效果如图 2.7 所示。

图 2.7　例题 2.7 程序运行效果

【实现步骤】

(1) 启动 Visual Studio 2019。

(2) 创建空解决方案。

在 Visual Studio 2019 开始使用界面，单击"继续但无需代码"选项，打开"Visual Studio 开发环境"界面，执行"文件│新建│项目"命令，打开"创建新项目"界面，在"搜索模板"中搜索"空白解决方案"，选定模板中"空白解决方案"模板，单击"下一步"，打开"配置新项目"界面，在"解决方案名称"框中输入 Capter2(若没有输入解决方案名，则系统默认为 Solution1)，在位置框中选择解决方案保存的磁盘路径，单击"创建"，完成空解决方案 Capter2 的创建。

(3) 添加项目。

右击解决方案 Capter2，执行"添加|新建项目"命令，打开"添加新项目"界面；选择"Windows 窗体应用"，单击"下一步"，打开"配置新项目"界面，在项目名称框中输入项目名称为"Project7_两数交换窗体程序"，单击"下一步"，打开其他信息界面，单击"创建"，完成项目创建，并在开发环境窗口中显示创建的 Form1 窗体。系统自动完成项目的配置，其中必不可少的配置是对.NET Framework 类库的引用。

(4) 窗体界面设计。

在 Form1 窗体界面上设计 1 个 Label 对象，并设置 Label 对象的相关属性。Label 对象的属性及属性值如表 2.12 所示。

表 2.12　Label 对象的属性及属性值

控件对象	属性	属性值
Form1	Text	显示两个整型数据交换前后的信息
Label1	Name	lblShow
	AutoSize	False
	BorderStyle	Fixed3D
	Text	空

(5) 功能代码设计。

在 Form1 窗体界面上，右击 Form1 窗体，执行"属性"命令，打开"属性"设置面板，单击"事件"标签，在"事件"面板列表中双击 Load 按钮，进入事件代码编辑界面，在"Form1_Load"窗体加载事件中编辑代码，代码设计参考如下。

```
using System;
using System.Collections.Generic;
using System.ComponentModel;
using System.Data;
using System.Drawing;
using System.Linq;
using System.Text;
using System.Threading.Tasks;
using System.Windows.Forms;

namespace Project7_两数交换
{
    public partial class Form1 : Form
    {
        public Form1()
        {
            InitializeComponent();
        }
        private void Form1_Load(object sender, EventArgs e)
        {
            int num1 = 23;
            int num2 = 36;
```

```
            lblShow.Text = "两数交换前：";
            lblShow.Text += "\n" + string.Format("num1={0};num2={1}", num1, num2);
            lblShow.Text += "\n" + "两数交换后：";
            //设计两数交换的算法
            int temp;
            temp = num1;
            num1 = num2;
            num2 = temp;
            lblShow.Text += "\n" + string.Format("num1={0};num2={1}", num1, num2);
        }
    }
}
```

(6) 编译运行。

编译程序：完成代码设计，保存所有代码，右击解决方案，执行"生成解决方案｜重新生成解决方案"；或者右击项目名称，执行"生成｜重新生成"，以检查项目的语法错误。

运行程序：项目调试设置为"设为启动项目"调试，执行菜单"调试｜开始调试"命令；或执行工具栏"启动调试"按钮 ▶；或按快捷键 F5。项目调试为指定项目，右击调试项目，执行"调试｜启动新实例"。程序运行结果如图 2.7 所示。

【结果分析】

在 Form1 窗体的加载事件中设计两数交换的代码。在程序中定义两个整型变量 num1、num2，在声明变量时对其赋值，同时还声明一个中间变量 temp，实现两数交换过渡。采用字符串格式法将信息在 Form1 窗体的指定标签位置上输出。

同学们思考两数交换不引入第三个数的算法如何实现？请自己编程测试；如果要实现任意的两个数交换，如何实现，请读者自己编程测试。

2.4　选择语句

选择语句是用于根据某些条件来选择执行不同操作的语句。例如，学生登录学校教务系统时，需要输入用户名和密码，若用户名存在和密码正确，则能进入教务系统查看自己的成绩，否则，学生就无法进入学校教务系统。这里的用户名和密码的存在就是条件。本节将介绍 C#语言中的条件语句：if 语句和 switch 语句。

2.4.1　if 语句

if 语句是最常用的条件语句，并且 if 语句形式有多种，包括单分支条件 if 语句、双分支条件 if 语句、多分支条件 if 语句。

1. 单分支条件 if 语句

单分支条件 if 语句是最简单的 if 语句，只有满足语句中的条件才能执行相应的语句。具体语法格式如下：

```
if(布尔表达式)
{
    语句块 1;
}
```

布尔表达式常由关系型表达式或逻辑型表达式组成。if 语句逻辑：如果布尔表达式的值为 true，则执行语句块 1；否则，执行 if 语句的后续语句。

2. 双分支条件 if 语句

双分支条件 if 语句为 if-else 语句，满足语句中的条件才能执行 if 中的语句，否则执行 else 中的语句。具体语法格式如下：

```
if(布尔表达式)
{
    语句块 1;
}
else
{
    语句块 2;
}
```

布尔表达式常由关系型表达式或逻辑型表达式组成。双分支 if-else 语句的逻辑：如果布尔型表达式的值为 true，则执行语句块 1；否则，执行语句块 2。

3. 多分支条件 if 语句

多分支条件 if 语句用于解决复杂逻辑判断，由多个 if-else 语句组成。具体语法格式如下：

```
if(布尔表达式 1)
{
    语句块 1;
}
else if(布尔表达式 2)
{
    语句块 2;
}
else if(布尔表达式 3)
{
    语句块 3;
}
else
{
    语句块 4;
}
```

布尔表达式常由关系型表达式或逻辑型表达式组成。多分支 if-else 语句逻辑：首先判断布尔表达式 1 的值，若为 true，则执行语句块 1，整个语句结束；若为 false，则依次判断布尔表达式 2、布尔表达式 3，如果都不为 true，则执行 else 语句中的语句块 4。多分支条件 if 语句结构如图 2.8 所示。

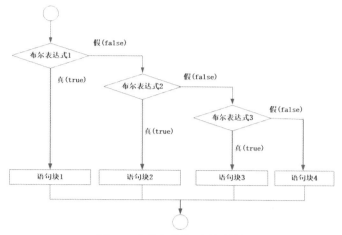

图 2.8　多分支条件 if 语句结构

【例题 2.8】设计一个 Windows 程序，程序功能：当在学生成绩文本框中输入一个学生的成绩时，

单击"确定"按钮，在显示标签处显示"该生成绩为：优秀/
良好/中等/及格/不及格"信息。90 分以上(含 90 分)成绩等级为优
秀；80～89 分成绩等级为良好；70～79 分成绩等级为中等；60～
69 分成绩为及格；59 分及以下为不及格。要求采用多分支 if 条
件语句实现。程序实现效果如图 2.9 所示。

图 2.9　例题 2.8 程序运行效果

【实现步骤】

(1) 启动 Visual Studio 2019。

(2) 创建空解决方案。

在 Visual Studio 2019 开始使用界面，单击"继续但无需代码"选项，打开"Visual Studio 开发
环境"界面，执行"文件│新建│项目"命令，打开"创建新项目"界面，在"搜索模板"中搜索
"空白解决方案"，选定模板中"空白解决方案"模板，单击"下一步"，打开"配置新项目"界面，
在"解决方案名称"框中输入 Capter2(若没有输入解决方案名，则系统默认为 Solution1)，在位置框
中选择解决方案保存的磁盘路径，单击"创建"，完成空解决方案 Capter2 的创建。

(3) 添加项目。

右击解决方案 Capter2，执行"添加│新建项目"命令，打开"添加新项目"界面；选择"Windows
窗体应用"，单击"下一步"，打开"配置新项目"界面，在项目名称框中输入项目名称为"Project8_
显示学生成绩等级窗体程序"，单击"下一步"，打开其他信息界面，单击"创建"，完成项目创建，
并在开发环境窗口中显示创建的 Form1 窗体。系统自动完成项目的配置，其中必不可少的配置是
对.NET Framework 类库的引用。

(4) 窗体界面设计。

在 Form1 窗体界面上设计 2 个 Label 标签对象，一个是静态标签"成绩"，另一个是动态标签显
示文本框输入学生成绩分数对应的等级(优、良、中、及格、不及格)；1 个 TextBox 文本框对象，用
于输入学生成绩分数；1 个 Button 按钮对象，用于单击按钮实现分数转换成等级信息并在动态标签
处显示结果。各控件对象的属性、属性值设置如表 2.13 所示。

表 2.13　各控件对象的属性、属性值

控件对象	属性	属性值	控件对象	属性	属性值
Form1	Text	显示学生成绩等级	Label2	Name	lblShow
Label1	Text	成绩		AutoSize	False
Button1	Name	btnShowGrade		BorderStyle	Fixed3D
	Text	显示等级		Text	NULL
TextBox1	Name	txtScore		—	

(5) 功能代码设计。

在 Form1 窗体界面上双击"显示等级"按钮，进入后台代码设计界面，在"btnShowGrade_Click"事件中编写输入学生成绩分数转换成对应等级的程序代码。设计代码如下。

```csharp
using System;
using System.Collections.Generic;
using System.ComponentModel;
using System.Data;
using System.Drawing;
using System.Linq;
using System.Text;
using System.Threading.Tasks;
using System.Windows.Forms;

namespace Project4
{
    public partial class Form1 : Form
    {
        public Form1()
        {
            InitializeComponent();
        }

        private void btnShowGrade_Click(object sender, EventArgs e)
        {
            //定义一个双精度型成绩变量，用于接收前台文本框输入的学生成绩分数；定义字符串变量
            // 用于显示成绩等级
            double score = Convert.ToDouble(txtScore.Text);
            string grade = string.Empty; //等级字符串初始值为空
            //运用多分支对成绩变量的值进行判断，90 分及以上为优秀，80 分及以上为良好，70 分及
            // 以上为中等，60 分及以上为及格，否则为不及格。
            if (score >= 90)
            {
                grade = "优秀";
            }
            else if (score >= 80)
            {
                grade = "良好";
            }
            else if (score >= 70)
            {
```

```
                        grade = "中等";
                    }
                    else if (score >= 60)
                    {
                        grade = "及格";
                    }
                    else
                    {
                        grade = "不及格";
                    }
                    lblShow.Text = string.Format("你输入的成绩是：{0}，对应的等级是：{1}", score, grade);
                }
            }
        }
```

(6) 编译运行。

编译程序：完成代码设计，保存所有代码，右击解决方案，执行"生成解决方案｜重新生成解决方案"；或者右击项目名称，执行"生成｜重新生成"，以检查项目的语法错误。

运行程序：项目调试设置为"设为启动项目"调试，执行菜单"调试｜开始调试"命令；或执行工具栏"启动调试"按钮 ▶；或按快捷键 F5。项目调试为指定项目，右击调试项目，执行"调试｜启动新实例"。在程序运行界面的文本框中输入 86，单击"显示等级"按钮，程序结果如图 2.9 所示。

【结果分析】

程序中声明了两个变量，分别是：成绩双精度型变量、等级字符串变量。由于窗体界面文本框中输入的成绩分数是字符串类型，所以将其值赋给成绩双精度型变量时，需要进行类型转换，本例中调用了 Convert 类中的 ToDouble()方法将文本框输入的字符串转换成双精度型并赋给成绩变量。等级字符串变量声明时赋给一个空字符串值，调用 string 类中的 Empty()方法。采用多分支条件 if-else 语句实现成绩分数转换成等级的算法。最后调用 string 类中的 Format()方法实现格式化字符串输出信息在窗体指定位置处显示。

2.4.2　switch 语句

switch 语句又称多路开关语句，与多分支条件 if-else 语句是类似的，只是在判断条件时有一定的局限性。具体的语法格式如下：

```
switch(表达式)
{
    case 值 1:
            语句块 1;
            break;
    case 值 2:
            语句块 2;
            break;
    default:
            语句块 n;
            break;
}
```

switch 语句中的表达式的结果必须是整型、字符串类型、字符型、布尔型等数据类型。switch 语句的逻辑是：如果 switch 语句中表达式的值与 case 后面的值相同，则执行相应的 case 后面的语句块；如果 switch 语句中表达式的值与所有 case 后面的值都不相同，则执行 default 语句后面的语句块，default 语句是可以省略的。需要注意的是，case 语句的值是不能重复的，否则在编译时会出现语法错误。

【例题 2.9】设计一个 Windows 程序，程序功能：当在学生成绩文本框中输入一个学生的成绩时，单击"确定"按钮，在显示标签处显示"该生成绩为：优秀/良好/中等/及格/不及格"信息。90 分以上(含 90 分)成绩等级为优秀；80～89 分成绩等级为良好；70～79 分成绩等级为中等；60～69 分成绩为及格；59 分及以下为不及格。要求采用 switch 语句完成。程序运行效果如图 2.10 所示。

图 2.10　例题 2.9 程序运行效果

【实现步骤】

(1) 启动 Visual Studio 2019。

(2) 创建空解决方案。

在 Visual Studio 2019 开始使用界面，单击"继续但无需代码"选项，打开"Visual Studio 开发环境"界面，执行"文件 | 新建 | 项目"命令，打开"创建新项目"界面，在"搜索模板"中搜索"空白解决方案"，选定模板中"空白解决方案"模板，单击"下一步"，打开"配置新项目"界面，在"解决方案名称"框中输入 Capter2(若没有输入解决方案名，则系统默认为 Solution1)，在位置框中选择解决方案保存的磁盘路径，单击"创建"，完成空解决方案 Capter2 的创建。

(3) 添加项目。

右击解决方案 Capter2，执行"添加 | 新建项目"命令，打开"添加新项目"界面；选择"Windows 窗体应用"，单击"下一步"，打开"配置新项目"界面，在项目名称框中输入项目名称为"Project9_switch 语句显示学生成绩等级"，单击"下一步"，打开其他信息界面，单击"创建"，完成项目创建，并在开发环境窗口中显示创建的 Form1 窗体。系统自动完成项目的配置，其中必不可少的配置是对.NET Framework 类库的引用。

(4) 窗体界面设计。

在 Form1 窗体界面上设计 2 个 Label 标签对象，一个是静态标签"成绩"，另一个是动态标签显示文本框输入学生成绩分数对应的等级(优、良、中、及格、不及格)；1 个 TextBox 文本框对象，用于输入学生成绩分数；1 个 Button 按钮对象，用于单击按钮实现分数转换成等级信息并在动态标签处显示结果。各控件对象的属性及属性值设置如表 2.14 所示。

表 2.14　各控件对象的属性及属性值

控件对象	属性	属性值	控件对象	属性	属性值
Form1	Text	显示学生成绩等级	Label2	Name	lblShow
Label1	Text	成绩		AutoSize	False
Button1	Name	btnShowGrade		BorderStyle	Fixed3D
	Text	显示等级		Text	NULL
TextBox1	Name	txtScore		—	

（5）功能代码设计。

在 Form1 窗体界面上双击"显示等级"按钮，进入后台代码设计界面，在"btnShowGrade_Click"事件中编写输入学生成绩分数转换成对应等级的程序代码。转换算法是如何将输入的学生成绩，通过设计表达式使其结果为 10、9、8、7、6 的整数，当表达式的值为 10、9 时，成绩为优秀；表达式的值为 8 时，成绩为良好；当表达式的值为 7 时，成绩为中等；当表达式的值为 6 时，成绩为及格；否则，成绩为不及格。因此本实例的关键点是如何设计 switch 语句的表达式，表达式设计为: score/10。代码设计参考如下。

```csharp
using System;
using System.Collections.Generic;
using System.ComponentModel;
using System.Data;
using System.Drawing;
using System.Linq;
using System.Text;
using System.Threading.Tasks;
using System.Windows.Forms;

namespace Project9_switch 语句显示学生成绩等级
{
    public partial class Form1 : Form
    {
        public Form1()
        {
            InitializeComponent();
        }

        private void btnShowGrade_Click(object sender, EventArgs e)
        {
            //定义两个变量分别为成绩、等级
            double score=Convert .ToDouble(txtScore .Text );
            string grade = string.Empty;
            switch ((int)score / 10)
            {
                case 10:
                case 9: grade = "优秀"; break;
                case 8: grade = "良好"; break;
                case 7: grade = "中等"; break;
                case 6: grade = "及格"; break;
                default: grade = "不及格"; break;
            }
            lblShow.Text = string.Format("你输入的成绩是：{0}，对应的等级是：{1}", score, grade);
        }
    }
}
```

（6）编译运行。

编译程序：完成代码设计，保存所有代码，右击解决方案，执行"生成解决方案｜重新生成解决方案"；或者右击项目名称，执行"生成｜重新生成"，以检查项目的语法错误。

运行程序：项目调试设置为"设为启动项目"调试，执行菜单"调试｜开始调试"命令；或执行工具栏"启动调试"按钮▶；或按快捷键F5。项目调试为指定项目，右击调试项目，执行"调试｜启动新实例"。在程序运行界面的文本框中输入93，单击"显示等级"按钮，程序结果如图2.10所示。

【结果分析】

程序中声明了两个变量，分别是：成绩双精度型变量、等级字符串变量。由于窗体界面文本框中输入的成绩分数是字符串类型，所以将其值赋给成绩双精度型变量时，需要进行类型转换，本例中调用了 Convert 类中的 ToDouble()方法将文本框输入的字符串转换成双精度型并赋给成绩变量。等级字符串变量声明时赋给一个空字符串值，调用 string 类中的 Empty()方法。采用 switch 语句实现成绩分数转换成等级的算法，本例算法中运用了多个 case 值共用一个语句块。最后调用 string 类中的 Format()方法实现格式化字符串输出信息在窗体指定位置处显示。

2.5 循环语句

循环语句与选择语句是程序设计常用实现某些功能的语句之一，循环语句是用来完成一些重复的工作，从而减少编写代码的工作量。本节将介绍 C#语言中的 for、while 和 do…while 循环语句。

2.5.1 for 循环语句

for 循环是最常用的循环语句，其结构清晰、语法简洁，常用于固定次数的循环。具体的语法形式如下。

```
for(表达式 1; 表达式 2; 表达式 3)
{
    循环语句块;
}
```

各项说明如下。

表达式 1：为循环变量赋初值。

表达式 2：为循环设置循环条件，通常是布尔表达式。

表达式 3：用于改变循环变量的大小。

循环语句块：当满足循环条件时执行的循环语句块。

for 循环语句逻辑：先执行表达式 1，再执行表达式 2，如果表达式 2 的结果为 true，则执行循环语句块，再执行表达式 3 来改变循环变量，接着执行表达式 2，看其结果是否为 true，如果为 true，则再执行循环语句块，直到表达式 2 的结果为 false，循环结束。

注意：

在 for 循环语句中，表达式 1、表达式 2、表达 3、循环语句块既可以全部省略，也可以部分省略，但分号不能省略。

【例题 2.10】设计一个控制台程序，求 1 到 100 的累加和，在控制台中以"1+2+3+…+100="的格式输出。程序运行效果如图 2.11 所示。

图 2.11　例题 2.10 程序运行效果

【实现步骤】

(1) 启动 Visual Studio 2019。

(2) 创建空解决方案。

在 Visual Studio 2019 开始使用界面，单击"继续但无需代码"选项，打开"Visual Studio 开发环境"界面，执行"文件｜新建｜项目"命令，打开"创建新项目"界面，在"搜索模板"中搜索"空白解决方案"，选定模板中"空白解决方案"模板，单击"下一步"，打开"配置新项目"界面，在"解决方案名称"框中输入 Capter2(若没有输入解决方案名，则系统默认为 Solution1)，在位置框中选择解决方案保存的磁盘路径，单击"创建"，完成空解决方案 Capter2 的创建。

(3) 添加项目。

右击解决方案 Capter2，执行"添加｜新建项目"命令，打开"添加新项目"界面；选择"Windows 窗体应用"，单击"下一步"，打开"配置新项目"界面，在项目名称框中输入项目名称为"Project10_求 1 到 100 的累加和控制台程序"，单击"下一步"，打开其他信息界面，单击"创建"，完成项目创建，并在开发环境窗口中显示创建的 Form1 窗体。系统自动完成项目的配置，其中必不可少的配置是对.NET Framework 类库的引用。

(4) 功能代码设计。

在打开的控制台 Program 类的 Main()方法中，定义一个存放和变量 sum，采用 for 循环语句，循环变量 i 的初始值为 1，循环条件是 i<=100;循环改变量是每循环一次增加 1，调用 Console 静态类的 WriteLine()方法输出结果，代码设计参考如下。

```csharp
using System;

namespace Project10_求 1 到 100 的累加和控制台程序
{
    class Program
    {
        static void Main(string[] args)
        {
            int sum=0;
            for(int i = 1; i <= 100; i++)
            {
                sum = sum + i;
            }
            Console.WriteLine("1+2+3+...+100={0}", sum);
            Console.ReadKey();
        }
    }
}
```

(5) 编译运行。

编译程序：完成代码设计，保存所有代码，在解决方案资源管理器面板中，右击"Project10_

求 1 到 100 的累加和控制台程序"项目，执行"生成 | 重新生成"命令，检查程序语法错误。

运行程序：在解决方案资源管理器面板中，右击"Project10_求 1 到 100 的累加和控制台程序"项目，执行"调试 | 启动新实例"命令运行程序效果如图 2.11 所示。

【例题 2.11】设计一个 Windows 程序，实现功能：求 1 到 100 的累加和，结果在窗体指定的标签处显示出来。程序运行效果如图 2.12 所示。

图 2.12　例题 2.11 程序运行效果

【实现步骤】

(1) 启动 Visual Studio 2019。

(2) 创建空解决方案。

在 Visual Studio 2019 开始使用界面，单击"继续但无需代码"选项，打开"Visual Studio 开发环境"界面，执行"文件 | 新建 | 项目"命令，打开"创建新项目"界面，在"搜索模板"中搜索"空白解决方案"，选定模板中"空白解决方案"模板，单击"下一步"，打开"配置新项目"界面，在"解决方案名称"框中输入 Capter2(若没有输入解决方案名，则系统默认为 Solution1)，在位置框中选择解决方案保存的磁盘路径，单击"创建"，完成空解决方案 Capter2 的创建。

(3) 添加项目。

右击解决方案 Capter2，执行"添加 | 新建项目"命令，打开"添加新项目"界面；选择"Windows 窗体应用"，单击"下一步"，打开"配置新项目"界面，在项目名称框中输入项目名称为"Project11_求 1 到 100 的累加和窗体程序"，单击"下一步"，打开其他信息界面，单击"创建"，完成项目创建，并在开发环境窗口中显示创建的 Form1 窗体。系统自动完成项目的配置，其中必不可少的配置是对.NET Framework 类库的引用。

(4) 窗体界面设计。

在 Windows 窗体对象 Form1 上设计一个 Label 标签对象，同时设置 Label1 标签对象的名字、自动大小、边框和显示值属性。Label 标签对象属性设置如表 2.15 所示。

表 2.15　Label 标签对象属性设置

控件对象	属性	属性值
Form1	Text	求 1 到 100 的累加和
Label1	Name	lblShow
	AutoSize	False
	BorderStyle	Fixed3D
	Text	空

(5) 功能代码设计。

按功能要求，只需要设计窗体的加载事件，也就是说在程序运行时实现求 1 到 100 的累加和，将其结果加载到窗体的指定标签处显示。

执行窗体加载事件的方法：第一种是直接双击窗体 Form1 的空白处；第二种是右击窗体 Form1，在弹出的下拉菜单中执行"属性"命令，在属性面板中单击"事件"标签，则显示窗体的所有事件，找到 Load 双击即可。设计后台代码如下。

```
using System;
using System.Collections.Generic;
using System.ComponentModel;
using System.Data;
using System.Drawing;
using System.Linq;
using System.Text;
using System.Threading.Tasks;
using System.Windows.Forms;

namespace Project11_求 1 到 100 的累加和窗体程序
{
    public partial class Form1 : Form
    {
        public Form1()
        {
            InitializeComponent();
        }
        private void Form1_Load(object sender, EventArgs e)
        {
            int sum = 0;
            for (int i = 1; i <= 100; i++)
            {
                sum = sum + i;
            }
            lblShow.Text = "1 到 100 的累加和是： " + sum;
        }
    }
}
```

(6) 编译运行。

编译程序：完成代码设计，保存所有代码，在解决方案资源管理器面板中，右击"Project11_求 1 到 100 的累加和窗体程序"项目，执行"生成|重新生成"命令，检查程序语法错误。

运行程序：在解决方案资源管理器面板中，右击"Project11_求 1 到 100 的累加和窗体程序"项目，执行"调试|启动新实例"命令运行程序，效果如图 2.12 所示。

【结果分析】

在 Windows 的窗体加载事件中完成 1 到 100 累加和的计算，在窗体的动态标签处显示计算结果采用""1 到 100 的累加和是："+ sum"格式，其中的"+"是连接运算符，将其后 sum 变量的值隐式转换为字符串值显示。

在程序设计时，通常在一个 for 循环语句中还可以嵌套一个 for 循环语句或一个选择结构 if 条件语句。比较典型的是打印九九乘法表和菱形。

【例题 2.12】 设计一个 Windows 程序，实现功能：在窗体上显示九九乘法表。程序运行效果如图 2.13 所示。

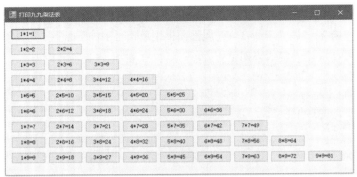

图 2.13　例题 2.12 程序运行效果

【实现步骤】

(1) 启动 Visual Studio 2019。

(2) 创建空解决方案 Capter2。

(3) 添加新项目 Project12_乘法九九表。

(4) 窗体界面设计。

在 Windows 窗体对象 Form1 上设计一个容器组件 TableLayoutPanel 对象，同时设置 TableLayoutPanel 对象的 Name 属性、Columns 集合属性，在 Columns 行列样式对话框中添加列、行，并设置列值为 100 像素、行值为 40 像素。TableLayoutPanel 对象属性设置如表 2.16 所示。

表 2.16　TableLayoutPanel 对象属性设置

控件对象	属性	属性值
Form1	Text	打印九九乘法表
TableLayoutPanel1	Name	tabShow
	Columns	添加 Column1～Column9 且各列宽为 100 像素
		添加 Row1～Row9 且各行高为 40 像素

(5) 功能代码设计。

按功能要求，只需要设计窗体的加载事件，也就是说在程序运行时实现九九乘法表的打印，将其结果加载到窗体 tabShow 的行、列单元格中显示。

执行窗体加载事件的方法：第一种是直接双击窗体 Form1 的空白处；第二种是右击窗体 Form1，在弹出的下拉菜单中执行"属性"命令，在属性面板中单击"事件"标签，则显示窗体的所有事件，找到 Load 双击即可。设计后台代码如下。

```
using System;
using System.Collections.Generic;
using System.ComponentModel;
using System.Data;
using System.Drawing;
using System.Linq;
using System.Text;
using System.Threading.Tasks;
using System.Windows.Forms;
```

```
namespace Project12_打印乘法九九表
{
    public partial class Form1 : Form
    {
        public Form1()
        {
            InitializeComponent();
        }

        private void Form1_Load(object sender, EventArgs e)
        {
            for (int i = 1; i <= 9; i++)
            {
                for (int j = 1; j <=i; j++)
                {
                    Button btn = new Button();
                    btn.Text = j.ToString() + "*" + i.ToString() + "=" + (i * j).ToString();
                    this.tabShow.Controls.Add(btn); //调用 TableLayoutPanel 类的 Controls 的 Add()方法将
                                        乘法表达式加载到 tabShow 对象的单元格中
                    this.tabShow.SetRow(btn, i - 1);
                    this.tabShow.SetColumn(btn, j - 1);
                }
            }
        }
    }
}
```

(6) 编译运行。

编译程序：完成代码设计，保存所有代码，在解决方案资源管理器面板中，右击"Project12_打印乘法九九表"项目，执行"生成│重新生成"命令，检查程序语法错误。

运行程序：在解决方案资源管理器面板中，右击"Project12_打印乘法九九表"项目，执行"调试│启动新实例"命令运行程序，效果如图 2.13 所示。

【结果分析】

在 Form1 窗体界面上设计 TableLayoutPanel1 对象，通过设置对象 Columns 行列样式集合属性设计 9 行×9 列的表格。在嵌套的内循环中，实例化按钮对象 btn 的值为九九乘法表中各表达式，同时调用 TableLayoutPanel 类中 Controls 的 Add()方法将得到的 btn 填入 btnShow 对象的单元格中，并控制行、列，以便输出结果是下三角形。

当然也可以直接在标签对象上显示乘法九九表信息，但输出结果对齐方式不规范(能否加 if 语句判断 i*j 的结果来实现，读者自行设计测试)，设计参考代码如下。

```
namespace Capter12_1_打印九九乘法表
{
    public partial class Form1 : Form
    {
        public Form1()
        {
            InitializeComponent();
        }
```

```
        private void Form1_Load(object sender, EventArgs e)
        {
            for(int i = 1; i <= 9; i++)
            {
                for (int j = 1; j <= i; j++)
                {
                    lblShow.Text += string.Format("{0}*{1}={2}    ", j, i, i* j);
                }
                lblShow.Text += "\n";
            }
        }
```

2.5.2　while 循环语句

while 循环语句与 for 循环语句相似，while 循环语句常用于不固定次数的循环，while 循环的语法形式如下。

```
while(布尔表达式)
{
    语句块;
}
```

while 循环语句逻辑：当 while 中布尔表达式的结果为 true，则执行花括号中的语句块；否则，不执行花括号中的语句块，而直接执行 while 循环语句的后续语句。

【例题 2.13】设计一个 Windows 程序，实现功能：在窗体文本框中输入一个不大于 10 的整数，求该整数阶乘并将其结果在窗体的指定标签处显示出来。要求用 while 语句实现，程序运行效果如图 2.14 所示。

图 2.14　例题 2.13 程序运行效果

【操作步骤】

(1) 启动 Visual Studio 2019。

(2) 创建空解决方案 Capter2。

(3) 添加新项目 Project13_求整数的阶层。

(4) 窗体界面设计。

在 Form1 窗体界面上设计 2 个 Label 标签对象，一个是静态标签"输入不大于 10 的整数"，另一个是动态标签显示文本框输入整数的阶乘值；1 个 TextBox 文本框对象，用于输入整数；1 个 Button 按钮对象，用于单击"计算阶乘"按钮实现文本框输入整数阶乘的计算并在动态标签处显示结果。各控件对象的属性、属性值设置如表 2.17 所示。

表 2.17　各控件对象的属性、属性值

控件对象	属性	属性值	控件对象	属性	属性值
Form1	Text	计算整数的阶乘	Label2	Name	lblShow
Label1	Text	输入不大于 10 的整数		AutoSize	False
Button1	Name	btnFactorial		BorderStyle	Fixed3D
	Text	计算阶乘		Text	NULL
TextBox1	Name	txtNumber		—	

（5）功能代码设计。

C#是事件驱动编程，双击 Form1 窗体上的"计算阶乘"按钮，进入 btnFactorial_Click 的单击事件，在该事件中编写求阶乘的代码。后台代码如下。

```
using System;
using System.Collections.Generic;
using System.ComponentModel;
using System.Data;
using System.Drawing;
using System.Linq;
using System.Text;
using System.Threading.Tasks;
using System.Windows.Forms;

namespace Project13_求整数的阶层
{
    public partial class Form1 : Form
    {
        public Form1()
        {
            InitializeComponent();
        }

        private void btnFactorial_Click(object sender, EventArgs e)
        {
            int num = Convert .ToInt32 ( txtNumber.Text);
            int fun = 1, i = 1;
            while (i <= num)
            {
                fun = fun * i;
                i++;
            }
            lblShow.Text = string.Format("{0}的阶乘是：{1}",num,fun);
        }
    }
}
```

（6）编译运行。

编译程序：完成代码设计，保存所有代码，在解决方案资源管理器面板中，右击"Project13_求整数的阶层"项目，执行"生成|重新生成"命令，检查程序语法错误。

运行程序：在解决方案资源管理器面板中，右击"Project13_求整数的阶层"项目，执行"调试｜启动新实例"命令运行程序效果如图 2.14 所示。

【结果分析】

后台程序中声明 3 个变量,分别是接收前台文本框输入的整型变量 num(文本框中输入的是字符串,将一个字符串值赋给整型变量 num,需要进行类型转换)、循环变量 i 的初值为 1、累计阶乘变量 fun 的初值为 1。判断 while 语句的布尔表达式 i<=num 的值是否为 true,如果是,则计算 fun=fun*i,并使 i 加 1 后再继续判断 while 语句的布尔表达式 i<num 的值,当布尔表达式的值为 false 时,循环计算结束,此时调用 string 类的 Format()方法将结果在 lblShow 标签处显示。

2.5.3　do…while 循环语句

do…while 循环语句是 while 循环语句的另一版本,其与 while 语句的最大区别是,do…while 语句至少会执行一次循环体。do…while 循环语句的语法形式如下。

```
do
{
    语句块;
}while(布尔表达式);
```

do…while 循环语句的逻辑:先执行 do{ }中的语句块,再判断 while()中布尔表达式的值是否为 true,若为 true,则继续执行语句块中的内容,否则不再执行语句块,因此,do…while 循环语句至少执行了一次循环体中的语句块。

do…while 循环语句中的 while(表达式)后的分号不能去掉。

【例题 2.14】设计一个 Windows 程序,实现功能:在窗体文本框中输入一个整数,在窗体的动态标签处显示这个整数的各位数字之和。程序运行效果如图 2.15 所示。

图 2.15　例题 2.14 程序运行效果

【实现步骤】

(1) 启动 Visual Studio 2019。

(2) 创建空解决方案 Capter2。

(3) 添加新项目。

(4) 窗体界面设计。

在 Form1 窗体界面上设计 2 个 Label 标签对象,一个是静态标签"输入一个整数",另一个是动态标签显示文本框输入整数的各位数字之和;1 个 TextBox 文本框对象,用于输入整数;1 个 Button 按钮对象,用于单击"求和"按钮实现文本框输入整数的各位数字之和的计算并在动态标签处显示结果。各控件对象的属性、属性值设置如表 2.18 所示。

表 2.18　各控件对象的属性、属性值

控件对象	属性	属性值	控件对象	属性	属性值
Form1	Text	求一位正整数各位数字之和	Label2	Name	lblShow
Label1	Text	输入一个整数		AutoSize	False
Button1	Name	btnSum		BorderStyle	Fixed3D
	Text	求和		Text	NULL
TextBox1	Name	txtNumber		—	

(5) 功能代码设计。

C#是事件驱动编程，双击 Form1 窗体上的"求和"按钮，进入 btnSum_Click 的单击事件，在该事件中编写求整数各位数字之和的代码。后台代码如下。

```
using System;
using System.Collections.Generic;
using System.ComponentModel;
using System.Data;
using System.Drawing;
using System.Linq;
using System.Text;
using System.Threading.Tasks;
using System.Windows.Forms;

namespace Project14_求一个正整数各位数字之和
{
    public partial class Form1 : Form
    {
        public Form1()
        {
            InitializeComponent();
        }

        private void btnSum_Click(object sender, EventArgs e)
        {
            int num = Convert.ToInt32(txtNumber .Text);
            int sum = 0;
            lblShow.Text = "输入的整数是：" + num;
            do
            {
                sum = sum + num % 10;
                num = num / 10;
            } while (num != 0);
            lblShow.Text +="  ；"+ string.Format("各位数字之和是：{0}",sum);
        }
    }
}
```

(6) 编译运行。

编译程序：完成代码设计，保存所有代码，在解决方案资源管理器面板中，右击"Project14_

求一个正整数各位数字之和"项目，执行"生成│重新生成"命令，检查程序语法错误。

运行程序：在解决方案资源管理器面板中，右击"Project14_求一个正整数各位数字之和"项目，执行"调试│启动新实例"命令运行程序，效果如图 2.15 所示。

【结果分析】

后台代码中声明 2 个变量，分别是接收前台文本框输入的整型变量 num(文本框中输入的是字符串，将一个字符串值赋给整型变量 num，需要进行类型转换)、存放各位数字之和的变量 sum。对整数 num 做求余 10 运算得到各位数字并进行累加存入 sum 变量中，为了得到 num 的下一位数字，则对整数 num 进行整除 10 运算，若 num 的值不等于 0，则继续做求余 10 位累加，整除 10 后再判断，直到 num 的值是 0 为止。在进行 do…while()循环语句前，输出在文本框中输入的整数，在进行 do…while()循环语句后，输出在文本框中输入的整数各位数字之和，本例中共采用两种方式输出：一种是字符串连接方式，另一种是字符串格式化方式。

2.5.4　跳转语句

在使用循环时最可怕的事情就是出现死循环，也就是不停执行循环，因此在一个循环语句中合理地根据条件结束循环是非常必要的。在 C#语言中提供了两个跳转语句：break 和 continue，本节详细介绍它们的使用方法。

1. break 语句

break语句用于 switch 语句，表示跳出 switch 语句；break 语句用于循环语句，表示提前终止循环。在循环结构中，break 语句常与 if 配合使用，先用 if 语句判断条件是否成立，如果条件成立，则用 break 语句中断循环，跳出循环结构。如果是多个循环语句的嵌套使用，则 break 语句跳出的则是最内层循环。

【例题 2.15】设计一个 Windows 程序，实现功能：在窗体文本框中输入一个整数，在窗体的动态标签处显示这个整数是否是素数的信息。程序运行效果如图 2.16 所示。

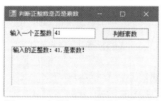

图 2.16　例题 2.15 程序运行效果

【实现步骤】

(1) 启动 Visual Studio 2019。

(2) 创建空解决方案。

(3) 添加新项目。

(4) 窗体界面设计。

在 Form1 窗体界面上设计 2 个 Label 标签对象，一个是静态标签"输入一个整数"，另一个是动态标签显示文本框输入整数是否是素数的信息；1 个 TextBox 文本框对象，用于输入整数；1 个 Button 按钮对象，用于单击"判断素数"按钮实现文本框输入整数进行素数的判断，并将结果在窗体动态标签处显示。各控件对象的属性、属性值设置如表 2.19 所示。

表 2.19　各控件对象的属性、属性值

控件对象	属性	属性值	控件对象	属性	属性值
Form1	Text	判断素数	Label2	Name	lblShow
Label1	Text	输入一个整数		AutoSize	False
Button1	Name	btnJudging		BorderStyle	Fixed3D
	Text	判断		Text	NULL
TextBox1	Name	txtNumber		—	

(5) 功能代码设计。

C#语言程序编程是事件驱动编程，双击 Form1 窗体上的"判断素数"按钮，进入后台代码编辑界面，在"btnJudging_Click"的单击事件中编辑求整数各位数字之和的代码。设计代码参考如下。

```
using System;
using System.Collections.Generic;
using System.ComponentModel;
using System.Data;
using System.Drawing;
using System.Linq;
using System.Text;
using System.Threading.Tasks;
using System.Windows.Forms;
namespace Project15_判断整数是否为素数
{
    public partial class Form1 : Form
    {
        public Form1()
        {
            InitializeComponent();
        }
        private void btnJudging_Click(object sender, EventArgs e)
        {
            int num = Convert.ToInt32(txtNumber.Text); //将文本框输入的字符串转换成整数
            int n = (int)Math.Sqrt(num);   //调用 Math.Sqrt()方法求 num 整数的平方根
            int i;
            //判断素数方法：将整数 num 逐个除以这个数的平方根之间的所有数，若能整除，则不是素
                数，否则是素数
            for ( i = 2; i <= n; i++)
            {
                if (num % i == 0)
                {
                    break;   //不是素数，中止循环
                }
            }
            if (i <= n)
            {
                lblShow.Text = string.Format("输入的正整数：{0},不是素数！", num);
            }
```

```
            else
            {
                lblShow.Text = string.Format("输入的正整数：{0},是素数！", num);
            }
        }
    }
}
```

(6) 编译运行。

编译程序：完成代码设计，保存所有代码，在解决方案资源管理器面板中，右击"Project15_判断整数是否为素数"项目，执行"生成|重新生成"命令，检查程序语法错误。

运行程序：在解决方案资源管理器面板中，右击"Project15_判断整数是否为素数"项目，执行"调试|启动新实例"命令运行程序效果如图2.16所示。

【结果分析】

后台代码中声明3个变量，分别是接收前台文本框输入的整型变量num(文本框中输入的是字符串，将一个字符串值赋给整型变量num，需要进行类型转换)、整型变量n用于接收num开平方根的值，循环变量i用于控制循环是否进行，同时判断i<=n的值，若为true，则该整数不是素数，若为false，则该整数是素数。调用string类中的Format()方法将信息在窗体的动态标签lblShow处显示。

2. continue 语句

continue语句只能用于循环语句，与break语句不同的是，continue语句不是用来终止并跳出循环结构的，而是提前结束本次循环，进入下一次循环，也就是说continue语句的后面语句不被执行。

【例题2.16】设计一个Windows程序，实现功能：过滤在窗体文本框中输入的连续字符。例如，在文本框中输入AAABBBBCCCDDDEEEFFFGG等，在窗体的动态标签处显示ABCDEFG字符信息。程序运行效果如图2.17所示。

图2.17　例题2.16程序运行效果

【实现步骤】

(1) 启动 Visual Studio 2019。

(2) 创建空解决方案。

(3) 添加新项目。

(4) 窗体界面设计。

在Form1窗体界面上设计2个Label标签对象，一个是静态标签"输入字符串"，另一个是动态标签显示文本框输入字符串过滤后的信息；1个TextBox文本框对象，用于输入字符串；1个Button按钮对象，用于单击"过滤"按钮实现文本框输入过滤，并将结果在窗体动态标签处显示。各控件对象的属性、属性值设置如表2.20所示。

表 2.20　各控件对象的属性、属性值

控件对象	属性	属性值	控件对象	属性	属性值
Form1	Text	过滤重复的字符	Label2	Name	lblShow
Label1	Text	输入一串字符		AutoSize	False
Button1	Name	btnOk		BorderStyle	Fixed3D
	Text	过滤		Text	NULL
TextBox1	Name	txtString		—	

(5) 功能代码设计。

C#语言编程是事件驱动编程，双击 Form1 窗体上的"过滤"按钮，进入后台代码编辑界面，在"btnOk_Click"的单击事件中编编辑对文本框中输入的字符串进行过滤的代码。设计代码参考如下。

```
using System;
using System.Collections.Generic;
using System.ComponentModel;
using System.Data;
using System.Drawing;
using System.Linq;
using System.Text;
using System.Threading.Tasks;
using System.Windows.Forms;

namespace Project6_过滤重复的字符
{
    public partial class Form1 : Form
    {
        public Form1()
        {
            InitializeComponent();
        }

        private void btnOk_Click(object sender, EventArgs e)
        {
            char oldchar, newchar;
            oldchar =Convert .ToChar ( string.Empty.Length );    //也可以  oldchar=' ';
            lblShow.Text = "过滤重复字符串后的结果: \n";
            for (int i = 1; i < txtString.Text.Length; i++)
            {
                newchar = txtString.Text[i];
                if (oldchar == newchar)
                {
                    continue;
                }
                lblShow.Text += newchar.ToString();
                oldchar = newchar;
            }
        }
    }
}
```

(6) 编译运行。

编译程序：完成代码设计，保存所有代码，在解决方案资源管理器面板中，右击"Project6_过滤重复的字符"项目，执行"生成│重新生成"命令，检查程序语法错误。

运行程序：在解决方案资源管理器面板中，右击"Project6_过滤重复的字符"项目，执行"调试│启动新实例"命令运行程序效果如图2.17所示。

【结果分析】

后台代码采用 newchar 获取从文本框中输入的每一个字符，用 oldchar 记录该字符之前的字符，如果两者相等，则用 continue 语句结束本次循环；如果两者不相等，则将字符 newchar 通过窗体动态标签 lblShow 显示出来，同时，让 oldchar=newchar，继续下一次的循环。

习题 2

1. 单选题

(1) 定义语句 int x=3,y=0,z=0，则值为 0 的表达式是(　　　)。

    A. x&&y　　　　　B. x||y　　　　　C. x||z+2&&y-z　　　D. !((x<y)&&!z||y)

(2) C#对嵌套的 if 语句规定，else 总是与(　　　)配对。

    A. 其之前最近的 if　　　　　　　　　B. 第一个 if

    C. 缩进位置相同的 if　　　　　　　　 D. 其之前最近且不带 else 的 if

(3) x 为奇数时值为"True",x 为偶数时值为"false"的表达式是(　　　)。

    A. !(X%2==1)　　B. X%2==0　　　　C. X%2　　　　　D. !(X%2)

(4) 经过下面的运算后，x 的结果为(　　　)。

```
double x=2.5,  y=5.5；
x=x+(4/2*(int)y/2)%4；
```

    A. 3.5　　　　　　B. 2.5　　　　　　C. 1.5　　　　　　D. 0.5

(5) 设变量 m、n、a、b、c、d 的值均为 1，执行(m=a!=b)&&(n=c!=d)后，m、n 的值分别是(　　　)。

    A. 0，0　　　　　B. 0，1　　　　　C. 1，0　　　　　D. 1，1

(6) 在 do-while 循环中，循环从 do 开始，到 while 结束。必须注意的是，在 while 表达式后面的(　　　)不能丢，它表示 do-while 语句的结束。

    A. 0　　　　　　 B. 1　　　　　　　C. ;　　　　　　　D. ,

(7) for 语句中的表达式可以部分或全部省略，但两个(　　　)不可省略。但当 3 个表达式均省略后，因缺少条件判断，循环会无限制地执行下去，形成死循环。

    A. 0　　　　　　 B. 1　　　　　　　C. ;　　　　　　　D. ,

(8) while 循环语句中，while 后一对圆括号中表达式的值决定了循环体是否进行，因此，进入 while 循环后，一定有能使此表达式的值变为(　　　)的操作，否则，循环将会无限制地进行下去。

    A. 0　　　　　　 B. 1　　　　　　　C. 成立　　　　　 D. 2

2. 填空题

(1) int a,执行表达式 a=36/5%3 后，则 a 的值是＿＿＿＿＿＿＿＿。

(2) 假设 a、b、c 均是整型数据，且 a=5、b=3，执行完语句 c=(a>b)?b:a 后，c 的值是＿＿＿＿。

(3) 若 int x=6,y=5;，则执行 Console.WriteLine("{0},{1}",y%2,x=y/2);语句后输出的结果是＿＿。

(4) 当 a=1,b=2,c=3 时，执行 if(a>c) b=a;a=c;c=b;语句后，a、b、c 的值分别为: a=＿＿＿＿＿＿＿＿; b=＿＿＿＿＿＿＿＿; c=＿＿＿＿＿＿＿＿。

(5) 若 for 循环用以下形式表示：for(表达式 1；表达式 2；表达式 3)循环体语句;，则执行语句 for(i=0;i<3;i++) Console.Write("{0}", "*");时，表达式 1 执行＿＿＿＿＿次，表达式 3 执行＿＿＿＿＿ 次，该语句的运行结果为＿＿＿＿＿。

(6) 在循环中，continue 语句与 break 语句的区别是：continue 语句是＿＿＿＿＿; break 语句是 ＿＿＿＿＿。

第 3 章
字符串和数组

在 C#语言的程序设计中，字符串是使用频率极高的数据类型。在用户登录软件系统时，必须输入用户名、密码，在系统中如果没有用户名和密码，则需要注册用户信息，如用户名、密码、性别、家庭住址、职业、联系方式、业余爱好等。这些信息都需使用字符串类型来存取。C#语言中提供了对字符串类型数据操作的系列方法，如截取字符串中的部分字符、查找字符串中指定的字符等。

要解决批量数据处理的问题，通常借助数组比较方便。C#语言在处理批量数据存取时，运用数组下标直接存取每个数据。C#语言提供了一维数组、多维数组的操作。

枚举型和结构体类型是两个特殊的值类型。枚举型是使用符号来表示一组相互关联的数据；结构体类型是描述现实对象属性特征的完整性，如学生对象属性特征有学号、姓名、性别、专业、班级等。

3.1 字符串

C#语言中的字符串是由若干个 Unicode 字符组成的，字符串常量使用英文双引号括起来。

在 C#语言程序设计中，正确使用字符串操作方法，使编程起到事半功倍的效果。

C#语言的字符串属于引用型，字符串变量使用 string 关键字来声明。两个字符串可以通过连接运算符"+"来连接。

C#字符串是不可变的，也就是说字符串一旦创建，其内容就不能更改。例如，string text = "湖北";，当执行 text += "武汉";后，运算符+=重新构建了一个新字符串"湖北武汉"，字符串变量 text 指向这个新的字符串，原来的字符串"湖北"依然存在，只是不再使用了。

C#语言中允许使用关系运算符(==、!=)来比较两个字符串各对应的字符是否相等，若相等，则运算结果为 true；若不相等，则运算结果为 false。

C#语言中的字符串可以看成一个字符数组，因此可以通过数组下标索引(数组的索引从 0 开始)来提取字符串中的字符。

3.1.1 常用字符串操作

C#语言的 string 类是 System.String 类的别名。System.String 类常用的属性和方法如表 3.1 所示。

表 3.1 System.String 常用的属性和方法

序号	属性和方法	功能
1	Length	获取字符串的长度,即字符串中字符的个数
2	ToLower	返回一个新字符串,将字符串中的大写字母转换成小写字母
3	ToUpper	返回一个新字符串,将字符串中的小写字母转换成大写字母
4	Insert	返回一个新字符串,将一个字符串插入另一个字符串中指定索引的位置
5	Remove	返回一个新字符串,将字符串中指定位置的字符删除
6	Replace	返回一个新字符串,用于将指定字符串替换给原字符串中指定的字符串
7	Split	返回一个字符串类型的数组,根据指定的字符数组或字符数组中的字符或字符串作为条件拆分字符串
8	Substring	返回一个新的字符串,用于截取指定的字符串
9	Concat	返回一个新的字符串,将多个字符串合并成一个字符串
10	TrimStart	返回一个新的字符串,将字符串中左侧空格删除
11	TrimEnd	返回一个新的字符串,将字符串中右侧空格删除
12	Trim	返回一个新的字符串,不带任何参数时,表示将原字符串中前后空格删除,参数为字符数组时,表示将原字符串中含有的字符数组中的字符删除

为了增强字符串的操作,.NET Framework 类库提供 System.Text.StringBuilder 类,可构造可变字符串,但 StringBuilder 类不能被继承。StringBuilder 类的常用属性和方法如表 3.2 所示。

表 3.2 StringBuilder 常用的属性和方法

序号	属性和方法	功能
1	Length	获取字符串的长度,即字符串中字符的个数
2	Append	追加字符串到 StringBuilder 对象的末尾
3	Insert	在指定的索引处插入子字符串
4	IndexOf	从前向后查找子串在主串的起始索引值
5	Remove	返回一个新字符串,将字符串中指定位置的字符删除
6	Replace	返回一个新字符串,用于将指定字符串替换给原字符串中指定的字符串

【例题 3.1】设计一个 Windows 程序,实现功能:在原字符串中实现插入、查找并显示结果,程序运行效果如图 3.1 所示。

图 3.1 例题 3.1 程序运行结果

【实现步骤】

(1) 启动 Visual Studio 2019。

(2) 创建空解决方案 Capter3，在空解决方案 Capter3 中添加项目 Project1_字符串插入查找。

(3) 窗体界面设计。

在 Form1 窗体上设计 5 个 Label 对象，分别是原字符串、要插入的字符串、插入位置、查找的子字符串、显示结果的 lblShow；4 个 TextBox 对象，分别是原字符串输入框、要插入字符串输入框、插入位置输入框、查找的子字符串输入框；2 个 Button 按钮对象，分别是插入按钮、查找按钮。各控件对象名、属性和属性值如表 3.3 所示。

表 3.3 各控件对象名、属性和属性值

控件	属性	属性值	控件	属性	属性值
Label1	Text	原字符串	TextBox1	Name	txtOldString
Label2	Text	要插入的字符串	TextBox2	Name	txtInsertString
Label3	Text	插入位置	TextBox3	Name	txtInsertIndex
Label4	Text	查找的子字符串	TextBox4	Name	txtSelect
Label5	Text	NULL	Button1	Name	btnInsert
	Name	lblShow		Text	插入
	AutoSize	False	Button2	Name	btnSelect
	BorderStyle	Fixed3D		Text	查找

(4) 功能代码设计。

C#的 Windows 编程是事件驱动编程。StringBuilder 可变字符串对象 stringSave 在 btnInsert_Click() 方法、btnSelect_Click()方法中都要使用，因此必须在方法之外实例化。在插入方法中调用可变字符串的 Append()方法和 Insert()方法；在查找方法中调用可变字符串的 Append()方法和 IndexOf()方法，同时对查找返回的索引值进行判断，若返回索引值为-1，则说明查找的字符串不在原字符串中；否则，返回查找的子串在原字符串中的索引值。后台代码设计如下。

```
namespace Project1_字符串插入查找
{
    public partial class Form1 : Form
    {
        public Form1()
        {
            InitializeComponent();
        }
        //实例化一个可变字符串对象，保存用户输入的字符串
        StringBuilder stringSave = new StringBuilder();
        private void bntInsert_Click(object sender, EventArgs e)
        {
            //将窗体文本框中输入的字符串追加到可变字符串对象 stringSave 的末尾
            stringSave.Append(txtOldString.Text);
            //获取插入字符串的索引
            int index = Convert.ToInt32(txtInsertIndex.Text);
            //调用可变字符串对象的插入方法，该方法有 3 个参数：插入位置、插入子字符串、插入次数
```

```
        stringSave.Insert(index, txtInsertString.Text, 1);
        lblShow.Text = stringSave.ToString();
    }
    private void btnSelect_Click(object sender, EventArgs e)
    {
        stringSave.Append(txtOldString.Text);
        string oldstring = stringSave.ToString();
        //从左向右查找子串在原串的起始索引值
        int index = oldstring.IndexOf(txtSelect.Text);
        //判断索引 index 值，若为-1，则查找的子串不在原串中
        if (index == -1)
        {
            lblShow.Text += "\n 查找的子字符串:"+txtSelect .Text +",不在原串中！ ";
        }
        else
        {
            lblShow.Text += "\n 查找的子串:"+txtSelect .Text +",在原串中的索引值： " + index;
        }
    }
}
```

（5）编译运行。

编译程序：完成代码设计，保存所有代码，在解决方案资源管理器面板中，右击“Project1_字符串插入查找”项目，执行“生成｜重新生成”命令，检查程序语法错误。

运行程序：在解决方案资源管理器面板中，右击“Project1_字符串插入查找”项目，执行“调试｜启动新实例”命令打开窗体界面，在窗体“原字符串”文本框中输入“武汉工程科技学院”，在“插入字符串”文本框中输入“信息工程学院”，在“插入位置”文本框中输入“8”，单击“插入”按钮，则在指定标签处显示新的字符串“武汉工程科技学院信息工程学院”。在窗体“查找子串”文本框中输入“工程科技”，单击“查找”按钮，则在指定标签处显示“查找的子串：工程科技，在原串中的索引值：2”，若在“查找子串”文本框中输入“工程技术”，则在指定标签处显示“查找的子字符串：工程技术，不在原串中！”信息。运行程序效果如图 3.1 所示。

3.1.2　数据类型转换

在实际应用中数据类型转换操作是随处可见的，也是编程中必不可少的，文本框中输入的内容是文本型字符串，输入的整数、实数都是字符串，要将一个整数字符串赋给一个整型变量，需要将字符串类型数据转换为整型数据。

在 C#语言中，数据类型转换有隐式转换、强制类型转换、Convert()方法转换、Parse()方法转换、ToString()方法转换。

1. 隐式转换

隐式转换是指不需要用其他方法的数据类型而直接可以转换。隐式转换主要是在整型、浮点型之间转换，将存储范围小的数据类型直接转换成存储范围大的数据类型。例如，将 int 型转换成 double 类型的值，将 int 型转换成 long 类型，或者将 float 型转换成 double 类型的值。

注意：

不能将存储范围大的数据类型转换成存储范围小的数据类型。例如，不能将 double 类型转换成 int 数据类型。

2. 强制类型转换

强制类型转换用于将存储范围大的数据类型转换成存储范围小的数据类型，但数据类型需要兼容。

例如，整数类型和浮点类型之间的转换是允许的，但字符串类型与整数类型之间是无法进行强制类型转换的。强制类型转换的具体语法形式如下。

数据类型 变量=(数据类型)变量名或值;

例如，int num=(int)3.14;，该语句是将实型数据 3.14 强制转换成整型数据 3，进行数据类型转换，但损失了数据的精度，导致数据不准确，因此在进行数据类型转换时还需要考虑数据是否有精度要求。

3. Convert()方法

Convert()方法是数据类型转换最灵活的方法，它能够将任意数据类型的值转换成所需的任意数据类型，基本条件是不要超出指定数据类型的范围，具体的语法形式如下。

数据类型 变量名=Convert.To 数据类型(参数);

Convert.To 后面的数据类型要与等号左边的数据类型匹配。在转换成整数类型时有 3 种情况，分别是：Convert.ToInt32()表示 int 类型、Convert.ToInt16()表示 short 类型、Convert.ToInt64()表示 long 类型。一般情况下使用 Convert.ToInt32()转换方法。

对整数类型数据与浮点类型的强制转换操作也可使用 Convert.ToDouble()方法，但依然损失存储范围大的数据类型的精度。

4. Parse()方法

Parse()方法用于将字符串类型转换成任意类型，具体的语法形式如下。

数据类型 变量=数据类型. Parse(字符串类型的值)

这里要求等号左右两边的数据类型兼容。字符串类型的值必须是数字并且不得超出相应类型的取值范围。例如，int num = int.Parse("2020.12");，该语句将字符串"2020.12"转换成一个整数 2020；float f = float.Parse("2020.12");，该语句将字符串"2020.12"转换成一个浮点数 2020.12。

5. ToString()方法

ToString()方法用于将任意的数据类型转换成字符串类型。例如，将浮点类型数据转换成字符串类型。

double ymd = 2020.02;
string str = ymd.ToString();

该语句功能将浮点型变量 ymd 转换成字符串类型。

在 C#语言中数据类型分值类型、引用类型两大类。将值类型转换成引用类型的操作称为装箱。在上面语句中，double 类型是值类型，string 类型是引用类型，当将值类型变量 ymd 的值转换成引用类型变量 str 时就是一个装箱操作。将引用类型的值转换成值类型的操作称为拆箱。

【例题 3.2】设计一个控制台程序，通过键盘输入任意的 3 个整数，输出其中的最大数和最小数，程序运行效果如图 3.2 所示。

图 3.2 例题 3.2 程序运行效果

【实现步骤】

(1) 启动 Visual Studio 2019。

(2) 创建空解决方案 Capter3，在空解决方案 Capter3 中添加项目 "Project2_求三数中最大数最小数控制台程序"。

(3) 功能代码设计。

实现 3 个整型数据的比较大小，算法比较多，本教材采用打擂台法，假设 3 个中的第一个数既是最大数，也是最小数，将最大数与后面两个数分别进行比较，若小，则替换最大数；将最小数也分别与后面两个数进行比较，若大，则替换最小数，最后输出最大数和最小数，代码设计参考如下。

```csharp
using System;
namespace Project2_求三数中最大数最小数控制台程序
{
    class Program
    {
        static void Main(string[] args)
        {
            int num1, num2, num3;
            int max, min;
            Console.WriteLine("请输入任意 3 个整数：");
            num1 = Convert.ToInt32(Console.ReadLine());
            num2 = Convert.ToInt32(Console.ReadLine());
            num3 = Convert.ToInt32(Console.ReadLine());
            max = num1;
            min = num1;
            if (max < num2)
            {
                max = num2;
            }
            else if(max <num3)
            {
                max = num3;
            }
            if (min >num2)
            {
                min= num2;
            }
            else if (max >num3)
            {
                min= num3;
            }
            Console.WriteLine("三数中最大数是：{0}\n 三数中最小数是：{1}", max, min);
            Console.ReadKey();
        }
    }
}
```

(4) 编译运行。

编译程序：完成代码设计，保存所有代码，在解决方案资源管理器面板中，右击"Project2_求三数中最大数最小数控制台程序"项目，执行"生成 | 重新生成"命令，检查程序语法错误。

运行程序：在解决方案资源管理器面板中，右击"Project2_求三数中最大数最小数控制台程序"项目，执行"调试 | 启动新实例"命令打开控制台界面，在界面上输出 11，回车，再输入 12，回车，最后输入 13，回车，则程序运行效果如图 3.2 所示。

【例题 3.3】设计一个 Windows 程序，实现功能：在窗体的 3 个文本框中分别输入一个数，要求输出其中的最大数，程序运行效果如图 3.3 所示。

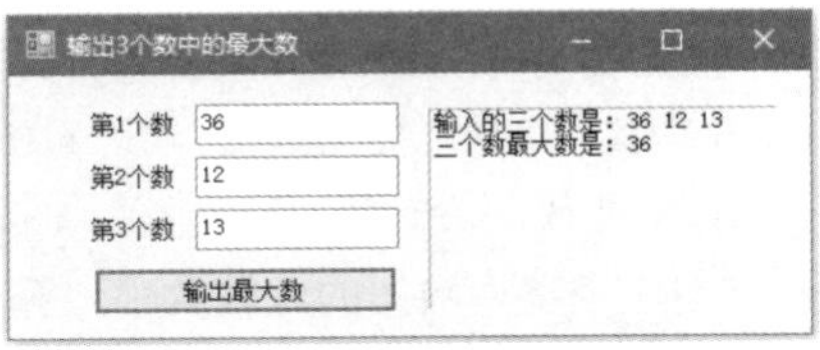

【实现步骤】

(1) 启动 Visual Studio 2019。

图 3.3　例题 3.3 程序运行效果

(2) 创建空解决方案 Capter3，在空解决方案 Capter3 中添加项目"Project3_输出 3 个整数中最大数"。

(3) 窗体界面设计。

在 Form1 窗体上设计 4 个 Label 对象，分别是第 1 个数、第 2 个数、第 3 个数、显示结果的 lblShow；3 个 TextBox 对象，分别是第 1 个数文本框、第 2 个数文本框、第 3 个数文本框；1 个 Button 对象按钮，即输出最大数。各控件对象的属性和属性值如表 3.4 所示。

表 3.4　各控件对象的属性和属性值

控件	属性	属性值	控件	属性	属性值
Label1	Text	第 1 个数	TextBox1	Name	txtNumber1
Label2	Text	第 2 个数	TextBox2	Name	txtNumber2
Label3	Text	第 3 个数	TextBox3	Name	txtNumber3
Label4	Text	NULL	Button1	Name	btnMaxvalue
	Name	lblShow		Text	输出最大数
	AutoSize	False		—	
	BorderStyle	Fixed3D			

(4) 功能代码设计。

在窗体界面的[输出最大数]单击事件中定义 3 个整型变量，在 3 个文本框中输入整数字符串，调用 Convert()方法和 Parse()方法转换成整型数据后分别对 3 个整型变量赋值。定义一个最大数整型变量，其值为第 1 个数，用于与第 2、第 3 个数比较，若小则交换，最后采用字符串格式化方法在指定标签 Label4 处输出，后台代码设计如下。

```
namespace Project3_输出 3 个整数中最大数
{
    public partial class Form1 : Form
    {
        public Form1()
        {
            InitializeComponent();
        }
```

```
                private void btnMaxvalue_Click(object sender, EventArgs e)
                {
                        int num1 = int.Parse(txtNumber1.Text);
                        int num2 = Convert.ToInt32(txtNumber2.Text);
                        int num3 = Convert.ToInt32(txtNumber3.Text);
                        int maxnum = num1;
                        if (num2 > maxnum){ maxnum = num2; }
                        if (num3 > maxnum){ maxnum = num3; }
                        lblShow.Text = string.Format("输入的 3 个数是：{0} {1} {2}", num1, num2, num3);
                        lblShow.Text += string.Format("\n3 个数最大数是：{0}", maxnum);
                }
        }
}
```

(5) 编译运行。

编译程序：完成代码设计，保存所有代码，在解决方案资源管理器面板中，右击“Project3_输出 3 个整数中最大数”项目，执行“生成 | 重新生成”命令，检查程序语法错误。

运行程序：在解决方案资源管理器面板中，右击“Project3_输出 3 个整数中最大数”项目，执行“调试 | 启动新实例”命令打开窗体界面，在窗体界面的文本框中分别输入：36，12，13，单击“输出最大数”按钮，则程序运行效果如图 3.3 所示。

【结果分析】

在窗体的文本框中要求输入的是整数，因为在“输出最大数”按钮单击事件中定义的是整型数据来接收文本框的值。若输入了浮点数，则程序会出现异常(因为没做异常的处理)。对输出结果采用的是字符串格式化方式。

3.1.3　正则表达式

正则表达式的主要作用是验证字符串的值是否满足一定的规则，在页面输入数据验证方面应用比较多，如身份证号码是否合法验证、用户电子邮箱是否合法验证。

正则表达式是专门处理字符串操作的，其本身有固定的写法。正则表达式的符号主要分元字符和表示重复的字符，正则表达式中的元字符如表 3.5 所示，正则表达式中表示重复的字符如表 3.6 所示。

正则表达式中使用“|”分隔符表示多个正则表达式之间的或者关系，也就是在匹配某一个字符串时满足其中一个正则表达式。例如，使用正则表达式来验证身份证信息，第 1 代身份证号由 15 位数字构成，第 2 代身份证号由 18 位数字构成，正则表达式可以写成“\d{15}|\d{18}”。

表 3.5　正则表达式中的元字符

序号	字符	功能说明
1	.	匹配除换行符以外的所有字符
2	\w	匹配字母、数字、下画线
3	\s	匹配空白符(如空格)
4	\d	匹配数字
5	\b	匹配表达式的开始或结束
6	^	匹配表达式的开始
7	$	匹配表达式的结束

表 3.6　正则表达式中表示重复的字符

序号	字符	功能说明
1	*	0 次或多次字符
2	?	0 次或 1 次字符
3	+	1 次或多次字符
4	{n}	n 次字符
5	{n, m}	n 到 m 次字符
6	{n, }	n 次以上字符

在 C#语言中使用正则表达式要用到 Regex 类，该类在 System.Text.RegularExpressions 命名空间中。在 Regex 类中使用 IsMatch()方法判断所匹配的字符串是否满足正则表达式的要求。

【例题 3.4】设计一个 Windows 程序，实现功能：运用正则表达式验证邮箱输入的格式是否正确的信息在窗体的动态标签处显示，程序运行效果如图 3.4 所示。

【实现步骤】

(1) 启动 Visual Studio 2019。

(2) 创建空解决方案 Capter3，在空解决方案 Capter3 中添加项目"Project4_正则表达式验证窗体程序"。

(3) 窗体界面设计。

图 3.4　例题 3.4 程序运行效果

在 Windows 窗体上添加 2 个 Label 对象，分别是静态标签"电子邮箱"和动态标签 lblShow；一个 TextBox 对象，其 Name 值是 txtEmail；一个 Button 对象，其 Name 值是 btnCheck，Text 值是"验证"。各控件对象的属性、属性值如表 3.7 所示。

表 3.7　各控件对象的属性、属性值

控件	属性	属性值	控件	属性	属性值
Label1	Text	电子邮箱	TextBox1	Name	txtEmail
Label2	Text	NULL	Button1	Name	btnCheck
	Name	lblShow		Text	验证
	AutoSize	False		FlatStyle	Popup
	BorderStyle	Fixed3D		Curse	Hand

(4) 后台代码设计。

在设计的窗体界面上双击"验证"按钮或右击"验证"按钮，执行"属性"，在"属性"面板上单击"事件"标签，找到 Click 事件，双击进入后台代码编写。设计后台代码如下。

```
namespace Project4_正则表达式验证窗体程序
{
    public partial class Form1 : Form
    {
        public Form1()
        {
```

```
        InitializeComponent();
    }
    private void btnCheck_Click(object sender, EventArgs e)
    {
        string email = txtEmail.Text;
        //邮箱格式验证要求：XXXX@XX.COM，如 1234@QQ.COM 为正确格式
        Regex rgx = new Regex(@"^(\w)+(.\w+)*@(\w)+((.\w+)+)$");
        if (rgx.IsMatch(email))
        {
            lblShow.Text = "输入：" + txtEmail.Text + "邮箱格式正确！";
        }
        else
        {
            lblShow.Text = "输入：" + txtEmail.Text + "邮箱格式不正确！";
        }
    }
}
```

(5) 编译运行。

编译程序：完成代码设计，保存所有代码，在解决方案资源管理器面板中，右击"Project4_正则表达式验证窗体程序"项目，执行"生成|重新生成"命令，检查程序语法错误。

运行程序：在解决方案资源管理器面板中，右击"Project4_正则表达式验证窗体程序"项目，执行"调试|启动新实例"命令打开窗体界面，在窗体界面的文本框中分别输入：wangshui06@163.com，单击"验证"按钮，则程序运行效果如图 3.4 所示。

【结果分析】

程序中实例化 Regex 对象，在实例化对象时调用带参数的 Regex 构造函数，同时还需用户导入命名 using System.Text.RegularExpressions。通过调用 IsMatch()方法进行判断，若符合邮箱格式，则输出格式正确，否则输出邮箱格式不正确。

除了邮箱"^(\w)+(.\w+)*@(\w)+((.\w+)+)$"这种格式验证外，还有如表 3.8 所示的常用正则表达式。

表 3.8　常用正则表达式

序号	正则表达式	功能说明
1	\d{15}|\d{18}	验证身份证号码(15 位或 18 位)
2	\d{3}-\d{8}|\d{4}-\d{7}	验证国内的固定电话(区号 3 位或 4 位，电话号码 8 位或 7 位，区号与电话号码间用-隔开)
3	^[1—9]\d*$	验证字符串中都是正整数
4	^？[1—9]\d*$	验证字符串中是整数
5	^[A—Za-z]+$	验证字符串全是大小写字母
6	^[A—Za-z0-9]+$	验证字符串由数字和字母构成

3.2 数组

数组是一组数据的集合,数组中的每个数据被称作元素。在数组中可以存放任意类型的元素,但同一数组里存放的元素类型必须一致,数组只能通过索引(又称下标)来访问。只有一个维度的数组称为一维数组,具有多个维度的数组称为多维数组。本节介绍一维数组和多维数组。

3.2.1 一维数组

只有一个维度的数组称为一维数组,一维数组的元素个数称为一维数组的长度,一维数组的索引从 0 开始,具有 n 个元素的一维数组的索引是从 0 到 n-1。

1. 一维数组的声明和创建

C#使用 new 运算符来创建数组。声明并创建一维数组的一般形式如下。

数组类型[] 数组名=new 数组类型[数组长度];

例如,int[] num=new int[10];表明声明和创建一个具有 10 个数组元素的一维数组 num,则数组元素自动初始化整型的默认值 0。

一维数组也可先声明,后创建,其形式如下。

数据类型[] 数组名;
数据名=new 数组类型[数组长度];

2. 一维数组的初始化

如果在声明并创建数组时没有初始化数组,则数组元素将自动初始化为该数组类型的默认初始值。如:整型数组的默认值为 0;字符串类型数组的默认值为空,常用 null 表示。初始化数组的方式有:在创建数组时初始化、先声明后初始化、先创建后初始化。

1) 在创建数组时初始化
在创建一维数组时,对其初始化的一般形式如下。

数组类型[] 数组名=new 数据类型[数组长度]{ 初始值列表 };

例如:

int[] num = new int[5] { 1, 2, 3, 4, 5 }; 该语句也等同 int[] num=new int[]{1,2,3,4,5};

说明:数组长度可省略。如果省略数组长度,则系统将根据初始值个数来确定一维数组的长度。如果指定了数组长度,则 C#要求初始值的个数必须与数组长度相同,初始值之间以逗号间隔。例如:

int[] num = new int[5] { 1, 2, 3, 4, 5 };

说明:创建的一维数组 num 具有 5 个数组元素,它们的值分别是 num[0]=1、num[1]=2、num[2]=3、num[3]=4、num[4]=5。例如,int[] num = new int[5] { 1, 2, 3 };语句在编译时发生错误。

在创建时初始化一维数组也可采用如下简写形式。

数据类型[] 数组名={ 初始值列表 };

例如：

int[] num= {1,2,3,4,5};

说明：创建的一维数组num具有5个数组元素，它们的值分别是num[0]=1、num[1]=2、num[2]=3、num[3]=4、num[4]=5。

2) 先声明后初始化

C#允许先声明一个一维数组，然后再初始化各数组元素的值，具体形式如下。

数组类型[] 数组名;数组名=new 数组类型[数组长度]{ 初始值列表 };

例如：

```
int num[];
num=new int[]{1,2,3,4,5};
```

说明：先声明一个一维数组，再用运算符 new 创建并进行初始化数组各元素的值。

注意：

在先声明数组，后初始化时，不能采用简写形式。如下面语句在编译时会出现语法错误。

```
int num[];
num={1,2,3,4,5};
```

3) 先创建后初始化

C#允许先声明和创建一维数组，然后逐个初始化数组元素。具体形式如下。

数据类型[] 数组名=new 数据类型[数组长度];
数组元素=值;

例如：

```
int[] num = new int[3];
num[0] = 1; num[1] = 2; num[2] = 3;
```

3. 一维数组的使用

数组是由若干个数组元素组成的，每个数组元素相当于一个普通的变量，可以更改其值，也可引用其值，使用数组元素的具体形式如下。

数组名[索引];

4. 一维数组的操作

C#的数组类型是从抽象基类型 System.Array 派生的。如，Array 类的 Length 属性返回数组的长度，表明数组共有多少个元素。Array 类的常用属性和方法如表 3.9 所示。

表 3.9 Array 类的常用属性和方法

序号	属性和方法	功能说明
1	Length	返回数组的长度，表明数组共有多少个元素
2	Clear	清除数组元素的值

(续表)

序号	属性和方法	功能说明
3	Copy	复制数组
4	Sort	对数组元素进行排序(默认为升序排序)
5	Reverse	反转数组元素的顺序
6	IndexOf	从左至右查找数组元素
7	LastIndexOf	从右至左查找数组元素
8	Resize	更改数组长度

说明：Sort、Reverse、IndexOf、LastIndexOf、Resize 只能针对一维数组进行操作。

【例题 3.5】设计一个 Windows 程序，实现功能：①在窗体文本框中输入若干个整数(本例输入 5 个)，输入一个整数后，单击"添加"按钮，将该数保存到数组 array1 中；②单击"显示"按钮，将数组 array1 中的元素复制到数组 array2 中，要求显示数组 array2 的排序前、排序后、对排序后的反转信息；③单击"查找"按钮查找在文本框中输入任意一个整数是否在数组 array2 中。程序运行效果如图 3.5 所示。

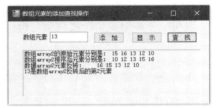

图 3.5　例题 3.5 程序运行效果

【实现步骤】

(1) 启动 Visual Studio 2019。

(2) 创建空解决方案 Capter3，在空解决方案 Capter3 中添加项目"Project5_数组元素添加查找操作窗体程序"。

(3) 窗体界面设计。

在 Windows 窗体界面上设计 2 个 Label 对象、1 个 TextBox 文本框对象、3 个 Button 按钮对象。各控件对象的属性、属性值如表 3.10 所示。

表 3.10　各控件对象的属性、属性值

控件	属性	属性值	控件	属性	属性值
Label1	Text	数组元素	Button1	Name	btnAdd
Label2	Text	NULL		Text	添加
	Name	lblShow	Button2	Name	btnDisplay
	AutoSize	False		Text	显示
	BorderStyle	Fixed3D	Button3	Name	btnSelect
TextBox1	Name	txtElement		Text	查找

(4) 功能代码设计。

在"添加""显示""查找"按钮单击事件外，声明一整型符号常量用于控制数组的长度，声明一整型静态变量用于控制数组的下标，声明两个数组，其中数组 array1 用于在"添加"按钮事件中初始化数组元素值，数组 array2 用于在"显示"按钮事件中完成复制、排序。在"查找"事件中完成在数组 array2 中从左至右地查找。在窗体界面上分别双击"添加"、"显示"、"查找"按钮，则进入相应功能事件代码编辑区，事件"btnAdd_Click"单击事件为添加代码编辑区、事件"btnDisplay_Click"单击事件为显示代码编辑区、"btnSelect_Click"单击事件为查找代码编辑区，其中添加单击事件为了防止程序运行出现中断，保证程序的健壮性，需对其进行异常处理，设计代码参考如下。

```
namespace Project5_数组元素添加查找操作窗体程序
{
    public partial class Form1 : Form
    {
        public Form1()
        {
            InitializeComponent();
        }
        const int Max = 5; //定义符号常量，表示数组的长度
        static int num = 0;//定义静态变量，表示数组索引值
        int[] array1 = new int[Max];
        int[] array2 = new int[Max];
        private void btnAdd_Click(object sender, EventArgs e)
        {
            try
            {
                array1[num] = Convert.ToInt32(txtElement.Text);
                lblShow.Text += string.Format("\n 添加第{0}个数组元素成功，元素值是：{1}", num,
                                txtElement.Text);
                num++;
            }
            catch(Exception ex)
            {
                MessageBox.Show(ex.Message);
            }
        }

        private void btnDisplay_Click(object sender, EventArgs e)
        {
            Array.Copy(array1, array2, num );//将数组 array1 的所有元素复制到数组 array2 中
            lblShow.Text = "数组 array2 的原始元素分别是：";
            for (int i = 0; i < array2.Length; i++)
            {
                lblShow.Text += " " + array2[i];
            }
            lblShow.Text += "\n 数组 array2 排序后的元素分别是：";
            Array.Sort(array2);
            for (int i = 0; i < array2.Length; i++)
            {
                lblShow.Text += " " + array2[i];
            }
            lblShow.Text += "\n 数据 array2 元素反转：     ";
            Array.Reverse (array2);
            for (int i = 0; i < array2.Length; i++)
            {
                lblShow.Text += " " + array2[i];
```

```
            }
        }

        private void btnSelect_Click(object sender, EventArgs e)
        {
            //在数组 array2 中查找是否有 txtElement.Text 中输入的元素
            int index = Array.IndexOf(array2, Convert.ToInt32(txtElement.Text));
            if (index == -1)
            {
                lblShow.Text += "\n 数组 array2 中不存在要查找的元素：" + txtElement.Text;
            }
            else
            {
                lblShow.Text += string.Format("\n{0}是数组 array2 反转后的第{1}元素", txtElement.Text, index);
            }
        }
    }
}
```

(5) 编译运行。

编译程序：完成代码设计，保存所有代码，在解决方案资源管理器面板中，右击"Project5_数组元素添加查找操作窗体程序"项目，执行"生成｜重新生成"命令，检查程序语法错误。

运行程序：在解决方案资源管理器面板中，右击"Project5_数组元素添加查找操作窗体程序"项目，执行"调试｜启动新实例"命令打开窗体界面，在窗体界面的文本框中分别输入一个数，单击"添加"按钮，当单击次数超过数组定义的长度时，则程序弹出消息框，提示"索引超出了数组界限"消息，单击消息框的"确定"按钮，程序结束"添加"操作，运行效果如图 3.6 所示；然后再分别程序运行窗体界面的"显示""查找"按钮，则程序运行效果如图 3.5 所示。

图 3.6　例题 3.5 添加按钮运行效果

【结果分析】

在数组元素文本框中输入一个数，单击"添加"按钮，将该数组添加到数组 array1 中，反复操作 5 次。在"显示"按钮事件实现将数组 array1 中的元素复制到数组 array2 中，调用排序方法实现排序、调用反序方法实现对排序后的元素反序，输出结果。在数组文本输入任意数，在"查找"中输出该数是否在数组 array2 中。

3.2.2　多维数组

多维数组是指维度数大于 1 的数组。在访问一维数组中的元素时使用的是一个下标，而访问多维数组中元素时使用的是多个下标。在多维数组中比较常用的是二维数组。

1. 多维数组的声明和创建

声明和创建多维数组的一般形式如下。

数据类型[逗号列表] 数组名＝new 数组类型[维度长度列表];

说明：逗号列表的逗号个数表示加 1 的维度数，如果逗号列表为一个逗号，则称为二维数组，如果逗号列表为两个逗号，则称为三维数组，以此类推。维度长度列表中的每个数字定义维度的长度，数字之间以逗号隔开。

例如，int[,] student=new int[4,3];表示声明和创建一个具有 4 行 3 列，共 12 个元素的二维数组 student。

2. 多维数组的初始化

多维数组的初始化方式有创建数组时初始化、先声明后初始化。在使用时需注意以下几点。

(1) 以维度为单位组织的初始化，同一维度的初始值放在一对花括号之中。

例如：

int[,] student=new int[2,3]{ {1,2,3},{4,5,6} };

如果写成以下形式则在编辑时出现红色波浪线错误提示。

int[,] student=new int[2,3]{ 1,2,3,4,5,6 };

(2) 可以省略维度长度列表，系统能自动计算维度和维度的长度，注意，逗号不能省略。例如：

int[,] student=new int[,]{ {1,2,3},{4,5,6} };

(3) 初始化多维数组可以使用简写形式。例如：

int[,] student= { {1,2,3},{4,5,6} };

但注意，如果是先声明多维数组再初始化，就不能使用简写形式。例如，以下形式是错误的。

int[,] student;
 student={ {1,2,3},{4,5,6}};

(4) 多维数组不允许初始化部分元素。例如：

int [,] student=new int[2,3]{{1,2},{3,4,5}};

上述程序是只想初始化第 1 行的第 1、第 2 列元素，第 1 行的第 3 列元素不初始化，这是不允许的，是错误的。

3. 多维数组的使用

多维数组中每一个数组元素相当于一个普通变量，可以给它赋值，也可以引用其值，使用数组元素的一般形式如下。

数组名[索引列表];

例如：

int[,] num=new int[2,3];

上述程序声明 2 行 3 列的二维数组 num。其中，num[0,0]=23;表示为数组元素 num[0,0]赋值 23；num[0,1]=12;表示为数组元素 num[0,1]赋值 12；num[0,2]=33;表示为数组元素 num[0,2]赋值 33。

【例题 3.6】设计一个 Windows 程序，实现功能：在窗体的动态标签处输出 3 名学生的 3 门课程成绩。要求采用二维数组完成，程序运行效果如图 3.7 所示。

图 3.7　例题 3.6 程序运行结果

【实现步骤】

(1) 启动 Visual Studio 2019。

(2) 创建空解决方案 Capter3，在空解决方案 Capter3 中添加项目"Project6_输出多名学生多门课程成绩"。

(3) 界面设计。

在窗体界面上设计一个 Label 动态标签对象。Label 标签对象的属性、属性值如表 3.11 所示。

表 3.11　Label 标签对象的属性、属性值

控件	属性	属性值	控件	属性	属性值
Label1	Text	NULL	Form1	Text	二维数组输出成绩
	Name	lblShow			—
	AutoSize	False			
	BorderStyle	Fixed3D			

(4) 功能代码设计。

在窗体加载"Form1_Load"事件中定义 3 行 4 列二维数组 score，采用双重循环输出每个学生的 4 门课成绩。设计代码参考如下。

```
namespace Project6_输出多名学生多门课程成绩
{
    public partial class Form1 : Form
    {
        public Form1()
        {
            InitializeComponent();
        }

        private void Form1_Load(object sender, EventArgs e)
        {
            int[,] score = new int[3, 4] { { 85, 84, 86, 72 }, { 79, 89, 91, 83 }, { 83, 89, 96, 85 } };
            for (int i = 0; i < score.GetLength(0); i++)
            {
                lblShow.Text += string.Format("第{0}个学生成绩：", i + 1);
                for (int j = 0; j < score.GetLength(1); j++)
                {
                    lblShow.Text += string.Format("{0}      ", score[i, j]);
                }
                lblShow.Text += "\n";
            }
```

```
        }
      }
   }
```

(5) 编译运行。

编写窗体"加载"事件代码，单击工具栏中的"全部保存"按钮保存源程序文件。右击"解决方案"Capter3 或项目 Project5，在弹出的菜单中执行"生成解决方案"|"重新生成解决方案"或"生成"|"重新生成"命令。当没有语法错误时，单击工具栏中的"启动"按钮，运行程序。程序运行结果如图 3.7 所示。

【结果分析】

在遍历多维数组元素时采用多重循环且使用 GetLength(维度)方法来获取多维数组中每一维的元素，维度也是从 0 开始的，因此在获取数组中第一维的值时使用 GetLength(0)，获取数组中第二维度的值时使用 GetLength(1)。

3.3　枚举和结构体

枚举类型和结构体类型是特殊的值类型，应用比较广泛。枚举型可以将一组值存放到一个变量名下，方便调用。结构型是用来描述现实生活中的一个完整事物的相关联的属性特征。

3.3.1　枚举

枚举类型是一种值类型，定义后的值存放在栈中。枚举类型在定义时使用 enum 关键字表示。定义枚举类型变量的语法形式如下。

```
访问修饰符 enum 变量名:数据类型
{
    值1, 值2, ……
}
```

各项说明如下。

访问修饰符：省略访问修饰符默认的是 private。访问修饰符与后续的类的访问修饰相同。

数据类型：指枚举中值的数据类型，只能是整数类型。值 1，值 2，……是在枚举类型中显示的，实际上其每个值都自动赋予了一个整数类型值，并且值是递增加 1 的，默认从 0 开始，也就是说值 1 的值是 0，值 2 的值是 1，以此类推。

枚举类型不能直接定义在方法中。

【实例 3.7】设计一个 Windows 程序，应用枚举型在窗体的界面上输出系列职称(助教、讲师、副教授、教授、特级教授)信息对应的枚举值，程序运行效果如图 3.8 所示。

【实现步骤】

(1) 启动 Visual Studio 2019。

(2) 创建方案 Capter3，在解决方案 Capter3 中添加项目"Project7_枚举类型的应用"。

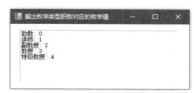

图 3.8　例题 3.7 程序运行结果

(3) 窗体界面设计。

在窗体界面上设计一个 Label 动态标签对象。Label 标签控件的属性、属性值如表 3.12 所示。

表 3.12　Label 标签控件的属性、属性值

控件	属性	属性值	控件	属性	属性值
Label1	Text	NULL	Form1	Text	输出枚举类型职称对应的枚举值
	Name	lblShow			
	AutoSize	False			—
	BorderStyle	Fixed3D			

(4) 功能代码设计。

在窗体加载事件外定义枚举型变量 Title，访问修饰符是 public 型，枚举值的约束类型是整型。在加载事件中使用该枚举值，需要使用"枚举变量名.枚举值"，在获取枚举类型中的每个枚举值对应的整数值时需要将枚举类型的字符串值强制转换成整型。窗体加载"Form1_Load "事件代码设计参考如下。

```
namespace Project7_枚举类型的应用
{
    public partial class Form1 : Form
    {
        public Form1()
        {
            InitializeComponent();
        }
        public enum Title : int
        {
            助教,讲师,副教授,教授,特级教授
        }
        private void Form1_Load(object sender, EventArgs e)
        {
            lblShow.Text = Title.助教  +": "+ (int )Title.助教  ;
            lblShow.Text += "\n" + Title.讲师  + ": " + (int)Title.讲师;
            lblShow.Text += "\n" + Title.副教授    + ": " + (int)Title.副教授  ;
            lblShow.Text += "\n" + Title.教授  + ": " + (int)Title.教授;
            lblShow.Text += "\n" + Title.特级教授    + ": " + (int)Title.特级教授  ;
        }
    }
}
```

(5) 编译运行。

编译程序：完成代码设计，保存所有代码，在解决方案资源管理器面板中，右击"Project7_枚举类型的应用"项目，执行"生成|重新生成"命令，检查程序语法错误。

运行程序：在解决方案资源管理器面板中，右击"Project7_枚举类型的应用"项目，执行"调试|启动新实例"命令，程序运行结果如图 3.8 所示。

【结果分析】

在没有设置枚举值时，助教的值为 0。当设置枚举值时，假如助教的枚举值为 1，则讲师的枚举

值为 2，副教授的枚举值为 3，教授的枚举值为 4，特级教授的枚举值为 5。因此，每个枚举值的整数值都是前一个枚举值的整数值加 1。

上述代码若改为循环实现，则需要用 typeof() 来获取枚举型的 Type 对象，将枚举对象的值保存到数组中，遍历数组元素。后台代码设计如下。

```
namespace Project6
{
    public partial class Form1 : Form
    {
        public Form1()
        {
            InitializeComponent();
        }
        public enum Title : int
        {
            助教,讲师,副教授,教授,特级教授
        }

        private void Form1_Load(object sender, EventArgs e)
        {
            Type title = typeof(Title);
            Array ay = Enum.GetValues(title);
            for (int i = 0; i < ay.Length; i++)
            {
                lblShow.Text += "\n" + ay.GetValue(i)+"    "+i;
            }
        }
    }
}
```

3.3.2　结构体

学生基本信息是以学号、姓名、性别、年龄等属性特征来描述的，这些属性特征具有关联性，而学生作为一个整体，这个整体称为结构体。

在 C# 中，结构体是一种值类型，在结构体中可以定义字段、属性、方法等成员，在定义时不能定义在方法中，定义结构体的关键字是 struct，具体的语法形式如下。

访问修饰符　struct　结构体名
{
    //结构体成员
}

各项说明如下。

访问修饰符：通过用 public 或者省略不写，若省略不写，表示使用 private 修饰。如果结构中的成员要被其他类中的成员访问，则需要设置成员的访问修饰符为 public。

结构体名：命名规则与变量的命名规则相同，即从第 2 个单词开始的每个单词的首字母大写。

结构体成员：主要包括字段、属性、方法及后面要介绍的事件等，在结构体中也能编写构造器，但必须带参数，并且必须为结构型中的字段赋初值。

定义结构体后，结构型的使用类似其他数据类型，若用结构体名定义结构型变量，则可通过结构型变量来引用结构体中的任何成员。引用结构型成员的具体格式如下。

结构型变量.结构型成员

【例题 3.8】设计一个 Windows 程序，实现功能：采用结构体显示学生的学号、姓名、性别、年龄、专业基本信息，程序运行效果如图 3.9 所示。

图 3.9　例题 3.8 程序运行效果

【实现步骤】

(1) 启动 Visual Studio 2019。

(2) 创建空解决方案 Capter3，在解决方案 Capter3 中添加项目"Project8_显示学生基本信息"。

(3) 窗体界面设计。

在 Form1 窗体界面上设计 6 个 Label 标签对象，分别是学号、姓名、性别、年龄、专业和显示信息 lblShow；设计 5 个 TextBox 文本框对象用于输入学号、姓名、性别、年龄、专业信息；设计 1 个 Button 单击按钮对象。各控件对象的属性、属性值设置如表 3.13 所示。

表 3.13　各控件对象的属性、属性值

控件	属性	属性值	控件	属性	属性值
Label1	Text	学号	TextBox1	Name	txtStuNo
Label2	Text	姓名	TextBox2	Name	txtStuName
Label3	Text	性别	TextBox3	Name	txtStuSex
Label4	Text	年龄	TextBox4	Name	txtStuAge
Label5	Text	专业	TextBox5	Name	txtStuSpecialty
Label6	Text	NULL	Button1	Name	tbnDisplay
	Name	lblShow		Text	显示
	AutoSize	False		Cursor	Hand
	BorderStyle	Fixed3D		FlatStyle	popup

(4) 功能代码设计。

在"显示"按钮单击事件外定义一个学生结构体 student，在结构体中定义学号、姓名、性别、年龄、专业字段。在"显示"按钮单击事件中，定义结构体变量，采用"结构型变量.结构成员"对结构型成员赋窗体文本框的值，通过字符串格式化方式在窗体标签处输出结构型成员信息。在显示"btnDisplay_Click"按钮单击事件设计代码参考如下。

```
namespace Project8_显示学生基本信息
{
    public partial class Form1 : Form
    {
        public Form1()
        {
            InitializeComponent();
        }
```

```
        struct student                        //定义学生结构体数据类型
        {
            public string stuNo;
            public string stuName;
            public string stuSex;
            public int stuAge;
            public string stuSpec;
        }
        private void btnDisplay_Click(object sender, EventArgs e)
        {
            student stu;                        //定义学生结构体变量
            stu.stuNo = txtStuNo.Text;          //通过结构体变量.成员访问
            stu.stuName = txtStuName.Text;
            stu.stuSex = txtStuSex.Text;
            stu.stuAge = Convert.ToInt32(txtStuAge.Text);
            stu.stuSpec = txtStuSpecialty.Text;
            lblShow.Text = string.Format("学生基本信息如下：\n 学号：{0}\n 姓名：{1}\n 性别：{2}\n 年
                龄：{3}\n 专业：{4}\n", stu.stuNo, stu.stuName, stu.stuSex, stu.stuAge, stu.stuSpec);
        }
    }
}
```

(5) 编译运行。

编译程序：完成代码设计，保存所有代码，在解决方案资源管理器面板中，右击"Project8_显示学生基本信息"项目，执行"生成｜重新生成"命令，检查程序语法错误。

运行程序：在解决方案资源管理器面板中，右击"Project8_显示学生基本信息"项目，执行"调试｜启动新实例"命令打开窗体，在窗体文本框中输入相应信息，单击"显示"按钮，程序运行结果如图 3.9 所示。

【结果分析】

该程序在窗体 Form1 类中定义一个结构型 student,该结构型中声明 5 个数据成员(stuNo, stuNam, stuSex, stuAge, stuSpec)。在窗体的[显示]事件中声明一个结构型变量 stu，然后初始化 stu 的成员变量，最后访问结构型变量并采用字符串格式化方式输出相关信息。

如果在年龄文本框中输入一个负整数，则要求输出年龄信息为 0，如何实现？设计代码如【例题 3.9】所示。

【例题 3.9】设计一个 Windows 程序，实现功能：采用结构体显示学生的学号、姓名、性别、年龄、专业基本信息，要求当年龄文本框输入负数时，输出信息中年龄为 0，程序运行效果如图 3.10 所示。

图 3.10　例题 3.9 程序运行效果

【实现步骤】

(1) 启动 Visual Studio 2019。

(2) 创建空解决方案 Capter3，在解决方案 Capter3 中添加项目 Project9。

(3) 窗体界面设计。

在 Form1 窗体界面上设计 6 个 Label 标签对象，分别是学号、姓名、性别、年龄、专业和显示信息 lblShow; 设计 5 个 TextBox 文本框对象用于输入学号、姓名、性别、年龄、专业信息; 设计 1 个 Button 单击按钮对象。各控件对象的属性、属性值设置如表 3.14 所示。

表 3.14　各控件对象的属性、属性值

控件	属性	属性值	控件	属性	属性值
Label1	Text	学号	TextBox1	Name	txtStuNo
Label2	Text	姓名	TextBox2	Name	txtStuName
Label3	Text	性别	TextBox3	Name	txtStuSex
Label4	Text	年龄	TextBox4	Name	txtStuAge
Label5	Text	专业	TextBox5	Name	txtStuSpecialty
Label6	Text	NULL	Button1	Name	tbnDisplay
	Name	lblShow		Text	显示
	AutoSize	False		Cursor	Hand
	BorderStyle	Fixed3D		FlatStyle	popup

(4) 功能代码设计。

在"显示"按钮单击事件外定义一个学生结构体 student, 在结构体中定义学号、姓名、性别、年龄、专业私有字段, 采用属性封装字段, 并对年龄字段的值进行判断, 若小于 0, 则返回 0。在"显示"按钮单击事件中, 定义一结构体变量, 采用"结构型变量.结构成员"对结构型成员赋窗体文本框的值, 通过字符串格式化方式在窗体标签处输出结构型成员信息。设计后台代码如下。

```
namespace Project9
{
    public partial class Form1 : Form
    {
        public Form1()
        {
            InitializeComponent();
        }
        public    struct student
        {
            private string stuNo;      //在结构型中声明 5 个私有成员
            private string stuName;
            private string stuSex;
            private int stuAge;
            private string stuSpec;
            public string StuNo        //采用属性来封装私有成员
            {
                get { return stuNo; }
                set { stuNo = value; }
            }
            public string StuName
            {
                get { return stuName; }
                set { stuName = value; }
            }
            public string StuSex
```

```
            {
                get { return stuSex; }
                set { stuSex = value; }
            }
            public int StuAge      //对年龄字段封装并判断若输入的是负整数，则返回 0
            {
                get { return stuAge; }
                set
                {
                    if (value < 0) { value    = 0; }
                    else { stuAge = value; }
                }
            }
            public string StuSpec
            {
                get { return stuSpec; }
                set { stuSpec = value; }
            }
        }
        private void btnDisplay_Click(object sender, EventArgs e)
        {
            student stu = new student();
            stu.StuNo = txtStuNo.Text;
            stu.StuName = txtStuName.Text;
            stu.StuSex = txtStuSex.Text;
            stu.StuAge = Convert.ToInt32(txtStuAge.Text);
            stu.StuSpec = txtStuSpecialty.Text;
            lblShow.Text = string.Format("学生基本信息：\n 学号：{0}\n 姓名：{1}\n 性别：{2}\n 年龄：
                {3}\n 专业：{4}", stu.StuNo, stu.StuName,stu.StuSex ,stu.StuAge   ,stu.StuSpec );

        }
    }
}
```

（5）编译运行。

编译程序：完成代码设计，保存所有代码，在解决方案资源管理器面板中，右击“Project9 显示学生信息”项目，执行“生成｜重新生成”命令，检查程序语法错误。

运行程序：在解决方案资源管理器面板中，右击“Project9_显示学生信息”项目，执行“调试｜启动新实例”命令打开窗体，在窗体文本框中输入相应信息，其中年龄文本框中输入“-19”，单击“显示”按钮，程序运行结果如图 3.10 所示。

习题 3

1. 选择题

（1）下列选项中定义并创建多维数组，初始化多维数组正确的(   )。

    A. int[,] student=new int[2,3]{ {1,2,3},{4,5,6} };

    B. int[,] student=new int[2,3]{ {1,2},{3,4},{5,6} };

    C. int[,] student=new int[2,3]{ 1,2,3,4,5,6};

    D. int[,] student=new int[2,3]{ {1,2},{4,5,6} };

(2) C#语言字符串变量使用 string 类来声明，如执行下列语句，string text = "武汉";text += "工程科技";后 text 的值是(　　)。

    A. 武汉工程科技　　　　　　　　　　　　B. 武汉+工程科技

    C. "武汉+工程科技"的 ASCII 值　　　　D. 工程科技

(3) 下列数据类型转换语句中，错误的语句是(　　)。

    A. int num=(int)3.14

    B. string str = "2024"; Convert.ToInt32(str);

    C. double.Parse("2024.11");

    D. ToString("2024");

(4) 文本框 TextBox 有若干个属性，其中后台程序访问文本框的属性是(　　)。

    A. Name　　　　　　B. ReadOnly　　　　C. Multiline　　　　D. Text

(5) C#语言定义一维数组的正确语句是(　　)。

    A. int num[] = new num { };　　　　　　B. int[] num = new int[] { };

    C. int num[] = new num(　)　　　　　　D. int[] num = new int[] ( );

(6) 枚举类型定义的关键字是(　　)。

    A. string　　　　　　B. struct　　　　　　C. enum　　　　　　D. bool

(7) 结构体成员引用运算符是(　　)。

    A. []　　　　　　　　B. ->　　　　　　　　C. ()　　　　　　　　D. .

(8) 定义学生结构体正确的语句是(　　)。

    A. 在类中定义，如 struct student()

    B. 在方法中定义，如 struct student { }

    C. 在命名空间中定义，如 struct student { }

    D. 在任何位置中定义，如 struct student { }

2. 填空题

(1) 分割字符串的方法是_____。

(2) 若匹配全数字的字符串，正则表达式是_____。

(3) 在字符串中实现换行的转义字符是_____。

(4) 取得数组中第一个元素和最后一个元素所对应的下标分别是_____和_____。

(5) 定义结构体的关键字是_____。

(6) C#数组是从抽象基类派生的，Array 类的 Length 属性返回_____；Sort()方法返回对数组元素进行_____。

第4章
类 和 方 法

在面向对象技术中，用类的类型(简称为类)描述现实世界中事物的共同特征，用类的实例(称为对象)来创建具体的实体。C#语言是面向对象的程序设计语言，具有面向对象程序设计方法的所有特征，通过类、对象、方法、封装、继承、多态等机制形成一个完整的面向对象的编程体系。

4.1 面向对象程序设计思想

面向对象是一种符合人类思维习惯的编程思想，将现实世界中任何事物都看成一个具体对象。在程序中使用对象来映射现实生活中的事物，使用对象的关系来描述事物之间的联系，这种思想就是面向对象思想。

面向对象程序设计是一种程序设计规范，也是一种程序开发方法。强调在软件开发过程中面向客观世界或问题域中的事物，采用人类认识客观世界的过程中普遍运用的思维方法，直观、自然地描述世界中的事物。

面向对象的基本思想是从解决问题本身出发，尽可能运用人类思维方法即分析、抽象、分类、继承等，以现实世界事物为中心思考问题，抽象事物本质特征。程序设计需完成两个方面的任务：一是设计对象，二是通知对象完成所需要的任务。

面向过程和面向对象是两种不同的编程思想，在程序设计中相互渗透。面向过程强调的是分析解决问题所需要的步骤，用函数把这些步骤一一实现，使用时逐个依次调用；面向对象是把解决的问题按一定规则划分为多个独立的对象，然后通过调用对象的方法来解决问题。面向对象的编程思想具有良好的可移植性和可扩展性。

面向对象编程思想具有三大基本特征：封装性、继承性和多态性。

1. 封装性

封装性是面向对象的核心思想，它将对象的特征和行为封装起来，不需要让外界知道具体实现的细节。例如，用户使用的智能手机，只需要轻触屏幕上的某个应用程序，就可启动该程序，无须知道智能手机内部该程序是如何工作的。

封装的目的在于将对象的使用者与设计者分开，使用者不必了解对象行为的具体实现，只需要用设计者提供的消息接口来访问该对象。

封装性的优势在于信息、功能设计隐藏，即将对象中的某些功能设计对外隐藏，功能设计实现隐藏有利于防止代码被不法分子修改，信息隐藏有利于数据安全保护。

2. 继承性

继承性主要描述的是类与类、类与接口之间的关系，通过继承，可以在无须重新编写原有类的情况下，在原有类的功能上进行扩展。

继承机制的作用在于降低软件的复杂性和费用，使软件系统易于扩充，大大缩短软件开发周期，更加符合软件开发高内聚、低耦合的原则，增强功能模块的独立性。

3. 多态性

多态性指的是同一操作作用于不同的对象，会产生不同的执行结果。

实现多态性是在派生类重写从基类中继承的方法，基类中的部分成员在派生类中重新定义。

多态性的作用体现在软件开发更加方便，程序的可读性更加增强。

面向对象编程思想博大精深，仅凭对文字的理解是远远不够的，必须通过大量的实践和思考，编写大量的程序，才能真正领悟其精髓。

4.2 类与类的成员

面向对象编程技术是通过类来描述相同事物的共同特征，力求做到程序对事物的描述与该事物在现实世界中的形态一致。为做到这一点，在面向对象编程思想中提出了两个概念，即类和对象。

类是对某一事物的抽象描述，描述多个对象的共同特征和行为，以对象为模板。

对象用于表现现实中某类事物的个体，是类的实例。任何一个对象都具有两个要素：属性和行为，属性反映对象自身状态，行为体现对外提供的服务，表示在进行某种操作时应具备的方法。

4.2.1 类的定义

在面向对象的思想中最核心的就是对象，为了在程序中创建对象，首先需要定义一个类。类是对象的抽象，用于描述所有对象的共同特征和行为。

类中可以定义字段、属性、构造函数、方法成员。字段用于描述对象的特征；属性用于封装字段对外提供访问接口，通过 get 和 set 来实现；构造函数用于初始化字段，通过构造函数的形参值赋给相应的属性；方法用于描述对象的行为。类定义使用的关键字是 class，类定义的基本语法格式如下。

```
类的访问修饰符   修饰符  class 类名
{
    //类的成员
}
```

类的访问修饰符：用于定义对类的访问限制，主要有 public、internal。public 公共访问修饰符，表示可以在任何项目中访问所定义类的成员；internal 内部访问修饰符，表示在同一程序集中，内部类型或成员才可访问。

修饰符：对于定义对类本身特点的描述，包括 abstract、sealed 和 static。abstract 用来定义抽象类，抽象类不能实例化对象；sealed 用来定义密封类，密封类不能被继承；static 用来定义静态类，静态类不能实例化对象，通过类名.成员名来访问。

类名：用于描述类的功能，要求定义类名时最好具有实际意义，方便用户理解类的描述内容。在同一个命名空间下类名必须唯一，类名推荐使用 Pascal 命名规范，即每个单词的首字母要大写。

类的成员：类中成员主要有属性成员和行为成员。属性成员描述对象的数据特征，行为成员描述对象的行为特征，如，操作方法。在类中能定义的成员常常包括字段、属性、构造函数和方法。

在 C#语言中，对象通过类创建出来。因此，在面向对象程序设计中，最重要的就是类的设计，如何设计类，则需要根据解决问题的现实事物的特征而设计。

例如：设计一个人类。反映人类的重要特征是姓名、性别、年龄、身高、体重、向他人介绍自己的行为方法等。设计人类 Person 代码参考如下。

```
namespace Project1_定义人类
{
    public class Person
    {
        //字段成员
        private string name;
        private string sex;
        private int age;
        private double height;
        private double weight;
        //属性成员对外提供访问接口
        public string Name
        {
            get { return name; }
            set { name = value; }
        }
        public string Sex
        {
            get { return sex; }
            set { sex = value; }
        }
        public int Age
        {
            get { return age; }
            set { age = value; }
        }
        public double Height
        {
            get { return height; }
            set { height = value; }
        }
        public double Weight
        {
            get { return weight; }
            set { weight = value; }
        }
        //构造函数有默认的即不带参数和带参数的，作用是初始化字段，通过对属性赋值实现对字段的保护
        public Person(string myName,string mySex,int myAge,double myHeight,
            double myWeight)
        {
            this.Name = myName;    //将构造函数的形参值赋给属性
```

```
            this.Sex = mySex;
            this.Age = myAge;
            this.Height = myHeight;
            this.Weight = myWeight;
        }
        //行为成员，在
        public string GetMessage()
        {
            return string.Format("我的名字叫：{0},性别是：{1},今年{2}岁,
            身高：{3}，体重：{4}来自湖北武汉",
            Name ,Sex ,Age ,Height ,Weight );
        }
    }
}
```

说明：在创建类时，默认情况下创建的类在 class 关键字前面没有任何修饰符，因此默认创建的类能在同一项目中被访问。在创建类时，最好是一个文件就是一个类，方便阅读和查找。定义类的目的封装对象，对外提供实现功能访问接口。

4.2.2　字段

字段是描述事件的数据特征，在类中声明，是受保护的，字段名必须唯一。在设计的 Person 人类中，定义的属性成员，即姓名、性别、年龄、身高、体重称为类的字段，字段的访问级别由访问修饰符来决定。类的访问修饰符主要有两个，分别是 public、internal；类的成员访问修饰符有 4 个，具体含义如下。

public：成员可以被任何代码访问。

private：成员仅能被同一个类中的代码访问，如果在类成员前未使用任何修饰符，则默认是 private。

internal：成员仅能被同一个项目中的代码访问。

protected：成员只能由类或派生类中的代码访问，派生类是在继承中涉及的内容。

字段的定义与 C 语言的变量定义相似，只是在字段名前面加了访问修饰符、修饰符。在修饰字段时通常有两个修饰符，readonly(只读)和 static(静态)。使用 readonly 修饰符表示只能读取字段的值而不能给字段赋值；使用 static 修饰的字段是静态字段，可以直接通过类名访问类中成员。

例如，在 Test 类分别定义使用不同修饰符的字段代码如下。

```
namespace Project1
{
    public class Test
    {
        private int id;                          //定义私有的整型字段 id
        public readonly string name;             //定义公有的只读字符串型字段 name
        internal static int age;                 //定义内部的静态的整型字段 age
        private const string job = "软件工程师";  //定义私有字符串型常量 job
    }
}
```

在 Test 类中定义了不同修饰符的字段，重点是要理解这些修饰符的使用。字段在类中定义完成

后，在类加载时，会自动为字段赋初值，不同数据类型的字段默认值如表 4.1 所示。

表 4.1 不同数据类型的字段默认值

数据类型	默认值
整数类型	0
浮点类型	0
字符串类型	空值 null
字符型	a
布尔型	false
其他引用类型	空值 null

4.2.3 定义方法

在定义的人类 Person 中有一个返回字符串信息的方法 GetMessage()，该方法的功能是输出"我的名字叫：××，性别是：××，今年××岁，身高：××，体重：××，来自湖北武汉"的字符串信息。

在 C#语言中，方法是类为用户提供的接口，用户使用方法操作对象。在类的设计中，方法的设计非常重要，类中设计的方法体现面向对象编程语言的封装特性。定义方法需要遵循一些语法规范，其具体的语法格式如下。

```
访问修饰符 修饰符  返回值类型 方法名([参数列表])
{
    方法体
    返回值;
}
```

各项说明如下。

访问修饰符：对方法访问权限进行的限定，所有类成员访问修饰符都可以使用，如果省略访问修饰符，则默认是 private。

修饰符：在定义方法时，修饰符包括 virtual(虚拟的)、abstract(抽象的)、override(重写的)、static(静态的)、scaled(密封的)。其中，override(重写的)是在类之间继承时使用的。

返回值类型：用于在调用方法后得到返回结果，返回值可以是任意类型，如果指定了返回值类型，则必须用 return 关键字返回一个与之类型匹配的值，如果没有指定返回值类型，则必须用 void 关键字表示没有返回值。

方法名：对方法所实现功能的描述。方法名的命名规范采用 Pascal 命名法。

参数列表：在方法中允许有 0 个参数到多个参数，如果没有指定参数也要保留参数列表的小括号。参数的定义形式是"数据类型 参数名"，若有多个参数，则参数间用逗号隔开。

【例题 4.1】设计一个 Compute 类，在该类中分别定义两数的加法、减法、乘法和除法的计算方法。

【实现步骤】

(1) 启动 Visual Studio 2019。

(2) 创建"Capter4_类和方法"空白解决方案，在"Capter4_类和方法"解决方案中添加 Project2

项目，在 Project2 项目下添加 Compute 类，在该类中定义方法。设计代码参考如下。

```
namespace Project2
{
    class Compute
    {
        //加法
        private double Add(double num1, double num2)
        {
            return num1 + num2;
        }
        //减法
        private double Sub(double num1, double num2)
        {
            return num1 - num2;
        }
        //乘法
        private double Mul(double num1, double num2)
        {
            return num1 * num2;
        }
        //除法
        private string Div(double num1, double num2)
        {
            if (num2 != 0) { return Convert .ToString ( num1 / num2); }
            else { return string.Format("除法分母不得为0！"); }
        }
    }
}
```

从上述代码中可以看出，在类 Compute 中定义了 4 个方法，每个方法都有参数、返回值，并且除法的返回值是字符串型。方法的设计形式多种多样，因此有许多方法可以完成题目需求，请同学们定义不同形式的方法来实现。

下面对 Compute 类设计一个方法，实现加、减、乘、除功能，代码如下。

```
namespace Project1
{
    class Compute
    {
        public double ComputeResult(double num1, string symbol, double num2)
        {
            double result=0;
            switch (symbol)
            {
                case "+": result = num1 + num2;
                    break;
                case "-": result = num1 - num2;
                    break;
                case "*": result = num1 * num2;
                    break;
                case "/": if (num2 != 0) { result = num1 / num2; }
                    else { result = 0; }
```

```
                break;
            }
            return result;
        }
    }
}
```

在例题 4.1 中只能实现两个浮点数的加、减、乘、除运算，如果要实现 3 个或 3 个以上的浮点数或整数的加、减、乘、除运算，则可根据传入的参数个数和参数类型来确定，方法名相同但方法参数个数不同或参数类型不同称方法的重载。

.NET Framework 中提供了许多常用的方法，其中数学方法在程序开发过程中会经常用到，数学方法定义在 Math 类中。Math 类常用的数学方法如表 4.2 所示。

表 4.2　Math 类常用的数学方法

常用数学方法	功能描述
int Abs(int value)	求整型 value 的绝对值
double Pow(double x,double y)	求 x 的 y 次幂
double Sin(double x)	求 x 的正弦值
double Cos(double x)	求 x 的余弦值

4.2.4　定义属性

属性常与字段连用，类中定义的字段的访问应该是受保护的或私有的，不建议用 public 修饰符，而应该用 property 或 private 修饰符，主要是考虑字段的安全性。在 C#中可通过属性来访问在类中定义的受保护(property)的或私有的(private)字段，属性的作用是实现对字段的封装。

在开发商品信息管理软件时，定义商品信息类时，定义商品价格字段、商品数量字段，则初始化字段时，商品的价格不得为负数，购买商品的数量不得为负数，这就需要先检查对商品价格、商品数量所赋的值是否大于 0，这种检查机制是通过 C#语言提供的属性机制来实现的。

C#语言属性通过 get 和 set 访问器来对类中字段进行读、写操作，从而保证类中定义字段数据的安全。属性主要有 3 种：分别是：读、写属性 get 和 set 访问器；只读属性 get 访问器；只写属性 set 访问器。定义属性的语法形式如下。

```
public 数据类型 属性名
{
    get{ 获取属性的语句块;return 值;}
    set{ 设置属性的语句块;}
}
```

各项说明如下。
- get{ }：get 访问器，用于获取属性的值，在 get 语句使用 return 语句返回一个与属性数据类型兼容的字段值。若在属性定义中省略了该访问器，则不能在其他类中获取私有类型的字段值，因此也称为只读属性。只读属性一般是通过构造方法给属性赋值，在程序运行过程中不能改变属性值。
- set{ }：set 访问器，用于设置属性的值，设置属性值时是通过 value 给字段赋值。在 set 访问器省略后无法在其他类中给字段赋值，因此也称为只写属性。只写属性在程序运行过程中只能向程序中写入值，而不能读取值。

在 get 和 set 访问器后面不加大花括号，而是直接加分号"；"，则称为自动属性。

属性的命名规范使用 Pascal 命名法，单词的首字母大写，如果是由多个单词构成，则要求每个单词的首字母大写。由于属性都是针对某个字段赋值的，因此属性的名称通常与字段名字母相同，只是第一个单词的首字母为大写。

【例题 4.2】设计一个图书类 Book，描述图书的特征字段有：图书编号 id、图书名称 name、图书价格 price、图书类型 type、图书出版社 publishers，同时用属性封装这些字段并对外提供访问字段的接口。

【实现步骤】

启动 Visual Studio 2019，在已创建的 Capter4_类和方法解决方案中添加 Project3_定义图书类项目，在 Project3_定义图书类项目下添加 Book 类。设计代码参考如下。

```
namespace Project3_定义图书类
{
    class Book
    {
        //定义图书的 5 个字段，分别是编号、名称、价格、类型、出版社
        private int id;
        private string name;
        private double price;
        private string type;
        private string publishers;
        //设置图书编号、名称、价格、类型、出版社属性
        public int Id    //图书编号为读、写属性
        {
            get { return id; }
            set { id = value; }
        }
        public string Name //图书名称设置为只读属性
        {
            get { return name; }
        }
        public double Price //图书价格属性对字段的安全性保护
        {
            get { return price; }
            set
            {
                if (value < 0) { value = 0; }
                else { price = value; }
            }
        }
        public string Type //图书类型的自动属性
        {
            get;
            set;
        }
```

```
public string Publishers //图书出版社的读写属性
{
        get { return publishers; }
        set { publishers = value; }
}
}
}
```

在 Visual Studio 2019 中提供了开发环境界面实现对字段生成属性的操作方法。实现步骤：打开 Book 类后，选定要生成属性的字段，在菜单栏中执行"编辑"|"重构"|"封装字段"命令；或者用户直接 Book 类中定义的字段后面编辑代码，如图书编号 id 字段的属性定义如下，其他类似。

```
public int Id
{
        get { return id; }
        set { id   = value; }
}
```

从例题 4.2 中可以看出，在定义字段属性时，属性的作用就是为字段提供 get 和 set 访问器，操作都比较相似，在 C#语言中可以将属性的定义简化成如下形式。

```
public  数据类型  属性名{ get; set; }
```

上述方式称为自动属性设置，简化后图书类中的属性设置代码如下。

```
public int Id { get; set; }
public string Name { get; set; }
public double Price { get; set; }
public string Type { get; set; }
public string Publishers { get; set; }
```

如果采用上面的方法来设置属性，则不需要先指定字段。如果要使用自动属性的方式来设置属性，则表示为只读属性，直接省略 set 访问器。只读属性设置代码如下。

```
public int Id { get;   }
public string Name { get; }
public double Price { get;   }
public string Type { get;   }
public string Publishers { get; }
```

在使用自动生成属性的方法时不能省略 get 访问器，如果不允许其他类访问属性值，则可以在 get 访问器前面加上访问修饰符 private。代码如下。

```
public int Id { private   get; set;}
public string Name { private get; set;}
public double Price { private get; set; }
public string Type { private get; set; }
public string Publishers { private get; set; }
```

【例题 4.3】设计一个人类 Person，在 Person 类中定义姓名、性别、年龄、身高、体重字段，并分别为这些字段设置属性，其中，姓名字段为只读属性，年龄字段约束不得为负数，性别字段为自动属性，身高、体重字段为读、写属性。

【实现步骤】

启动 Visual Studio 2019，在已创建的 Capter4_类和方法解决方案中添加 Project4_定义人类项目，在 Project4_定义人类项目下添加 Person 类。设计代码参考如下。

```
namespace Project4
{
    class Person
    {
        private string name;
        private string sex;
        private int age;
        private double height;
        private double weight;
        public string Name    //设置姓名为只读属性
        {
            get { return name; }
        }
        public string Sex //设置性别为自动属性
        {
            get;
            set;
        }
        public int Age //约束年龄字段为非负整数属性
        {
            get { return age; }
            set
            {
                if (value < 0) { value = 0; }
                else { age = value; }
            }
        }
        public double Height //设置身高为读、写属性
        {
            get { return height; }
            set { height = value; }
        }
        public double Weight    //设置体重为读、写属性
        {
            get { return weight; }
            set { weight = value; }
        }
    }
}
```

4.2.5 访问类的成员

在类中定义字段成员、属性成员、方法成员，其作用是通过类访问类中定义的成员，也就是调用类的成员。

调用类的成员实际上使用的是类的对象。在 C#语言中可以使用 new 关键字来创建类的对象，具体语法格式如下。

类名 对象名=new 类名();

例如，创建 Person 类的实例，具体代码如下。

Person ps=new Person();

上面的代码中，new Person()用于创建 Person 类的一个实例对象，Person ps 则只声明了一个 Person 类型的变量 ps；中间的等号用于将 Person 对象在内存中的地址赋值给变量 ps，这样变量 ps 便持有了 Person 对象的引用；new Person()则是由操作系统分配内存空间。为了便于描述，在书中将变量 ps 引用的对象简称为 ps 对象。内存中变量 ps 和对象之间的引用关系如图 4.1 所示。

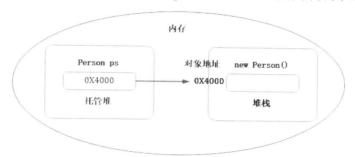

图 4.1　变量 ps 和对象之间的引用关系

在创建 Person 对象 ps 后，可以通过对象的引用来访问类中的所有成员，具体的语法形式如下。

对象名.类的成员名;

【例题 4.4】设计一个 Windows 程序，实现功能：在窗体文本框中输入人的姓名、性别、年龄、身高、体重，单击"显示"按钮，在窗体的标签处显示文本框信息。

要求设计一个人类，对人类定义姓名、性别、年龄、身高、体重字段，定义姓名、性别、年龄、身高、体重属性，定义一个输出信息的方法，在"显示"按钮单击事件中实例化人类对象，通过对象调用方法实现信息输出。程序运行效果如图 4.2 所示。

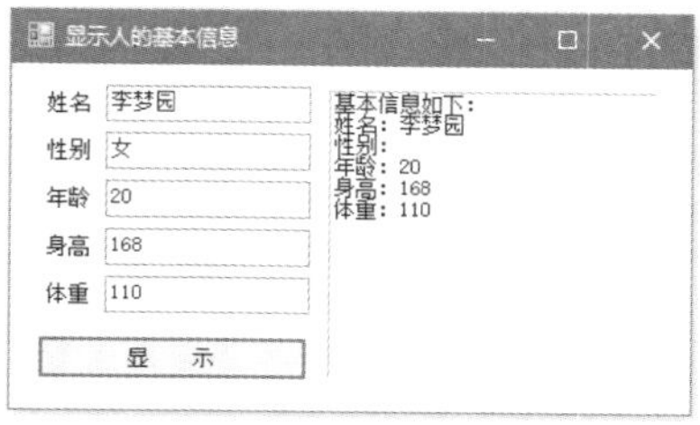

图 4.2　例题 4.4 程序运行效果

【实现步骤】

(1) 启动 Visual Studio 2019，在已创建的 Capter4_类和方法解决方案中下添加 Project5_输出人的基本信息项目。

(2) 窗体界面设计。

在项目 Project5_输出人的基本信息的 Form1 窗体上设计 6 个 Label 标签对象、5 个 TextBox 文本框对象、1 个 Button 单击按钮对象。各控件对象的属性及属性值设置如表 4.3 所示。

表 4.3　各控件对象的属性及属性值

控件	属性	属性值	控件	属性	属性值
Label1	Text	姓名	TextBc 1	Name	txtName
Label2	Text	性别	TextBc 1	Name	txtSex

(续表)

控件	属性	属性值	控件	属性	属性值
Label3	Text	年龄	TextBc 1	Name	txtAge
Label4	Text	身高	TextBc 1	Name	txtHeight
Label5	Text	体重	TextBc 1	Name	txtWeight
Label6	Text	NULL	Button1	Name	btnDisplay
	Name	lblShow		Text	显示
	AutoSize	False		—	
	BorderStyle	Fixed3D			

(3) 功能代码设计。

在 Project5_输出人的基本信息项目中添加 Person 类，在 Person 类中分别定义姓名、性别、年龄、身高、体重字段，定义姓名、性别、年龄、身高、体重属性，定义显示姓名、性别、年龄、身高、体重的方法。设计代码如下。

```
namespace Project5_输出人的基本信息
{
    class Person
    {
        private string name;
        private string sex;
        private int age;
        private double height;
        private double weight;
        public string Name    //设置姓名为读、写属性
        {
            get { return name; }
            set { name = value; }
        }
        public string Sex //设置性别为自动属性
        {
            get;
            set;
        }
        public int Age //约束年龄字段为非负整数属性
        {
            get { return age; }
            set
            {
                if (value < 0) { value = 0; }
                else { age = value; }
            }
        }
        public double Height //设置身高为读、写属性
        {
            get { return height; }
            set { height = value; }
        }
```

```
        public double Weight    //设置体重为读、写属性
        {
                get { return weight; }
                set { weight = value; }
        }
        public string GetMessage()
        {
                return string.Format("基本信息如下：\n 姓名：{0}\n 性别：{1}\n 年龄：{2}\n 身高：{3}\n 体重：
                                {4}\n", name, sex, age, height, weight);
        }
    }
}
```

在 Project5_输出人的基本信息项目窗体界面中双击"显示"按钮，则进入"btnDisplay_Click"事件编辑区，在编辑区中实例 Person 类对象 ps，通过"对象名.成员名"对类中的所有成员进行访问，设计代码参考 如下。

```
namespace Project5_输出人的基本信息
{
    public partial class Form1 : Form
    {
        public Form1()
        {
                InitializeComponent();
        }

        private void btnDisplay_Click(object sender, EventArgs e)
        {
                Person ps = new Person();
                ps.Name = txtName.Text;
                ps.Sex = txtSex.Text;
                ps.Age = Convert.ToInt32(txtAge.Text);
                ps.Height =Convert .ToDouble ( txtHeight.Text);
                ps.Weight =Convert .ToDouble ( txtWeight.Text);
                lblShow.Text = ps.GetMessage();
        }
    }
}
```

(4) 编译运行。

编译程序：完成代码设计，保存所有代码，在解决方案资源管理器面板中，右击"Project5_输出人的基本信息"项目，执行"生成｜重新生成"命令，检查程序语法错误。

运行程序：在解决方案资源管理器面板中，右击"Project5_输出人的基本信息"项目，执行"调试｜启动新实例"命令打开窗体，在窗体文本框中输入相应信息，单击"显示"按钮，程序运行结果如图 4.2 所示。

【结果分析】

运行程序后，在文本框中输入李梦园、女、20、168、110 后，单击"显示"按钮，则在动态标签处显示其信息。整个程序设计分两步进行，第一步设计 Person 类，第二步设计"显示"按钮单击

事件。请同学们思考，在测试过程中，若某个用户在年龄文本框中输入-20，则输出的信息中年龄的值是多少？为什么？

在实例 4.4 中是通过对"对象.属性成员"进行赋初值的，如果要求在 Person 类中设计一个方法对属性赋初值，则 Person 类如何设计？窗体界面"显示"按钮单击事件代码又如何设计？

【例题 4.5】设计一个 Windows 程序，实现功能：在窗体文本框中输入人的姓名、性别、年龄、身高、体重，单击"显示"按钮，在窗体的标签处显示相关信息。

要求设计一个人类，对人类定义姓名、性别、年龄、身高、体重自动属性，但不需要定义字段，定义一个对属性赋值的方法，定义一个输出信息的方法，在"显示"按钮单击事件中实例化人类对象，通过对象调用方法实现对属性赋值及信息输出，程序运行效果 4.3 所示。

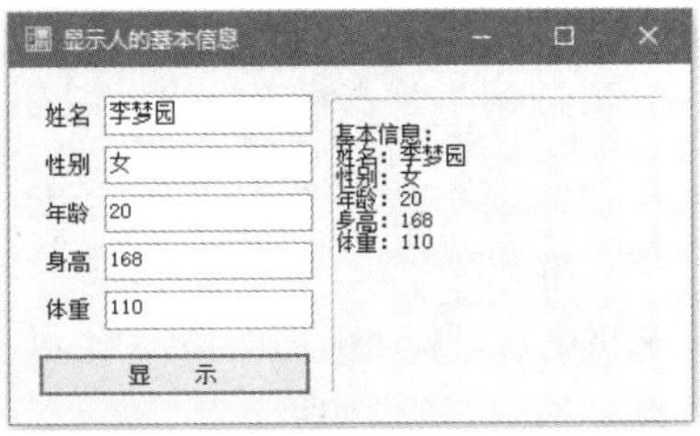

图 4.3　例题 4.5 程序运行效果

【实现步骤】

(1) 启动 Visual Studio 2019，在已创建的 Capter4_类和方法解决方案中添加 Project6_类中只定义属性输出人的基本信息项目。

(2) 窗体界面设计。

具体方法参照例题 4.4。

(3) 功能代码设计。

在 Project6_类中只定义属性输出人的基本信息项目中添加 Person 类，在 Person 类中分别定义姓名、性别、年龄、身高、体重自动属性，定义对属性赋值的方法，定义显示姓名、性别、年龄、身高、体重的方法。设计代码如下。

```
namespace Project6_类中只定义属性输出人的基本信息
{
    public class Person
    {
        public string Name { get; set; }
        public string Sex { get; set; }
        public int Age { get; set; }
        public double Height { get; set; }
        public double Weight { get; set; }
        //定义一个对属性赋值的方法
        public void SetPerson(string myname, string mysex, int myage, double myheight, double myweight)
        {
            Name = myname;
            Sex = mysex;
            Age = myage;
            Height = myheight;
            Weight = myweight;
        }
        //定义一个输出属性值的方法
        public string GetMessage()
        {
            return string.Format("基本信息：\n 姓名：{0}\n 性别：{1}\n 年龄：{2}\n 身高：{3}\n 体重：
                        {4}\n", Name, Sex, Age, Height, Weight);
        }
```

```
        }
    }
```

在 Project6_类中只定义属性输出人的基本信息的窗体界面中双击"显示"按钮，则进入 "btnDisplay_Click"事件代码设计框架区，在设计区中实例化 Person 类对象，通过"对象名.方法名" 对属性赋值，调用显示信息方法，设计代码参考如下。

```
namespace Project6_类中只定义属性输出人的基本信息
{
    public partial class Form1 : Form
    {
        public Form1()
        {
            InitializeComponent();
        }

        private void btnDisplay_Click(object sender, EventArgs e)
        {
            Person ps = new Person();
                ps.SetPerson(txtName.Text, txtSex.Text, Convert.ToInt32(txtAge.Text),
                    Convert.ToDouble(txtHeight.Text), Convert.ToDouble(txtWeight.Text));
            lblShow .Text +="\n"+ ps.GetMessage();
        }
    }
}
```

(4) 编译运行。

编译程序：完成代码设计，保存所有代码，在解决方案资源管理器面板中，右击"Project6_类中只定义属性输出人的基本信息"项目，执行"生成│重新生成"命令，检查程序语法错误。

运行程序：在解决方案资源管理器面板中，右击"Project6_类中只定义属性输出人的基本信息"项目，执行"调试│启动新实例"命令打开窗体，在窗体文本框中输入相应信息，单击"显示"按钮，程序运行结果如图 4.3 所示。

例题 4.5 程序运行效果与例题 4.4 程序运行效果相同，但在软件项目开发过程是不提倡例题 4.5 的设计思想的，其原因是没有通过构造函数初始化字段，而是通过方法初始化段，字段值无法控制使字段没有受到保护。

4.3　构造方法及方法重载

在创建对象时，常需要对类中成员进行初始化，C#语言提供了两个特殊的方法，一个是构造方法来处理对象的初始化，一个是析构方法在创建类的对象执行时实现垃圾回收和释放资源功能。为方便方法的使用，C#语言还提供了重载方法。

4.3.1　构造方法

创建类的对象是通过"类名　对象名=new 类名();"的方式实现的。其中"类名()"的形式调用的是类的构造方法，也就是说构造方法的名字与类的名字相同。

构造方法是类中的一个特殊的方法,在类中定义的方法若满足以下3个条件,则该方法称为构造方法。

(1) 方法名与类名相同。

(2) 在方法名前没有返回值类型声明,连 void 也没有。

(3) 在方法体中不能使用 return 语句返回一个值。

在前面设计的 Person 类中并不存在与类名相同的构造方法,但是系统会自动生成一个构造方法,且该方法不包括任何参数, 也称为默认的构造方法。

例如,在实例 4.5 的"显示"按钮单击事件中,实例化对象的语句 Person ps = new Person();中系统自动调用类的默认构造方法 Person()。

构造方法定义的基本形式如下。

```
访问修饰符 类名(参数列表)
{
    语句块
}
```

构造方法的访问修饰符一般采用 public 类型,以便其他类中都可以创建该类的对象;构造方法中参数列表可以是 0 个到多个参数;构造方法是在创建类的对象时被调用的,构造方法的语句块通常是完成对类中成员初始化的操作。

【例题 4.6】设计一个 Windows 程序,实现功能:在窗体文本框中输入人的姓名、性别、年龄、身高、体重,单击"显示"按钮,在窗体的标签处显示相关信息。

要求设计一个人类,对人类定义姓名、性别、年龄、身高、体重字段;通过属性封装字段;采用构造方法对字段赋值,同时判断年龄、身高和体重不得为负值,若为,则设置为 0;定义一个输出信息的方法,在"显示"按钮单击事件中实例化人类对象,通过对象调用方法实现信息输出。此处,我们将年龄、身高、体重均输入负值,则程序运行效果如图 4.4 所示。

图 4.4 例题 4.6 运行效果

【实现步骤】

(1) 启动 Visual Studio 2019,在已创建的 Capter_类和方法解决方案中添加 Project7_采用构造函数初始化字段显示人基本信息项目。

(2) 窗体界面设计。

具体方法参照实例 4.4。

(3) 功能代码设计。

在 Project7_采用构造函数初始化字段显示人基本信息项目中添加 Person 类,在 Person 类中分别定义姓名、性别、年龄、身高、体重字段;采用属性封装字段;定义构造方法对字段赋值;定义显示姓名、性别、年龄、身高、体重的方法。Person 类代码设计参考如下。

```
namespace Project7_采用构造函数初始化字段显示人基本信息
{
    public class Person
    {
        //定义字段
        private string name;
```

```
        private string sex;
        private int age;
        private double height;
        private double weight;
        //属性封装字段
        public string Name
        {
            get { return name; }
            set { name = value; }
        }
        public string Sex
        {
            get { return sex; }
            set { sex = value; }
        }
        public int Age
        {
            get { return age; }
            set
            {   //设置年龄不允许输出小于 0 的值
                if(value < 0)
                {
                    value = 0;
                }
                else{ age = value; }
            }
        }
        public double Height
        {
            get { return height; }
            set
            {
                if(value < 0) { value = 0; }
                else { height = value; }
            }
        }
        public double Weight
        {
            get { return weight; }
            set
            {
                if (value < 0) { value = 0; }
                else { weight = value; }
            }
        }
        //定义带参数构造方法对属性初始化
        public Person(string myName, string mySex, int myAge, double myHeight, double myWeight)
        {
            this.Name = myName;
            this.Sex = mySex;
            this.Age = myAge;
            this.Height = myHeight;
            this.Weight = myWeight;
```

```
        }
        //定义显示人的信息方法，Format 方法参数用属性，也可用字段
        public string GetMessage()
        {
            return string.Format("基本信息:\n 姓名：{0}\n 性别：{1}\n 年龄：{2}\n 身高：{3}\n 体重：
                {4}\n",this.Name ,this.Sex ,this.Age ,this.Height ,this.Weight );
        }
    }
}
```

在 Person 类的构造方法中定义 5 个参数，参数的类型与定义字段类型相同，通过构造函数的形式参数为每个属性赋值。赋值语句中用"this.字段名"方式调用字，this 关键字表示当前类的对象。对年龄、身高、体重的 value 值进行判断，若小于 0，则设置为 0，否则为实参值(因形参的值由实参传递过来，所以用实参值)。

在窗体界面中双击"显示"按钮，则进入"btnDisply_Click"显示单击事件代码设计框架区，在设计区中采用带参构造函数初始化字段，通过对属性赋值实现，设计代码参考如下。

```
namespace Project7_采用构造函数初始化字段显示人基本信息
{
    public partial class Form1 : Form
    {
        public Form1()
        {
            InitializeComponent();
        }

        private void btnDisply_Click(object sender, EventArgs e)
        {
            //采用构造方法初始化字段，通过对属性赋值实现
            Person ps = new Person(txtName.Text, txtSex.Text,
                Convert.ToInt32(txtAge.Text), Convert.ToDouble(txtHeight.Text),
                Convert.ToDouble(txtWeight.Text));
            //调用 Person 类的方法 GetMessage()在标签处输出信息
            lblShow.Text = ps.GetMessage();
        }
    }
}
```

(4) 编译运行。

编译程序：完成代码设计，保存所有代码，在解决方案资源管理器面板中，右击"Project7_采用构造函数初始化字段显示人基本信息"项目，执行"生成｜重新生成"命令，检查程序语法错误。

运行程序：在解决方案资源管理器面板中，右击"Project7_采用构造函数初始化字段显示人基本信息"项目，执行"调试｜启动新实例"命令打开窗体，在窗体文本框中输入姓名"李梦园"、性别"女"、如果输入年龄"-20"、身高"-170"、体重"-110"，单击"显示"按钮，则程序运行结果如图 4.4 所示。

【结果分析】

运行程序后，在窗体界面的文本框中输入信息，单击"显示"按钮，文本框中输入的信息在窗体指定的动态标签处显示。程序运行结果与例题 4.4、例题 4.5 效果相同，但在设计的 Person 类中是通过构造方法初始化属性值。

例题 4.4、例题 4.5、例题 4.6 都实现同一信息在窗体指定动态标签处输出，但在 Person 类设计中，对姓名、性别、年龄、身高、体重的赋值方式不同，则体现在类设计时所运用的编程思想和技术不同，要求同学们在学习编程的过程中注重自己的逻辑思维的培养，形成自己的编程风格，更加符合软件开发的思想。

4.3.2　析构方法

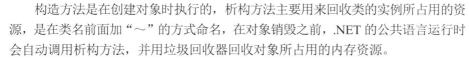

构造方法是在创建对象时执行的，析构方法主要用来回收类的实例所占用的资源，是在类名前面加"～"的方式命名，在对象销毁之前，.NET 的公共语言运行时会自动调用析构方法，并用垃圾回收器回收对象所占用的内存资源。

C#析构方法具有以下特点。

(1) 不能在结构中定义析构方法，只能对类使用析构方法。

(2) 一个类中只能有一个析构方法。

(3) 无法继承或重载析构方法。

(4) 析构方法没有修饰符，也没有参数。

(5) 在析构方法被调用时，.NET 的公共语言运行时自动添加对基类 Object.Finalize()方法的调用，以清理现场，因此在析构方法中不能包含对 Object.Finalize()方法的调用。

析构方法语法的具体形式如下。

```
～ 类名()
{
    语句块
}
```

在默认情况下，编译器自动生成析构方法，因此 C#不允许定义空的析构方法。其实析构方法性能较差，并不推荐使用。

4.3.3　方法的重载

在编程时，一般是一个方法实现一种功能，但有时需要实现同一类功能，只是参数的个数及类型不同，而方法名相同。例如，求 2 个整数中的最大数，求 3 个整数中的最大数，求一个整数数组中 10 个数的最大数。

在 C#语言中，允许用同一方法名定义多个方法，这些方法的参数个数或参数类型不同，这就是方法的重载。

在调用重载的方法时，系统会根据所传递参数的不同判断调用的是哪个方法。方法重载要求满足两个条件：一是重载的方法名必须相同；二是重载方法的形参个数或形参数据类型必须不同。

【例题 4.7】设计一个 Windows 程序，实现功能：运用方法重载实现求从文本框中输入的任意整数，求 2 个数中的最大数，求 3 个数中的最大数，程序运行效果如图 4.5 所示。

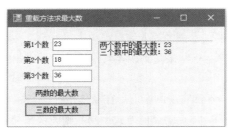

图 4.5   例题 4.7 程序运行效果

【实现步骤】

(1) 启动 Visual Studio 2019，在已创建的 Capter4_类和方法解决方案中添加 Project8_求两个或三个数中的最大数项目。

(2) 窗体界面设计。

在窗体界面上设计 4 个 Label 标签对象、3 个 TextBox 文本框对象、2 个 Button 按钮对象。各控件对象的属性、属性值如表 4.4 所示。

表 4.4   各控件对象的属性、属性值

控件	属性	属性值	控件	属性	属性值
Label1	Text	第 1 个数	TextBox1	Name	txtNum1
Label2	Text	第 2 个数	TextBox2	Name	txtNum2
Label3	Text	第 3 个数	TextBox3	Name	txtNum3
Label4	Text	NULL	Button1	Name	btnTwo
	Name	lblShow		Text	2 个数中最大数
	AutoSize	False	Button2	Name	btnThree
	BorderStyle	Fixed3D		Text	3 个数中最大数

(3) 功能代码设计。

在 Project8_求两个或三个数中的最大数项目中添加 FindNumber 类，在该类中定义求 2 个数最大数、求 3 个数最大数的重载方法，设计代码参考如下。

```
namespace Project8_求两个或三个数中的最大数
{
    class FindNumber
    {
        //1.定义求 2 个整型数据中的最大数方法
        public int GetMax(int num1, int num2)
        {
            return num1 > num2 ? num1 : num2;
        }
        //2.定义求 3 个整型数据中的最大数方法
        public int GetMax(int num1, int num2, int num3)
        {
            int max=num1;
            if (max < num2) { max = num2; }
            if (max < num3) { max = num3; }
            return max;
```

```
                }
            }
        }
```

在 Project8_求两个或三个数中的最大数项目的窗体界面上，分别设计"两数的最大数""三数的最大数"单击事件代码如下。

```
namespace Project8_求两个或三个数中的最大数
{
    public partial class Form1 : Form
    {
        public Form1()
        {
            InitializeComponent();
        }
        private void btnTwo_Click(object sender, EventArgs e)
        {
            int number1 = Convert.ToInt32(txtNum1.Text);
            int number2 = Convert.ToInt32(txtNum2.Text);
            FindNumber fmax = new FindNumber();
            lblShow .Text +="两个数中的最大数："+ fmax.GetMax(number1, number2);
        }
        private void btnThree_Click(object sender, EventArgs e)
        {
            int number1 = Convert.ToInt32(txtNum1.Text);
            int number2 = Convert.ToInt32(txtNum2.Text);
            int number3 = Convert.ToInt32(txtNum3.Text);
            FindNumber fmax = new FindNumber();
            lblShow.Text += "\n 三个数中的最大数：" + fmax.GetMax(number1, number2, number3);
        }
    }
}
```

(4) 编译运行。

编译程序：完成代码设计，保存所有代码，在解决方案资源管理器面板中，右击"Project8_求两个或三个数中的最大数"项目，执行"生成｜重新生成"命令，检查程序语法错误。

运行程序：在解决方案资源管理器面板中，右击"Project8_求两个或三个数中的最大数"项目，执行"调试｜启动新实例"命令打开窗体，在窗体文本框中输入相应信息，分别单击"两数中最大数"、"三数中最大数"按钮，程序运行效果如图 4.5 所示。

【结果分析】

由于使用方法重载，程序执行时根据调用时传递的参数个数，自动选择相应的方法实现求最大数。当程序运行时输入如图 4.5 所示的数据，分别单击"两数的最大数""三数的最大数"按钮，则分别调用相应的求最大数的方法。

4.3.4 方法中的参数

调用方法时可以给该方法传递一个或多个值，传递给方法的值称为实参；在定义方法时紧跟方法名圆括号后的参数，称为形参，形参的声明语法与变量声明语法相同，且形参的作用域仅在括号内有效。方法的参数主要有 4 种，分别是值参数、ref 参数、out 参数和 params 参数。

1. 值参数

值参数是在声明时不加任何修饰符的参数，它表明实参与形参之间是值传递，当使用值参数的方法被调用时，编译器为形参分配存储单元，然后将对应的实参值复制到形参中；当方法调用结束后，编译器收回形参分配的存储单元，因而形参的值不会影响实参值。

例如，定义求两个数中的最大数方法，在方法定义中的 num1、num2 是形式参数，代码如下。

```
public int GetMax(int num1, int num2)
{
    return num1 > num2 ? num1 : num2;
}
```

在下面的方法调用语句中，number1、number2 是实参，传递的是具体的值。这个值由窗体的文本框输入而获得。

```
lblShow .Text +="两个数中的最大数："+ fmax.GetMax(number1, number2);
```

2. ref 引用参数

ref 引用参数使形参按引用传递，在方法中对形参所做的任何更改都将反映在实参中。如果要使用 ref 参数，则方法声明和方法调用都必须显式地使用 ref 参数。

ref 参数只对跟在它后面的参数有效，而不是应用于整个参数列表；ref 参数在调用之前必须赋值，且实参只能是变量，不能是常量或表达式；声明方法使用 ref 修饰形式参数，则调用方法时也必须使用 ref 修饰实参参数。

【例题 4.8】设计一个 Windows 程序，实现功能：运用 ref 引用参数实现窗体文本框中输入的两个整数的交换，程序运行效果如图 4.6 所示。

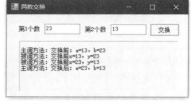

图 4.6　例题 4.8 程序运行效果

【实现步骤】

(1) 启动 Visual Studio 2019，在已创建的 Capter4_类和方法解决方案中添加 Project9_用 ref 参数实现两数交换项目。

(2) 窗体界面设计。

在窗体界面上设计 3 个 Label 标签对象、2 个 TextBox 文本框对象、1 个 Button 按钮对象。各控件对象的属性、属性值如表 4.5 所示

表 4.5　各控件对象的属性、属性值

控件	属性	属性值	控件	属性	属性值
Label1	Text	第 1 个数	TextBox1	Name	txtNum1
Label2	Text	第 2 个数	TextBox2	Name	txtNum2
Label3	Text	NULL	Button1	Name	btnSwap
	Name	lblShow		Text	交换
	AutoSize	False		—	
	BorderStyle	Fixed3D			

(3) 功能代码设计。

在 Capter9_用 ref 参数实现两数交换项目中添加 Swaper 类，在该类中定义两数交换的方法 Swap()，方法中参数采用 ref 关键字修饰，并输出方法执行前的实参值和执行后的实参值，设计代码如下。

```
namespace Project9_用 ref 参数实现两数交换
{
    public class Swper
    {
        //定义两数交换的方法 Swap()
        public string Swap(ref int x,ref int y)
        {
            //1.方法执行前实参值
            string str=null;
                str+= string.Format("\n 被调方法：交换前 x={0}，y={1}", x, y);
            int temp = x;
            x = y;
            y = temp;
            //2.方法执行后实参值
            str += string.Format("\n 被调方法：交换前 x={0}，y={1}", x, y);
            return str;
        }
    }
}
```

在 Capter9_用 ref 参数实现两数交换的窗体界面中，双击"交换"按钮控件，系统自动为该项按钮添加 Click 事件，在"btnSwap_Click"事件框架编辑区中设计功能代码，设计代码参考如下。

```
namespace Project9_用 ref 参数实现两数交换
{
    public partial class Form1 : Form
    {
        public Form1()
        {
            InitializeComponent();
        }

        private void btnSwap_Click(object sender, EventArgs e)
        {
            Swper sp = new Swper();//创建两数交换类对象 sp
            int a = Convert.ToInt32(txtNum1.Text);
            int b = Convert.ToInt32(txtNum2.Text);
            //显示方法调用前的实参
            lblShow.Text += string.Format("\n 主调方法：交换前：a={0}，b={1}", a, b);
            lblShow.Text += sp.Swap(ref a, ref b);
            //显示调用后的实参
            lblShow.Text += string.Format("\n 主调方法：交换后：a={0}，b={1}", a, b);
            //把调用后的实参值重新加载到窗体的文本框中
            txtNum1.Text = a.ToString();
            txtNum2.Text = b.ToString();
```

```
        }
      }
    }
```

(4) 编译运行。

编译程序：完成代码设计，保存所有代码，在解决方案资源管理器面板中，右击"Project9_用 ref 参数实现两数交换"项目，执行"生成|重新生成"命令，检查程序语法错误。

运行程序：在解决方案资源管理器面板中，右击"Project9_用 ref 参数实现两数交换"项目，执行"调试|启动新实例"命令打开窗体，在窗体文本框中输入相应信息，单击"交换"按钮，程序运行效果如图 4.6 所示。

【结果分析】

定义的方法 Swap()中形参采用 ref 关键字修饰即引用型参数，调用该方法时传递的实参也必须采用 ref 进行修饰。程序运行结果，无论实参 a 和 b 还是形参 x 和 y，都添加关键字 ref 后，a 和 x 指向的是同一内存地址，b 和 y 指向的也是同一内存地址，一旦改变了形参 x 和 y 的值，实参 a 和 b 的值也会发生改变。

3. out 输出参数

Out 参数用来定义输出参数，它会导致参数通过引用来传递，与 ref 参数相似，不同之处在于，ref 参数要求变量必须在传递之前进行赋值，而使用 out 参数，无须进行赋值便可使用。如果要使用 out 参数，则方法声明和方法调用都必须显示使用 out 参数。

在 C#中输出参数用关键字 out 来修饰，无论是实参还是形参，只要是输出参数，都必须添加 out 关键字。

【例题 4.9】设计一个 Windows 程序，实现功能：运用输出参数实现窗体文本框中输入文件所在的路径、文件目录，在指定标签处显示文件路径中的文件名，程序运行效果如图 4.7 所示。

图 4.7　例题 4.9 程序运行效果

【操作步骤】

(1) 启动 Visual Studio 2019，在已创建的Capter4解决方案中添加Project10_用 out 参数实现输出项目。

(2) 窗体界面设计。

在窗体界面上设计 3 个 Label 标签对象、2 个 TextBox 文本框对象、1 个 Button 按钮对象。各控件对象的属性、属性值如表 4.6 所示。

表 4.6　各控件对象的属性、属性值

控件	属性	属性值	控件	属性	属性值
Label1	Text	文件路径	TextBox1	Name	txtPath
Label2	Text	文件目录	TextBox2	Name	txtDir
Label3	Text	NULL		ReadOnly	True
	Name	lblShow	Button1	Name	btnAnalyzer
	AutoSize	False		Text	分析
	BorderStyle	Fixed3D		—	

（3）功能代码设计。

在 Project10_用 out 参数实现输出项目中添加一个分析类 Analyzer，在该类中定义方法实现从文件路径中分离目录和文件名，方法中参数定义为输出参数，设计代码参考如下。

```
namespace Project10_用 out 参数实现输出
{
    public class Analyzer
    {
        public void SplitPath(string path,out string dir,out string filename)
        {
            int i;
            i = path.LastIndexOf('\\'); //获取文件路径中最后一个反斜杠的位置
            dir = path.Substring(0, i); //最后一个反斜杠的字符串是文件目录
            filename = path.Substring(i + 1);//最后一个反斜杠后的字符串是文件名
        }
    }
}
```

在 Project10_用 out 参数实现输出项目的窗体界面中，双击"分析"按钮，系统自动为该项按钮添加 Click 事件及对应事件方法，然后在源代码视图中编辑代码如下。

```
namespace Project9
{
    public partial class Form1 : Form
    {
        public Form1()
        {
            InitializeComponent();
        }
        private void btnAnalyzer_Click(object sender, EventArgs e)
        {
            Analyzer al = new Analyzer();//创建一个分析类对象
            string path = txtPath.Text;
            string dir;
            string filename;
            al.SplitPath(path, out dir, out filename);
            txtDir.Text = dir;
            lblShow.Text = "文件名是:" + filename;
        }
    }
}
```

（4）编译运行。

编译程序：完成代码设计，保存所有代码，在解决方案资源管理器面板中，右击"Project10_用 out 参数实现输出"项目，执行"生成｜重新生成"命令，检查程序语法错误。

运行程序：在解决方案资源管理器面板中，右击"Project10_用 out 参数实现输出"项目，执行"调试｜启动新实例"命令打开窗体，在窗体文本框中输入相应信息，单击"分析"按钮，程序运行效果如图 4.7 所示。

【结果分析】

在"分析"按钮单击事件中，调用 Analyzer 类中的 SublitPath()方法，传递的实参中的 dir、file 没有初始化值，但前面加 out 修饰。在 Analyzer 类中定义的 SublitPath()方法中，dir、filename 前面加 out 修饰后是输出参数。实参 dir、file 分别接收形参 dir、filename 的输出。

在使用输出参数时，必须在方法操作结束前为带输出参数的形式参数赋值，如本程序中的文件路径 path 参数。通过文件路径字符串的分割分别得到形参 dir 的值和 filename 的值。在调用含有带输出参数的方法时，必须在传递参数时使用 out 关键字，不必给输出参数赋值，如本程序中定义的 dir、file 字符串变量没有赋值。

4. params 参数

声明方法时，如果有多个相同类型的参数，可以定义为 params 参数。Params 参数实质是一个一维数组，主要用于指定在参数数目可变时所采用的方法参数。如：在数据库操作帮助类中，定义对数据库进行增、删、改操作的 GetAddDeleteModefy()方法，常常将其参数设置为 params 参数，设计代码参考如下。

```csharp
public int GetAddDeleteModefy(string SQL, params   SqlParameter[] ps)
{
    int n = 0;
    SqlConnection conn = new SqlConnection(connStr); //创建数据库连接对象
    SqlCommand comm = new SqlCommand(SQL, conn);//创建命令对象
    if (ps != null && ps.Length > 0)
    {
        comm.Parameters.AddRange(ps);
    }
    try
    {
        conn.Open();
        n = comm.ExecuteNonQuery();
    }
    catch { }
    finally { conn.Close(); }
    return n;
}
```

4.4 嵌套类与部分类

在类中设计类的成员可以是字段、属性、方法、构造函数，还可以是类，该类可称为类中的成员，还可称为嵌套类。C#允许一个类由多个部分构成，每个部分称为部分类。

4.4.1 嵌套类

在类的内部或结构的内部定义的类型称为嵌套类型，也称为内部类型。在类中定义的类称为嵌套类，嵌套类可看作类中的一个成员，嵌套类默认修饰符为 private，但也可设置为 public、internal、 protected 或 protected internal。嵌套类通常需要在实例化对象之后，才能引用其成员，在访问嵌套类成员时必须加上外层类的名称。

【例题 4.10】设计一个 Windows 程序，实现功能：运用嵌套类实现在人类 Person 中定义一个学生类 Student，在 Student 类中分别定义学号、姓名、专业字段。在窗体界面文本框中输入学号、姓名、专业信息，单击"显示"按钮，在窗体的指定标签处显示相关信息，程序运行效果如图 4.8 所示。

图 4.8 例题 4.10 程序运行效果

【实现步骤】

(1) 启动 Visual Studio 2019，在已创建的 Capter4_类和方法解决方案中添加 Project11_嵌套类输出学生信息项目。

(2) 窗体界面设计。

在窗体界面上设计 4 个 Label 标签对象、3 个 TextBox 文本框对象、1 个 Button 按钮对象。各控件对象的属性、属性值如表 4.7 所示。

表 4.7 各控件对象的属性、属性值

控件	属性	属性值	控件	属性	属性值
Label1	Text	学号	TextBox1	Name	txtNo
Label2	Text	姓名	TextBox2	Name	txtName
Label3	Text	专业	TextBox3	Name	txtSpecialty
Label4	Text	NULL	Button1	Name	btnDisply
	Name	lblShow		Text	显示
	AutoSize	False			
	BorderStyle	Fixed3D		—	

(3) 后台代码设计。

在 Project11_嵌套类输出学生信息项目中添加一个 Person 类，在 Person 类中定义一个 Student 类，在 Student 类中分别定义 3 个字段，1 个返回信息的方法，设计代码如下。

```
namespace Project11_嵌套类输出学生信息
{
    public class Person        //定义人类
    {
        public class Student    // 在人类内容中定义学生类
        {
            public string stuNo;
            public string stuName;
            public string stuSpecialty;
            public string GetMessage()
            {
                return string.Format("学生的基本信息：\n 学号：{0}\n 姓名：{1}\n 专业：
                            {2}\n",stuNo ,stuName ,stuSpecialty );
            }
        }
```

```
        }
    }
}
```

在 Project11_嵌套类输出学生信息项目的窗体界面中，双击"显示"按钮，系统自动为该项按钮添加 Click 事件及对应事件方法，然后在源代码视图中编辑代码如下。

```
namespace Project11_嵌套类输出学生信息
{
    public partial class Form1 : Form
    {
        public Form1()
        {
            InitializeComponent();
        }

        private void btnDisply_Click(object sender, EventArgs e)
        {
            Person.Student stu = new Person.Student(); //访问嵌套类成员时必须加上外层类的名称
            stu.stuNo = txtNo.Text;
            stu.stuName = txtName.Text;
            stu.stuSpecialty = txtSpecialty.Text;
            lblShow.Text = stu.GetMessage();
        }
    }
}
```

(4) 编译运行。

编译程序：完成代码设计，保存所有代码，在解决方案资源管理器面板中，右击"Project11_嵌套类输出学生信息"项目，执行"生成｜重新生成"命令，检查程序语法错误。

运行程序：在解决方案资源管理器面板中，右击"Project11_嵌套类输出学生信息"项目，执行"调试｜启动新实例"命令打开窗体，在窗体文本框中输入相应信息，单击"显示"按钮，程序运行效果如图 4.8 所示。

【结果分析】

在"显示"按钮的单击事件中，实例化学生对象时，将 Student 学生类看作 Person 人类的成员，需要使用"外部类.嵌套类"的方式创建嵌套类 Student 学生的对象 stu，然后通过"对象名.成员名"对嵌套类中的成员进行访问。

4.4.2 部分类

在 C#语言中提供了一个部分类，用于表示一个类中的一部分。一个类可以由多个部分类构成，定义部分类的语法形式如下。

```
访问修饰符   partial class   类名
```

其中，partial 是定义部分类的关键字。部分类主要用于当一个类中的内容较多时将相似类中的内容拆分到不同的类中，并且部分类的名称必须相同。

【例题 4.11】设计一个 Windows 程序，实现功能：定
义一个课程类 Course，分别使用两个部分类实现定义课程
属性，一个部分类中定义课程属性(课程编号、课程名称、
课程学分)，一个部分类中定义方法输出课程的属性，程序
运行效果如图 4.9 所示。

图 4.9　例题 4.11 程序运行效果

【实现步骤】

(1) 启动 Visual Studio 2019，在已创建的 Capter4_类和方法解决方案中添加 Project12_部分类
输出课程信息项目。

(2) 窗体界面设计。

在窗体界面上设计 4 个 Label 标签对象、3 个 TextBox 文本框对象、1 个 Button 按钮对象。各控
件对象的属性、属性值如表 4.8 所示。

表 4.8　各控件对象的属性、属性值

控件	属性	属性值	控件	属性	属性值
Label1	Text	课程编号	TextBox1	Name	txtCouId
Label2	Text	课程名称	TextBox2	Name	txtCouNar e
Label3	Text	课程学分	TextBox3	Name	txtCouCre it
Label4	Text	NULL	Button1	Name	btnDisply
	Name	lblShow		Text	显示
	AutoSize	False		—	
	BorderStyle	Fixed3D			

(3) 功能代码设计。

在 Project12_部分类输出课程信息项目中添加两个部分类 Course，按题目要求，其中一个部分
类定义课程的属性，另一个部分类定义输出课程属性的方法，设计代码如下。

```
namespace Project12_部分类输出课程信息
{
    public partial    class Course
     {
        public string couId { get; set; }
        public string couName { get; set; }
        public string couCredit{ get; set; }
     }
    public partial class Course
    {
        public string GetMessage()
        {
            return string.Format("课程信息如下：\n 课程编号：{0}\n 课程名称：{1}\n 课程学分：
                         {2}\n",couId ,couName ,couCredit);
        }
    }
}
```

在 Project11 项目的窗体界面上，单击"显示"按钮，系统自动为该项按钮添加 Click 事件及对应事件方法，然后在源代码视图中编辑代码如下。

```
namespace Project12_部分类输出课程信息
{
    public partial class Form1 : Form
    {
        public Form1()
        {
            InitializeComponent();
        }

        private void btnDisplay_Click(object sender, EventArgs e)
        {
            Course course = new Course();
            course.couId = txtCouId.Text;
            course.couName = txtCouName.Text;
            course.couCredit = txtCouCredit.Text;
            lblShow.Text = course.GetMessage();
        }
    }
}
```

(4) 编译运行。

编译程序：完成代码设计，保存所有代码，在解决方案资源管理器面板中，右击"Project12_部分类输出课程信息"项目，执行"生成|重新生成"命令，检查程序语法错误。

运行程序：在解决方案资源管理器面板中，右击"Project12_部分类输出课程信息"项目，执行"调试|启动新实例"命令打开窗体，在窗体文本框中输入相应信息，单击"显示"按钮，程序运行效果如图4.9所示。

【结果分析】

从例题4.11中可以看出，在不同的部分类中可以直接互相访问其成员，相当于所有的代码写在一个类中，其实质是在同一个项目中，编译时将部分类合并为一个完整的类进行编译。在访问类中成员时直接通过类的对象进行访问。

在处理部分类时，需要注意以下几点。

(1) 同一类的各个部分的所有部分类的定义都必须使用 partial 进行修饰，各个部分必须具有相同可访问性，如 public、private 等。

(2) 如果将任意部分声明为抽象的，则整个类视为抽象的；如果将任意部分声明为密封的，则整个类视为密封的。

(3) partial 修饰符只能出现在紧靠关键字 class(类)、struct(结构型)、interface(接口)前面的位置。

(4) 部分类的各部分或者各个源文件都可以独立引用类库，并且遵循"谁使用谁负责添加引用"原则。

(5) 部分类的定义中允许使用嵌套的部分类。

(6) 同一类的各个部分类的定义都必须在同一程序集或同一模块中进行，部分类定义不能跨越多个模块。

4.5 常用类介绍

C#中提供了成千上万个类，每个类都有特定的功能，并且有很多类都在程序开发过程中经常会被用到，如控制台中输入输出数据的类、生成随机数的类、操作日期的类、操作字符串的类等。本节将针对这些常用类进行详细的讲解。

4.5.1 Console 类

在程序开发中，如果开发控制台程序，则需要向控制台输出结果或向程序中输入数据，完成这一功能可调用 C#提供的 Console 类中的方法来实现。

Console 类主要用于控制台应用程序的输入和输出操作。Console 类常用的 4 个方法如表 4.9 所示。

表 4.9　Console 类常用的方法

方法	功能描述
Write()	向控制台输出信息不换行
WriteLine()	向控制台输出信息换行
Read()	从控制台上读取一个字符
ReadLine()	从控制台上读取一行字符

在向控制台中输出信息时也可以对输出的信息进行格式化，格式化使用的是占位符的方法，具体语法形式如下。

Console. WriteLine(格式化字符串, 输出项 1, 输出项 2, ……);

其中，在格式化字符串中使用{索引号}的形式，索引号从 0 开始，输出项 1 填充{0}位置的内容，依次类推。

【例题 4.12】设计一个控制台应用程序，实现功能：按照控制台提示信息，依次输入相关数据。采用格式化字符串方法输出，按提示信息输入相应的数据信息。程序运行效果如图 4.10 所示。

图 4.10　例题 4.12 程序运行效果

【实现步骤】

(1) 启动 Visual Studio 2019，在已创建的 Capter4_类和方法解决方案中添加 Project13_控制台输出课程信息项目。

(2) 从控制台依次输入课程编号、课程名称、课程学分数据信息，然后采用格式化字符串方法输出在控制台上，设计代码如下。

```
namespace Project13_控制台输出课程信息
{
    class Program
    {
```

```
static void Main(string[] args)
{
    Console.WriteLine("请输入课程编号：");
    string couId = Console.ReadLine();
    Console.WriteLine("请输入课程名称：");
    string couName = Console.ReadLine();
    Console.WriteLine("请输入课程学分：");
    string couCredit = Console.ReadLine();
    Console.WriteLine("课程编号是：{0},课程名称是：{1},课程学分是：{2}", couId, couName,
                       couCredit);
    Console.ReadKey();
}
}
}
```

(3) 编译运行。

编译程序：完成代码设计，保存所有代码，在解决方案资源管理器面板中，右击"Project13_控制台输出课程信息"项目，执行"生成|重新生成"命令，检查程序语法错误。

运行程序：在解决方案资源管理器面板中，右击"Project13_控制台输出课程信息"项目，执行"调试|启动新实例"命令打开控制台，按提示信息分别输入在相应信息，完成输入后回车，程序运行效果如图 4.10 所示。

【结果分析】

运行程序后，先按控制台的提示信息输入课程编号为 1001 后回车，然后输入课程名称为计算机后回车，再输入课程学分为 3 后回车，则显示图 4.10 的程序运行效果。

4.5.2 Random 类

在软件开发过程中，有时需要生成一些随机数，如抽奖的号码就是一个随机数，完成这一功能可调用 C#提供的 Random 类中的方法来实现。

在 C#语言中提供的 Random 类称为伪随机生成器，可以随机产生数字。Random 类有两个构造方法，其功能如表 4.10 所示。

表 4.10　Random 类的两个构造方法

构造方法名称	功能描述
Random()	使用与时间相关的默认种子值初始化 Random 类的新实例
Random(int seed)	使用指定的种子值初始化 Random 类的新实例

表 4.10 中第一个构造方法是无参数的，通过它创建的 Random 实例对象每次使用的种子值是随机的，因此每个对象所产生的随机数序列不同(指第一次运行程序得到随机数序列和下一次运行程序得到的随机数序列不同)；第二个构造方法是带参数的，通过它创建的 Random 实例对象每次使用的种子值是相同的(参数值)，因此每个对象所产生的随机数序列相同(指第一次运行程序得到随机数序列和下一次运行程序得到的随机数序列相同)。

Random 类提供了更多的方法来生成各种伪随机数，可以指定生成随机数范围，也可以生成整型随机数，还可以生成浮点类型的随机数。Random 类的常用方法如表 4.11 所示。

表 4.11 Random 类的常用方法

方法名称	功能描述
int Next()	返回一个非负随机整数
int Next(int max)	返回一个小于指定最大值的非负随机整数
int Next(int min,int max)	返回一个在指定范围内非负随机整数
double NextDouble()	返回一个介于 0.0 和 1.0 之间的随机浮点数

【例题 4.13】设计一个 Windows 程序，实现功能：
在窗体的文本框中输入用户名 Admin，密码 123456，
输入提示的验证码，单击"登录"按钮，登录成功，
弹出登录成功消息框，否则弹出登录失败的消息框，
程序运行效果如图 4.11 所示。

图 4.11 例题 4.13 程序运行效果

【实现步骤】

(1) 启动 Visual Studio 2019，在已创建的 Capter4_
类和方法解决方案中添加 Project14_Random 类的应用项目。

(2) 窗体界面设计。

在窗体界面上设计 4 个 Label 标签对象、3 个 TextBox 文本框对象、1 个 Button 按钮对象。各控件对象的属性、属性值如表 4.12 所示。

表 4.12 各控件对象的属性、属性值

控件	属性	属性值	控件	属性	属性值
Label1	Text	用户名	TextBox1	Name	txtName
Label2	Text	密码	TextBox2	Name	txtPasswo l
Label3	Text	验证码	TextBox3	Name	txtCode
Label4	Text	NULL	Button1	Name	btnLogin
	Name	lblShow		Text	登录
	AutoSize	False			—
	BorderStyle	Fixed3D			

(3) 功能代码设计。

在窗体加载事件中实现验证码的生成，在验证码标签的单击事件中重新生成新的验证码，登录按钮单击事件实现弹出消息框，设计代码如下。

```
namespace Project14_Random 类的应用
{
    public partial class Form1 : Form
    {
        public Form1()
        {
            InitializeComponent();
        }
```

```
private void Form1_Load(object sender, EventArgs e)
{
    //窗体加载事件中将生成的随机数视为验证码加载到窗体的指定标签处
    Random rd = new Random();
    int num = rd.Next(1000, 9999);//产生一个 4 位数的验证码
    lblShow.Text = num.ToString();
}

private void lblShow_Click(object sender, EventArgs e)
{
    //单击标签将重新生成新的随机数即验证码
    Random rd = new Random();
    int num = rd.Next(1000, 9999);//产生一个 4 位数的验证码
    lblShow.Text = num.ToString();
}

private void btnLogin_Click(object sender, EventArgs e)
{
    //单击“登录”按钮实现消息框的弹出
    if (txtCode.Text != lblShow.Text)
    {
        MessageBox.Show("验证码错误！");
    }
    else if (txtName.Text == "Admin" && txtPwd.Text == "123456")
    {
        MessageBox.Show("用户登录成功！");
    }
    else
    {
        MessageBox.Show("用户登录失败！");
    }
}
}
}
```

(4) 编译运行。

编译程序：完成代码设计，保存所有代码，在解决方案资源管理器面板中，右击“Project14_Random 类的应用”项目，执行“生成|重新生成”命令，检查程序语法错误。

运行程序：在解决方案资源管理器面板中，右击“Project14_Random 类的应用”项目，执行“调试|启动新实例”命令打开窗体界面，在窗体界面文本框中输入相应信息，单击“登录”按钮，程序运行效果如图 4.11 所示。

【结果分析】

当运行程序时，在窗体的用户名文本框中输入用户名 Admin，在密码框中输入密码 123456，根据生成的验证码在验证框中输入验证码，单击“登录”按钮，则弹出用户登录成功对话框。后台代码设计逻辑首先判断验证码正确与否，若正确，再判断用户名和密码。

4.5.3　DateTime 类

在软件开发过程中，经常需要对日期进行处理，如向系统输入数据时，需要记下当前的日期，完成这一功能可调用 C#提供的 DateTime 类中的方法来实现。

DateTime 类用于表示时间，所表示的范围是从 0001 年 1 月 1 日 0 点到 9999 年 12 月 31 日 24 点。在 DateTime 类中提供了静态属性 Now，用于获取当前系统的日期和时间，即 DateTime.Now。DateTime 类提供了 12 个构造方法来创建 DateTime 类的实例，但经常使用不带参数的方法创建 DateTime 类的实例。DateTime 类提供的常用属性如表 4.13 所示。

表 4.13　DateTime 类的常用属性

名称	功能描述
Date	获取 DateTime 类实例的日期部分
Day	获取 DateTime 类实例所表示的日期为该月中的第几天
DayOfWeek	获取 DateTime 类实例所表示的日期是一周的星期几
DayOfYear	获取 DateTime 类实例所表示的日期是一年的第几天
Hour	获取 DateTime 类实例所表示日期的小时部分
Minute	获取 DateTime 类实例所表示日期的分钟部分
Month	获取 DateTime 类实例所表示日期的月份部分
Today	获取 DateTime 类实例的当前日期
Year	获取 DateTime 类实例所表示日期的年份部分
Now	获取一个 DateTime 类对象，该对象设置为此计算机上的当前日期和时间，表示为本地时间

在程序开发过程中，经常需要对日期进行处理，如比较两日期是否相等、修改日期等。针对日期处理，DateTime 类提供了一些常用的方法，DateTime 类常用方法如表 4.14 所示。

表 4.14　DateTime 类常用方法

名称	功能描述
DateTime Add(TimeSpan ts)	在指定的日期实例上添加时间时隔值 ts
bool Equals(DateTime dt)	返回一个 bool 值，指示此实例是否与指定的 DateTime 实例相等
string ToShortTimeString()	将当前 DateTime 对象的值转换为其等效的短时间字符串表示

【例题 4.14】设计一个 Windows 程序，实现功能：使用 DateTime 类获取系统的当前时间，在窗体上输出该日是当月的第几天、星期几及这一年中的第几天，并计算 30 天后的日期，程序运行效果如图 4.12 所示。

图 4.12　例题 4.14 程序运行结果

【实现步骤】

(1) 启动 Visual Studio 2019，在已创建的 Capter4_类和方法解决方案中 Project15_DateTime 类的应用添加。

(2) 窗体界面设计。

在窗体界面上设计 1 个 Label 标签对象。Label 标签对象的属性、属性值如表 4.15 所示。

表 4.15　Label 标签对象的属性、属性值

控件	属性	属性值
Label1	Text	NULL
	Name	lblShow
	AutoSize	False
	BorderStyle	Fixed3D

(3) 后台代码设计。

在窗体加载事件中实现题目功能要求，设计代码如下。

```
namespace    Project15_DateTime 类的应用
{
    public partial class Form1 : Form
    {
        public Form1()
        {
            InitializeComponent();
        }

        private void Form1_Load(object sender, EventArgs e)
        {
            DateTime dt = new DateTime();
            dt = DateTime.Now;
            lblShow.Text = string.Format("当前日期是：{0}", dt);
            lblShow.Text += string.Format("\n 当前是本月的：第{0}天", dt.Day);
            lblShow.Text += string.Format("\n 当前是本周的：星期{0}", Convert .ToInt32   (dt.DayOfWeek));
            lblShow.Text += string.Format("\n 当前是本年度的：第{0}天", dt.DayOfYear);
            lblShow.Text += string.Format("\n30 天后的日期是：{0}", dt.AddDays(30));
        }
    }
}
```

(4) 编译运行。

编译程序：完成代码设计，保存所有代码，在解决方案资源管理器面板中，右击“Project15_DateTime 类的应用”项目，执行“生成｜重新生成”命令，检查程序语法错误。

运行程序：在解决方案资源管理器面板中，右击“Project15_DateTime 类的应用”项目，执行“调试｜启动新实例”命令打开窗体界面直接加载信息，程序运行效果如图 4.12 所示。

【结果分析】

程序通过 DateTime 类获取系统的当前时间，然后通过 DateTime 类对象的相关属性和方法实现当前日期是本月的第几天、当前是本周的星期几、当前是本年度的第几天信息输出。

4.5.4　string 类

在 C#中，字符串可以用 string 类来表示，在操作 string 类之前，首先需要对 string 类进行初始化。string 类中有很多重载的构造方法，常用的静态方法有：格式化字符串的方法 Format()、判断一

个字符串是否为空或长度为 0 的方法 IsNullOrEmpty()。常用的实例方法有: 以指定的字符分隔字符串的方法 Split()、截取字符串中部分的方法 Substring()、去除字符串前后的空格方法 Trim()。

1. Format()方法

Format()方法的作用是格式化字符串, 是通过占位符"{0}, {1}, …"的形式返回一个拼接字符串。Format()方法重载形式比较多, 在前述的许多实例中用到了 Format()方法格式化字符串。例如:

lblShow.Text = string.Format("当前日期是: {0}", dt);

2. IsNullOrEmpty()方法

IsNullOrEmpty()方法是用来判断字符串是否为空或长度是否为 0, 当字符串为空或长度为 0 时, 返回值为 true, 否则返回 false。

【例题 4.15】设计一个 Windows 程序, 实现功能: 在窗体的文本框中输入用户名 Admin、密码 123456、验证码后, 单击"登录"按钮, 登录成功, 弹出登录成功消息框, 否则弹出登录失败的消息框。用 IsNullOrEmpty()方法来验证用户名、密码、验证码不得为空, 程序运行效果如图 4.13 所示。

图 4.13　例题 4.15 程序运行效果

【实现步骤】

(1) 启动 Visual Studio 2019, 在已创建的 Capter4 解决方案中添加 Project16_string 类的用法项目。

(2) 窗体界面设计。

在窗体界面上设计 7 个 Label 标签对象、3 个 TextBox 文本框对象、1 个 Button 按钮对象。各控件对象的属性、属性值如表 4.16 所示。

表 4.16　各控件对象的属性、属性值

控件	属性	属性值	控件	属性	属性值
Label1	Text	用户名	TextBox1	Name	txtName
Label2	Text	密码	TextBox2	Name	txtPasswor
Label3	Text	验证码	TextBox3	Name	txtCode
Label4	Text	NULL	Button1	Name	btnLogin
	Name	lblShow		Text	登录
	AutoSize	False	Label6	Text	NULL
	BorderStyle	Fixed3D		Name	lblPwd
Label5	Text	NULL		AutoSize	False
	Name	lblName		BorderStyle	Fixed3D
	AutoSize	False	Label7	Text	NULL
	BorderStyle	Fixed3D		Name	lblCode
	—			AutoSize	False
				BorderStyle	Fixed3D

(3) 功能代码设计。

在窗体加载事件中实现验证码的生成,在验证码标签的单击事件中重新生成新的验证码,"登录"按钮单击事件实现文本框是否为空的验证和弹出消息框,其中文本框验证信息相应的后面的标签处显示,设计代码参考如下。

```
namespace Project16_string 类的用法
{
    public partial class Form1 : Form
    {
        public Form1()
        {
            InitializeComponent();
        }
        private void Form1_Load(object sender, EventArgs e)
        {
            //窗体加载时生成随机数验证码
            Random rd = new Random();
            int num = rd.Next(1000, 9999);
            lblShow.Text = num.ToString();
        }
        private void lblShow_Click(object sender, EventArgs e)
        {
            //单击生成验证码标签重新生成新的验证码
            Random rd = new Random();
            int num = rd.Next(1000, 9999);
            lblShow.Text = num.ToString();
        }
        private void btnLogin_Click(object sender, EventArgs e)
        {
            if (string.IsNullOrEmpty(txtName.Text))
            {
                lblName.Text = string.Format ("用户名不得为空! ");
            }
            else if (string.IsNullOrEmpty(txtPwd.Text))
            {
                lblPwd.Text = string.Format( "密码不得为空! ");
            }
            else if (string.IsNullOrEmpty(txtCode.Text))
            {
                lblCode.Text = string.Format( "验证码不得为空! ");
            }
            else if (txtCode.Text == lblShow.Text)
            {
                if (txtName.Text == "Admin" && txtPwd.Text == "123456")
                {
                    MessageBox.Show("用户登录成功! ");
                }
                else
                {
                    MessageBox.Show("用户登录失败! ");
                }
            }
            else
```

```
            {
                MessageBox.Show("验证码输入错误！");
            }
        }
    }
}
```

(4) 编译运行。

编译程序：完成代码设计，保存所有代码，在解决方案资源管理器面板中，右击“Project16_string 类的用法”项目，执行“生成｜重新生成”命令，检查程序语法错误。

运行程序：在解决方案资源管理器面板中，右击“Project16_string 类的用法”项目，执行“调试｜启动新实例”命令打开窗体界面，在窗体界面文本框中输入相应信息，单击“登录”按钮，程序运行效果如图 4.13 所示。

【结果分析】

运行程序后，文本框中没有输入任何数据，单击“登录”按钮，则在用户名文本框后弹出“用户名不得为空！”信息，输入用户名后，再单击“登录”按钮，则在密码文本框后弹出“密码不得为空！”信息，输入密码后，再单击“登录”按钮，则在验证码文本框后弹出“验证码不得为空！”信息。程序逻辑只有输入完整的用户名、密码、验证码信息后，才首先判断验证码是否正确，若正确，再判断用户名和密码，当输入的用户名、密码、验证码都正确时，才弹出“用户登录成功！”的消息框，否则弹出“用户登录失败！”的消息框。

3. Split()方法

Split()方法是专门用来分隔字符串的。如果要统计字符串 I like C# programming 中单词的个数，可以使用 Split()方法将字符串以空格分隔成字符串数组。

【例题 4.16】 设计一个 Windows 程序，实现功能：统计在窗体文本框中输入字符串的个数及字符串的单调个数，程序运行效果如图 4.14 所示。

图 4.14　例题 4.16 程序运行效果

【实现步骤】

(1) 启动 Visual Studio 2019，在已创建的 Capter4_ 类和方法解决方案中添加项目。

(2) 窗体界面设计。

在窗体界面上设计 2 个 Label 标签对象、1 个 TextBox 文本框对象、1 个 Button 按钮对象。各控件对象的属性、属性值如表 4.17 所示。

表 4.17　各控件对象的属性、属性值

控件	属性	属性值	控件	属性	属性值
Label1	Text	输入字符串	TextBox	Name	txtString
Label2	Text	NULL	Button1	Name	btnCount
	Name	lblShow		Text	统计
	AutoSize	False		—	
	BorderStyle	Fixed3D			

(3) 功能代码设计。

在 Project16 项目中，单击"统计"按钮，系统自动为该按钮添加 Click 事件及对应事件方法，然后在源代码视图中编辑代码如下。

```
namespace Project16
{
    public partial class Form1 : Form
    {
        public Form1()
        {
            InitializeComponent();
        }

        private void btnCount_Click(object sender, EventArgs e)
        {
            string str = txtString.Text;
            string[] strs = str.Split(' ');
            lblShow .Text = string.Format("输入字符串{0}中共有单词数：{1}", str, strs.Length);
            for (int i = 0; i < strs.Length; i++)
            {
                lblShow .Text += string.Format("\n 第{0}个单词是：{1}", i + 1, strs[i]);
            }
        }
    }
}
```

(4) 编译运行。

编译程序：完成代码设计，保存所有代码，在解决方案资源管理器面板中，右击"Project16_string 类的用法"项目，执行"生成│重新生成"命令，检查程序语法错误。

运行程序：在解决方案资源管理器面板中，右击"Project16_string 类的用法"项目，执行"调试│启动新实例"命令打开窗体界面，在窗体界面文本框中输入相应信息，单击"统计"按钮，程序运行效果如图 4.14 所示。

【结果分析】

首先定义一个字符串 str，通过窗体文本框获取输入的字符串 I like C # programming，然后使用 Split() 方法空格作为分隔符，把字符串分隔成一个字符数组保存到字符串数组 strs 中，最后通过 for 循环输出数组中的所有元素。

4. Substring()方法

Substring()方法的作用是对字符串进行截取，基本语法是 Substring(int index,int subLength)，其中的 index 表示开始截取的字符串索引位置，subLength 表示截取字符串末尾索引位置值。

5. Trim()方法

Trim()方法的作用是去除字符串两端的空格。例如，要检测用户输入信息时，如果用户不小心在结束的位置输入了一个空格，那么将无法获得准确的数据，因此，需要使用 Trim()将字符串两端的空格去掉。例如，去掉用户名文本框的两端空格，可以用以下语句完成。

```
string str = txtString.Text.Trim();
```

在使用 Trim() 方法时需要注意的是，只能去除字符串两端的空格，不能去除字符串中间的空格。

习题 4

填空题

(1) 面向对象编程思想的三大基本特征是：_____、_____、_____。

(2) 面向对象编程思想的两个重要概念是：_____和_____。

(3) 在类中可以定义字段、属性、_____和_____成员，字段用于描述_____的特征；属性用于_____对外提供_____；_____用于初始化字段。

(4) 定义类时的访问修饰符实现类的访问限制，其中 public 表示可以在任何项目中访问_____；internal 表示在同一程序集中_____才可以访问。

(5) 用 abstract 修饰符定义的类为_____，该类不能_____；用 sealed 修饰符定义的类为_____，该类不能_____；用 static 修饰符定义的类为_____，该类不能_____，通过_____来访问类中的属性或方法。

(6) 在类的成员定义时用访问修饰符 private，则表明该成员是_____；用修饰符 readonly，则表明该成员是_____。

(7) 在定义方法时，修饰符为 virtual，则定义的方法称为_____；修饰符为 abstract，则定义的方法称为_____；修饰符为 scaled，则定义的方法称为_____。

(8) 类中定义的属性成员作用_____，外界通过属性来访问类中的字段。

(9) 属性是通过_____和_____访问器对类中的字段进行读、写操作。_____访问器获取属性的值，是通过_____给属性赋值；_____访问器设置属性的值，是通过_____给字段赋值。

(10) 定义图书类时，图书价格 price 字段赋值若为小于 0 或为负数时，则属性定义的写访问器语句是_____。

(11) 定义一个学生类 Student，实例化学生类对象 Student stu=new Student()，则 Student stu 的含义是_____；=的作用是将_____赋给变量 Stu；new Student() 的含义是_____。

(12) 构造方法的三个基本条件是：_____；_____；_____。

(13) 析构方法不能在结构中定义，只能对类使用；无法_____；没有修饰符，也没有参数；被调用时 .NET 的公共语言自动添加对_____方法的调用。

(14) 方法重载满足的两个条件是_____；_____。

(15) ref 参数在调用前必须_____且实参只能是_____，不能是常量或_____。

(16) 用 partial 关键字声明的类称为_____，且_____必须相同。

第5章

继承和多态

继承和多态是面向对象语言的两大重要特征。在 C#语言中仅支持单重继承，主要用于解决代码的重用问题。为了将继承关系灵活运用到程序设计中，在 C#语言中提供接口来解决多重继承的关系。多态主要是通过类的继承或接口的实现方式来体现。

5.1 继承

类的继承是面向对象编程的一个非常重要的特征，任何类都可以从另外一个类继承，在编写一个新类时可以通过继承一个类的方式来自动拥有该类中所有的成员(除构造方法和析构方法外)，运用继承思想，在程序开发过程中能极大地提高代码的复用性，同时也便于对程序功能的扩展。

5.1.1 继承的概念

1. 继承的定义

继承是指当一个类 A 能够拥有另一个类 B 中所有非私有成员的数据和方法(除构造函数外)，就称 A 类和 B 类之间具有继承关系。被继承 B 类，称为父类或基类，继承 A 类，称为子类或派生类。

2. 继承的实现

在定义类时，继承是通过冒号来实现的，具体定义格式如下。

```
public class 子类名:父类名
```

例如，public partial class Form1: Form 表示 Form1 窗体部分类继承 Form 类，则 Form1 类拥有 Form 类的除构造函数外的所有非私有成员属性和方法。

3. 继承的原则

继承的原则是单向的且具有传递性。派生类不仅继承基类(除构造函数外)的所有成员，而且还可以扩展基类的成员。如果派生类中定义了与基类同名的成员，则覆盖已继承的成员。

4. 构造方法的执行过程

当一个类的对象被创建时，如果该类拥有父类，则在调用子类构造函数之前还会调用父类的构造函数。子类实例化的执行过程是：初始化子类实例成员,首先调用父类构造函数初始化父类成员(字段)，然后调用子类的构造函数初始化子类成员(字段)。

当父类构造函数带参数时，由于系统只能自动调用默认的父类构造函数，因此创建子类实例时必须强迫系统调用父类带参数的构造函数。因此，声明派生类的构造函数时必须用 base 关键字向父类构造函数传递参数。

5. 继承优势

继承优势在于降低软件的复杂性和费用，使软件系统易于扩充，大大缩短软件开发周期，实现代码共享。

在 C#中，当派生类从基类继承时，派生类就具有基类中的非私有的所有成员(除构造函数外)，基类中定义的成员代码不需要在派生类中重写，在派生类的定义中，只需要添定义扩展的成员。

【例题 5.1】设计一个 Windows 程序，实现功能：运用继承思想显示添加学生的基本信息。

设计要求：设计一个基类 Person，在 Person 类中定义姓名、性别、年龄字段；设计一个 Student 学生类继承 Person 类并扩展学号、专业字段。当单击"显示"按钮时，文本框中输入的信息显示在指定的多行文本框中，程序运行效果如图 5.1 所示。

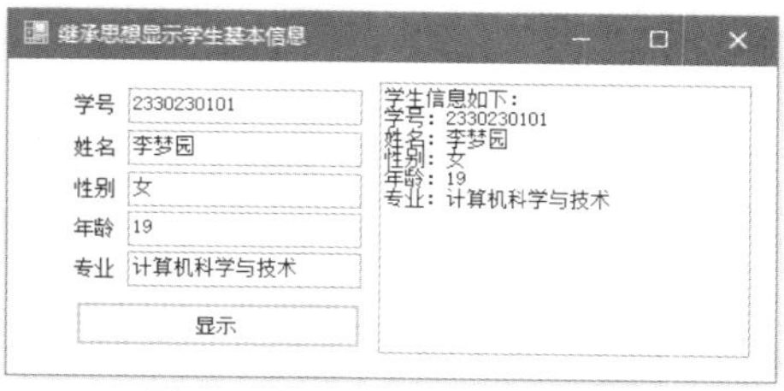

图 5.1 例题 5.1 程序运行效果

【实现步骤】

(1) 启动 Visual Studio 2019，在已创建的 Capter5 解决方案中添加 Project1_继承输出学生基本信息项目。

(2) 窗体界面设计。

在项目 Project1_继承输出学生基本信息的 Form1 窗体上设计 5 个 Label 标签对象、6 个 TextBox 文本框对象、1 个 Button 单击按钮对象。各控件对象的属性、属性值设置如表 5.1 所示。

表 5.1 各控件对象的属性、属性值

控件	属性	属性值	控件	属性	属性值
Label1	Text	学号	TextBox1	Name	txtNo
Label2	Text	姓名	TextBox2	Name	txtName
Label3	Text	性别	TextBox3	Name	txtSex
Label4	Text	年龄	TextBox4	Name	txtAge
Label5	Text	专业	TextBox5	Name	txtSpecialt
TextBox6	Multline	True	Button1	Name	btnShow
	Name	txtShow		Text	显示

(3) 功能代码设计。

右击 Project1_继承输出学生基本信息项目，添加 Person 基类，在 Person 类中定义私有字段姓名、性别和年龄，属性封装字段，通过带参的构造函数初始化字段、添加 Student 派生类继承 Person 类，同时扩展两个私有字段学号、专业，属性封装字段，调用基类的带参的构造函数的 base 子句初始化扩展字段，定义一个返回学生信息的方法。

Person 类的代码设计如下。

```
namespace Project1_继承输出学生基本信息
{
    public class Person
    {
        //1. 定义姓名、性别、年龄私有字段
        private string name;
        private string sex;
        private int age;
        //2. 属性封装字段
        public string Name
        {
            get { return name; }
            set { name = value; }
        }
        public string Sex
        {
            get { return sex; }
            set { sex = value; }
        }
        public int Age    //判断年龄若为负数，则设置为0
        {
            get { return age; }
            set {
                    if(value<0){value=0;}
                    else{age = value; }
            }
        }
        //3. 构造函数初始化字段，要求对属性赋值来实现对字段的保护
        public Person(string myNme, string mySex, int myAge)
        {
            this.Name = myNme;
            this.Sex = mySex;
            this.Age = myAge;
        }
    }
}
```

Student 类的代码设计如下。

```
namespace Project1_继承输出学生基本信息
{
    public class Student:Person //其中的冒号表示 Student 类继承 Person 类
    {
        //1. 扩展学生类的学号、专业私有字段
        private string stuNo;
        private string stuSpecialty;
        //2. 属性封装私有字段
        public string StuNo
        {
            get { return stuNo; }
            set { stuNo = value; }
        }
```

```
            public string StuSpecialty
            {
                get { return stuSpecialty; }
                set { stuSpecialty = value; }
            }
            //3. 构造函数初始化字段
            public Student (string myNo,string myName,string mySex,int myAge,string mySpecialty):base( myName,
                        mySex, myAge)
            {
                this.stuNo = myNo;
                this.stuSpecialty = mySpecialty;
            }
            //4. 定义一个显示学生信息的方法
            public string GetMessage()
            {
                return string.Format("学生信息如下：\r\n 学号：{0}\r\n 姓名：{1}\r\n 性别：{2}\r\n 年龄：
                        {3}\r\n 专业：{4}",StuNo ,Name ,Sex ,Age ,StuSpecialty );
            }
        }
    }
```

在窗体界面上双击"显示"按钮，系统自动为该按钮添加 Click 事件及对应的事件方法，在"btnShow_Click"事件中设计代码参考如下。

```
namespace Project1_继承输出学生基本信息
{
    public partial class Form1 : Form
    {
        public Form1()
        {
            InitializeComponent();
        }

        private void btnShow_Click( object sender, EventArgs e)
        {
            Student stu = new Student(txtNo.Text, txtName.Text, txtSex.Text, Convert.ToInt32(txtAge.Text),
                        txtSpecialty.Text);
            txtShow.Text = stu.GetMessage();
        }
    }
}
```

(4) 编译运行。

编译程序：编写完所有程序代码，单击工具栏中的"全部保存"按钮，右击 Project1_继承输出学生基本信息项目，执行"生成"｜"重新生成"命令，观察"输出"信息窗口，检查是否有语法错误。

运行程序：右击 Project1_继承输出学生基本信息项目，执行"调试"｜"启动新实例"命令，打开程序运行窗体界面，在各文本框中输入信息，单击"显示"按钮，则输入信息在文本框中显示效果如图 5.1 所示。

【结果分析】

在 Person 基类和 Student 派生类中都有一个带参的构造函数，在创建 Student 派生类对象时，指定参数并通过 base 关键字来调用基类 Person 的构造函数，初始化从基类继承的字段，而派生类 Student 的构造函数只负责对自己扩展的字段进行初始化。总之定义派生类带参构造函数并通过关键字 base 来调用基类构造函数，通过基类的构造函数对继承的字段进行初始化。

注：若要设置 TextBox 为多行文本框，且显示内容换行显示，除了设置 Multline 的属性值为 True 外，还需采用 "\r\n" 双换义字符配合实现。

5.1.2 使用类图表示继承关系

在 Visual Studio 2019 中提供了类图功能，可以将类直接转换成类图的形式，在软件开发过程中，经常会在详细设计阶段使用类图的形式来表示类。在 Visual Studio 2019 中将类文件转换成类图的方法是：在解决方案的项目中找到类文件(扩展名是.cs 的文件)，右击.cs 文件，执行 "查看类图" 命令即可。

在类图中使用箭头表示继承关系，前头的三星形端指向父类，另一端是子类。实例 5.1 中的 Person 父类和 Student 子类的继承关系类图如图 5.2 所示。

如果类之间没有继承关系，则类图间没有箭头的指向。只有类与类之间有继承关系，生成的类图间才有箭头指向。

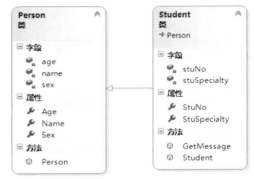

图 5.2　Person 父类和 Student 子类的继承关系类图

5.1.3 Object 类

Object 类是所有类的基类，也称为所有类的根。在 Object 类中提供了 4 个常用的方法，分别是 Equals(两对象相等)、GetHashCode(返回对象的哈希代码)、GetType(当前实例的类型)、ToString(返回对象的字符串)。既然任何一个类都继承 Object 类，那么 Object 类的 4 个方法可以被任何类使用或重写。

1. Equals()方法

Equals()方法主要用于比较两个对象是否相等，如果相等则返回 true，否则返回 false。如果是引用型对象，则用于判断两个对象是否引用了同一个对象。在 C#语言中 Equals()方法提供了一个静态方法和一个非静态方法，具体定义如下。

```
Equals(Object ob1,Object ob2);      //静态方法
Equals(Object o);                   //非静态方法
```

2. GetHashCode()方法

GetHashCode()方法返回当前 System.Object 的哈希代码，每个对象的哈希值都是固定的。该方法不含有任何参数，并且不是静态方法，因此需要使用实例化对象来调用该方法。因该方法是在 Object 类中定义的，因此任何对象都可以直接调用该方法的使用。

3. GetType()方法

GetType()方法用于获取当前实例的类型，返回值为 System.Type 类型。该方法不含任何参数，

是非静态方法，因此需要实例化对象来调用该方法，使用任何对象都可以直接调用该方法。

4. ToString()方法

ToString()方法返回一个对象实例的实例，在默认情况下将返回类的类型的限定名，任何类都可以重写 ToString()方法，返回自定义的字符串。对于其他的值类型，则是将值转换为字符串类型的值。

5.2　多态

多态性是面向对象程序设计的另一个重要特征，多态的含义是一种事物的多种形态。多态使派生类的实例可以直接赋予基类对象，然后直接通过这个对象调用派生类的成员方法。在软件开发过程中，运用多态思想使定义的类更具有通用性。

5.2.1　多态的概念

1. 多态的定义

多态是指同一操作作用于不同类的对象，不同的类将进行不同的解释，最后产生不同的执行结果。例如：学校上课铃声响起时，学生类实例对象学生、教师类实例对象教师分别走进不同的教室上课。

2. 多态的实现

多态是通过继承来实现的，通常需要在派生类中更改从基类中自动继承来的方法，基类中的部分内容在派生类中重新定义。

当派生类从基类继承时，派生类不仅拥有基类的所有字段、属性、方法，而且还能扩展基类的成员，甚至重写基类的成员，以至更改基类的数据和行为。

更改基类的数据和行为，在 C#中提供了两种方式：一是使用新的派生类成员替换基类成员，即在派生类中使用 new 关键字重新定义与基类中同名的成员，这种方式并不是继承的多态性；二是重写虚拟的基类成员，在定义类时，首先在基类中用 virtual 关键字标识虚拟成员，然后在派生类中用 override 关键字重写基类的虚拟成员并覆盖掉，这才是继承实现多态。

3. 多态的优势

多态性的优势在于使软件开发更加方便，增加程序的可读性。比如计算机的存储器可以存储各种格式的数据信息，如整型数据、浮点型数据、字符型数据等，无论存储的是何种数据，存储的算法实现是一样的，针对不同类型的数据，程序员不必手工选择，只需要采用统一的接口名，系统自动可以选择。

5.2.2　继承实现多态

在继承关系中，派生类会自动继承基类中的方法，但当基类的方法不能满足派生类的需求时，可以对基类的方法进行重写。当重写基类的方法时，要求在派生类中声明的方法名、参数类型及参数个数必须与基类方法相同，而且基类方法必须用关键字 virtual 修饰，派生类方法必须用关键字 override 修饰，被 virtual 关键字修饰的方法称为虚方法。

基类中声明虚方法的具体格式如下。

public virtual 方法名([参数列表]){ //方法体}

派生类中声明重写基类虚方法的具体格式如下。

Public override 方法名([参数列表]){ //方法体}

注意:

基类和派生类中的方法名称与参数列表必须完全一致。

【例题 5.2】设计一个 Windows 程序,实现功能:运用多态思想实现相关信息的输出。

要求:设计一个基类 Person,在 Person 类中定义姓名私有字段、姓名属性、构造函数对姓名字段进行初始化,一个虚方法返回相关信息。设计 Cpreson 中国人派生类、Aperson 美国人派生类、Eperson 英国人派生类分别继承人类且无扩展字段,重写基类的方法,程序运行效果如图 5.3 所示。

图 5.3 例题 5..2 程序运行效果

【实现步骤】

(1) 启动 Visual Studio 2019,在已创建的 Capter5_继承和多态解决方案中添加 Project2_多态输出不同国籍人信息项目。

(2) 窗体界面设计。

在项目 Project2 的 Form1 窗体上设计 4 个 Label 标签对象、3 个 TextBox 文本框对象、2 个 Button 单击按钮对象。各控件对象的属性、属性值设置如表 5.2 所示。

表 5.2 各控件对象的属性、属性值

控件	属性	属性值	控件	属性	属性值
Label1	Text	中国人	TextBox1	Name	txtCname
Label2	Text	美国人	TextBox2	Name	txtAname
Label3	Text	英国人	TextBox3	Name	txtEname
Label4	Text	NULL	Button1	Name	btnAdd
	Name	lblShow		Text	添加
	AutoSize	False	Button2	Name	btnDisplay
	BorderStyle	Fixed3D		Text	显示

(3) 后台代码设计。

在 Project2_多态输出不同国籍人信息项目下,分别设计下列类,Person 类、Cperson 类、Aperson 类、Eperson 类。在 Person 类中定义私有字段姓名、属性封装字段、构造函数对字段初始化、返回信息的虚方法 GetMessage(),设计代码如下。

```
namespace Project2_多态输出不同国籍人信息
{
    public class Person
    {
        private string name;
```

```
        public string Name
        {
            get { return name; }
            set { name = value; }
        }
        public Person(string myname)
        {
            this.name = myname;
        }
        public virtual string GetMessage()
        {
            return string.Format("姓名：{0},从事 IT 行业", Name);
        }
    }
}
```

Cperson 类继承 Person 类，无扩展成员，重写 Person 类中的虚方法 GetMessage()，设计代码如下。

```
namespace Project2_多态输出不同国籍人信息
{
    public class Cperson:Person
    {
        public Cperson(string myname)
            : base(myname)
        {

        }
        //重写 Person 类的方法
        public override    string GetMessage()
        {
            return string.Format("我是中国人，姓名：{0},从事软件代码编写", Name);
        }
    }
}
```

Aperson 类继承 Person 类，无扩展成员，重写 Person 类中的虚方法 GetMessage()，设计代码如下。

```
namespace Project2_多态输出不同国籍人信息
{
    public class Aperson:Person
    {
        public Aperson(string Aname)
            : base(Aname)
        {

        }
        //重写基类的方法
        public override    string GetMessage()
        {
            return string.Format("我是美国人，姓名：{0},从事软件项目管理", Name);
        }
    }
}
```

Eperson 类继承 Person 类，无扩展成员，重写 Person 类中的虚方法 GetMessage()，设计代码如下。

```
namespace Project2_多态输出不同国籍人信息
{
    public class Eperson:Person
    {
        public Eperson(string Ename)
            : base(Ename)
        {

        }
        public override    string GetMessage()
        {
            return string.Format("我是英国人，姓名：{0},从事软件架构设计", Name);
        }
    }
}
```

在 Project2_多态输出不同国籍人信息项目窗体界面上分别单击"添加""显示"按钮，系统自动为这两个按钮添加 Click 事件及对应的事件方法。

在"添加"按钮单击事件中分别创建 Cperson 类、Aperson 类、Eperson 类的对象并将对象添加到 Person 类数组中，同时显示添加成功的信息。

在"显示"按钮单击事件中采用循环遍历 Person 类数组中的对象，并调用各自对象的方法实现多态输出信息。设计代码如下。

```
namespace Project2
{
    public partial class Form1 : Form
    {
        public Form1()
        {
            InitializeComponent();
        }
        /// <summary>
        /// 多态性：是指同一操作作用于不同的对象，会产生不同的结果
        /// </summary>
        Person[] ps; //在两个事件外部定义一个人类数组，用以存放各种不同类的人对象便于访问
        private void btnAdd_Click(object sender, EventArgs e)
        {

            Cperson cps = new Cperson(txtCname.Text);
            Aperson aps = new Aperson(txtAname.Text);
            Eperson eps = new Eperson(txtEname.Text);
            lblShow.Text = "添加一个中国人，姓名是：" + cps.Name.ToString();
            lblShow.Text += "\n 添加一个美国人，姓名是：" + aps.Name.ToString();
            lblShow.Text += "\n 添加一个英国人，姓名是：" + eps.Name.ToString();
            ps= new Person[] { cps, aps, eps };
        }

        private void btnDisplay_Click(object sender, EventArgs e)
        {
```

```
                    for (int i = 0; i < ps.Length; i++)
                    {
                        lblShow.Text += string.Format("\n{0}", ps[i].GetMessage());
                    }
                }
            }
        }
```

(4) 编译运行。

编译程序：编写完所有程序代码，单击工具栏中的"全部保存"按钮，右击 Project2_多态输出不同国籍人信息项目，执行"生成"｜"重新生成"命令，观察"输出"信息窗口，检查是否有语法错误。

运行程序：右击 Project2_多态输出不同国籍人信息项目，执行"调试"｜"启动新实例"命令，打开程序运行窗体界面，在各文本框中输入信息，单击"添加"按钮和"显示"按钮，则输入信息在文本框中显示效果如图 5.3 所示。

【结果分析】

程序中定义一个 Person 类数组存放 Cperson 类、Aperson 类、Eperson 类的实例对象，而 Cperson 类、Aperson 类、Eperson 类又继承 Person 类并重写 Person 类的虚方法，并按不同类型调用相应类的方法，从而实现多态性。

在 C#中，基类对象可以引用派生类对象，但不允许派生类对象引用基类对象，一个基类对象名既可以指向基类对象，也可以指向派生类对象。实现多态后，当基类对象执行一个基类与派生类都具有的同名方法调用时，程序可以根据对象的类型不同(基类还是派生类)进行正确的调用。

使用 virtual 和 override 时需要注意以下几点。

(1) 字段不能是虚拟的，只有方法、属性、事件和索引器才可以是虚拟的。

(2) 使用 virtual 修饰后，不允许再使用 static、abstract 或 override 修饰符。

(3) 派生类对象即使强制被转换为基类对象，所引用的仍然是派生类的成员。

(4) 派生类可以通过密封来停止虚拟继承，此时派生类成员使用 sealed override 声明。

(5) virtual 关键字通常用在基类中，override 关键字通常用在派生类中。

5.3　抽象

抽象是处理事物复杂性的方法，只关注与当前目标有关的方面，而忽略与当前目标无关的方面。抽象的过程是将有关事物的共性归纳、集中的过程。类是对对象的抽象，同一类中的对象将会拥有相同的特征(属性)和行为(方法)。

5.3.1　抽象类

当定义一个类时，常需要定义一些方法来描述该类的行为特征，但有时这些方法的实现方式是无法确定的。例如，求一个几何体的体积时，只有给出了具体的几何体，才能计算，在不知道具体的几何体时，设计求几何体的体积方法可定义成一个抽象的方法。类中设计有抽象的方法，则该类称为抽象类。

1. 抽象类的定义

在 C#中，抽象类的定义是使用关键字 abstract 来声明的，具体的语法形式如下。

```
public abstract class 类名
{  语句块  }
```

2. 抽象类的作用

抽象类的作用是提供多个派生类可共享基类的公共方法定义。例如：类库可以定义一个作为多个函数的参数的抽象类，并要求程序员使用该类通过创建派生类来提供自己类的实现。

3. 抽象类的特点

(1) 抽象类必须使用 abstract 关键字修饰。

(2) 抽象成员必须在抽象类中声明，但抽象类不要求必须含有抽象成员。

(3) 抽象类是用作基类的，不能直接实例化对象，抽象类不能是密封类或静态类，其访问修饰符不能是 private。

(4) 抽象类是具有构造函数的，派生类继承抽象类后，必须将抽象类中的抽象成员重写。

5.3.2　抽象方法

抽象方法是一个不具有任何具体功能的方法，其唯一的作用是让派生类重写，在派生类中实现具体功能。

1. 抽象方法的定义

在 C#中，抽象方法的定义使用 abstract 关键字，具体的语法形式如下。

```
[访问修饰符] abstract  返回值类型  方法名([参数列表]);
```

声明抽象方法时，抽象方法没有方法体，只在方法声明后跟一个分号，抽象方法必须在抽象类中声明。

2. 抽象方法重载

抽象类中的抽象方法没有提供功能实现，当定义抽象类的派生类时，派生类必须重载基类的抽象方法，如果派生类没有进行重载，则派生类也必须声明为抽象类。派生类重载抽象类的方法使用 override 关键字，重载抽象方法的具体语法格式如下。

```
public override  方法名([参数列表]){ 语句块 }
```

其中：方法名和参数列表必须与抽象类中的抽象方法完全一致。

5.3.3　继承实现抽象

抽象类中定义的抽象方法不具有任何功能，只有在其派生类中使用 override 关键字重载抽象方法，重载的前提条件是派生类与抽象类具有继承关系。

【例题 5.3】设计一个 Windows 程序，实现功能：运用抽象思想求几何体圆柱、圆锥、圆球的体积并输出结果。

要求：设计一个抽象几何体基类 Shape，在 Shape 类中定义一个私有字段半径、一个属性封装半径字段、一个构造函数对半径字段进行初始化、一个计算几何体积的抽象方法。设计圆柱 Cylinder 类、圆锥 Cone 类、圆球 Globe 类分别继承几何体类，扩展计算自己体积所需字段，重写几何体类的抽象方法实现自己体积计算功能，程序运行效果如图 5.4 所示。

图 5.4 例题 5.3 程序运行效果

【实现步骤】

(1) 启动 Visual Studio 2019，在已创建的 Capter5_继承和多态解决方案中添加 Project3_抽象的应用求几何体体积项目。

(2) 窗体界面设计。

在 Project3_抽象的应用求几何体体积项目的 Form1 窗体上设计 3 个 Label 标签对象、2 个 TextBox 文本框对象、3 个 Button 单击按钮对象。各控件对象的属性、属性值设置如表 5.3 所示。

表 5.3 各控件对象的属性、属性值

控件	属性	属性值	控件	属性	属性值
Label1	Text	几何体半径	TextBox1	Name	txtRadios
Label2	Text	几何体高	TextBox1	Name	txtHeight
Button3	Name	btnGlobe	Button1	Name	btnCylinder
	Text	圆球		Text	圆柱
TextBox2	Name	txtResult	Button2	Name	btnCone
	Multline	True		Text	圆锥

(3) 功能代码设计。

在 Project3_抽象的应用求几何体体积项目中添加抽象几何体 Shape 基类，按题目要求分别定义私有字段半径、属性、构造函数、计算几何体积的抽象方法。添加圆柱体 Cylinder 派生类、圆锥 Cone 派生类、圆球 Globe 派生类分别继承 Shape 抽象类，扩展自己字段，重写体积计算抽象方法，设计代码如下。

```
namespace Project3_抽象的应用求几何体体积
{
    public abstract   class Shape            //定义一个计算几何体积的抽象类
    {
        private double radius;               //定义私有字段半径
        public double Radius                 //属性封装字段半径
        {
            get {
                if (radius < 0) { return 0; }
                else { return radius; }
            }
            set { radius = value; }
        }
        public Shape(double myRadius)        //构造函数实现对字段初始化,通过对属性赋值实现
```

```
        {
            this.Radius = myRadius;
        }
        public abstract string Calculation();   //抽象几何体计算方法
}
public class Cylinder : Shape              //定义圆柱体派生类继承几何体抽象类
{
        private double height;
        public double Height
        {
            get { return height; }
            set { height = value; }
        }
        public Cylinder(double Myradius, double Myheight)
            : base(Myradius)              //构造函数通过对属性赋值实现字段初始化
        {
            Height = Myheight;
        }
        public override string   Calculation()   //重写抽象类中的抽象方法
        {
            return string.Format("圆柱体的半径是：{0}，高是：{1},体积是：{2}", Radius, Height, 3.14 *
                        Radius * Radius * height);
        }
}
public class Cone : Shape                  //定义圆锥体派生类继承几何体抽象类
{
        private double height;
        public double Height
        {
            get { return height; }
            set { height = value; }
        }
        public Cone(double Myradius, double Myheight)
            : base(Myradius)              //构造函数通过对属性赋值实现字段初始化
        {
            Height = Myheight;
        }
        public override string   Calculation()   //重写抽象类中的抽象方法
        {
            return string.Format("圆锥体的半径是：{0}，高是：{1},体积是：{2}", Radius, Height, 3.14 *
                        Radius * Radius * height / 3);
        }
}
public class Globe : Shape                 //定义圆球派生类继承几何体抽象类
{
        public Globe(double myRadius)
            : base(myRadius)
        {

        }
        public override string Calculation()   //重写抽象类中的抽象方法
        {
```

```
            return string.Format("圆球体的半径是：{0},体积是：{1}", Radius, 3.14 * Radius * Radius *
                          Radius * 4.0 / 3);
        }
    }
}
```

在 Project3_抽象的应用求几何体体积项目窗体界面上分别单击"圆柱""圆锥""圆球"按钮，系统自动为这 3 个按钮添加 Click 事件及对应的事件方法。

在 3 个按钮的事件中定义一个显示圆柱、圆锥、圆球体积的方法，分别在"圆柱""圆锥""圆球"按钮的单击事件中实例化对象并调用体积显示方法，设计代码如下。

```
namespace Project3_抽象的应用求几何体体积
{
    public partial class Form1 : Form
    {
        public Form1()
        {
            InitializeComponent();
        }
        //定义一个显示传入几何体图形的体积方法
        public void Display(Shape sa)
        {
            lblShow.Text +="\n"+ sa.Calculation().ToString ();
        }
        private void btnCylinder_Click(object sender, EventArgs e)
        {
            //创建圆柱体对象，计算圆柱体体积
            Cylinder cyl = new Cylinder(Convert.ToDouble(txtRadius.Text),Convert.ToDouble
                            (txtHeight.Text));
            Display(cyl);
        }

        private void btnCone_Click(object sender, EventArgs e)
        {
            Cone cn = new Cone(Convert.ToDouble(txtRadius.Text), Convert.ToDouble(txtHeight.Text));
            Display(cn);
        }

        private void btnGlobe_Click(object sender, EventArgs e)
        {
            Globe gb = new Globe(Convert.ToDouble(txtRadius.Text));
            Display(gb);
        }
    }
}
```

(4) 编译运行。

编译程序：编写完所有程序代码，单击工具栏中的"全部保存"按钮，右击 Project3_抽象的应用求几何体体积项目，执行"生成"|"重新生成"命令，观察"输出"信息窗口，检查是否有语法错误。

运行程序：右击 Project3_抽象的应用求几何体体积项目，执行"调试"|"启动新实例"命令，打开程序运行窗口界面，在各文本框中输入信息，分别单击"圆柱""圆锥""圆球"按钮，则程序运行效果如图 5.4 所示。

【结果分析】

运行程序后，在窗体界面文本框中分别输入半径为 3，高为 6，逐次单击"圆柱""圆锥""圆球"按钮，将分别创建 Cylinder、Cone、Globe 对象，并将对象作为实参传给 Display() 方法中的形参 Shape sa，但需要说明 sa 不是对象(因类的对象需要由关键字 new 来创建)，而是一个 Shape 类型变量，当传一个几何体对象实参时，则该变量就指向该几何体，显示不同几何体的体积，显示结果如图 5.4 所示。

5.4 接口

在日常生活中，手机、笔记本电脑等电子产品提供了不同类型的接口用于充电或者连接不同的设备。不同类型接口的标准不一样，如电压、尺寸大小等。

接口是 C#的另一个重要特征，是一种引用数据类型，一个接口定义了一个规范和标准。接口可以包含方法、属性等成员，只描述这些成员的签名。签名只提供成员的数据类型、名称和参数，不提供任何实现代码，具体由继承该接口的类来实现。实现某个接口的类必须遵守该接口的规范和标准，即必须按接口所规定的签名格式进行实现，不能修改签名格式。

5.4.1 接口的定义

在 C#语言中，类之间的继承关系仅支持单重继承，而接口是为了实现多重继承关系而设计的。一个类能同时实现多个接口，还能在实现接口的同时再继承其他类，并且在接口之间也可以继承。

类与类之间的继承、类与接口之间的继承、接口与接口之间的继承都使用冒号":"来表示。接口定义的语法形式如下。

```
interface 接口名
{
    接口成员;
}
```

接口结构说明如下。

接口名：一般以 I 开头，再加上其他的单词构成。例如，创建一个 USB 的接口，可命名为 IUsb。

接口成员：接口中定义的成员不允许使用 public、private、protected、internal 访问修饰符；不允许使用 static、virtual、abstract、sealed 修饰；接口成员不能是字段、构造函数；接口成员可以是属性、方法、索引器和事件，接口中定义的方法不包含方法体；所有接口成员隐式为 public 修饰符，因此接口成员不必加任何修饰符。

【例题 5.4】定义一个计算学生成绩的接口 ICompute，在接口中分别定义计算总成绩、平均成绩的方法。

【实现步骤】

(1) 启动 Visual Studio 2019，在已创建的 Capter5_继承和多态解决方案中添加 Project4_定义计算学生成绩接口项目。

(2) 右击 Project4_定义计算学生成绩接口，添加一个计算学生成绩的接口 ICompute，在接口中定义学生学号、姓名属性，定义计算学生成绩总分和平均分的两个方法，设计代码如下。

```
namespace Project4_定义计算学生成绩接口
{
    interface ICompute                //定义接口
    {
        string stuNo { get; set; }        //定义属性成员
        string stuName { get; set; }
        double GetTotal();            //定义方法成员，只有方法签名，没有方法体
        doubleGetAverage();
    }
}
```

上述代码完成一个计算学生成绩的接口定义，由于接口中定义的方法没有具体的方法体，所以直接调用接口中的方法没有任何意义。在 C#中语言中规定不能直接创建接口实例，只有通过继承接口的类来实现接口中的方法。

(3) 右击 Project4_定义计算学生成绩接口，添加计算机专业学生类 ComputerMajor 继承计算学生成绩接口 ICompute，并在 ComputerMajor 类中实现接口中求总分和平均分的方法，设计代码如下。

```
using System;
using System.Collections.Generic;
using System.Linq;
using System.Text;
using System.Threading.Tasks;

namespace Project4_定义计算学生成绩接口
{
    class ComputerMajor:ICompute                //定义计算机专业学生类继承计算机成绩接口并隐式实现
    {
        public string stuNo { get; set; }        //隐式实现接口中的学号属性
        public string stuName { get; set; }      //隐式实现接口中的姓名属性
        //定义英语、编程、数据库三门学科的属性
        public double stuEnglish { get; set; }
        public double stuProgramming { get; set; }
        public double stuDatabase { get; set; }
        public double GetTotal()                //隐式实现接口中的求学生总分方法
        {
            return stuEnglish + stuProgramming + stuDatabase;
        }
        public double GetAverage()              //隐式实现接口中的求学生平均分方法
        {
            return (stuEnglish + stuProgramming + stuDatabase) / 3;
        }
    }
}
```

5.4.2　接口的实现

接口只是定义了一些规范，接口的实现是通过类继承接口，在类中重写接口中定义的所有方法、属性、索引器，使接口成员有具体的功能实现，且数据类型和成员名称必须相同。实现接口的具体语法形式如下。

```
Class 类名：接口名
{
    //类的成员及实现接口中的成员;
}
```

在实现接口成员时有两种方式，一种是隐式实现接口成员，一种是显式实现接口成员。

1. 隐式实现接口成员

在实际应用中隐式实现接口的方式比较常用，由于在接口中定义的成员默认是 public 类型的，所以隐式实现接口成员是将接口的所有成员以 public 访问修饰符修饰。

在例题 5.4 中以计算机专业的学生类 ComputerMajor 实现 ICompute 接口，并添加英语、编程、数据库学科成绩属性，以隐式实现接口成员，设计代码如下。

```
namespace Project4_定义计算学生成绩接口
{
    Class ComputerMajor:ICompute              //定义计算机专业学生类继承计算机成绩接口并隐式实现
    {
        public string stuNo { get; set; }        //隐式实现接口中的学号属性
        public string stuName { get; set; }      //隐式实现接口中的姓名属性
        //定义英语、编程、数据库三门学科的属性
        public double stuEnglish { get; set; }
        public double stuProgramming { get; set; }
        public double stuDatabase { get; set; }
        public double GetTotal()                 //隐式实现接口中的求学生总分方法
        {
            return stuEnglish + stuProgramming + stuDatabase;
        }
        public double GetAverage()               //隐式实现接口中的求学生平均分方法
        {
            return (stuEnglish + stuProgramming + stuDatabase) / 3;
        }
    }
}
```

从上面的代码可以看出，所有接口中的成员在实现类 ComputerMajor 中都被 public 修饰符修饰。

2. 显式实现接口成员

显式实现接口成员是指在实现接口时所实现的成员名称前用接口名称作为前缀，需要注意的是，使用显式实现接口的成员不能再使用修饰符修饰。

在例题 5.4 中以软件工程专业的学生类 SoftWorker 实现 ICompute 接口，并添加英语、编程、数据库学科成绩属性，以显式实现接口成员，设计代码如下。

```
namespace Project4_定义计算学生成绩接口
```

```
    {
        class SoftWorker:ICompute            //定义软件工程专业学生类继承计算学生成绩接口显示实现
        {
            //定义英语、编程、数据库三门学科的属性
            public double stuEnglish { get; set; }
            public double stuProgramming { get; set; }
            public double stuDatabase { get; set; }
            string ICompute. stuNo { get; set; }      //显式实现接口中的学号属性
            string ICompute.stuName { get; set; }     //显式实现接口中的姓名属性
            double ICompute.GetTotal()                //显式实现接口中的求学生总分方法
            {
                return stuEnglish + stuProgramming + stuDatabase;
            }
            double ICompute.GetAverage()              //显式实现接口中的求学生平均分方法
            {
                return (stuEnglish + stuProgramming + stuDatabase) / 3;
            }
        }
    }
```

从上面的代码中可以看出，使用显式方式实现接口中的成员时，所有成员都会加上接口名称 ICompute 作为前缀即具体格式为 ICompute.GetTotal()，并且不加任何修饰符即在实现接口的类中格式为 double ICompute.GetTotal()。

【例题 5.5】设计一个 Windows 程序，实现功能：运用接口技术求输入学生的英语、编程、数据库三科成绩，计算该生的总分、平均分并输出。

要求：设计一个接口 ICompute，在接口中定义学号、姓名属性，求总分和平均分的方法。设计一个软工专业类 SoftWorker 实现接口，在该类中定义英语、编程、数据库学科成绩属性。在"计算"按钮的单击事件实现结果文本框 txtShow 中输出，程序运行效果如图 5.5 所示。

图 5.5　例题 5.5 程序运行效果

【实现步骤】

(1) 启动 Visual Studio 2019，在已创建的 Capter5_继承和多态解决方案中添加 Project5_接口应用求学生成绩的总分及平均分项目。

(2) 窗体界面设计。

在 Project5_接口应用求学生成绩的总分及平均分项目的 Form1 窗体上设计 5 个 Label 标签对象、6 个 TextBox 文本框对象、1 个 Button 单击按钮对象。各控件对象的属性、属性值设置如表 5.4 所示。

表 5.4　各控件对象的属性、属性值

控件	属性	属性值	控件	属性	属性值
Label1	Text	学号	TextBox1	Name	txtStuNo
Label2	Text	姓名	TextBox2	Name	txtStuname
Label3	Text	英语	TextBox3	Name	txtEnglish

(续表)

控件	属性	属性值	控件	属性	属性值
Label4	Text	编程	TextBox4	Name	txtProgramming
Label5	Text	数据库	TextBox5	Name	txtDatabase
TextBox6	Name	txtShow	Button1	Name	btnCalculation
	Multline	True		Text	计算
	ScrollBars	Both		—	

(3) 功能代码设计。

右击 Project5_接口应用求学生成绩的总分及平均分项目，在项目下添加一个 ICompute 接口，接口成员有学号、姓名属性；计算总分、计算平均分方法， ICompute 接口设计代码参考如下。

```
namespace Project5_接口应用求学生成绩的总分及平均分
{
    interface ICompute
    {
        string stuNo { get; set; }
        string stuName { get; set; }
        double GetTotal();
        double GetAverage();
    }
}
```

右击 Project5_接口应用求学生成绩的总分及平均分项目，在项目下添加一个实现接口的 SoftWorker 类，在类中定义英语、编程、数据库三门学科成绩属性；在类中重写接口的属性成员、方法成员，采用隐式方式实现接口，SoftWorker 类代码设计参考如下。

```
namespace Project5_接口应用求学生成绩的总分及平均分
{
    public class SoftWorker
    {
        //定义英语、编程、数据库三门学科的属性
        public double stuEnglish { get; set; }
        public double stuProgramming { get; set; }
        public double stuDatabase { get; set; }
        public string stuNo { get; set; }          //隐式实现接口中的学号属性
        public string stuName { get; set; }        //隐式实现接口中的姓名属性

        public double GetTotal()                   //隐式实现接口中的求学生总分方法
        {
            return stuEnglish + stuProgramming + stuDatabase;
        }
        public double GetAverage()                 //隐式实现接口中的求学生平均分方法
        {
            return (stuEnglish + stuProgramming + stuDatabase) / 3;
        }
    }
}
```

在 Project5_接口应用求学生成绩的总分及平均分项目的窗体界面上单击"计算"按钮，系统自动分别为"计算"按钮添加 Click 事件及对应的事件方法。在该事件中实例化 SoftWorker 对象并初始化，设计代码如下。

```
namespace Project5_接口应用求学生成绩的总分及平均分
{
    public partial class Form1 : Form
    {
        public Form1()
        {
            InitializeComponent();
        }

        private void btnCalculation_Click(object sender, EventArgs e)
        {
            SoftWorker sw = new SoftWorker();
            sw.stuNo = txtStuNo.Text;           //通过对属性进行赋值实现计算总分及平均分
            sw.stuName = txtstuName.Text;
            sw.stuEnglish =Convert .ToDouble ( txtEnglish.Text);
            sw.stuProgramming = Convert.ToDouble(txtProgramming.Text);
            sw.stuDatabase = Convert.ToDouble(txtDatabase.Text);
            txtShow.Text += string.Format ("学生信息及总分平均分如下: \r\n 学号: {0}\r\n 姓名: {1}\r\n 总分:
                        {2}\r\n 平均分: {3}",sw.stuNo ,sw.stuName ,sw.GetTotal(),sw.GetAverage ());
        }
    }
}
```

(4) 编译运行。

单击工具栏中的"全部保存"按钮，右击 Project5_接口应用求学生成绩的总分及平均分项目，执行"生成"｜"重新生成"命令，以检查语法是否有错误。

右击 Project5_接口应用求学生成绩的总分及平均分项目，执行"调试｜启动新实例"命令，运行程序，打开程序运行窗体界面，在窗体界面的文本中输入学号、姓名、英语、编程、数据库数据信息，单击"计算"按钮，程序运行效果如图 5.5 所示。

【结果分析】

程序运行后，在窗体界面的文本中输入学号、姓名、英语、编程、数据库数据信息，单击"计算"按钮，程序执行过程是通过属性来获取文本框的值实现总分及平均分计算的，运行效果如图 5.5 所示。所有的接口成员在实现 SoftWorker 类中都被 public 修饰，说明采用的是隐式方式实现接口成员。

5.4.3　接口与抽象的比较

接口是一种规范或一种标准，抽象类是一种不能实例化的类，接口与抽象的区别如下。

(1) 在接口中仅能定义成员即属性、方法、索引器和事件，都没有具体功能实现；抽象类中可以定义抽象成员，也可定义其他成员，如字段、属性等，并允许有具体功能实现。

(2) 在接口中不能声明字段，并且不能声明任何私有成员，成员不能包含任何修饰符；在抽象类中能声明任意成员，并能使用任何修饰符来修饰。

(3) 接口能使用类或结构体来继承，但抽象类仅能使用类来继承。

(4) 在使用类继承接口时，必须隐式或显式实现接口中的所有成员，否则需要将实现类定义为抽象类，并将接口中未实现的成员以抽象的方式实现；在使用类继承抽象类时允许实现部分或全部成员，但仅实现其中的部分成员，其实现类也必须定义为抽象类。

(5) 一个接口允许继承多个接口，一个类只能继承一个父类。

5.4.4 使用接口实现多态

多态通过类之间的继承关系实现，继承具有单向传递性，也就是说一个子类只能有一个父类。而接口能实现多继承关系，创建同一接口的多个不同变量，让这些变量指向不同类对象实现多态。使用接口实现多态需要满足以下两个条件。

(1) 定义接口并通过类实现接口中的成员功能。

(2) 创建接口的实例指向不同实现接口类的对象。

【例题 5.6】设计一个 Windows 程序，实现功能：运用接口技术实现多态并在窗体上输出相关信息。

要求：设计一个接口 ITest，在接口中定义一个方法，分别定义两个类来实现接口成员，使用多态方式调用实现类中的方法实现信息的输出，程序运行效果如图 5.6 所示。

图 5.6　例题 5.6 程序运行效果

【实现步骤】

(1) 启动 Visual Studio 2019，在已创建的 Captr5_继承和多态解决方案中添加 Project6_接口实现多态项目。

(2) 窗体界面设计。

在 Project6_接口实现多态项目的 Form1 窗体上设计 1 个 Label 标签对象。Label 标签对象的属性、属性值设置如表 5.5 所示。

表 5.5　Label 标签对象的属性、属性值

控件	属性	属性值
Label1	Text	NULL
	Name	lblShow
	AutoSize	False
	BorderStyle	Fixed3D

(3) 功能代码设计。

右击 Project6_接口实现多态项目，添加 ITest 接口，定义 Test1、Test2 两个类实现接口成员，设计代码如下。

```
namespace Project6_接口实现多态
{
    interface ITest   //定义接口 ITset
    {
        string GetMessage();
    }
```

```
class Test1 : ITest //定义 Test1 类实现接口成员
{
    public string GetMessage()
    {
        return string.Format("Test1 类方法信息：软件工程专业的学生！");
    }
}
class Test2 : ITest//定义 Test2 类实现接口成员
{
    public string GetMessage()
    {
        return string.Format("Test2 类方法信息：计算机科学与技术专业的学生");
    }
}
}
```

在 Project6_接口实现多态项目的窗体加载事件中，创建接口实例(注意接口不能创建实例对象，但可创建实例或变量)指向实现类的对象，设计代码如下。

```
namespace Project6_接口实现多态
{
    public partial class Form1 : Form
    {
        public Form1()
        {
            InitializeComponent();
        }

        private void Form1_Load(object sender, EventArgs e)
        {
            ITest it1 = new Test1();        //创建接口的实例 it1 指向实现类 Test1 的对象
            lblShow.Text = it1.GetMessage();
            ITest it2 = new Test2();        //创建接口的实例 it2 指向实现类 Test2 的对象
            lblShow.Text += "\n" + it2.GetMessage();
        }
    }
}
```

(4) 编译运行。

单击工具栏中的"全部保存"按钮，右击 Project6_接口实现多态项目，执行"生成"|"重新生成"命令，以检查语法是否有错误。

右击 Project6_接口实现多态项目，执行"调试|启动新实例"命令，运行程序，打开程序运行窗体界面效果如图 5.6 所示。

【结果分析】

从图 5.6 中可以看出，使用不同类实现同一接口的方法输出的内容各不相同，这就是使用接口的方式实现多态的方法。

习题 5

填空题

(1) 继承和多态是面向对象编程的两个重要特征，C#语言继承只支持_____，通过_____实现多重继承。

(2) 继承指当一个类 A 拥有类 B 的所有 public 或 protected 修饰的成员，则类 A 与类 B 之间存在_____，其中类 A 称为_____；类 B 称为_____。

(3) 当 A 类继承 B 类时，A 类中定义与 B 类同名成员，则 A 类定义的同名成员_____。

(4) 创建一个拥有父类的子类对象时，且父类构造函数带有参数，则子类构造函数必须使用关键字向父类构造函数传递参数。

(5) 软件项目开发过程中，大量使用继承思想实现：_____、_____、_____。

(6) 多态是指同一操作作用于_____，最后产生不同的执行效果。

(7) 多态是通过继承来实现的，则在声明基类方法时必须用_____修饰，在声明派生类方法时必须用_____修饰。

(8) 基类对象可以引用派生类对象，但派生类对象不能引用_____，则一个基类对象名可以指向_____，也可指向_____。

(9) 在定义类时，类中成员有字段、属性、构造函数、方法，能用 virtual 关键字修饰的有_____。

(10) 抽象是对同一类事物共性归纳、集中的过程，同一类中的对象拥有相同的_____、_____。

(11) 声明抽象类的修饰关键字是_____，声明抽象类常用作_____，不能直接_____，抽象类不能是_____。

(12) 抽象类的作用是提供_____的定义。

(13) 抽象方法必须在_____，抽象方法没有_____，只在方法声明后以_____结束，定义抽象方法的作用是_____实现其具体功能。

(14) 当在抽象类中定义了抽象方法，则该抽象类的派生类必须重载_____，否则该派生类也必须声明为_____。

(15) 派生类重载抽象类中的抽象方法时，要求派生类中的重载方法必须用关键字_____来修饰，要求_____也必须与抽象类中的抽象方法完全相同。

(16) 接口是_____，接口成员不能是_____，只能是_____且只描述成员的_____，没有实现功能代码，由_____实现，所有接口成员隐式具有_____修饰符，

(17) 实现某接口的类必须遵守该接口的_____，按接口规定的_____进行实现。

(18) 定义接口的关键字是_____，接口是为实现_____关系而设计的。

(19) 接口的实现是通过_____，在类中_____，使接口成员有具体的实现功能。

(20) 实现接口有两种分别是：隐式实现接口成员是将接口的所有成员以_____访问修饰符修饰；显式实现接口成员是将所有的接口成员名称前用_____作为前缀，不再使用任何修饰符。

(21) 采用接口实现多态的两个条件是：_____和_____。

第6章

集合和泛型

数组是一种指定长度和数据类型的对象，在软件开发过程中存在一定的局限性。集合正是为解决这种局限性而生的，集合的长度能根据需要而更改，集合中存放的数据类型可以是任何数据类型的值，为避免集合中的元素数据类型在转换时出现异常，C#语言提供了泛型集合来规范集合中的数据类型。泛型不仅可以用在集合中，而且还可以定义泛型方法和泛型类。

6.1 集合

在前述章节中讲解过数组可以保存多个对象,但在有些情况下无法确定到底要保存多少个对象,由于数组长度不可变,因此用数组来保存对象,则不能满足软件项目开发的需要。为了保存数目不确定的对象,C#语言提供了一系列特殊的类,这些类可以存储任意类型的对象,并且长度可变,这些类称为集合。

6.1.1 集合的概述

集合是通过高度结构化的方式存储任意类型的对象，与数组相比，集合不仅能自动调整大小，而且对存储或检索存储在其中的对象提供了系列方法。所有集合类或与集合相关的接口命名空间都是 System.Collections，在该命名空间中提供的常用接口如表 6.1 所示。

表 6.1　集合中的常用接口

接口名称	功能说明
IEnumerable	该接口是一种声明式接口，用于迭代集合中的项
IEnumerator	该接口是一种实现式接口，用于迭代集合中的项
ICollection	.NET 提供的标准集合接口，所有的集合类都会直接或间接地实现这个接口
IList	继承自 IEnumerable 和 ICollection 接口，用于提供集合的项列表，允许访问、查找集合中的项
IDictionay	继承自 IEnumerable 和 ICollection 接口，用于提供集合的项列表，允许访问、查找集合中的项，集合中的项是键值对形式
IDictionayEnumerator	用于迭代 IDictionay 接口类型的集合

我们可以通过 System.Collections 命名空间直接在程序设计中使用.NET Framework 提供的实现

这些接口的集合类，也可以通过继承这些接口来创建自己的集合类，以管理更复杂的数据。

　　.NET Framework 提供的常用集合包括动态数组、列表、哈希表、字典、队列和堆栈类型，还包括有序列表、双向链表和有序字典派生类型。表 6.2 列出了集合中常用的实现类。

表 6.2　集合中常用的实现类

类名称	功能说明
ArrayList(动态数组)	集合中元素是可变的，提供元素的添加、删除等操作
Queue (队列)	集合中实现先进先出机制，元素将在集合的尾部添加，在集合的头部移除
Static (堆栈)	集合中实现先进后出机制，元素将在集合的尾部添加，在集合的尾部移除
Hashtable(哈希表)	集合中的元素是以键值对形式存放，是 DictionaryEntry 类型
SortedList(有序键/值对列表)	集合中的元素是以键值对形式存放，集合按照 key 值自动对集合中的元素排序，是 DictionayEntry 类型

6.1.2　ArrayList 类

　　ArrayList 类是一个最常用的集合类，所在的命名空间是 System.Collections，也称为动态数组，其操作方法与数组基本相似。ArrayList 类中所提供的属性和方法能更容易操作集合中的元素，并且其容量也能根据需要自动扩展。

　　ArrayList 类提供 3 个重载的构造函数，其重载列表如表 6.3 所示。

表 6.3　ArrayList 类的构造函数重载列表

构造函数	功能说明
ArrayList()	创建一个具有默认初始容量的 ArrayList 类的实例
ArrayList(ICollection)	创建一个从指定集合复制元素并且具有与所复制的元素相同的初始容量的 ArrayList 类的实例
ArrayList(int)	创建一个指定初始容量的 ArrayList 类的实例

　　创建 ArrayList 类对象的具体语法格式如下。

```
ArrayList 列表对象名=new ArrayList([参数]);
```

　　例如：

```
ArrayList list1 = new ArrayList();//创建一个默认初始容量的 ArrayList 集合
ArrayList list2 = new ArrayList(10);//创建一个容量为 10 的 ArrayList 集合
```

　　ArrayList 类提供了对集合元素的常用操作方法，包括添加、删除、清空、插入、查找、排序、反序等。ArrayList 类集合的常用方法如表 6.4 所示。

表 6.4　ArrayList 类集合的常用方法

方法名称	功能说明
int Add(object value)	将元素添加到 ArrayList 集合，返回元素在集合中的索引值
void AddRange(ICollection c)	将集合或数组添加到 ArrayList 集合

(续表)

方法名称	功能说明
void Clear()	从 ArrayList 集合中移除所有的元素
int IndexOf(object value)	查找指定元素，并返回该元素中 ArrayList 集合中第一个匹配项的索引
void Insert(int index, object value)	将元素插入 ArrayList 集合的指定索引处
void Remove(object obj)	从 ArrayList 集合中移除指定元素的第一个匹配项
void RemaoveAt(int index)	从 ArrayList 集合中移除指定的索引处的元素
void Reverse()	将整个 ArrayList 集合中元素的顺序反转
void Sort()	对整个 ArrayList 集合中的元素进行从小到大排序
int LastIndexOf(object obj)	查找指定元素，并返回该元素中 ArrayList 集合中最后一个匹配项的索引

【例题 6.1】设计一个 Windows 程序，实现功能：定义一个 ArrayList 集合 list1，在集合 list1 中存入任意值。程序运行效果如图 6.1 所示。

设计要求：

(1) 查找集合 list1 中是否有"计算机"元素。

(2) 将集合 list1 中下标是偶数的元素添加到定义的 ArrayList 集合 list2 中。

(3) 在集合 list1 中第一个元素后面插入 2 个元素，分别是"科学"和"软件工程"。

(4) 将集合 list1 中的元素使用 Sort()方法进行排序后输出。

图 6.1　例题 6.1 程序运行效果

【实现步骤】

(1) 启动 Visual Studio 2019，在已创建的 Capter6_集合和泛型解决方案中添加 Project1_ArrayList 的应用项目。

(2) 窗体界面设计。

在 Project1_ArrayList 的应用项目的 Form1 窗体上设计 1 个 Label 标签对象、4 个 Button 单击按钮对象。各控件对象的属性、属性值设置如表 6.5 所示。

表 6.5　各控件对象的属性、属性值

控件	属性	属性值	控件	属性	属性值
Label1	Text	NULL	Button2	Name	btnCopy
	Name	lblShow		Text	复制
	AutoSize	False	Button3	Name	btnInsert
	BorderStyle	Fixed3D		Text	插入
Button1	Name	btnSearch	Button4	Name	btnSort
	Text	查找		Text	排序

(3) 功能代码设计。

在"查找""复制""插入""排序"按钮的单击事件外创建两个 ArrayList 集合对象，分别是

list1、list2，并对集合 list1 赋予元素初值。在"查找""复制""插入""排序"按钮的 Click 事件下设计代码如下。

```
namespace Project1_ArrayList 的应用
{
    public partial class Form1 : Form
    {
        public Form1()
        {
            InitializeComponent();
        }
        //实例化 ArrayList 全局对象，方便其他事件访问
        ArrayList list1 = new ArrayList() { "武汉","计算机","123","wang","789"};
        ArrayList list2 = new ArrayList();
        private void btnSearch_Click(object sender, EventArgs e)//查找事件
        {
            int index = list1.IndexOf("计算机");
            if (index != -1)
            {
                lblShow.Text += "集合中存在'计算机'元素！\n";
            }
            else
            {
                lblShow.Text += "集合中不存在'计算机'元素！\n";
            }
        }

        private void btnCopy_Click(object sender, EventArgs e)//复制事件
        {
            for (int i = 0; i < list1.Count; i=i + 2)
            {
                list2.Add(list1[i]);
            }
            lblShow.Text += "复制到 list2 中的元素：\n";
            foreach (var lt in list2)
            {
                lblShow.Text += lt + "   ";
            }
        }

        private void btnInsert_Click(object sender, EventArgs e) //插入事件
        {
            ArrayList list3=new ArrayList (){"科学","软件工程"};
            list1.InsertRange(1, list3);
            lblShow.Text += "\n 插入后的元素如下：\n";
            foreach (var lt in list1)
            {
                lblShow.Text += lt + "   ";
            }
        }
```

```
private void btnSort_Click(object sender, EventArgs e)
{
    list1.Sort();
    lblShow.Text += "\n 排序后的元素\n";
    foreach (var lt in list1)
    {
        lblShow.Text += lt + "    ";
    }
}
}
}
```

(4) 编译运行。

编译程序：编写完所有程序代码，单击工具栏中的"全部保存"按钮，右击 Project1_ArrayList 的应用项目，执行"生成"|"重新生成"命令，观察"输出"信息窗口，检查是否有语法错误。

运行程序：右击 Project1_ArrayList 的应用项目，执行"调试"|"启动新实例"命令，打开程序运行窗体界面，在窗体对象上分别单击"查找""复制""插入"和"排序"按钮，程序运行效果如图 6.1 所示。

【结果分析】

程序运行后，单击"查找"按钮，在集合 list1 中查找有没有"计算机"元素，查找方法：调用 IndexOf()方法并对其返回值进行判断。单击"复制"按钮，将集合 list1 中下标是偶数的元素调用 Add()方法实现。单击"插入"按钮，将在集合 list1 中调用 InsertRange()方法实现插入元素。单击"排序"按钮，将对集合 list1 中的元素排序，但要注意的是，排序只能对同类型的元素进行，调用 Sort() 方法实现排序。程序运行结果如图 6.1 所示。

字符串类型的值不能直接使用大于、小于的方式比较，要使用字符串的 CompareTo()方法，该方法的返回值是 int 类型，其语法具体形式如下。

字符串 1.CompareTo(字符串 2);

说明：

当字符串 1 与字符串 2 相等时，返回结果为 0；当字符串 1 的字符顺序在字符串 2 前面时，返回结果为-1；当字符串 1 的字符顺序在字符串 2 后面时，返回结果为 1。在由多个字符组成的字符串中，首先比较的是两个字符串的首字母，如果相同，则比较第 2 个字母，依次类推，如果两个字符串的首字母不同，则不再比较后面的字符串。

【例题 6.2】设计一个 Windows 程序，实现功能：运用 ArrayList 集合实现对学生信息的添加、删除、查找、插入和遍历操作，程序运行效果如图 6.2 所示。

图 6.2　例题 6.2 程序运行效果

设计要求：

(1) 创建一个学生类，定义学生信息字段：学号、姓名、专业；采用属性封装字段，用构造函数对字段初始化，定义返回学生信息的方法。

(2) 创建一个班级集合，存放学生类实例。

(3) 分别设计"添加""插入""删除""遍历"的单击事件实现对学生信息的操作。

【实现步骤】

(1) 启动 Visual Studio 2019，在已创建的 Capter6_集合和泛型解决方案中添加 Project2_ArrayList 实现学生信息添加删除查找等操作项目。

(2) 窗体界面设计。

在项目 Project2 的 Form1 窗体上设计 4 个 Label 标签对象、4 个 Button 按钮对象、5 个 TextBox 文本框对象。各控件对象的属性、属性值设置如表 6.6 所示。

表 6.6 各控件对象的属性、属性值

控件	属性	属性值	控件	属性	属性值
Label1	Text	学号	TextBox1	Name	txtStuNo
Label2	Text	姓名	TextBox2	Name	txtStuName
Label3	Text	专业	TextBox3	Name	txtStuSpec
Label4	Text	索引	TextBox4	Name	txtIndex
TextBox5	Text	NULL	Button1	Name	btnStuAdd
	Name	txtMessage		Text	添加学生到班级
	Multiline	True	Button2	Name	btnInsert
	ScorellBars	Both		Text	插入
Button3	Name	btnDelete	Button4	Name	btnForeach
	Text	删除		Text	遍历

(3) 后台代码设计。

在 Project2_ArrayList 实现学生信息添加删除查找等操作项目中添加学生 Student 类，按题目要求定义字段、属性、构造方法初始字段、返回学生信息的方法，设计代码如下。

```
namespace Project2_ArrayList 实现学生信息添加删除查找等操作
{
    class Student
    {
        //1. 定义学生学号、姓名、专业私有字段
        private string stuNo;
        private string stuName;
        private string stuSpec;
        //2. 属性封装字段
        public string StuNo
        {
            get { return stuNo; }
            set { stuNo = value; }
        }
```

```
public string StuName
{
    get { return stuName; }
    set { stuName = value; }
}
public string StuSpec
{
    get { return stuSpec; }
    set { stuSpec = value; }
}
//3. 构造函数对字段赋值
public Student(string myNo, string myName, string mySpec)
{
    this.StuNo = myNo;
    this.StuName = myName;
    this.StuSpec =mySpec ;
}
//4. 返回学生信息的方法
public string GetStudent()
{
    return string.Format("学号：{0} 姓名：{1} 专业：{2}", StuNo, StuName, StuSpec);
}
    }
}
```

在 Project2_ArrayList 实现学生信息添加删除查找等操作项目的窗体界面中分别单击"添加学生到班级""插入""删除""遍历"按钮，系统自动生成这些按钮的 Click 事件。在所有的事件外面创建班级集合对象。调用 ArrayList 集合的相应方法，完成集合元素的"添加学生到班级""插入""删除""遍历"按钮功能操作，设计代码如下。

```
namespace Project2_ArrayList 实现学生信息添加删除查找等操作
{
    public partial class Form1 : Form
    {
        public Form1()
        {
            InitializeComponent();
        }
        //创建一个班级集合 Grade，存放学生
        ArrayList Grade = new ArrayList();
        private void btnStuAdd_Click(object sender, EventArgs e)
        {
            //创建一个学生对象并添加到班级集合中
            Student stu=new Student (txtStuNo .Text ,txtStuName .Text ,txtStuSpec .Text );
            Grade.Add(stu);
            //显示添加学生信息
            txtMessage.Text += "添加学生信息如下：\r\n" + stu.GetStudent()+"\r\n";
        }
        private void btnInsert_Click(object sender, EventArgs e)
        {
            //创建学生对象，调用插入方法实现插入
```

```
                Student stu = new Student(txtStuNo.Text, txtStuName.Text, txtStuSpec.Text);
                Grade.Insert(Convert .ToInt32 (txtIndex.Text), stu);
                //显示插入后的班级 Grade 信息的结果
                txtMessage.Text +=    "\r\n 插入学生后班级学生的信息如下：";
                foreach (var st in Grade)
                {
                        stu = (Student)st;
                        txtMessage.Text += "\r\n" + stu.GetStudent();
                }
        }
        private void btnForeach_Click(object sender, EventArgs e)
        {
                //创建学生对象，采用 foreach 语句遍历班级集合 Grade，输出信息
                Student stu = new Student(txtStuNo.Text, txtStuName.Text, txtStuSpec.Text);
                //班级集合中学生的信息
                txtMessage.Text +=    "\r\n 班级学生的信息如下：";
                foreach (var st in Grade)
                {
                        stu = (Student)st;
                        txtMessage.Text += "\r\n" + stu.GetStudent ();
                }
        }
        private void btnDelete_Click(object sender, EventArgs e)
        {
                //按索引删除某学生后班级集合中班级信息
                Grade.RemoveAt(Convert.ToInt32(txtIndex.Text));
                txtMessage.Text += "\n 删除学生后班级学生信息如下：";
                Student stu = new Student(txtStuNo.Text, txtStuName.Text, txtStuSpec.Text);
                foreach (var st in Grade)
                {
                        stu = (Student)st;
                        txtMessage.Text += "\r\n" + stu.GetStudent();
                }
        }
    }
}
```

(4) 编译运行。

编译程序：编写完所有程序代码，单击工具栏中的"全部保存"按钮，右击 Project2_ArrayList 实现学生信息添加删除查找等操作项目，执行"生成"│"重新生成"命令，观察"输出"信息窗口，检查是否有语法错误。

运行程序：右击 Project2_ArrayList 实现学生信息添加删除查找等操作项目，执行"调试"│"启动新实例"命令，打开程序运行窗体界面，在窗体对象文本框中输入学号、姓名、专业后单击"添加学生到班级"则完成学生的添加；在索引文本框中输入索引号，在文本框中输入学号、姓名、专业后单击"插入"按钮，则将学生插入到指定的索引处并显示插入后班级学生的全部记录，单击"遍历"显示班级学生的全部记录，程序运行效果如图 6.2 所示。同样在索引文本框输入索引号，单击"删除"按钮则删除指定索引的记录。

【结果分析】

程序运行后，在窗体界面文本框中输入学号、姓名、专业，单击"添加学生到班级"按钮后，文本框的信息以学生对象保存到班级集合 Grade 中，"插入""删除"均是按索引进行操作，在"遍历"班级集合元素时采用 foreach 循环语句实现，其方法是将集合中元素对象强制转换为学生对象输出。程序运行效果如图 6.2 所示。

从"插入""删除""遍历"按钮的单击事件代码中发现，重复代码较多，代码共享度低，这段重复代码如下。

```
Student stu = new Student(txtStuNo.Text, txtStuName.Text, txtStuSpec.Text);
foreach (var st in Grade)
{
    stu = (Student)st;
    lblShow.Text += "\n" + stu.GetStudent();
}
```

为提高软件开发的耦合度，将上述代码设计为一个独立的方法供调用，具体实现由读者完成。

6.1.3　Queue 类和 Stack 类

Queue(队列)和 Stack(栈)是常见的数据结构，队列是一种先进先出的结构，即元素从尾部插入，从队列的头部移除，集合中的 Queue 类模拟了队列操作，提供了队列中常用的属性和方法。栈是一种先进后出的结构，即元素从栈的尾部插入，从栈的尾部移除，集合中的 Stack 模拟了栈的操作，提供了栈中常用的属性和方法。

1. Queue 类的操作

Queue 类提供了 4 个构造方法，Queue 类的构造方法如表 6.7 所示。

表 6.7　Queue 类构造方法

构造方法	功能描述
Queue()	创建 Queue 实例，集合容量是默认初始容量 32 个元素，使用默认的增长因子
Queue(ICollection col)	创建 Queue 实例，该实例包含从指定实例中复制的元素，并且初始容量与复制的元素个数、增长因子相同
Queue(int capacity)	创建 Queue 实例并设置其指定的元素个数，默认增长因子
Queue(int capacity,float growFactor)	创建 Queue 实例并设置其指定的元素个数和增长因子

增长因子是指当需要扩大容量时，以当前容量(capacity)值乘以因子(growFactor)的值来自动增加容量。

创建 Queue 实例的具体形式如下。

Queue 队列名=new Queue(队列长度，增长因子);

与 ArrayList 不同，Queue 类不能在创建实例时直接初始值，而通过 Enqueue()方法将对象添加到队列的末尾。Queue 类中的常用属性和方法如表 6.8 所示。

表 6.8　Queue 类中的常用属性和方法

属性或方法	功能说明
Count	属性，获取 Queue 实例中包含的元素个数
void Clear()	清除 Queue 实例中的元素
void CopyTo(Array array,int index)	将 Array 数组从指定索引处的元素开始复制到 Queue 实例中
viod Enqueue(object obj)	将对象添加到 Queue 实例的结尾处
void TrimToSize()	将容量设置为 Queue 实例中元素的实际项目
Object Dequeue()	移除并返回位于 Queue 实例开始处的对象

【例题 6.3】设计一个 Windows 程序，实现功能：运用 Queue 模拟排队购电影票的操作，程序运行效果如图 6.3 所示。

【实现步骤】

(1) 启动 Visual Studio 2019，在已创建的 Capter6_集合和泛型解决方案中添加 Project3_Queue 的基本应用项目。

(2) 窗体界面设计。

图 6.3　例题 6.3 程序运行效果

在 Project3_Queue 的基本应用项目的 Form1 窗体上设计 1 个 Label 标签对象、1 个 Button 按钮对象、2 个 TextBox 文本框对象。各控件对象的属性、属性值设置如表 6.9 所示。

表 6.9　各控件对象的属性、属性值

控件	属性	属性值	控件	属性	属性值
Label1	Text	姓名	TextBox1	Name	txtName
TextBox2	Text	NULL	Button1	Name	btnPurchas
	Name	txtMessag		Text	购票
	Multiline	True			
	ScorllBars	Both		—	

(3) 功能代码设计。

在 Project3_Queue 的基本应用项目的窗体界面中分别单击"购票"按钮，系统自动生成按钮的 Click 事件。在单击事件中实例化 Queue 对象，调用 Enqueue()方法将前台文本框输入的姓名加载到 Queue 对象的尾部。判断文本框 txtName.Text 是否为空，若不为空，则输出购票人信息，若为空，则输出购票结束，设计代码如下。

```
namespace Project3_Queue 的基本应用
{
    public partial class Form1 : Form
    {
        public Form1()
        {
            InitializeComponent();
        }
```

```
private void btnPurchase_Click(object sender, EventArgs e)
{
    Queue queue = new Queue(); //Queue 类创建对象时不能直接初始化
    queue.Enqueue(txtName.Text); //将对象添加到 Queue 实例的结尾处
    if (!string.IsNullOrEmpty ( txtName.Text))
    {
        txtMessage.Text += queue.Dequeue() + "已购票\n";
    }
    else
    {
        txtMessage.Text += "购票结束！";
    }
}
```

（4）编译运行。

编译程序：编写完所有程序代码，单击工具栏中的"全部保存"按钮，右击 Project3_Queue 的基本应用项目，执行"生成"｜"重新生成"命令，观察"输出"信息窗口，检查是否有语法错误。

运行程序：右击 Project3_Queue 的基本应用项目，执行"调试"｜"启动新实例"命令，打开程序运行窗体界面，在姓名文本框中输入姓名，单击"购票"按钮，则显示购票信息在文本框中显示；当姓名文本框为空时，单击"购票"按钮，则显示购票结束信息，程序运行效果如图 6.3 所示。

2. Stack 类

Stack 类实现先进后出的数据结构，这种数据结构在插入或删除对象时，只能在栈顶插入或删除。创建栈对象的具体形式如下。

Stack　栈名=new Stack();

Stack 类提供了栈常用操作方法，如表 6.10 所示。

表 6.10　栈常用操作方法

方法	功能说明
Push()	在栈顶添加元素，也称入栈
Pop()	移除栈顶中的元素，也称出栈
Peck()	获取栈顶元素的值，但不移除栈顶元素的值
Clear()	将栈中所有元素清空
Contains()	查询栈中是否包含某个元素

Stack 提供 3 个构造方法，构造方法及其功能如表 6.11 所示。

表 6.11　Stack 类的构造方法及功能

构造方法	功能说明
Stack()	使用初始容量创建 Stack 对象
Stack(ICollection col)	创建 Stack 的实例，该实例包含从指定实例中复制的元素，并且初始容量与复制的元素个数、增长因子相同
Stack(int capacity)	创建 Stack 实例，并设置指定的容量

【**例题 6.4**】设计一个 Windows 程序，实现功能：运用 Stack 类模拟酒店盘子的存取操作。

设计要求：在窗体文本框中输入盘号，单击"存入"按钮，在文本信息框中依次显示存入的盘子顺序号，存入完毕，单击窗体"取出"按钮，则按先进后出的顺序显示取出盘子的顺序号，程序运行效果如图 6.4 所示。

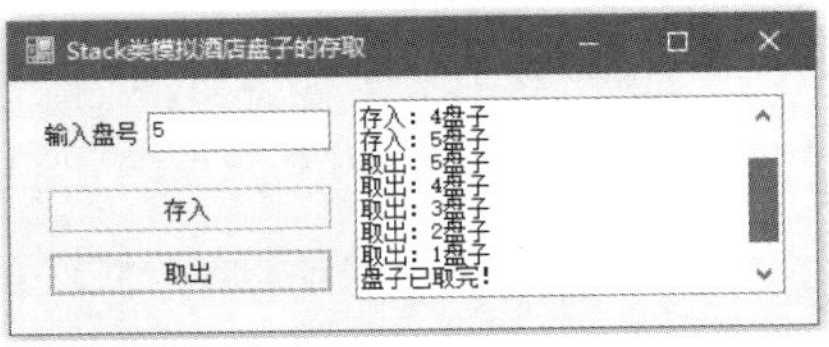

图 6.4　例题 6.4 程序运行效果

【**实现步骤**】

(1) 启动 Visual Studio 2019，在已创建的 Capter6_集合和泛型解决方案中添加 Project4_Stack 模拟盘子存取项目。

(2) 窗体界面设计。

在 Project4_Stack 模拟盘子存取项目的窗体界面上设计 2 个 Label 标签对象、1 个 TextBox 文本框对象、2 个 Button 按钮对象。各控件对象的属性、属性值设置如表 6.12 所示。

表 6.12　各控件对象的属性、属性值

控件	属性	属性值	控件	属性	属性值
Label1	Text	输入盘号	TextBox1	Name	txtNo
Label2	Text	NULL	Button1	Name	btnPush
	Name	lblShow		Text	存入
	AutoSize	False	Button2	Name	btnPop
	BorderSty	Fixed3D		Text	取出

(3) 功能代码设计。

在 Project4_Stack 模拟盘子存取项目的窗体界面上，分别单击"存入""取出"按钮，系统自动添加 Click 事件，在 Click 事件中分别设计存入盘子的代码、取出盘子的代码，在 Click 事件外实例化 Stack 对象，设计代码如下。

```
namespace Project4_Stack 模拟盘子存取
{
    public partial class Form1 : Form
    {
        public Form1()
        {
            InitializeComponent();
        }
        Stack sk = new Stack();   //创建 Stack 实例对象
        private void btnPush_Click(object sender, EventArgs e)
        {
            //向柜子存入盘子
            sk.Push(txtNo.Text);
            txtMessage.Text += "存入："+txtNo.Text + "\r\n";
        }

        private void btnPop_Click(object sender, EventArgs e)
        {
            //从柜中取出盘子
            if (sk.Count != 0)
```

```
                {
                    txtMessage.Text += "取出：" + sk.Pop() + "\r\n";
                }
                else
                {
                    txtMessage.Text = "盘子已取完！";
                }
            }
        }
    }
```

(4) 编译运行。

编译程序：编写完所有程序代码，单击工具栏中的"全部保存"按钮，右击 Project4_Stack 模拟盘子存取项目，执行"生成"|"重新生成"命令，观察"输出"信息窗口，检查是否有语法错误。

运行程序：右击 Project4_Stack 模拟盘子存取项目，执行"调试"|"启动新实例"命令，打开程序运行窗体界面，在窗体的文本框中输入"1 号盘子"，单击"存入"按钮，在动态标签处显示"存入：1 号盘子"信息，再输入"2 号盘子"，单击"存入"按钮，在动态标签处显示"存入：2 号盘子"信息，以此类推；单击"取出"按钮，在动态标签处显示"取出：5 号盘子"信息，再单击"取出"按钮，在动态标签处显示"取出：4 号盘子"信息，以此类推，当在 Stack 对象中没有盘子时，则显示"盘子已取完！"信息，效果如图 6.4 所示。

6.1.4　Hashtable 类和 SortedList 类

Hashtable 类和 SortedList 类都实现了 IDictionary 接口，集合的值都是以键 whys 值对(Key/value)的形式存取。

1. Hashtable 类

Hashtable 称为哈希表，也称为散列表，在该集合中使用键值对(key/value)的形式存放值。也就是说，在 Hashtable 类中存放两个数组，一个数组用于存放 key 值，一个数组用于存放 value 值。同时还提供了根据集合元素的 key 值查找其对应的 value 值的方法。创建 Hashtable 类实例的具体形式如下。

Hashtable 哈希表=new Hashtable();

Hashtable 类中常用的属性和方法如表 6.13 所示。

表 6.13　Hashtable 类中常用的属性和方法

属性或方法	功能说明
Count	集合中存放实际元素的个数
void Add(object key, object value)	向集合中添加元素
void Remove(object key)	根据指定的 key 值移除对应的集合元素
void Clear()	清空集合
ContainsKey(object key)	判断集合中是否包含指定 key 值的元素
ContainsKey(object value)	判断集合中是否包含指定 value 值的元素

【例题 6.5】设计一个 Windows 程序，实现功能：运用 Hashtable 类模拟图管理系统中按图书编号查找相应的图书操作，程序实现效果如图 6.5 所示。

设计要求：在 Hashtable 图书添加查找界面中分别设计添加图书的操作、按图书编号查找编号对应的图书，遍历所有添加的图书信息。

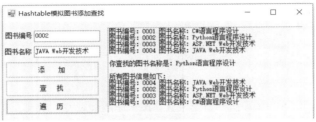

图 6.5　例题 6.5 程序运行效果

【实现步骤】

(1) 启动 Visual Studio 2019，在已创建的 Capter6_集合和泛型解决方案中添加 Project5_Hashtable 模拟图书添加查找的 Windows 项目。

(2) 界面设计。

在 Project5_Hashtable 模拟图书添加查找项目的窗体界面上设计 3 个 Label 标签对象、2 个 TextBox 文本框对象、3 个 Button 按钮对象。各控件对象的属性、属性值设置如表 6.14 所示。

表 6.14　各控件对象的属性、属性值

控件	属性	属性值	控件	属性	属性值
Label1	Text	图书编号	TextBox1	Name	txtBookNo
Label2	Text	图书名称	TextBox2	Name	txtBookName
Label3	Text	NULL	Button1	Name	btnAdd
	Name	lblShow		Text	添加
	AutoSize	False	Button2	Name	btnSearch
	BorderStyle	Fixed3D		Text	查找
—			Button3	Name	btnForeach
				Text	遍历

(3) 代码设计。

在 Project5_Hashtable 模拟图书添加查找的窗体界面上分别单击"添加""查找""遍历"按钮，系统自动添加这些按钮的 Click 事件，在相应的 Click 事件中编写功能代码。由于每个 Click 事件中均用到 Hashtable 的实例对象，因此在所有事件外创建一个 Hashtable 对象 book，设计代码如下。

```
namespace Project5_Hashtable 模拟图书添加查找
{
    public partial class Form1 : Form
    {
        public Form1()
        {
            InitializeComponent();
        }
```

```
//实例化 Hashtable 对象
Hashtable book = new Hashtable();
private void btnAdd_Click(object sender, EventArgs e) //添加图书信息并在指定标签处显示
{
    book.Add(txtBookNo.Text , txtBookName.Text);
    lblShow.Text += string.Format("图书编号：{0} 图书名称：{1}\n", txtBookNo.Text,
                        txtBookName.Text);
}

private void btnSearch_Click(object sender, EventArgs e) //按指定的图书编号进行查找
{
    string    id = txtBookNo.Text;
    bool falg =book.ContainsKey (txtBookNo .Text );
    if (falg)
    {
        lblShow.Text += string.Format("\n 你查找的图书名称是：{0}\n", book[id].ToString ());
    }
    else
    {
        lblShow.Text += string.Format("\n 你查找的图书编号不存在！\n");
    }
}

private void btnForeach_Click(object sender, EventArgs e) //遍历所有图书信息
{
    lblShow.Text += string.Format("\n 所有图书信息如下：\n");
    foreach (DictionaryEntry bk in book)
    {
        lblShow.Text += string.Format("图书编号：{0} 图书名称：{1}\n", bk.Key, bk.Value);
    }
}
}
}
```

(4) 编译运行。

单击工具栏中的"全部保存"按钮，右击 Project5，执行"生成"|"重新生成"命令，观察"输出"信息窗口，若没有语法错误，则单击工具栏中的"启动"按钮运行程序。程序运行效果如图 6.5 所示。

【结果分析】

从例题 6.5 运行结果来看，在使用 Hashtable 时能同时存放 key/value 的键值对，且由于 key 值是唯一的，因此可根据指定的 key 值查找 value 值。也就是说在 Hashtable 模拟图书添加查找的窗体界面的图书编号框中输入图书编号，则可查找到与编号相对应的图书名称。

2. SortedList 类

SortedList 类称为有序列表，按照 key 值对集合中的元素排序。SortedList 集合中使用的属性和方法如表 6.15 所示。

表 6.15　SortedList 集合中使用的属性和方法

属性和方法	功能说明
Count	集合中存放实际元素的个数
void Add(object key, object value)	向集合中添加元素
Void Remove(object key)	根据指定的 key 值移除对应的集合元素
Void Clear()	清空集合
ContainsKey(object key)	判断集合中是否包含指定 key 值的元素
ContainsKey(object value)	判断集合中是否包含指定 value 值的元素

【例题 6.6】设计一个 Windows 程序，实现功能：运用 SortedList 类模拟医院挂号信息系统中挂号信息的添加、查找、遍历操作，程序运行效果如图 6.6 所示。

图 6.6　例题 6.6 程序运行效果

【实现步骤】

(1) 启动 Visual Studio 2019，在已创建的 Capter6_集合和泛型解决方案中添加 Project6 的 Windows 项目。

(2) 界面设计。

在 Project6 项目的窗体界面上设计 3 个 Label 标签对象、2 个 TextBox 文本框对象、3 个 Button 按钮对象。各控件对象的属性、属性值设置如表 6.16 所示。

表 6.16　各控件对象的属性、属性值

控件	属性	属性值	控件	属性	属性值
Label1	Text	挂号编号	TextBox1	Name	txtPersonNo
Label2	Text	挂号人姓名	TextBox2	Name	txtPersonName
Label3	Text	NULL	Button1	Name	btnAdd
	Name	lblShow		Text	添加
	AutoSize	False	Button2	Name	btnSearch
	BorderStyle	Fixed3D		Text	查找
—			Button3	Name	btnForeach
				Text	遍历

(3) 代码设计。

在 Project6 的窗体界面上分别单击"添加""查找""遍历"按钮，系统自动添加这些按钮的 Click 事件，在相应的 Click 事件中编写功能代码。由于每个 Click 事件中均用到 SortedList 的实例对象，因此在所有事件外创建一个 SortedList 对象 Person，设计代码如下。

```
namespace Project6
{
    public partial class Form1 : Form
    {
        public Form1()
        {
            InitializeComponent();
        }
        //创建 SortedList 对象
        SortedList person = new SortedList();
        private void btnAdd_Click(object sender, EventArgs e)
        {
            person.Add(txtPersonNo.Text, txtPersonName.Text);
            lblShow.Text += string.Format("挂号编号：{0}  挂号人姓名：{1}\n", txtPersonNo.Text,
                                txtPersonName.Text);
        }

        private void btnSearch_Click(object sender, EventArgs e)
        {
            string id = txtPersonNo.Text;
            bool flag = person.ContainsKey(id);
            if (flag)
            {
                lblShow.Text += string.Format("\n 你查找的患者姓名是：{0}\n", person[id].ToString());
            }
            else
            {
                lblShow.Text += string.Format("你查找的患者没有挂号编号！ ");
            }
        }

        private void btnForeach_Click(object sender, EventArgs e)
        {
            lblShow.Text += "\n 所有挂号编号信息如下：\n";
            foreach (DictionaryEntry ps in person)
            {
                lblShow.Text += string.Format("挂号编号：{0}  挂号人姓名：{1}\n", ps.Key, ps.Value);
            }
        }
    }
}
```

(4) 编译运行。

单击工具栏中的"全部保存"按钮，右击 Project6，执行"生成"|"重新生成"命令，观察"输出"信息窗口，若没有语法错误，则单击工具栏中的"启动"按钮运行程序。程序运行效果如图 6.6 所示。

【结果分析】

从例题 6.6 运行结果来看，在使用 SortedList 时能同时存放 key/value 的键值对，并且由于 key

值是唯一的，因此可根据指定的 key 值查找 value 值，且 SortedList 集合中的元素是按 key 值的顺序排序的。

6.2 泛型

泛型通过"参数类型"来实现用同一段代码操作多种数据类型，泛型类型是一种编程范式，利用"参数化类型"将类抽象化。泛型可以是泛型类、泛型方法、泛型接口，但不可以是属性、事件、索引器、构造函数和析构函数。泛型方法可以定义在泛型类中，也可以定义在非泛型类中。

泛型是在 System.Collections.Generic 命名空间中，用于约束类或方法中的参数类型。

6.2.1 泛型概述

在软件开发过程中使用数组或集合来处理数据时，总是需要指定这些数据为某一种类型。虽然 C#语言中的集合元素可以是 object 类型的值，也可以存放任意类型的值，但是如果使用 foreach 语句遍历这个集合，而该 foreach 语句将集合中的每个元素转换成 int 型或 string 型进行遍历时，编译器会编译通过这段代码。由于并不是集合中的所有元素都可以转换成 int 型或 string 型，所以可能会出现运行异常。

【例题 6.7】设计一个 Windows 程序，实现功能：在窗体加载事件中创建一个 ArrayList 集合 list，向集合中添加一个整数、一个实型数据、一个字符串数据、一个学生对象数据，通过 foreach 语句遍历 list 集合中的元素并将每个元素强制转换成字符串在动态标签处显示。

【实现步骤】

(1) 启动 Visual Studio 2019，在已创建的 Capter6_集合和泛型解决方案中添加 Project7 的 Windows 项目。

(2) 界面设计。

在 Project7 项目的窗体界面上设计 1 个 Label 标签对象。Label 标签控件对象的属性、属性值设置如表 6.17 所示。

表 6.17　Label 标签控件对象的属性、属性值

控件	属性	属性值
Label1	Text	NULL
	Name	lblShow
	AutoSize	False
	BorderStyle	Fixed3D

(3) 代码设计。

在窗体加载事件中创建一个 ArrayList 对象 list，调用集合 Add()方法向集合 list 中添加数据，采用 foreach 语句遍历集合中的元素并强制转换为 string 输出，同时还设计一个学生类，将学生类对象添加到 list 对象中，设计代码如下。

```
namespace Project7
{
    public partial class Form1 : Form
    {
        public Form1()
        {
            InitializeComponent();
        }

        private void Form1_Load(object sender, EventArgs e)
        {
            ArrayList list = new ArrayList();
            list.Add(23);
            list.Add(123.12);
            list.Add("计算机科学");
            list .Add(new Student("2330190101","李梦园","计算机科学与技术"));

            foreach (string st in list)
            {
                lblShow.Text += string.Format("{0}\n", st.ToString ());
            }
        }
    }
    public class Student //设计学生类
    {
        private string stuNo;
        private string stuName;
        private string stuSpec;
        public Student (string myNo,string myName,string mySpec)
        {
            stuNo =myNo ;
            stuName =myName ;
            stuSpec =mySpec ;
        }
        public string GetMessage()
        {
            return string.Format("学号：{0} 姓名：{1} 专业：{2} \n", stuNo, stuName, stuSpec);
        }
    }
}
```

(4) 编译运行。

单击工具栏中的"全部保存"按钮，右击 Project7，执行"生成"｜"重新生成"命令，观察"输出"信息窗口，若在"输出"信息窗口中提示"全部重新生成，成功 1 个，失败 0 个，跳过 0 个"信息，则说明编译器编译通过这个项目，语法没有错误。但在单击工具栏中的"启动"按钮时，会出现"System.InvalidCastException 类型的未经处理的异常在 Project7.exe 中发生"，即指明转换无效。

为避免类似情况发生，将集合中的元素类型指定为 sting 类型，若不能在集合中输入其他类型的数据值，则需要运用泛型类型。基本思路：首先声明泛型数据类型，不指定具体的数据类型，只讨论抽象的数据操作。在实际引用泛型类型时，先确定要处理的数据类型，再执行相应的操作。"类型安全"是泛型类型的一个重要特点。

6.2.2　可空类型

对于引用类型的变量来说，如果未对其赋值，则在默认情况下是 Null 值；对于值类型的变量，如果未赋值，则整型变量的默认值是 0，但通过 0 判断该变量是否赋了值是不科学的。在 C#语言中提供了一种泛型类型(即可空类型(System.Nullable<T>))来解决值类型的变量在未赋值的情况下允许为 Null。定义可空类型变量的语法具体形式如下。

```
System.Nullable<T> 变量名;
```

说明：Nullable 所在的命名空间 System 在 C#类文件中默认是直接引入的，在定义可空类型变量时省略 System，直接使用 Nullable。T 代表任何类型。例如，定义一个存放 int 类型值的变量，代码如下。

```
Nullable<int> num;
```

此时，可以将变量 num 的值设为 Null，代码如下。

```
Nullable<int> num=Null;
```

在使用可空类型时，可以通过 HasValue 属性判断变量值是否为 Null。

【例题 6.8】设计一个 Windows 程序，实现功能：在窗体加载事件中创建一个 int 类型的可空类型变量和 double 类型的可空类型变量，并使用 HasValue 属性判断变量的值是否为空，让信息在窗体动态标签处输出，程序运行效果如图 6.7 所示。

图 6.7　例题 6.8 程序运行效果

【实现步骤】

(1) 启动 Visual Studio 2019，在已创建的 Capter6_集合和泛型解决方案中添加 Project8 的 Windows 项目。

(2) 界面设计。

在 Project8 项目的窗体界面上设计 1 个 Label 标签对象。Label 标签控件对象的属性、属性值设置如表 6.18 所示。

表 6.18　Label 标签控件对象的属性、属性值

控件	属性	属性值
Label1	Text	NULL
	Name	lblShow
	AutoSize	False
	BorderStyle	Fixed3D

(3) 代码设计。

在 Project8 项目窗体加载事件中，分别定义 int 类型可空类型变量 num 和 double 类型可空类型变量 dob，运用 HasValue 属性进行判断并输出信息。设计代码如下。

```
namespace Project8
{
    public partial class Form1 : Form
```

```
{
    public Form1()
    {
        InitializeComponent();
    }

    private void Form1_Load(object sender, EventArgs e)
    {
        Nullable<int> num = 23;
        Nullable<double> dob = null;
        if (num.HasValue)
        {
            lblShow.Text += string.Format("可空类型变量 num 的值为：{0}\n", num);
        }
        else
        {
            lblShow.Text += string.Format("可空类型变量 num 的值为空！\n");
        }
        if (dob.HasValue)
        {
            lblShow.Text += string.Format("可空类型变量 dob 的值为：{0}", dob);
        }
        else
        {
            lblShow.Text += string.Format("可空类型变量 dob 的值为空！");
        }
    }
}
}
```

(4) 编译运行。

单击工具栏中的"全部保存"按钮，右击 Project8，执行"生成"|"重新生成"命令，观察"输出"信息窗口，若没有语法错误，则单击工具栏中的"启动"按钮运行程序，程序运行效果如图 6.7 所示。

6.2.3　泛型方法

泛型方法是指通过泛型来约束方法中的参数类型，也就是对数据类型设置了参数。如果没有泛型，则每次方法中的参数类型都是固定的，不能灵活更改。在使用泛型后，方法中的参数类型则由指定的泛型来约束，即可根据提供的泛型来传递不同类型的参数。定义泛型方法需要在方法名和参数列表之间加上< >，并在其中使用 T 来约束参数类型。

【例题 6.9】设计一个 Windows 程序，实现功能：定义一个计算 Calculate 类，在该类中定义一个泛型方法；在窗体界面上设计两个文本框、一个计算按钮，实现整型数据、实型数据的计算，程序运行效果如图 6.8 所示。

图 6.8　例题 6.9 程序运行效果

【实现步骤】

(1) 启动 Visual Studio 2019，在已创建的 Capter6_集合和泛型解决方案中添加 Project9 的

Windows 项目。

(2) 界面设计。

在 Project9 项目的窗体界面上设计 3 个 Label 标签对象、2 个 TextBox 文本框对象、2 个 Button 按钮对象。各控件对象的属性、属性值设置如表 6.19 所示。

表 6.19　各控件对象的属性、属性值

控件	属性	属性值	控件	属性	属性值
Label1	Text	第 1 个数	TextBox1	Name	txtNum1
Label2	Text	第 2 个数	TextBox2	Name	txtNum2
Label3	Text	NULL	Button1	Name	btnDobCalculate
	Name	lblShow		Text	实数计算
	AutoSize	False	Button2	Name	btnIntCalculate
	BorderStyle	Fixed3D		Text	整数计算

(3) 后台代码设计。

在 Project9 中添加一个计算 Calculate 类，在该类中定义一个泛型方法，设计代码如下。

```
namespace Project9
{
    class Calculate
    {
        public string GetAdd<T>(T num1, T num2)
        {
            double   sum =Convert.ToDouble ( num1.ToString () )+ Convert .ToDouble ( num2.ToString ());
            return string.Format("{0}+{1}={2}",num1 ,num2,sum );
        }
    }
}
```

在 Project9 项目的窗体界面上分别单击"实数计算""整数计算"按钮，系统自动添加它们的 Click 事件，由于两个事件中都要调用计算 Calculate 类的方法，因此，在两个按钮的单击事件外实例化 Calculate 对象。设计代码如下。

```
namespace Project9
{
    public partial class Form1 : Form
    {
        public Form1()
        {
            InitializeComponent();
        }
        Calculate clt = new Calculate();
        private void btnDouCalculte_Click(object sender, EventArgs e)
        {
            //将参数类型 T 的类型设置为 double 类型
            lblShow.Text +=" \n 两实型数据相加： " +clt.GetAdd<double > (Convert.ToDouble(txtNum1.Text),
                        Convert.ToDouble(txtNum2.Text));
        }
```

```
            private void btnIntCalculate_Click(object sender, EventArgs e)
            {
                //将参数类型 T 的类型设置为 int 类型
                lblShow.Text += "\n 两整型数据相加：" + clt.GetAdd<int> (Convert.ToInt32(txtNum1.Text),
                                Convert.ToInt32(txtNum2.Text))
            }
        }
}
```

(4) 编译运行。

单击工具栏中的“全部保存”按钮，右击 Project9，执行“生成”|“重新生成”命令，观察“输出”信息窗口，若没有语法错误，则单击工具栏中的“启动”按钮运行程序。程序运行效果如图 6.8 所示。

【结果分析】

在计算 Calculate 类中定义的泛型方法 GetAdd<T>(T num1,Tnum2)中，T 就是用来约束调用泛型方法时要求传入的参数类型。如果在调用泛型方法时没有按<T>中规定的类型传递参数，则会出现编译的错误。

6.2.4　泛型类

当一个类的操作不针对特定或具体的数据类型时，可以把这个类声明为泛型类，泛型类常用于集合。创建泛型类的基本过程是：从一个现有的具体类开始，逐一将每个类型更改为类型参数，直到通用。

定义泛型类的具体形式如下。

```
[访问修饰符] class 泛型类名 <T1,T2,…>
{
        //类的成员
}
```

说明：

泛型类中可定义任意多个类型，它们之间用逗号隔开，定义了任意多个类型后，可使用这任意多的类型 T1、T2 去定义类中字段成员、属性成员的数据类型，同样可以作为方法的返回值类型。

【例题 6.10】 设计一个 Windows 程序，实现功能：定义一个泛型测试 MyTest 类，在该类中定义一个数组、两个方法(分别是添加数组元素的方法、显示数组元素的方法)，程序运行效果如图 6.9 所示。

图 6.9　例题 6.10 程序运行效果

【实现步骤】

(1) 启动 Visual Studio 2019，在已创建的 Capter6_集合和水泛型解决方案中添加 Project10 的 Windows 项目。

(2) 界面设计。

在 Project10 项目的窗体界面上设计 2 个 Label 标签对象、1 个 TextBox 文本框对象、2 个 Button 按钮对象。各控件对象的属性、属性值设置如表 6.20 所示。

表 6.20 各控件对象的属性、属性值

控件	属性	属性值	控件	属性	属性值
Label1	Text	数组元素	TextBox1	Name	txtElement
Label2	Text	NULL	Button1	Name	btnAdd
	Name	lblShow		Text	添加
	AutoSize	False	Button2	Name	btnDisplay
	BorderStyle	Fixed3D		Text	显示

(3) 代码设计。

在 Project10 项目上添加 MyTest 泛型类,在该类中定义一个数组、两个方法,设计代码如下。

```csharp
namespace Project10
{
    public class MyTest<T>
    {
        //定义一个数组
        private T[] array = new T[5];
        private static int index=0 ;
        //定义添加数组元素的方法
        public string GetAdd(T element)
        {
            string mes;
            if (index < 5)
            {
                array[index] = element;
                mes = string.Format("成功添加一个元素: {0}\n", array[index]);
                index++;
            }
            else
            {
                mes = string.Format("数组元素已添加满! \n");
            }
            return mes;

        }
        //定义遍历数组元素的方法
        public string Display()
        {
            string mes = "\n 数组所有元素是: ";
            foreach (T ay in array)
            {
                mes+= string.Format("{0}    ", ay);
            }
            return mes;
        }
    }
}
```

在 Project10 的窗体界面上分别单击"添加""显示"按钮,系统自动添加这两个按钮的 Click

事件，在事件的外面实例化 MyTest 泛型类对象，分别设计两个按钮的功能代码。设计代码如下。

```
namespace Project10
{
    public partial class Form1 : Form
    {
        public Form1()
        {
            InitializeComponent();
        }
        MyTest<int> mt = new MyTest<int>();
        private void btnAdd_Click(object sender, EventArgs e)
        {
            lblShow.Text += mt.GetAdd(Convert.ToInt32(txtElement.Text));
        }

        private void btnDisplay_Click(object sender, EventArgs e)
        {
            lblShow.Text += mt.Display();
        }

    }
}
```

（4）编译运行。

单击工具栏中的"全部保存"按钮，右击 Project10，执行"生成"｜"重新生成"命令，观察"输出"信息窗口，若没有语法错误，则单击工具栏中的"启动"按钮运行程序。程序运行效果如图 6.9所示。

【结果分析】

运行程序后，在窗体界面文本框中输入 10，单击"添加"按钮，将 10 添加到数组 array 中，同时在窗体文本框动态标签处显示"成功添加一个元素：10"的信息，当数组 array 中元素添加满，在窗体动态标签处显示"数组元素已添加满！"信息。单击"显示"按钮，遍历数组 array 的元素信息显示在窗体动态标签处。

6.2.5　泛型集合

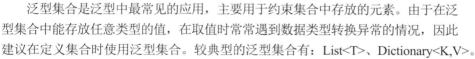

泛型集合是泛型中最常见的应用，主要用于约束集合中存放的元素。由于在泛型集合中能存放任意类型的值，在取值时常常遇到数据类型转换异常的情况，因此建议在定义集合时使用泛型集合。较典型的泛型集合有：List<T>、Dictionary<K,V>。

1. List<T>

列表 List<T>是动态数组 ArrayList 的泛型等效类，是强类型化的列表。因为.NET Framework 在定义 List<T>时没有指定集合元素的类型，只是用参数 T 来代表未来集合元素的类型，因此在使用List<T>时，必须明确指定数据类型。

创建一个 List<T>列表实例的具体语法格式如下。

List<元素类型> 泛型集合名=new List<元素类型>{ };

在使用 List<T>时，需要用户导入命名空间：System.Collections.Generic。

【例题 6.11】设计一个 Windows 程序，实现功能：运用泛型集合 List<T>实现教师信息的添加、遍历操作，程序运行效果如图 6.10 所示。

图 6.10 例题 6.11 程序运行效果

【实现步骤】

(1) 启动 Visual Studio 2019，在已创建的 Capter6_集合与泛型解决方案中添加 Project11 的 Windows 项目。

(2) 界面设计。

在 Project11 项目的窗体界面上设计 5 个 Label 标签对象、4 个 TextBox 对象、2 个 Button 按钮。各控件对象的属性、属性值设置如表 6.21 所示。

表 6.21 各控件对象的属性、属性值

控件	属性	属性值	控件	属性	属性值
Label1	Text	编号	TextBox1	Name	txtNo
Label2	Text	姓名	TextBox2	Name	txtName
Label3	Text	性别	TextBox3	Name	txtSex
Label4	Text	院校	TextBox4	Name	txtColleges
Label5	Text	NULL	Button1	Name	btnAdd
	Name	lblShow		Text	添加
	AutoSize	False	Button2	Name	btnForeach
	BorderStyle	Fixed3D		Text	遍历

(3) 后台代码设计。

在项目 Project11 中添加一个教师 Teacher 类，采用构造函数对字段进行初始化，定义一个输出教师信息的方法 GetTeacher()，设计代码如下。

```
namespace Project11
{
    class Teacher
    {
        //定义私有字段：编号、姓名、性别、毕业院校
        private string teaNo;
        private string teaName;
        private string teaSex;
        private string teaColleges;
```

```
        //构造函数对字段初始化
        public Teacher(string No, string Name, string Sex, string Colleges)
        {
            this.teaNo = No;
            this.teaName = Name;
            this.teaSex = Sex;
            this.teaColleges = Colleges;
        }
        //显示教师信息的方法
        public string GetTeacher()
        {
            return string.Format("\n 教师编号：{0} 教师姓名：{1} 教师性别：{2} 毕业院校：{3} ",
                        teaNo ,teaName ,teaSex ,teaColleges );
        }
    }
}
```

在项目 Project11 的窗体界面上分别单击"添加""遍历"按钮，系统自动添加这两个按钮的 Click 事件。在两个按钮的单击事件外，实例化教师泛型集合 teacherList，设计代码如下。

```
namespace Project11
{
    public partial class Form1 : Form
    {
        public Form1()
        {
            InitializeComponent();

        }
        //定义一个教师泛型集合
        List<Teacher> teacherList = new List<Teacher>();
        private void btnAdd_Click(object sender, EventArgs e)
        {
            Teacher tperson = new Teacher(txtNo.Text, txtName.Text, txtSex.Text, txtColleges.Text);
            teacherList.Add(tperson );
            lblShow.Text += "\n 添加教师信息如下： "+tperson.GetTeacher();
        }
        private void btnForeach_Click(object sender, EventArgs e)
        {
            lblShow.Text += "\n 遍历教师信息如下： ";
            foreach (Teacher tch in teacherList)
            {
                lblShow .Text += tch.GetTeacher ();
            }
        }
    }
}
```

(4) 编译运行。

单击工具栏中的"全部保存"按钮，右击 Project11，执行"生成"｜"重新生成"命令，观察 "输出"信息窗口，若没有语法错误，则单击工具栏中的"启动"按钮运行程序。程序运行效果如

图 6.10 所示。

【结果分析】

运行程序,在窗体的文本框中输入信息,单击"添加"按钮,将这些信息以一个对象保存到泛型集合中并在窗体的动态标签处显示添加教师信息。单击"遍历"按钮,显示泛型集合中的所有元素信息,效果如图 6.10 所示。

2. Dictionary<K, V>

字典 Dictionary<K, V>是键和值的集合,在使用时需要指定键和值的类型,其中,K 和 V 表示数据元素的键(key)与值(value)的数据类型。Dictionary<K, V>集合在编译时要检查是否指定了明确的数据类型,在访问集合元素时也无须拆箱操作。

创建 Dictionary<K, V>实例对象的具体语法格式如下。

Dictionary<键类型, 值类型> 集合名=new Dictionary<键类型, 值类型>();

例如:

Dictionary<int ,student> dicStudent=new Dictionary<int,student>();

表示创建一个字典集合 dicStudent,并指定该集合中 Key 为 int 型、Value 为 student 型。

【例题 6.12】设计一个 Windows 程序,实现功能:运用泛型集合 Dictionary<K, V>实现学生信息的添加,并按学生学号查询学生信息并显示,程序运行效果如图 6.11 所示。

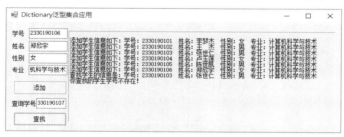

图 6.11 例题 6.12 程序运行效果

【操作步骤】

(1) 启动 Visual Studio 2019,在已创建的 Capter6_集合和泛型解决方案中添加 Project12 的 Windows 项目。

(2) 界面设计。

在 Project12 项目的窗体界面上设计 6 个 Label 标签对象、5 个 TextBox 对象、2 个 Button 按钮,各控件对象的属性、属性值设置如表 6.22 所示。

表 6.22 各控件对象的属性、属性值

控件	属性	属性值	控件	属性	属性值
Label1	Text	学号	TextBox1	Name	txtNo
Label2	Text	姓名	TextBox2	Name	txtName
Label3	Text	性别	TextBox3	Name	txtSex
Label4	Text	专业	TextBox4	Name	txtSpec

(续表)

控件	属性	属性值	控件	属性	属性值
Label5	Text	查询学号	TextBox5	Name	txtSearchNo
Label6	Text	NULL	Button1	Name	btnAdd
	Name	lblShow		Text	添加
	AutoSize	False	Button2	Name	btnSearch
	BorderStyle	Fixed3D		Text	查找

(3) 后台代码设计。

在项目 Project12 中添加一个学生 Student 类，采用构造函数对字段进行初始化，定义一个添加学生信息的方法 GetStudentMessage()，设计代码如下。

```
namespace Project12
{
    public class Student
    {
        //定义学生字段属性：学号、姓名、性别、专业
        private string stuNo;
        private string stuName;
        private string stuSex;
        private string stuSpec;
        private string stuSearchNo;
        //属性封装字段
        public string StuNo
        {
            get { return stuNo; }
            set { value = stuNo; }
        }
        public string StuName
        {
            get { return stuName; }
            set { value = stuName; }
        }
        public string StuSex
        {
            get { return stuSex; }
            set { value = stuSex; }
        }
        public string StuSpec
        {
            get { return stuSpec; }
            set { value = stuSpec; }
        }
        public string StuSearchNo
        {
            get { return stuSearchNo; }
            set { value = stuSearchNo; }
        }
        //构造函数初始化字段
        public Student(string No, string Name, string Sex, string Spec)
```

```
            {
                this.stuNo = No;
                this.stuName = Name;
                this.stuSex = Sex;
                this.stuSpec = Spec;
            }
        public Student(string searchNo)
            {
                this.stuSearchNo = searchNo;
            }
        //定义一个输出学生信息的方法
        public string GetStudentMessage()
            {
                return string.Format("学号: {0}    姓名: {1}    性别: {2}    专业: {3} ", StuNo, StuName, StuSex, StuSpec);
            }
        }
    }
```

在项目 Project12 的窗体界面中分别设计"添加""查找"按钮的单击事件代码,在这两个单击事件之外实例化泛型 Dictionary<K, V>集合对象 dicStudent,设计代码如下。

```
namespace Project12
{
    public partial class Form1 : Form
    {
        public Form1()
        {
            InitializeComponent();
        }
        Dictionary<string, Student> dicStudent = new Dictionary<string, Student>();
        private void btnAdd_Click(object sender, EventArgs e)
        {
            //实例化学生对象
            Student stu = new Student(txtNo.Text, txtName.Text, txtSex.Text, txtSpec.Text);
            //将学生对象按学号顺序存放到学生字典集合中
            dicStudent.Add(stu.StuNo, stu);
            lblShow.Text +="\n 添加学生信息如下: "+stu.GetStudentMessage() ;
        }

        private void btnSearch_Click(object sender, EventArgs e)
        {
            if (dicStudent.ContainsKey(txtSearchNo.Text))
            {
                lblShow.Text += string.Format("\n 查找学生的信息是: {0}", dicStudent[txtSearchNo.Text].
                                    GetStudentMessage ());
            }
            else
            {
                lblShow.Text += string.Format("\n 你查找的学生学号不存在! ");
            }
        }
    }
}
```

(4) 编译运行。

单击工具栏中的"全部保存"按钮，右击 Project12，执行"生成"|"重新生成"命令，观察"输出"信息窗口，若没有语法错误，则单击工具栏中的"启动"按钮运行程序。程序运行效果如图 6.11 所示。

【结果分析】

运行程序，在窗体文本框中输入学号、姓名、性别、专业，单击"添加"按钮，其信息以 Student 类的实例保存到 dicStudent 泛型集合中，同时在窗体的动态标签处显示添加的学生信息。在查询学号文本框中输入查询的学生学号，单击"查询"按钮，若学生在泛型集合中存在，则显示该学生的信息，否则显示"你查找的学生的学号不存在！"信息。

6.2.6　泛型高级应用

1. 约束泛型的类型参数

在定义泛型类时，有时需要指定只有某种类型的对象或从这个类型派生的对象可用作类型参数。这时，可以使用关键字 where 来约束类型参数的类型。

例如：

```
public class Animal   //动物类
{

}
public class Plant //植物类
{

}
public class Dog : Animal //狗类继承动物类
{

}
//泛型类 Pet 的约束类型参数只能是 Animal 和派生类 Dog
public class Pet<T> where T : Animal
{

}
```

在 C#中，一共有 5 类约束，分别如下。

- where T:struct：这类约束的类型参数必须是值类型。
- where T:class：这类约束的类型参数必须是引用类型，包括任何类、接口、委托等。
- where T:new()：这类约束的类型参数必须是具有无参数的构造函数，当与其他约束一起使用时，该约束必须最后指定。
- where T:类名：这类约束的类型参数必须是指定类及其派生类。
- where T:接口名：这类约束的类型参数必须是指定的接口或实现指定的接口，可以指定多个接口约束。

2. 泛型类的继承

泛型类和类一样具有继承性，C#允许从一个已有的泛型类派生新的泛型类。

例如：

```
public class Test<T>
{

}
public class MyTest<T> : Test<T>
{

}
```

其中，Test<T>是一个泛型基类，MyTest<T>是一个继承 Test<T>泛型基类的泛型派生类。

注意：如果泛型基类在定义时指定了约束，则从它派生的泛型类也将受到约束，当然派生类的泛型类还可以指定更严格的约束。

习题 6

填空题

(1) 数组是指定长度和数据类型的元素集合，而 C#语言集合是高度结构化的方式存储＿＿＿＿＿＿的对象，且长度能＿＿＿＿＿＿大小。

(2) 所有集合类或与集合相关接口的命名空间＿＿＿＿＿＿＿＿＿＿＿。

(3) .NET Framework 提供的常用集合有＿＿＿＿＿＿、＿＿＿＿＿＿、＿＿＿＿＿＿、＿＿＿＿＿＿等。

(4) ArrayList 动态数组提供 3 个构造函数，其中 ArrayList(3)的含义是＿＿＿＿＿＿。

(5) 创建一个 list 实例对象即 ArrayList list=new ArrayList();执行 list.Indexof("武汉")的含义是＿＿＿＿＿＿＿＿＿＿＿＿＿＿＿＿＿＿＿。

(6) 将 ArrayList 实例对象 list1 中的集合元素复制到 list2 中的功能语句是：＿＿＿＿＿＿＿＿＿＿＿＿＿＿＿＿
＿＿＿＿＿＿＿＿＿＿＿＿＿＿＿＿＿＿＿＿＿＿＿＿＿＿＿＿。

(7) 定义字符串 str1= "123";str2= "456"，则语句 str1.CompareTo(str2)的返回值是＿＿＿＿＿＿。

(8) Queue 队列是＿＿＿＿＿＿的数据结构；stack 堆栈是＿＿＿＿＿＿的数据结构。

(9) ArrayList 动态数组在创建对象时可以初始化元素值，而 Queue 队列则不能，因此向 Queue 队列中添加元素值是通过＿＿＿＿＿＿方法将对象添加到队列实例末尾。

(10) Hashtable 类和 SortedList 类都实现了＿＿＿＿＿＿＿＿＿＿＿接口，集合的值的存取形式是以 的形式存取。

(11) 泛型可以是泛型类、＿＿＿＿＿＿＿＿＿＿＿，但不可以是＿＿＿＿＿＿＿＿＿＿＿、构造函数和析构函数，用于约束＿＿＿＿＿＿＿＿＿＿＿中的参数类型

(12) 泛型方法是指通过泛型来约束方法中的参数类型，定义泛型方法需要在方法名和参数列表之间加上＿＿＿＿＿＿＿＿＿＿＿，并在其中使用＿＿＿＿＿＿＿＿＿＿＿来约束参数类型。

(13) 泛型集合的主要作用是约束集合元素＿＿＿＿＿＿＿＿＿＿＿，比较典型的泛型集合有＿＿＿＿＿＿＿＿＿＿＿和 Dictionary<K,V>。

第 7 章
调试和异常处理

在软件开发过程中不可避免会出现一些错误，主要包括编译错误和逻辑错误。编译错误很容易发现，在 Visual Studio 2019 的代码页面中若出现红色的波浪线，则说明程序代码行中有语法错误，程序无法运行。逻辑错误很难发现，通常需要借助调试工具来查找。但有时程序运行过程中也会出现一些不可预料的问题，如将字符串类型转换成整数时出现的异常、除法的分母为 0 时出现的异常等。

在 C#语言中，异常也称为运行时异常，是指在程序运行过程中出现的错误。对于异常的处理需要程序员不断积累经验，在可能出现异常的位置加上异常处理语句。

7.1 异常类

.NET Framework 类库中的所有异常都派生于 Exception 类，异常包括系统异常和应用异常。默认所有系统异常派生于 System.SystemException，所有应用程序异常派生于 System.ApplicationExcetion。常用的系统异常类如表 7.1 所示。

表 7.1 常用的系统异常类

异常类	功能说明
System.OutOfMemoryExcetion	用 new 分配内存失败
System.StackOverflowExcetion	递归过多、过深
System.NullReferenceExcetion	对象为空
System.IndexOutOfRangeExcetion	数组越界
System.ArithmaticExcetion	算术操作异常的基类
System.DivdeByZeroExcetion	除零错误

7.2 异常处理语句

异常与异常处理的语句有 3 种形式：try…catch，try…finally，try…catch…finally。

7.2.1 try…catch 形式的应用

在 try 语句中放置可能出现异常的语句,在 catch 语句中放置异常时处理异常的语句,通常在 catch 语句中输出异常信息或发送邮件给开发人员。在处理异常时,catch 语句是允许多次使用的,相当于多分支 if 语句,但仅执行其中的一个分支。

【例题 7.1】设计一个 Windows 程序,实现功能:在窗体文本框中输入一个整数,输出该数是偶数的信息。要求分析当输入一个带字母的整数时,程序运行会出现什么样情况,对出现的情况如何规避,并保证程序能正常运行;当输入一个符要求的整时,输出正确的结果。

【实现步骤】

(1) 启动 Visual Studio 2019,在已创建的 Capter7 解决方案中添加 Project1 的 Windows 项目。

(2) 界面设计。

在项目 Project1 的 Form1 窗体上设计 2 个 Label 标签对象、1 个 TextBox 文本框对象、1 个 Button 单击按钮对象。各控件对象的属性、属性值设置如表 7.2 所示。

表 7.2　各控件对象的属性、属性值

控件	属性	属性值	控件	属性	属性值
Label1	Text	输入一个数	TextBox1	Name	txtNumber
Label2	Text	NULL	Button1	Name	btnJudge
	Name	lblShow		Text	判断
	AutoSize	False		—	
	BorderStyle	Fixed3D			

(3) 后台代码设计。

在项目 Project1 的窗体界面上,单击"判断"按钮,系统自动在后台代码中添加一个 btnJudge_Click 事件,编写单击事件的代码设计如下。

```
namespace Project1
{
    public partial class Form1 : Form
    {
        public Form1()
        {
            InitializeComponent();
        }

        private void btnJudge_Click(object sender, EventArgs e)
        {
            int num = Convert .ToInt32 ( txtNumber.Text);
            if (num % 2 == 0)
            {
                lblShow.Text += string.Format("\n 输入数: {0}是偶数! ", num);
            }
```

```
        else
        {
            lblShow.Text += string.Format("\n 输入数：{0}是奇数！", num);
        }
        }
    }
}
```

(4) 编译运行。

单击工具栏中的"全部保存"按钮，右击 Project1，执行"生成"|"重新生成"命令，观察"输出"信息窗口，若没有语法错误，则单击工具栏中的"启动"按钮运行程序。

当运行程序时，在窗体文本框中输入 12b 这样的字符串，则程序抛出了类型转换错误，提示"输入字符串的格式不正确"异常提示，如图 7.1 所示。

图 7.1 "输入字符串的格式不正确"异常提示

如果使用异常处理语句来处理数据类型转换，则会避免出现图 7.1 中的提示，程序能正常运行，出现 catch 语句中弹出的消息框，修改上述程序代码如下：

```
namespace Project1
{
    public partial class Form1 : Form
    {
        public Form1()
        {
            InitializeComponent();
        }
        private void btnJudge_Click(object sender, EventArgs e)
        {
            try
            {
                int num = Convert.ToInt32(txtNumber.Text);
                if (num % 2 == 0)
                {
                    lblShow.Text += string.Format("\n 输入数：{0}是偶数！", num);
                }
                else
                {
                    lblShow.Text += string.Format("\n 输入数：{0}是奇数！", num);
                }
            }
            catch(Exception ex)
            {
```

```
        MessageBox.Show(ex.Message);
      }

    }

  }

}
```

运行程序，在窗体文本框中输入 12b，单击"判断"按钮，程序正常运行，弹出"输入字符串的格式不正确"对话框，运行效果如图 7.2 所示。

单击消息框中的"确定"按钮，程序继续运行，在文本框中输入 12，单击窗体中的"判断"按钮，程序运行效果如图 7.3 所示。

图 7.2　文本框中输入 12b 字符串运行效果

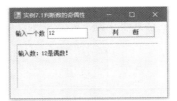

图 7.3　实例 7.1 程序运行效果

【结果分析】

运行程序后，只有在窗体的文本中输入整型数据，程序才能正常运行出结果，如果输入非整数，如整数中带有英文字母、浮点数，则会弹出"输入字符串的格式不正确"消息框。

在使用 catch 语句对程序进行异常处理时，可以作用多个 catch 语句，这些 catch 语句中只有一个语句被执行。

【例题 7.2】设计一个 Windows 程序，实现功能：从窗体文本框中输入一个整数，添加到数组中，单击"显示"按钮，在窗体动态标签处输出数组中的所有元素，程序运行效果如图 7.4 所示。

图 7.4　例题 7.2 程序运行效果

【实现步骤】

(1) 启动 Visual Studio 2019，在已创建的 Capter7 解决方案中添加 Project2 的 Windows 项目。

(2) 界面设计。

在项目 Project2 的 Form1 窗体上设计 2 个 Label 标签对象、1 个 TextBox 文本框对象、2 个 Button 单击按钮对象。各控件对象的属性、属性值设置如表 7.3 所示。

表 7.3　各控件对象的属性、属性值

控件	属性	属性值	控件	属性	属性值
Label1	Text	输入数	TextBox1	Name	txtNumber
Label2	Text	NULL	Button1	Name	btnAdd
	Name	lblShow		Text	添加
	AutoSize	False	Button2	Name	btnForeach
	BorderStyle	Fixed3D		Text	遍历数组

(3) 后台代码设计。

在 Project2 项目的窗体界面上，单击"添加""遍历数组"按钮，系统自动添加 btnAdd_Click、btnForeach_Click 事件，事件中设计代码如下。

```
namespace Project2
{
    public partial class Form1 : Form
    {
        public Form1()
        {
            InitializeComponent();
        }
        static int index;
        int[] num = new int[5];
        private void btnAdd_Click(object sender, EventArgs e)
        {
            try
            {
                num[index] =Convert .ToInt32 ( txtNumber.Text);
                lblShow.Text += string.Format("\n 添加一个数组元素：{0}", num[index]);
                ++index;
            }
            catch(FormatException f)
            {
                lblShow.Text += "\n 输入字符串格式不正确！";
            }
            catch (OverflowException o)
            {
                lblShow.Text += "\n 输入的值已超出 int 类型的最大值！ ";
            }
            catch(IndexOutOfRangeException r)
            {
                lblShow.Text += "\n 数组越界异常！ ";
            }
        }
        private void btnForeach_Click(object sender, EventArgs e)
        {
            lblShow.Text += string.Format("\n\n 数组元素是： ");
            for (int i = 0; i < num.Length; i++)
            {
                lblShow.Text += string.Format("{0} ", num[i]);
            }
        }
    }
}
```

(4) 编译运行。

单击工具栏中的"全部保存"按钮，右击 Project2，执行"生成"｜"重新生成"命令，观察"输出"信息窗口，若没有语法错误，则单击工具栏中的"启动"按钮运行程序。程序运行效果如图 7.4

所示。

【结果分析】

运行程序后，若在窗体文本框中输入非整数字符串，则弹出"字符串的格式不正确"的异常提示；若输入整数字符串的个数超出数组长度，则弹出"数组越界异常！"的异常提示，也就是说使用多个 catch 语句，只有一个语句被执行。

7.2.2　try…finally 形式的应用

在 try…finally 形式中没有单独对出现异常时处理的代码，finally 语句是无论 try 语句是否正确执行都会执行的语句。通常，在 finally 中编写的代码是关闭流、关闭数据库连接等操作，以免造成资源的浪费。类似这些无论是否捕捉到异常都必须执行的代码，可以用 finally 语句来实现。

【例题 7.3】设计一个 Windows 程序，实现功能：捕捉在创建新文件时，因该文件存在而引发的异常，并且最后无论是否捕捉到异常都需要关闭文件，程序运行效果如图 7.5 所示。

图 7.5　例题 7.3 程序运行效果

【实现步骤】

(1) 启动 Visual Studio 2019，在已创建的 Capter7 解决方案中添加 Project3 的 Windows 项目。

(2) 界面设计。

在项目 Project3 的 Form1 窗体上设计 1 个 Label 标签对象。Label 标签控件对象的属性、属性值设置如表 7.4 所示。

表 7.4　Label 标签控件对象的属性、属性值

控件	属性	属性值
Label1	Text	NULL
	Name	lblShow
	AutoSize	False
	BorderStyle	Fixed3D

(3) 后台代码设计。

在项目 Project3 的窗体加载事件中设计代码如下。

```
namespace Project3
{
    public partial class Form1 : Form
    {
        public Form1()
        {
            InitializeComponent();
        }

        private void Form1_Load(object sender, EventArgs e)
        {
            StreamReader sreader = null; //定义一个流读取器类变量
```

```
try
{
    sreader = new StreamReader(new FileStream(@"E:\SCSDB_DAT", FileMode.Open));
    lblShow.Text += sreader.ReadLine();
}
catch (FileNotFoundException ex)
{
    lblShow.Text += ex.Message;
}
finally
{
    lblShow.Text += "\n 执行 finally 语句！";
    if (sreader != null)
    {
        sreader.Close();
    }
}
```

(4) 编译运行。

单击工具栏中的"全部保存"按钮，右击 Project3，执行"生成"｜"重新生成"命令，观察"输出"信息窗口，若没有语法错误，则单击工具栏中的"启动"按钮运行程序。程序运行效果如图 7.5 所示。

【结果分析】

由于在 E 磁盘中不存在 SCSDB_DAT 文件，因此产生一个 FileNotFoundException 异常，同时还显示了"执行 finally 语句！"信息，说明程序运行了 finally 语句，关闭了文件。

使用 finally 语句块时，注意以下两点。

(1) finally 语句块中不允许出现 return 语句。

(2) 例题 7.3 程序中可以省略 catch 语句，即直接用 try…finally 结构，该结构不对异常进行处理。

【例题 7.4】设计一个 Windows 程序，实现功能：在文本框中输入当天的天气情况并将其写入文件中，无论写入是否成功都将关闭流文件，程序运行效果如图 7.6 所示。

图 7.6　实例 7.4 程序运行效果

【实现步骤】

(1) 启动 Visual Studio 2019，在已创建的 Capter7 解决方案中添加 Project4 的 Windows 项目。

(2) 界面设计。

在项目 Project4 的 Form1 窗体上设计 4 个 Label 标签对象、4 个 TextBox 文本框对象、2 个 Button 按钮对象。各控件对象的属性、属性值设置如表 7.5 所示。

表7.5　各控件对象的属性、属性值

控件	属性	属性值	控件	属性	属性值
Label1	Text	城市	TextBox1	Name	txtCity
Label2	Text	天气情况	TextBox2	Name	txtWheather
Label3	Text	摄氏温度	TextBox3	Name	txtMin
Label4	Text	—	TextBox4	Name	txtMax
Button1	Name	btnOk	Button2	Name	btnCancel
	Text	确定		Text	取消

（3）后台代码设计。

在 Project4 项目的窗体界面上单击"确定"按钮，系统自动为"确定"按钮添加 btnOk_Click 事件。在该事件中设计的代码如下。

```
namespace Project4
{
    public partial class Form1 : Form
    {
        public Form1()
        {
            InitializeComponent();
        }

        private void btnOk_Click(object sender, EventArgs e)
        {
            //获取前台文本框值
            string city = txtCity.Text;
            string mess = txtWeather.Text;
            string min = txtMin.Text;
            string max = txtMax.Text;
            //将文本框内容组成一个字符串
            string message = city + ":" + mess + ":" + min + "-" + max;
            //定义文件路径
            string path = "E:\\weather.txt";
            FileStream filestream =null;
            try
            {
                //创建 filestream 类对象
                filestream = new FileStream(path, FileMode.OpenOrCreate);
                //将字符串转换为字节数组
                byte[] bytes = Encoding.UTF8.GetBytes(message);
                //向文件中写入字节数组
                filestream.Write(bytes, 0, bytes.Length);
                //刷新缓冲区
                filestream.Flush();
                //弹出录入成功的消息框
                MessageBox.Show("天气信息录入成功！");
            }
            finally
```

```
            {
                if (filestream != null)
                {
                    //关闭文件流
                    filestream.Close();
                }
            }
        }
    }
}
```

（4）编译运行。

单击工具栏中的"全部保存"按钮，右击 Project4，执行"生成"｜"重新生成"命令，观察"输出"信息窗口，若没有语法错误，则单击工具栏中的"启动"按钮运行程序。程序运行效果如图 7.6 所示。

【结果分析】

程序运行后，在窗体文本框录入信息，单击"确定"按钮，在 E 磁盘创建 E:\\weather.txt 文件并将录入信息写到该文件中，同时弹出消息框。打开 wheather.txt 文件，则可看到文件的内容是"武汉:晴:10-20"，此时文件 weather 不为空，则表明执行了 finally 语句关闭流语句。

7.2.3　try…catch…finally 形式的应用

try…catch…finally 形式的语句是使用最多的一种异常处理语句，在出现异常时能提供相应的异常处理，并能在 finally 语句中保证资源的回收。

【例题 7.5】设计一个 Windows 程序，实现功能：在文本框中输入当天的天气情况，并将其写入文件中，无论写入是否成功都将关闭流文件，要求采用 try…catch…finally 形式完成。程序运行效果如图 7.7 所示。

图 7.7　实例 7.5 程序运行效果

【实现步骤】

（1）启动 Visual Studio 2019，在已创建的 Capter7 解决方案中添加 Project5 的 Windows 项目。

（2）界面设计。

在项目 Project5 的 Form1 窗体上设计 4 个 Label 标签对象、4 个 TextBox 文本框对象、2 个 Button 按钮对象。各控件对象的属性、属性值设置如表 7.6 所示。

表 7.6　各控件对象的属性、属性值

控件	属性	属性值	控件	属性	属性值
Label1	Text	城市	TextBox1	Name	txtCity
Label2	Text	天气情况	TextBox2	Name	txtWheather
Label3	Text	摄氏温度	TextBox3	Name	txtMin
Label4	Text	—	TextBox4	Name	txtMax
Button1	Name	btnOk	Button2	Name	btnCancel
	Text	确定		Text	取消

(3) 后台代码设计。

在 Project5 项目的窗体界面上单击"确定"按钮，系统自动为"确定"按钮添加 btnOk_Click 事件。在该事件中设计的代码如下。

```csharp
namespace Project5
{
    public partial class Form1 : Form
    {
        public Form1()
        {
            InitializeComponent();
        }

        private void btnOk_Click(object sender, EventArgs e)
        {
            //定义文件流变量
            FileStream filestream = null;
            try
            {
                //获取前台文本框值
                string city = txtCity.Text;
                string mess = txtWeather.Text;
                double min = Convert.ToDouble(txtMin.Text);
                double max = Convert.ToDouble(txtMax.Text);
                //定义文件路径
                string path = "E:\\weather.txt";
                //将文本框内容组成一个字符串
                string message = city + ":" + mess + ":" + min + "-" + max;
                //创建文件流 Filestream 类对象
                filestream = new FileStream(path, FileMode.OpenOrCreate);
                //将字符串转换为字节数组
                byte[] bytes = Encoding.UTF8.GetBytes(message);
                //向文件中写入字节数组
                filestream.Write(bytes, 0, bytes.Length);
                //刷新缓冲区
                filestream.Flush();
                //弹出录入成功的消息框
                MessageBox.Show("天气信息录入成功！");
            }
            catch(Exception ex)
            {
                MessageBox.Show("出现错误" + ex.Message);
            }
            finally
            {
                if (filestream != null)
                {
                    //关闭文件流
                    filestream.Close();
                }
            }
```

```
                }
            }
    }
```

(4) 编译运行。

单击工具栏中的"全部保存"按钮,右击 Project5,执行"生成"│"重新生成"命令,观察"输出"信息窗口,若没有语法错误,则单击工具栏中的"启动"按钮运行程序。程序运行效果如图 7.7 所示。

【结果分析】

在运行程序时,若在"摄氏温度"的最小到最大文本框中输入的是非数值字符,则程序运行会抛出异常信息,"出现错误输入字符串的格式不正确",说明程序运行过程中捕捉到异常,执行 catch语句,程序运行效果如图 7.8 所示。

图 7.8　实例抛出异常

7.3　自定义异常

虽然在系统中已经提供了很多异常处理类,但在实际编程中还是会遇到未涉及的一些异常处理。例如,想将数据的验证放置到异常处理中,即判断中学生的年龄必须为 12~25 岁,此时需用户自己定义异常类来实现。自定义异常类必须继承 Exception 类。

定义异常类的具体语法格式如下。

```
class   异常类名  :Exception
{
}
```

抛出自己的异常语句是 throw,具体语法格式如下。

```
throw(异常类名);
```

【例题 7.6】设计一个 Windows 程序,实现功能:在文本框中输入一整数,通过自定义异常类实现对文本框整数的范围判断,分别弹出输入的整数在范围内和不在范围内的消息,程序运行效果如图 7.9 所示。

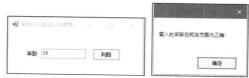

图 7.9　实例 7.6 程序运行效果

【实现步骤】

(1) 启动 Visual Studio 2019,在已创建的 Capter7 解决方案中添加 Project6 的 Windows 项目。

(2) 界面设计。

在项目 Project6 的 Form1 窗体上。各控件对象的属性、属性值设置如表 7.7 所示。

表 7.7　各控件对象的属性、属性值

控件	属性	属性值
Label1	Text	年龄
TextBox1	Name	txtAge
Button1	Name	btnJudge
	Text	判断

(3) 后台代码设计。

在 Project6 项目中添加自定义异常 MyException 类，该类继承 Exception，且在自定义异常类中仅实现构造函数，设计代码如下。

```
namespace Project6
{
    class MyException:Exception
    {
        public MyException(string message)
            : base(message)
        {

        }
    }
}
```

在 Project6 项目的窗体界面上设计"判断"按钮的单击事件，根据输入的年龄判断是否抛出自定义异常，设计代码如下。

```
namespace Project6
{
    public partial class Form1 : Form
    {
        public Form1()
        {
            InitializeComponent();
        }

        private void btnJudge_Click(object sender, EventArgs e)
        {
            try
            {
                int age = int.Parse(txtAge.Text);
                if (age <= 12 || age > 25)
                {
                    throw new MyException("年龄必须在 12～25 岁之间！");
                }
                else
                {
                    MessageBox.Show("输入的年龄在规定范围内正确！");
```

```
            }
        }
    catch (MyException myException)
    {
        MessageBox.Show(myException.Message);
    }
    catch (Exception ex)
    {
        MessageBox.Show(ex.Message);
    }
        }
    }
}
```

(4) 编译运行。

单击工具栏中的"全部保存"按钮，右击 Project6，执行"生成"|"重新生成"命令，观察"输出"信息窗口，若没有语法错误，则单击工具栏中的"启动"按钮运行程序。程序运行效果如图 7.9 所示。

【结果分析】

运行程序后，在文本框中输入的年龄不在 12～25 岁之间，即抛出自定义异常，自定义异常也继承 Exception 类，因此如果不直接处理 MyException 异常，也可直接使用 Exception 类来处理该异常。

7.4　调试

调试是指编写完源程序保存后，采用调试语句在输出窗口输出程序运行过程中的具体信息。调试程序是观察参数或表达式的变化情况所运用的方法，如设置断点、逐语句、逐过程等。

7.4.1　常用的调试语句

在 C#语言中允许在程序运行时输出程序的调试信息，类似于使用 Console.WriteLine 的方式向控制台输出信息。调试信息是程序员在程序运行时需要获取的程序运行的过程，以便程序员更好地解决程序中出现的问题，这种调试称为非中断调试。输出调试信息的类保存在 System.Diagnostics 命名空间中，通常用 Debug 类或 Trace 类实现调试时输出调试信息，具体的语法格式如下。

```
Debug.WriteLine();
Trace.WriteLine();
```

其中：Debug.WriteLine()是在调试模式下使用的；Trace.WriteLine()除了可以在调试模式下使用，还可以用于发布的程序中。

【例题 7.7】设计一个 Windows 程序，实现功能：创建一个整型数组 num，在数组中存入从窗体文本框中输入的数，运用 Debug 类的方法输出每次存入整数的信息及存放完成的信息。

【实现步骤】

(1) 启动 Visual Studio 2019，在已创建的 Capter7 解决方案中添加 Project7 的 Windows 项目。

(2) 界面设计。

在项目 Project7 的 Form1 窗体上设计 2 个 Label 标签对象、1 个 TextBox 文本框对象、2 个 Button 按钮对象。各控件对象的属性、属性值设置如表 7.8 所示。

表 7.8　各控件对象的属性、属性值

控件	属性	属性值	控件	属性	属性值
Label1	Text	输入整数	TextBox1	Name	txtNumber
Label2	Name	lblShow	Button1	Name	btnAdd
	AutoSize	False		Text	添加
	BorderStyle	Fixed3D	Button2	Name	btnDisplay
	Text	null		Text	显示

(3) 后台代码设计。

在项目 Project7 窗体界面上的[添加][显示]单击事件外定义一个整型数组,设计[添加][显示]的 Click 事件代码如下。

```
namespace Project7
{
    public partial class Form1 : Form
    {
        public Form1()
        {
            InitializeComponent();
        }
        //定义一个整型数据数组
        int[] num = new int[5];
        static int index;
        private void btnAdd_Click(object sender, EventArgs e)
        {
            if (index < num.Length)
            {
                Debug.WriteLine("开始向数组中存入数据!");
                num[index] = Convert.ToInt32(txtNumber.Text);
                Debug.WriteLine("存入的第{0}个值为{1}", index, num[index]);
                index++;
            }
            else
            {
                Debug.WriteLine("向数组中存入数据结束!");
            }
        }
        private void btnDisplay_Click(object sender, EventArgs e)
        {
            lblShow.Text += "数组中的元素是:\n";
            for (int i = 0; i < num.Length; i++)
            {
                lblShow.Text += string.Format("{0} ", num[i]);
            }
```

```
            }
        }
    }
```

(4) 编译运行。

单击工具栏中的"全部保存"按钮，右击 Project7，执行"生成"|"重新生成"命令，观察"输出"信息窗口，若没有语法错误，则单击工具栏中的"启动"按钮运行程序，调出"输出"窗口，在"输出"窗口的"显示输出来源"中选择"调试"。在窗体界面文本框中输入一个整数，单击"添加"按钮，则在输出窗口中显示 Debug 类 WriteLine 语句的信息。在输出窗口中显示 Debug 类的信息，如图 7.10 所示。

程序运行效果如图 7.11 所示。

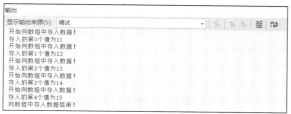

图 7.10　Debug 类输出的效果

图 7.11　实例 7.7 程序运行效果

7.4.2　调试程序

调试是指在 Visual Studio 2019 中调试程序，主要有设置断点、监控断点、逐语句、逐过程，使用一些辅助窗口来调试程序。

1. 设置断点

断点是程序自动进入中断模式的标记，也就是当程序运行到此处时自动中断。在断点所在行的前面用红色圆圈标记，设置标记时直接单击需要设置断点的行的前面灰色区域即可，或者直接按键盘上的 F9 键。

2. 管理断点

在断点设置完成后，右击断点圆圈，在弹出的菜单中选择进行[删除断点][禁用断点][编辑标签][导出]等操作。

删除断点操作是取消当前断点，也可再次单击断点的红色圆圈取消。禁用断点操作是指暂时跳过断点，将该断点设置为禁用状态。编辑标签操作是为断点设置名称。导出操作是将断点信息导出到一个 XML 文件中保存。

3. 程序调试过程

在设置好断点后，调试程序可以直接按 F5 键，或者执行菜单中的"调试"|"启动调试"命令。在调试程序过程中，可以直接使用工具栏上的调试快捷键按钮"启动"。

按 F11 键可以逐语句运行，也可以执行"调试"|"逐语句"命令；按 F10 键可以逐过程，也可以执行"调试"|"逐过程"命令；按 Shift+F11 组合键可以跳出程序的调试状态，并结束整个程序。

4. 监视器

在调试程序的过程中经常需要知道某些变量的值在运行过程中发生的变化，以便发现其在何时发生错误。将程序中的变量或某个表达式放入监视器中即可监视其状态。在一个监视器中可以设置多个需要监视的变量或表达式。对于监视器中不需要再监视的变量，可以右击该变量，在弹出的右键菜单中选择"删除监视"命令。

5. 快速监视

在调试过程中，如果需要变量或表达式的值也可以使用快速监视。一般情况下，快速监视用于查看变量当前值的状态，与直接加入监视不同的是，快速监视一次只能监视一个变量。此外，在"快速监视"对话框处于打开状态时程序是无法继续调试的，如果需要继续监视"快速监视"对话框中的变量，可以单击"添加监视"按钮将当前监视的变量加入监视器界面中。

6. 即时窗口

在调试程序时，如果需要对变量或表达式做相关运算，在即时窗口中都可以实现，并且显示当前状态下变量或表达式的值。在调试程序时可以使用"调试"菜单中的"窗口"命令执行"即时"命令。

习题 7

填空题

(1) .NET Framework 类库中的所有异常都派生于_____类。所有系统异常派生于_____类，所有应用程序异常派生于_____类。

(2) 异常处理语句 try…catch…finally，其中在 try 语句存放最容易出现异常的语句系列，而 catch 语句中执行错误信息提示，且 catch 语句可以有多个，但在执行时_____被执行，finally 语句中不能用_____语句。

(3) 用户自定义的异常类必须继承_____类，自定义异常类的格式是_____，抛出自己的异常语句是_____。

(4) 断点是程序_____，也就是当程序运行到此处时自动中断。

⊗ 第8章 ⊗

委托和事件

C#语言中的委托和事件是其一大特色，委托和事件在 Windows 窗体应用程序、ASP.NET 应用程序、WPF 应用程序等应用中极为普遍。通过定义委托和事件可以方便方法重用，提高程序的编写效率。

8.1 委托

委托的字面含义是代理，在 C#语言中，委托则是委托某个方法来实现具体的功能。委托是一种引用类型，委托定义与方法定义基本相似，但不能称其为方法。委托在使用时遵循 3 个原则，即定义声明委托、实例化委托、调用委托。

委托是 C#语言中的一大特色，通常将委托分为命名委托、多播委托、匿名委托，其中命名委托是使用最多的一种委托。

8.1.1 命名方法委托

命名委托是最常用的一种委托，其具体定义的语法格式如下。

修饰符　**delegate** 返回值类型　委托名(参数列表);

从委托定义格式中可以看出，委托定义与方法定义基本相似，例如，定义一个带参数的委托如下。

public **delegate** string MyDelegate(string myName);

定义好委托后，可实例化委托，命名方法委托在实例化委托时必须带入方法的具体名称，实例化委托的具体语法格式如下。

委托名　委托对象名　=new　委托名(方法名);

例如：

MyDelegate　mydelegate=new MyDelegate (Add);

上述程序中实例化委托对象为 mydeleagte，Add 是方法名。

委托中传递的方法可以是：静态方法名；实例方法名。需要注意的是，在委托中所写的方法名必须与委托定义时的返回值类型和参数列表相同。

实例化委托后，即可调用委托，调用委托的具体语法格式如下。

委托对象名(参数列表);

说明：参数列表中传递的参数与委托定义的参数列表必须相同。

【例题 8.1】设计一个 Windows 程序，实现功能：创建委托，在委托中传入静态方法并将学生信息，如学号、姓名、专业在窗体的动态标签处显示，程序运行效果如图 8.1 所示。

图 8.1 例题 8.1 程序运行效果

【实现步骤】

(1) 启动 Visual Studio 2019，在已创建的 Capter8_委托和事件解决方案中添加 Project1_委托输出学生信息的 Windows 项目。

(2) 界面设计。

在项目 Project1 的 Form1 窗体上设计 4 个 Label 标签对象、3 个 TextBox 文本框对象、1 个 Button 单击按钮对象。各控件对象的属性、属性值设置如表 8.1 所示。

表 8.1 各控件对象的属性、属性值

控件	属性	属性值	控件	属性	属性值
Label1	Text	学号	TextBox1	Name	txtStuNo
Label2	Text	姓名	TextBox2	Name	txtStuName
Label3	Text	专业	TextBox3	Name	txtStuSpec
Label4	Text	NULL	Button1	Name	btnDisplay
	Name	lblShow		Text	显示
	AutoSize	False	—		
	BorderStyle	Fixed3D			

(3) 后台代码设计。

在项目 Project1_委托输出学生信息项目中添加学生 Student 类，在该类中分别定义学生学号、姓名、专业信息字段、属性封装字段，构造函数初始化字段，输出学生信息方法，设计代码如下。

```
namespace Project1
{
    class Student
    {
        //1. 定义学生信息的字段
        private string stuNo;
        private string stuName;
        private string stuSpec;
        //2. 属性封装字段
        public string StuNo
        {
            get { return stuNo; }
            set { value = stuNo; }
```

```
        }
        public string StuName
        {
            get { return stuName; }
            set { value = stuName; }
        }
        public string StuSpec
        {
            get { return stuSpec; }
            set { value = stuSpec; }
        }
        //3. 构造函数初始字段值
        public Student(string No, string Name, string Spec)
        {
            this.stuNo = No;
            this.stuName = Name;
            this.stuSpec = Spec;
        }
        //4. 输出学生信息的方法
        public string GetStudentMessage()
        {
            return string.Format("学生的基本信息如下 ：\n 学号：{0}\n 姓名：{1}\n 专业：{2}", stuNo,
                            stuName, stuSpec);
        }
    }
}
```

在项目 Project1_委托输出学生信息的窗体界面上设计"显示"按钮的单击事件，在"显示"按钮事件外定义委托 MyStudent，其返回值为字符串，在"显示"单击事件中创建委托实例 mydelegate，并调用学生对象的方法，调用委托的结果在动态标签处显示，设计代码如下。

```
namespace Project1
{
    public partial class Form1 : Form
    {
        public Form1()
        {
            InitializeComponent();
        }
        //创建委托 MyStudent
        public delegate string MyStudent();
        private void btnDisplay_Click(object sender, EventArgs e)
        {
        Student stu=new Student (txtStuNo .Text ,txtStuName .Text ,txtStuSpec .Text );
        //实例化委托对象
        MyStudent mydelegate = new MyStudent(stu.GetStudentMessage);
        //调用委托
        lblShow.Text = mydelegate();
        }
    }
}
```

(4) 编译运行。

单击工具栏中的"全部保存"按钮,右击 Project1,执行"生成"|"重新生成"命令,观察"输出"信息窗口,若没有语法错误,则单击工具栏中的"启动"按钮运行程序。程序运行效果如图 8.1 所示。

【结果分析】

在 Form1 类中创建委托 MyStudent,在"显示"按钮的单击事件中实例化委托对象并调用委托。向委托中传递方法名是需要创建 Student 类对象的实例方法。

由于委托中使用的是实例方法,所以需要通过类的实例来调用方法;若使用的是静态方法,则向委托中传递方法名时需要用"类名.方法名"的静态方法形式。

【例题 8.2】设计一个 Windows 程序,实现功能:运用委托技术完成图书管理系统的图书添加成功信息和按图书价格排序信息,并在窗体的动态标签处显示,程序运行效果如图 8.2 所示。

图 8.2 实例 8.2 程序运行效果

【实现步骤】

(1) 启动 Visual Studio 2019,在已创建的 Capter8_委托和事件解决方案中添加 Project2 的 Windows 项目。

(2) 界面设计。

在项目 Project2 的 Form1 窗体上设计 3 个 Label 标签对象、2 个 TextBox 文本框对象、2 个 Button 单击按钮对象。各控件对象的属性、属性值设置如表 8.2 所示。

表 8.2 各控件对象的属性、属性值

控件	属性	属性值	控件	属性	属性值
Label1	Text	书名	TextBox1	Name	txtBookName
Label2	Text	价格	TextBox2	Name	txtBookPrice
Label3	Text	NULL	Button1	Name	btnSort
	Name	lblShow		Text	排序
	AutoSize	False	Button2	Name	btnAdd
	BorderStyle	Fixed3D		Text	添加

(3) 后台代码设计。

在项目 Project2 中添加图书 Book 类,图书 Book 类需要继承比较器接口 IComparable。在 Book 类中定义图书信息字段、属性封装字段、构造函数初始化字段、运用比较器实现图书价格比较的排序方法、输出图书信息的方法,设计代码如下。

```
namespace Project2
{
    public class Book:IComparable <Book >
    {
        //1. 定义图书的信息字段
        private string bookName;
```

```
        private double    bookPrice;
        //2. 属性封装字段
        public string BookName
        {
                get { return bookName; }
                set { value = bookName; }
        }
        public double BookPrice
        {
                get { return bookPrice; }
                set { value = bookPrice; }
        }
        //3. 构造函数初始化字段
        public Book(string name, double price)
        {
                this.bookName = name;
                this.bookPrice = price;
        }
        //4. 运用比较器方法对价格进行比较
        public int CompareTo(Book other)
        {
                return Convert .ToInt32 ((this.bookPrice - other.bookPrice));
        }
        //5. 返回图书信息的价格的方法
        public string GetBookMessage()
        {
                return string.Format("图书名：{0} 价格：{1}", bookName, bookPrice);
        }
        //6. 图书信息静态排序方法 BookSort()
        public static void BookSort(Book[] books)
        {
                Array.Sort(books);
        }
    }
}
```

在项目窗体界面上分别设计"添加""排序"按钮的单击事件。在"添加""排序"按钮的单击事件外，创建对图书信息按价格排序的委托 BookDelegate，其中委托参数是图书数组。在"排序"按钮单击事件中实例化委托对象、调用委托、遍历图书数组元素，按价格排序输出图书信息。在"添加"按钮单击事件中实现将文本框输入的图书信息添加到图书数组中，设计代码如下。

```
namespace Project2
{
    public partial class Form1 : Form
    {
        public Form1()
        {
                InitializeComponent();
        }
        //定义对图书信息排序的委托
        public delegate void BookDelegate( Book[] books);
```

```
//定义图书数组存放图书
Book[] books = new Book[3];
static int index;
private void btnSort_Click(object sender, EventArgs e)
{
    //实例化委托对象 bookgate，调用静态方法
    BookDelegate bookgate = new BookDelegate(Book.BookSort);
    //调用委托
    bookgate(books);
    //遍历图书数组元素按价格排序
    lblShow.Text += "\n 按价格排序的图书信息：\n";
    foreach (Book bk in books)
    {
        lblShow.Text += string.Format("{0}\n", bk.GetBookMessage ());
    }

}
private void btnAdd_Click(object sender, EventArgs e)
{
    if (index<books.Length)
    {
      books[index] = new Book(txtBookName.Text, Convert.ToDouble(txtBookPrice.Text));
        lblShow .Text += books[index].GetBookMessage()+"\n";
        index++;
    }
    else
    {
        lblShow.Text += string.Format("图书添加已满！\n");
    }
  }
 }
}
```

(4) 编译运行。

单击工具栏中的"全部保存"按钮，右击 Project2，执行"生成"|"重新生成"命令，观察"输出"信息窗口，若没有语法错误，则单击工具栏中的"启动"按钮运行程序。程序运行效果如图 8.2所示。

【结果分析】

从程序运行效果可以看出，通过委托调用的图书排序方法(BookSort)按照图书价格排序。但要注意，由于Book[]数组是引用类型，因此通过委托调用后其值也发生了相应的变化，即 Book[]数组中的值已经是完成了排序后的结果。

8.1.2 多播委托

多播委托是指在一个委托中注册多个方法，在注册方法时可以在委托中使用"+"连接符或者"−"连接符实现添加或撤销方法。具体地说，在 C#中使用一个委托对象来同时调用多个方法，当向委托对象注册多个指向其他方法的引用时，这些引用将被存储在委托的调用列表中，这就是多播委托。

【例题 8.3】设计一个 Windows 程序，实现功能：运用多播委托技术实现，求在窗体文本框中输入的任意两个整数进行加、减、乘、除的运算，运算结果在相应的文本框中显示，程序运行效果如图 8.3 所示。

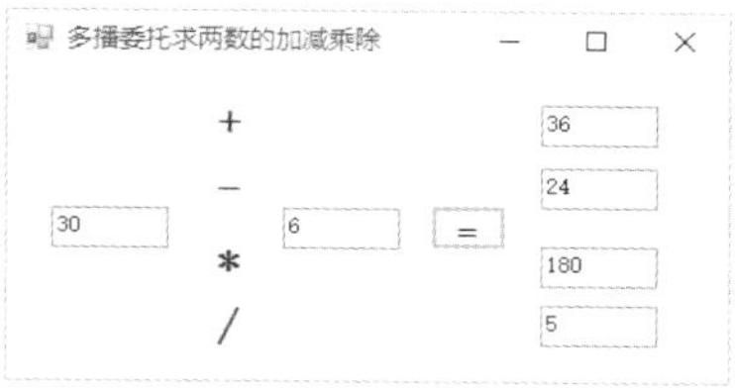

图 8.3　例题 8.3 程序运行效果

【实现步骤】

(1) 启动 Visual Studio 2019，在已创建的 Capter8_委托和事件解决方案中添加 Project3 的 Windows 项目。

(2) 界面设计。

在项目 Project3 的 Form1 窗体上设计 4 个 Label 标签对象，分别是+、-、*、/运算符；6 个 TextBox 对象，分别是第 1 个数、第 2 个数、加运算结果、减运算结果、乘运算结果、除运算结果；1 个 Button 单击计算按钮对象。各控件对象的属性、属性值设置如表 8.3 所示。

表 8.3　各控件对象的属性、属性值

控件	属性	属性值	控件	属性	属性值
Label1	Text	+	TextBox1	Name	txtNumber1
Label2	Text	-	TextBox2	Name	txtNumber2
Label3	Text	*	TextBox3	Name	txtAddResult
Label4	Text	/	TextBox4	Name	txtSubResult
Button1	Text	=	TextBox5	Name	txtMulResult
	Name	btnCalculate	TextBox6	Name	txtDivResult

(3) 后台代码设计。

单击 Project3 窗体界面的 "=" 按钮，进入 "=" 按钮的 btnCalculate_Click 单击事件源码编辑区中，首先在 btnCalculate_Click 事件外分别定义加、减、乘、除 4 个方法，每个方法的计算结果赋给相应文本框，创建一个委托 Calculate，定义一个委托变量 Result；其次在 btnCalculate_Click 的单击事件中，定义两个变量用于接收前台文本框输入的两个整数，创建委托对象同时封装方法，注册多个方法，通过委托对象调用方法。设计代码如下。

```
namespace Project3
{
    public partial class Form1 : Form
    {
        public Form1()
        {
            InitializeComponent();
        }
        //分别定义加减乘除方法，参数为整数类型
        public void  GetAdd(int x, int y)
        {
            txtAddResult .Text = (x + y).ToString();
        }
        public void  GetSub(int x, int y)
        {
            txtSubResult.Text = (x - y).ToString();
```

```
        }
        public void    GetMul(int x, int y)
        {
            txtMulResult.Text = (x *y).ToString();
        }
        public void GetDiv(int x, int y)
        {
            txtDivResult .Text = (x / y).ToString();
        }
        //定义一个计算委托 Calculate，用委托声明变量 Result
        public delegate void Calculate(int x,int y);
        public    Calculate Result;
        private void btnCalculate_Click(object sender, EventArgs e)
        {
            int num1 = Convert.ToInt32(txtNumber1.Text);
            int num2 = Convert.ToInt32(txtNumber2.Text);
            Result = new Calculate(GetAdd);        //创建委托对象同时封装方法
            Result += new Calculate(GetAdd);       //注册多个方法，实现多播委托
            Result += new Calculate(GetSub);
            Result += new Calculate(GetMul);
            Result += new Calculate(GetDiv);
            Result(num1, num2);                    //通过委托对象调用方法
        }
    }
}
```

(4) 编译运行。

单击工具栏中的"全部保存"按钮，右击 Project3，执行"生成"|"重新生成"命令，观察"输出"信息窗口，若没有语法错误，则单击工具栏中的"启动"按钮运行程序，程序运行效果如图 8.3 所示。

【结果分析】

使用多播委托注册加、减、乘、除 4 个方法，执行 Result(num1, num2);语句时，将按注册方法的先后顺序执行加、减、乘、除 4 个方法。

8.1.3 匿名委托

匿名委托是指使用匿名方法注册在委托上，其实质是在委托中通过定义代码块实现委托的作用，具体语法格式如下。

```
//1. 定义委托
修饰符 delegate 返回值类型  委托名(参数列表);
//2. 定义匿名委托
委托名  委托对象名=delegate
{
    //代码块
};
//3. 调用匿名委托
委托对象名(参数列表);
```

例如：声明一个无返回值且参数类型为整数的委托类型 Mydelegate，然后使用匿名方法 Method(int num){}来创建委托类型的对象 mygate 的代码如下。

```
//定义一个委托类型 Mydelegate
delegate void Mydelegate(int x);
//用匿名方法 Method()来创建委托对象 mygate
Mydelegate mygate(int num);{ /*  直接写委托所调用的方法的代码*/ };
```

【例题 8.4】设计一个 Windows 程序，实现功能：运用委托技术实现电商平台中顾客订购商品信息，并在窗体动态标签处显示，程序运行效果如图 8.4 所示。

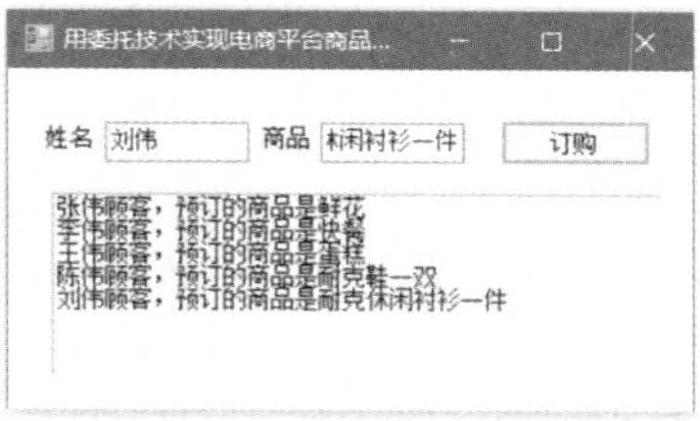

【实现步骤】

(1) 启动 Visual Studio 2019，在已创建的 Capter8_委托和事件解决方案中添加 Project4 的 Windows 项目。

(2) 界面设计。

图 8.4　例题 8.4 程序运行效果

在项目 Project4 的 Form1 窗体上设计 3 个 Label 标签对象、2 个 TextBox 文本框对象、1 个 Button 单击按钮对象。各控件对象的属性、属性值设置如表 8.4 所示。

表 8.4　各控件对象的属性、属性值

控件	属性	属性值	控件	属性	属性值
Label1	Text	姓名	TextBox1	Name	txtBookName
Label2	Text	商品	TextBox2	Name	txtCommotdity
Label3	Text	NULL	Button1	Name	btnOrder
	Name	lblShow		Text	订购
	AutoSize	False	—		
	BorderStyle	Fixed3D			

(3) 后台代码设计。

在项目 Project4 中添加顾客类 Customer，在该类中定义顾客姓名、订购商品两个私有段，属性封装字段，构造函数初始化字段，定义顾客选购商品的信息方法，设计的顾客类代码如下。

```
namespace Project4
{
    public class Customer //定义一个顾客类，实现商品的购买，在该类中定义顾客姓名、订购的商品
    {
        private string name;        //顾客
        private string commodity; //商品
        //属性封装字段
        public string Name
        {
            get;
            set;
```

```
        }
        public string Commodity
        {
            get;
            set;
        }
        //初始化字段
        public Customer(string myname, string mycommodity)
        {
            this.name = myname;
            this.commodity = mycommodity;
        }
        //定义顾客姓名及订购商品信息的方法
        public string GetCustomerCommodity()
        {
            return string.Format("{0}顾客，预订的商品是{1}", name, commodity);
        }
    }
}
```

在项目 Project4 窗体的"订购"单击事件外，定义购买商品的委托 Ordergate，在"订购"的单击事件中创建客户对象 cusPerson，实例化委托对象 orderCommodity，调用委托将信息在动态标签处显示，设计代码如下。

```
namespace Project4
{
    public partial class Form1 : Form
    {
        public Form1()
        {
            InitializeComponent();
        }

        //定义购买商品的委托
        public delegate string Ordergate();
        private void btnOrder_Click(object sender, EventArgs e)//订购事件
        {
            //实例化客户对象
            Customer cusPerson = new Customer(txtName.Text, txtCommodity.Text);
            //实例化委托对象并封装实例方法
            Ordergate orderCommodity = new Ordergate(cusPerson.GetCustomerCommodity);
            //调用委托
            lblShow .Text += orderCommodity()+"\n";
        }
    }
}
```

(4) 编译运行。

单击工具栏中的"全部保存"按钮，右击 Project4，执行"生成"|"重新生成"命令，观察"输出"信息窗口，若没有语法错误，则单击工具栏中的"启动"按钮运行程序，程序运行效果如图 8.4 所示。

【例题 8.5】设计一个 Windows 程序，实现功能：运用匿名委托技术求圆的面积并将结果在动态标签处显示，程序运行效果如图 8.5 所示。

图 8.5 例题 8.5 程序运行效果

【操作步骤】

(1) 启动 Visual Studio 2019，在已创建的 Capter8_委托和事件解决方案中添加 Project5 的 Windows 项目。

(2) 界面设计。

在项目 Project5 的 Form1 窗体上设计 2 个 Label 标签对象、1 个 TextBox 文本框对象、1 个 Button 单击按钮对象。各控件对象的属性、属性值设置如表 8.5 所示。

表 8.5 各控件对象的属性、属性值

控件	属性	属性值	控件	属性	属性值
Label1	Text	半径	TextBox1	Name	txtRadius
Label2	Text	NULL	Button1	Name	btnCalculate
	Name	lblShow		Text	计算
	AutoSize	False		—	
	BorderStyle	Fixed3D			

(3) 后台代码设计。

在项目 Project5 的窗体"计算"按钮的单击事件中运用匿名委托实现圆的面积计算并将结果在动态标签处显示，设计代码如下。

```
namespace Project5
{
    public partial class Form1 : Form
    {
        public Form1()
        {
            InitializeComponent();
        }
        //定义求圆面积的委托
        public delegate void circularAear(double radius);
        private void btnCalculate_Click(object sender, EventArgs e)
        {
            double r = Convert.ToDouble(txtRadius.Text);
            //定义求圆面积的匿名委托
            circularAear circulargate = delegate
            {
            lblShow.Text = string.Format("圆的半径是：{0},面积是：{1}", r, r * r * 3.14);
            };
            //调用匿名委托
            circulargate(r);
        }
    }
}
```

（4）编译运行。

单击工具栏中的"全部保存"按钮，右击Project5，执行"生成"|"重新生成"命令，观察"输出"信息窗口，若没有语法错误，则单击工具栏中的"启动"按钮运行程序，程序运行效果如图8.5所示。

8.2 事件

无论是企业中使用的大型应用软件，还是手机中安装的一个APP都与事件有着密不可分的关系。例如，学生登录学校教务系统查看自己的成绩，需要输入用户名和密码，再单击"登录"按钮进入系统，此时单击"登录"按钮的动作会触发一个按钮的单击事件，完成并执行相应的代码实现登录功能。在C#语言中，Windows应用程序、ASP.NET网站开发等类型的程序都离不开事件的应用。

事件是一种引用类型，实际上也是一种特殊的委托。通常，每一个事件的发生都会产生发送方和接收方，发送方是指引发事件的对象，接收方是指获取、处理事件的对象。事件要与委托一起使用，事件定义的语法形式如下。

```
访问修饰符 event 委托名 事件名;
```

说明：由于在事件中使用了委托，因此需要在定义事件前先定义委托，在定义事件后需要定义事件所使用的方法，并通过事件来调用委托。

【例题8.6】设计一个Windows程序，实现功能：运用事件技术，在窗体的动态标签处输出"我喜欢C#语言程序设计！"信息，程序运行效果如图8.6所示。

【实现步骤】

（1）启动Visual Studio 2019，在已创建的Capter8_委托和事件解决方案中添加Project6的Windows项目。

（2）界面设计。

图8.6　例题8.6程序运行效果

在项目Project6的Form1窗体上设计1个Label标签对象。Label标签控件对象的属性、属性值设置如表8.6所示。

表8.6　Label标签控件对象的属性、属性值

控件	属性	属性值
Label1	Text	NULL
	Name	lblShow
	AutoSize	False
	BorderStyle	Fixed3D

（3）后台代码设计。

在Project6项目的窗体加载事件外，定义委托SayDelegate，定义事件SayEvent，定义委托中调用方法GetMessage()，创建触发事件的方法GetMessageEvent()，在加载事件中创建Form1实例对象，

使用委托指向处理方法，调用触发事件的方法，设计代码如下所示。

```
namespace Project6
{
    public partial class Form1 : Form
    {
        public Form1()
        {
            InitializeComponent();
        }
        //定义委托 SayDelegate
        public delegate string SayDelegate();
        //定义事件
        public event SayDelegate SayEvent;
        //定义委托中调用方法
        public string GetMessage()
        {
            return    string.Format("我喜欢 C#语言程序设计！");
        }
        //创建触发事件的方法
        public string GetMessageEvent()
        {
            //触发事件，必须与事件是同名的方法
            return    SayEvent();
        }
        private void Form1_Load(object sender, EventArgs e)
        {
            //创建 Form1 类的实例
            Form1 fm = new Form1();
            //实例化事件，使用委托指向处理方法
            fm.SayEvent = new SayDelegate(fm.GetMessage);
            //调用触发事件的方法
            lblShow .Text = "\n"+fm.GetMessageEvent();
        }
    }
}
```

(4) 编译运行。

单击工具栏中的"全部保存"按钮，右击 Project6，执行"生成"｜"重新生成"命令，观察"输出"信息窗口，若没有语法错误，则单击工具栏中的"启动"按钮运行程序，程序运行效果如图 8.6 所示。

图 8.7 例题 8.7 程序运行效果

【例题 8.7】设计一个 Windows 程序，实现功能：运用事件驱动模型模拟温度预警，程序运行效果如图 8.7 所示。

要求如下：

(1) 当监控到温度小于 35 摄氏度时，在窗体标签 lblShow 处显示"正常"，在窗体标签 lblColor 处显示背景"蓝色"。

(2) 当监控到温度大于 35 摄氏度并且小于 37 摄氏度时，在窗体标签 lblShow 处显示"高温黄色预警!",在窗体标签 lblColor 处显示背景"黄色"。

(3) 当监控到温度大于 37 摄氏度并且小于 40 摄氏度时,在窗体标签 lblShow 处显示"高温橙色预警!",在窗体标签 lblColor 处显示背景"橙色"。

(4) 当监控到温度大于 40 摄氏度时,在窗体标签 lblShow 处显示"高温红色预警!",在窗体标签 lblColor 处显示背景"红色"。

【实现步骤】

(1) 启动 Visual Studio 2019,在已创建的 Capter8_委托和事件解决方案中添加 Project7 的 Windows 项目。

(2) 界面设计。

在项目 Project7 的 Form1 窗体上设计 3 个 Label 标签对象、1 个 TextBox 文本框对象、1 个 Button 单击按钮对象、1 个 Timer 定时器控件。各控件对象的属性、属性值设置如表 8.7 所示。

表 8.7 各控件对象的属性、属性值

控件	属性	属性值	控件	属性	属性值
Label1	Text	温度	Label2	Text	lblShow
Label3	Text	NULL	Timer1	Interval	1000
	Name	lblColor	TextBox1	Name	txtTemp
	AutoSize	False	Button1	Name	btnMonitor
	BorderStyle	Fixed3D		Text	监控

(3) 后台代码设计。

在项目 Project7 中添加定义温度事件信息 TemperatureEventArgs 类并继承事件 EventArgs 类。在该类中定义一个温度字段 temperature 变量,属性封装字段变量,构造函数初始化字段变量。设计代码如下。

```
namespace Project7
{
    //定义温度事件信息类并继承 EvrntArgs
    public class TemperatureEventArgs:EventArgs
    {
        private int temperature;   //定义温度变量
        //构造函数初始化温度值
        public TemperatureEventArgs(int myTemperature)
        {
            this.temperature = myTemperature;
        }
        //属性封装字段
        public int Temperature
        {
            get { return temperature; }
            set { temperature = value; }
        }
    }
}
```

在项目 Project7 中添加一个温度报警 TemperatureWarning 类。在该类中定义一个温度预警委托 TemperatureHandler，其中参数分别是 Object 父类 sender，温度事件类型 e；用预警委托类型声明预警事件 Onwarning；监控温度时发送事件 GetMonitor()方法，在方法中创建一个委托实例对象，若判断预警事件不为空，则触发预警事件。设计代码如下。

```
namespace Project7
{
    public class TemperatureWarning    //定义一个温度报警器类
    {
        //声明温度预警委托类型
        public delegate void TemperatureHandler(object sender, TemperatureEventArgs e);
        //声明温度预警事件
        public event TemperatureHandler Onwarning;
        //开始监控温度，同时发送事件
        public void GetMonitor(int temper)
        {
            TemperatureEventArgs e = new TemperatureEventArgs(temper);
            if (Onwarning != null)
            {
                Onwarning(this, e);
            }
        }
    }
}
```

在项目 Project7 的部分 Form1 类中创建温度报警器类对象 tw；在"监控"按钮的单击事件中启动定时计数器，实现每 1 秒钟改变一次温度值；定义事件发生时调用的方法 tw_OnWarning()，在该方法中实现对温度的范围判断并在窗体的 lblShow 标签处显示提示文本信息，在窗体的 lblColor 标签处显示背景颜色；在启动定时计数器事件中创建一个随机类对象，实现在窗体温度文本框中产生一个在-2~2 之间的温度值，通过报警类对象去调用 GetMonitor()方法触发事件。设计代码如下。

```
namespace Project7
{
    public partial class Form1 : Form
    {
        //产生一个随机数生成器
        Random rm = new Random();
        //创建温度报警器对象
        TemperatureWarning tw = new TemperatureWarning();
        public Form1()
        {
            InitializeComponent();
            //接收事件
            tw.Onwarning += new TemperatureWarning.TemperatureHandler(tw_Onwarning );
        }

        private void btnMonitor_Click(object sender, EventArgs e)
        {
            //启动定时器，开始每 1 秒钟改变一次温度
            timer1.Enabled = true;
```

```
        }
        //声明事件产生时调用的方法
        private void tw_Onwarning(object secder, TemperatureEventArgs e)
        {
            if (e.Temperature < 35)
            {
                lblShow.Text = "正常";
                lblColor.BackColor = Color.Blue;
            }
            else if (e.Temperature < 37)
            {
                lblShow.Text = "高温黄色预警！";
                lblColor.BackColor = Color.Yellow ;
            }
            else if(e.Temperature <40)
            {
                lblShow.Text = "高温橙色预警！";
                lblColor.BackColor = Color.Orange ;
            }
            else
            {
                lblShow.Text = "高温红色预警！";
                lblColor.BackColor = Color.Red ;
            }
        }

        private void timer1_Tick(object sender, EventArgs e)
        {
            //每隔1秒钟触发一次该方法，用来模拟温度的改变
            int nowTemp;
            if (txtTemp.Text == " ")
            {
                nowTemp = 35;
            }
            else
            {
                nowTemp = Convert.ToInt32(txtTemp.Text);
            }
            int change = rm.Next(-2, 3); //产生一个在-2～2之间的随机数
            txtTemp.Text = (change + nowTemp).ToString();
            //触发事件
            tw.GetMonitor(change + nowTemp);
        }

    }
}
```

(4) 编译运行。

单击工具栏中的"全部保存"按钮，右击 Project7，执行"生成"|"重新生成"命令，观察"输出"信息窗口，若没有语法错误，则单击工具栏中的"启动"按钮运行程序。程序运行效果如图 8.7 所示。

【结果分析】

运行程序时，首先在温度文本框中输入一温度值，单击"监控"按钮，由设定的定时计数器 1 秒钟随机改变温度文本框的温度值，同时在标签 lblShow 中根据温度值显示相应提示信息，在标签 lblColor 中根据温度值显示相应的背景颜色。

习题 8

填空题

(1) 定义委托的关键字是_____，要求定义委托名为 mydelegate 的完整格式是_____。定义好委托的类似类，则可以实例委托对象。命名方法委托在实例化委托时必须带入方法的具体名称，该方法的返回值类型必须与定义委托返回值类型和_____相同。

(2) 实例化委托对象后，则可调用委托，其格式为：_____。其中，_____与委托定义的参数列表必须相同。

(3) 比较器接口名是_____。

(4) 多播委托指一个委托对象同时_____，且它们存储在委托调用列表中。

(5) 事件是一种引用类型，是一种特殊的委托，每一个事件的发生都会产生发送方和接收方，发送方是_____，接收方是_____，事件定义基本语法格式是_____。

(6) 事件使用的基本过程是：第一_____，第二_____，第三_____，第四_____。

✂ 第 9 章 ✂
Windows窗体应用程序

Windows 应用程序是 C#语言中的一个重要应用，也是 C#语言最常用的应用。使用 C#语言开发的 Windows 应用程序与 Windows 操作系统的界面类似，每个界面都由窗体构成，并且能通过鼠标单击、键盘输入等操作完成相应的功能。本章介绍窗体的属性、事件、方法及在窗体上设计控件的属性、事件和方法及其应用。

一个应用程序除了需要实现应用功能外，必须具有良好的用户界面。C#中，Windows 应用程序的界面是以窗体(Form)为基础，窗体是 Windows 应用程序的基本单元，用来向用户展示信息和接受用户输入信息。

窗口可以是标准窗口、多文档界面(MDI)窗口、对话框的显示界面。在 C#应用程序运行时，一个窗体及其上的其他对象就构成了一个窗口。窗口是基于.NET Framework 的一个对象，通过定义其外观属性、行为方法及与其他对象交互的事件可以使窗体对象满足应用程序的要求。

窗体是一个容器，其他界面元素都可以放置在窗体中。C#中以 Form 类封装窗体。用户设计的窗体都是 Form 类的派生类，在用户窗体中添加其他界面元素的操作实际上就是向派生类中添加私有成员。

在新建一个 Windows 应用程序项目时，C#自动创建一个默认名为 Form1 的 Windows 窗体。Windows 窗体由 4 部分组成，分别是标题栏、控制按钮、边框、窗口区。

9.1　Windows 窗体程序

Windows 窗体程序的实现主要依靠控件，并通过控件的属性、事件来实现窗体的效果。Windows 窗体应用程序的设计与 Windows 操作系统界面非常相似，合理使用 Windows 窗体应用程序提供的控件能设计出符合客户要求、美观、实用的界面。

9.1.1　窗体中的属性

每个 Windows 窗体应用程序都是由若干个窗体构成，Windows 窗体的属性可以决定窗体的外观和行为，其常用的属性有名称(Name)属性、标题(Text)属性、控制菜单属性和影响窗体外观的属性。创建 Windows 窗体应用程序后，选定窗体右击，在弹出的菜单中执行"属性"命令，打开如图 9.1 所示的"属性"面板。

图 9.1 列出的窗体属性分为布局、窗口样式等，合理设置窗体的属性对窗体美观效果会起到事

半功倍的作用。

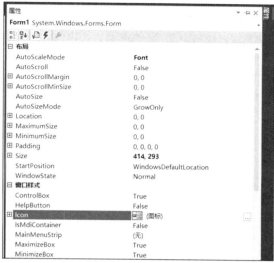

图 9.1　窗体"属性"面板

窗体的常用属性如表 9.1 所示。

表 9.1　窗体的常用属性

属性	功能说明
Name	用来设置或获取窗体的名称
WindowsState	用来设置或获取窗口的状态，取值有 3 种：Normal(正常)、Minimized(最小化)、Maximized(最大化)，默认是 Normal(正常)
StartPostion	用来设置或获取窗体运行时的起始位置，取值有 5 种：Manual(窗体位置由 Location 属性决定)、WindowsDefaultLocation(Windows 默认位置)、CenterScreen(屏幕居中)、WindowsDefaultBounds(Windows 默认位置，边界由 Windows 决定)、CenterParent(在父窗体中居中)
Text	用来设置或获取窗体标题栏中的文字
MaximizedBox	设置或获取窗体标题栏右上角是否有最大化按钮，默认为 true
MinimizedBox	设置或获取窗体标题栏右上角是否有最小化按钮，默认为 true
BackColor	设置窗体的背景颜色
BackgroundImage	设置窗体的背景图片
BackgroundImageLayout	设置窗体背景图片的布局，取值有 5 种：None(图片居左显示)、Tile(图片重复，默认值)、Stretch(拉伸)、Center(居中)、Zoom(按比例放大到合适位置)
Enabled	设置窗体是否可用
Font	设置窗体上的文字的字体
ForeColor	设置窗体上文字的颜色
Icon	设置窗体上显示的图标

9.1.2 窗体中的事件

在窗体中除了可以通过设置窗体属性改变窗体外观外,还提供了事件来方便实现窗体的操作。在 Windows 窗体应用程序中系统已经自定义了一些事件,在窗体[属性]面板中单击"闪电" ⚡ 图标,打开如图 9.2 所示的窗体事件列表。

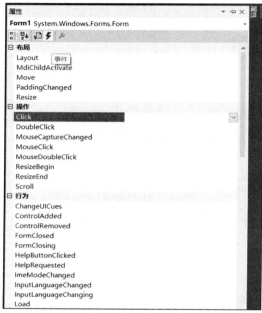

图 9.2　窗体事件列表

窗体中常用的事件如表 9.2 所示。

表 9.2　窗体中常用的事件

事件	功能说明
Load	窗体加载事件,在窗体运行时执行加载事件
MouseClick	鼠标单击事件
MouseDoubleClick	鼠标双击事件
MouseMove	鼠标移动事件
KeyDown	键盘按下事件
KeyUp	键盘释放事件
FormClosing	窗体关闭事件,关闭窗体时发生
FormClose	窗体关闭事件,关闭窗体后发生

9.1.3 窗体中的方法

自定义窗体都继承自 System.Windows.Form,能使用 Form 类中已有的成员,包括属性、事件、方法等。其实窗体也从 System.Windows.Form 类中继承了一些方法。窗体常用的方法如表 9.3 所示。

表 9.3　窗体常用的方法

方法	功能说明
Void Show()	显示窗体
Void Hide()	隐藏窗体
DialogResult ShowDialog	以对话框模式显示窗体
Void CenterToParent()	使用窗体在父窗体边界居中
Void CenterScreen()	使窗体在屏幕上居中
Void Activate()	激活窗体并给予它焦点
Void Close()	关闭窗体

在使用窗体中的方法时，如果是当前窗体，调用方法时直接由 this 关键字来表示当前窗体，其表现形式为 "this.方法名(参数列表)"；如果操作其他窗体，则需要采用实例化窗体对象来实现，其表现形式为 "窗体对象名.方法名(参数列表)"。

9.1.4　创建窗体

在初始创建一个 Windows 应用程序项目时，系统将自动创建一个默认名称为 Form1 的窗体。在开发项目时一个窗体往往不能满足需要，通常需要用到多个窗体。C#提供了多窗体处理能力，在一个项目中可以创建多个窗体。

1. 设置启动窗体

当在应用程序中添加了多个窗体后，默认情况下，应用程序中的第一个窗体被自动指定为启动窗体。在应用程序开始运行时，此窗体会首先显示出来。如果想在应用程序启动时显示其他窗体，则需要将显示的窗体设置为启动窗体。设置方法：在应用程序主入口中修改 Application.Run(new Form1())语句中的 new Form1()为要显示的窗体名。

2. 显示窗体

如果在一个窗体中通过按钮打开另一个窗体，则必须通过调用 Show()方法显示窗体。实现方法：首先创建需要显示窗体的对象，其次调用对象名.方法名实现窗体的显示。例如：

```
Form2 frm2=new Form2();
frm2.Show();
```

3. 隐藏窗体

通过调用 Hide()方法隐藏窗体，其语法如下。

```
this.Hide();
```

9.1.5　消息框

消息框在 Windows 操作系统中经常用到。如删除某个文件时，系统会自动弹出如图 9.3 所示的消息框。

在 Windows 窗体应用程序中，向用户提示操作也是采用消息框弹出形式。消息框是通过 MessageBox 类来实现的，在 MessageBox 类中仅定义 Show()方法的多个重载，该方法的作用就是弹出一个消息框。

图 9.3　删除文件时弹出的消息框

Show()方法是一个静态方法，调用该方法时只需要使用 MessageBox.Show(参数)形式即可弹出消息框。消息框在显示时有不同的样式，如标题栏、图标、图标按钮等。MessageBox 类中的.Show() 方法参数如表 9.4 所示。

表 9.4　MessageBox 类中 Show()方法参数

方法	功能说明
DialogResult Show(string text)	指定显示消息框中的文本 text
DialogResult Show(string text,string caption)	指定显示消息框中的文本 text，显示消息框中的标题 caption
DialogResult Show(string text, caption,MessageBoxButtons buttons)	指定显示消息框中的文本 text，显示消息框中的标题 caption，显示消息框中的按钮 Buttons
DialogResult Show(string text,string caption, MessageBoxButtons buttons, MessageBoxIcon icon)	指定显示消息框中的文本 text，显示消息框中的标题 caption，显示消息框中的按钮 Buttons，显示消息框中的图标 icon

在 MessageBox 类的 Show()方法中还有两个枚举类型，分别是 MessageBoxButtons 和 MessageBoxIcon。

1. MessageBoxButtons 枚举

MessageBoxButtons 枚举主要用于设置消息框中显示的按钮，具体的枚举值如表 9.5 所示。

表 9.5　MessageBoxButtons 枚举值

枚举值	功能说明
OK	在消息框中显示"确定"按钮
OKCancel	在消息框中显示"确定"和"取消"按钮
AbortRetryIgnore	在消息框中显示"中止""重试"和"忽略"按钮
YesNoCancel	在消息框中显示"是""否"和"取消"按钮
YesNo	在消息框中显示"是""否"按钮
RetryCancel	在消息框中显示"重试"和"取消"按钮

2. MessageBoxIcon 枚举

MessageBoxIcon 枚举类型主要用于设置消息框中显示的图标，具体的枚举值如表 9.6 所示。

表 9.6　MessageBoxIcon 枚举值

枚举值	功能说明
None	在消息框中不显示任何图标
Hand、stop、Error	在消息框中显示一个红色背景的圆圈及其中白色 X 组成的图标

(续表)

枚举值	功能说明
Question	在消息框中显示由一个圆圈和其中的一个问号组成的图标
Exclamation Warning	在消息框中显示由一个黄色背景的三角形及其一个感叹号组成的图标
Asterisk Information	在消息框中显示一个圆圈及其中的小写字母 i 组成的图标

调用 MessageBox 类中的 Show()方法将返回一个 DialogResult 类型的值，DialogResult 也是一个枚举类型，是消息框的返回值，通过单击消息框中不同按钮得到不同消息框返回值，DialogResult 枚举类型具体值如表 9.7 所示。

表 9.7　DialogResult 枚举值

枚举值	功能说明
None	消息框没有返回值
OK	消息框的返回值是 OK(一般是从标签为"确定"的按钮发送)
Cancel	消息框返回值是 Cancel(一般是从标签为"取消"的按钮发送)
Abort	消息框的返回值是 Abort(一般是从标签为"中止"的按钮发送)
Retry	消息框的返回值是 Retry(一般是从标签为"重试"的按钮发送)
Ignore	消息框的返回值是 Ignore(一般是从标签为"忽略"的按钮发送)
Yes	消息框的返回值是 Yes(一般是从标签为"是"的按钮发送)
No	消息框的返回值是 No(一般是从标签为"否"的按钮发送)

【例题 9.1】设计一个 Windows 程序，实现功能：在窗体的登录界面上输入用户名为 Admin，密码为 123456，单击"登录"按钮，弹出用户登录成功消息框，单击登录成功消息框的"确定"按钮，隐藏登录窗体，显示系统的主窗体界面，程序运行效果如图 9.4 所示。

图 9.4　实例 9.1 程序运行效果

【实现步骤】

(1) 启动 Visual Studio 2019，在已创建的 Capter9 解决方案中添加 Project1 的 Windows 项目。

(2) 界面设计。

在项目 Project1 的 Form1 窗体上设计 2 个 Label 标签对象、2 个 TextBox 文本框对象、2 个 Button 单击按钮对象。各控件对象的属性、属性值设置如表 9.8 所示。

表 9.8　各控件对象的属性、属性值

控件	属性	属性值	控件	属性	属性值
Label1	Text	用户名	TextBox1	Name	txtName
Label2	Text	密码	TextBox2	Name	txtpwd
Button1	Text	登录		PasswordChar	*
	Name	btnLogin	Button2	Text	取消
	—			Name	btnCancel

右击 Project1 项目添加一个系统主界面窗体 frmMain，该窗体的界面设计在后述内容中完成。

(3) 后台代码设计。

在 Project1 项目的窗体界面中单击"登录"按钮，进入登录按钮的 Click 事件代码编辑区。判断输入的用户名和密码与指定的用户名和密码是否一致，若一致，则弹出"登录成功"的消息框，同时实例化系统主界面对象，显示系统主界面，隐藏登录界面；若不一致，则弹出"用户名或密码错误"的消息框，设计代码如下。

```
namespace Project1
{
    public partial class Form1 : Form
    {
        public Form1()
        {
            InitializeComponent();
        }

        private void btnLogin_Click(object sender, EventArgs e)
        {
            if (txtName.Text == "Admin" && txtPwd.Text == "123456")
            {
                MessageBox.Show("登录成功", "用户登录", MessageBoxButtons.OKCancel);
                frmMain fm = new frmMain();
                fm.Show();
                this.Hide();
            }
            else
            {
                MessageBox.Show("用户名或密码错误", "用户登录", MessageBoxButtons.OKCancel);
            }
        }
    }
}
```

(4) 编译运行。

单击工具栏中的"全部保存"按钮，右击 Project1，执行"生成"|"重新生成"命令，观察"输出"信息窗口，若没有语法错误，则单击工具栏中的"启动"按钮运行程序，程序运行效果如图 9.4 所示。

【结果分析】

从运行结果来看，用户登录窗体的最大化、最小化、边框属性均没有设置，请同学们自己完成。"取消"按钮的单击事件后台代码没有设计，请同学们补充完成。当在登录窗体的文本框中输入用户名 Admin、密码 123456 并单击"登录"按钮时，弹出"登录成功"的消息框，消息框的标题是"用户登录"，消息框的按钮是"确定"(其中参数是 MessageBoxButtons.OK)，消息框的文本值是"登录成功"，单击消息框中的"确定"按钮，实现程序隐藏"用户登录"界面窗体，同时跳转到主窗体界面的功能。

9.2　窗体中的基本控件

控件是包含在窗体上的对象，是构成用户界面的基本元素，是 C#可视化编程的重要工具。使用控件可以使程序的设计简单化，避免大量重复性工作，简化设计过程，提高设计效率。

在 Visual Studio 2019 中，工具箱包含有 Windows 窗体、公共控件、容器、菜单和工具栏、数据、组件、打印、对话框、报表、WPF 互操作性、常规。

在 C#中，所有的窗体控件都继承于 System.Windows.Forms.Control。作为各窗体控件的基类，Control 类实现了所有窗体交互控件的基本功能，即处理用户输入、处理消息驱动、限制控件大小等。

Control 类的属性、方法和事件是所有窗体控件公有的。

1) Control 类的属性

(1) Name 属性：通过此属性引用该控件。

(2) Text 属性：用户可查看或进入、输入。

(3) Anchor 属性：用来确定此控件与其容器控件的固定关系。

(4) Dock 属性：子控件与父控件的边缘依赖关系。

2) Control 类的方法

(1) Focus 方法：设置控件获得焦点。

(2) Select 方法：可以激活控件。

(3) Show 方法：显示控件。

3) Control 事件

在 C#中，当用户进行某项操作时会引起某个事件的发生，此时会调用事件处理程序代码实现对程序的控制。

事件驱动实现是基于窗体的消息传递和循环机制的。在 C#中，所有的机制都被封装在控件中，极大地方便了用户编写事件驱动程序。

Control 类的主要事件有单击(Click)事件、双击(DoubleClick)事件、焦点(GetFocus)事件、鼠标指针移动(MouseMove)事件。

9.2.1　标签和文本框

在前面章节讲解实例中均用到了标签和文本框。由于窗体界面上无法直接编写文本，通常使用标签控件来显示文本，同样在窗体界面上无法输入信息，通常使用文本框输入。

1. 标签控件

在 Windows 窗体应用程序中，标签控件主要分为普通标签(Label)控件和超链接标签(LinkLabel)控件。

普通标签(Label)控件主要用来显示文本，通常用标签为其他控件显示说明信息、窗体的提示信息、显示处理结果信息，但是，标签显示的文本不能被直接编辑。标签参与窗体的 Tab 键顺序，但不接收焦点。

超链接标签(LinkLabel)主要应用的事件是鼠标单击事件，通过单击超链接标签完成不同的操作。

普通标签(Label)控件的常用属性如表 9.9 所示。

表 9.9　普通标签(Label)控件的常用属性

属性名	功能说明
Name	标签对象名称，是区别不同标签的唯一标志
Text	标签对象上显示文本
Font	标签中显示文本的样式
ForeColor	标签显示文本的颜色
BackColor	标签的背景颜色
Image	标签中显示的图片
AutoSize	标签的大小是否根据内容自动调整，true 为自动调整，false 为用户自定义大小
Size	指定标签控件的大小
Visible	标签是否可见，true 为可见，false 为不可见

2. 文本框

在 C#中，文本框(TextBox)控件是最常用、最简单的文本显示和输入控件。文本框有两个方面的作用，一是可以用来输出或显示文本信息，二是可以接受从键盘输入的信息。在应用程序运行时，如果用鼠标单击文本框，则光标在文本框中闪烁，此时可以向文本框输入信息。文本框(TextBox)控件的常用属性如表 9.10 所示。

表 9.10　文本框(TextBox)控件的常用属性

属性名	功能说明
Name	文本框对象名称，是后台程序代码访问文本框对象的依据
Text	文本框对象上显示文本，通过 TextAlign 属性设置文本对齐方式
MaxLength	在文本框中最多输入字符的个数
WordWrap	文本框中的文本是否自动换行，true 为自行换行，false 为不换行
PasswordChar	将文本框中出现的字符使用指定的字符替换，常用"*"字符
Multiline	指定文本框是否为多行，true 为多行，false 为单行
ReadOnly	指定文本框中的文本是否可以更改，为 true 则不能更改，即只读文本框，为 false 则可以更改
Lines	指定文本框中文本的行数
ScrollBars	指定文本框中是否有滚动条，为 true 则有滚动条，为 false 则没有

1) 文本框中的常用方法

(1) Clear()方法：用于清除文本框中已有的文本。

(2) AppendText()方法：用于在文本框最后追加文本。

2) 文本框中的常用事件

(1) TextChanged 事件：当文本框的文本内容发生变化时触发，当向文本框输入信息时，每输入一个字符就会触发一次 TextChanged 事件。

(2) Enter 事件：指文本框获得焦点时触发。

(3) Leave 事件：指文本框失去焦点时触发。

9.2.2 按钮和复选框

按钮包括普通按钮(Button)、单选按钮(RadioButton)，复选框(CheckBox)用于多个选项的操作。C#还提供了与复选框功能类似的复选列表框(CheckedListBox)，方便用户设置和获取复选列表框中的选项。

1. 按钮控件

按钮(Button)控件是用户与应用程序交互的最常用工具，其作用是提交窗体界面内容，或者确认某种操作等。按钮(Button)控件的常用属性如表 9.11 所示。

表 9.11 按钮(Button)控件的常用属性

属性名	功能说明
Text	指定按钮上显示的文本
Name	指定按钮对象名称，是后台访问该按钮时标识符
FlatStyle	指定按钮的外观风格，它有 4 个选项值，分别是 Flat(平的)、Popup(弹出窗体)、System(系统的)、Standard(标准的)
Image	指定在按钮上显示的图形
ImageAlign	图片在按钮上显示时，通过 ImageAlign 属性调节图片在按钮上的位置
Enable	指定按钮控件是否可用，如果不可用呈灰色表示
Visible	指定按钮控件是否可见，如果不可见，则隐藏

按钮的常用事件：如果按钮具有焦点，则可以使用鼠标左键、Enter 键或空格键触发该按钮的 Click 事件。通过设置窗体的 AcceptButton 或 CancelButton 属性，无论该按钮是否有焦点，都可以使用 Enter 或 Esc 键触发按钮的 Click 事件。当作用 ShowDialog()方法显示窗体时，可以使用按钮的 DialogResult 属性指定 ShowDialog 的返回值。

【例题 9.2】设计一个 Windows 程序，实现功能：在用户注册窗体界面输入用户名、密码、确认密码完成注册，程序运行结果如图 9.5 所示。

设计要求：

(1) 判断用户名和密码不得为空，并且两次输入的密码要一致。

(2) 设计一个显示信息的窗体。

(3) 在显示注册信息窗体中显示注册的信息。

图 9.5 例题 9.2 程序运行结果

【实现步骤】

(1) 启动 Visual Studio 2019，在已创建的 Capter9 解决方案中添加 Project2 的 Windows 项目。

(2) 界面设计。

在项目 Project2 的 Form1 窗体上设计 3 个 Label 标签对象、3 个 TextBox 文本框对象、2 个 Button 单击按钮对象。各控件对象的属性、属性值设置如表 9.12 所示。

表 9.12　各控件对象的属性、属性值

控件	属性	属性值	控件	属性	属性值
Label1	Text	用户名	TextBox1	Name	txtName
Label2	Text	密码	TextBox2	Name	txtpwd
Label3	Text	确认密码		PasswordChar	*
Button1	Text	注册	TextBox3	Name	txtConfrimpwd
	Name	btnRegister		PasswordChar	*
Button2	Text	取消		—	
	Name	btnCancel			

右击 Project2 项目添加一个系统主界面窗体 frmMain，在窗体界面设计一个标签对象用于显示用户注册的信息。

(3) 后台代码设计。

在 Project2 项目的窗体界面中单击"注册"按钮，进入"注册"按钮的 Click 事件代码编辑区。若判断用户名为空，则弹出"用户名不得为空！"消息框；若判断密码为空，则弹出"密码不得为空！"消息框；若判断两次输入的密码不一致，则弹出"两次密码不一致！"消息框；通过窗体构造函数实现用户名和密码传递到 frmMain 窗体中显示。在 Project2 项目的窗体界面中双击"取消"按钮，进入"取消"按钮的 Click 事件代码编辑区设计取消事件代码，设计代码如下。

```
namespace Project2
{
    public partial class Form1 : Form
    {
        public Form1()
        {
            InitializeComponent();
        }

        private void btnRegister_Click(object sender, EventArgs e)
        {
            //"注册"按钮的单击事件，用于判断注册信息并跳转到新窗体显示注册信息
            string name = txtName.Text;
            string pwd = txtPwd.Text;
            string confrimpwd = txtConfrimPwd.Text;
            if (string.IsNullOrEmpty(name))
            {
                MessageBox.Show("用户名不得为空！ ");
                return;
            }
            else if (string.IsNullOrEmpty(pwd))
            {
                MessageBox.Show("密码不得为空！ ");
```

```
                return;
            }
            else if (!pwd.Equals(confrimpwd))
            {
                MessageBox.Show("两次密码不一致！");
                return;
            }
            //采用窗体的构造函数向 frmMain 窗体传递用户名、密码值
            frmMain fm = new frmMain(name,pwd);
            fm.Show();
        }
        private void btnConcel_Click(object sender, EventArgs e)
        {
            txtName.Text = "";
            txtPwd.Text = " ";
            txtConfrimPwd.Text = " ";
            this.Close();
        }
    }
}
```

在 frmMain 窗体的构造函数中实现显示用户注册信息，设计代码如下。

```
namespace Project2
{
    public partial class frmMain : Form
    {
        public frmMain(string myName, string myPwd)
        {
            InitializeComponent();
            lblShow.Text = string.Format("你注册的信息如下:\n 用户名：{0}\n 密码：{1}", myName, myPwd);
        }
    }
}
```

(4) 编译运行。

单击工具栏中的"全部保存"按钮，右击 Project2，执行"生成"|"重新生成"命令，观察"输出"信息窗口，若没有语法错误，则单击工具栏中的"启动"按钮运行程序，程序运行效果如图 9.5 所示。

2. 单选按钮控件

单选按钮(RadioButton)控件为用户提供两个或多个互斥选项组成的选项集。当用户选中某个单选按钮时，同一组中的其他单选按钮不能同时选定，该控件以圆圈内加点的方式表示选中。

在同一个窗体界面上添加多个单选按钮控件，这些多个单选按钮控件默认为是一组，在这一组中只能有一个被选中；若要添加不同组，则需要将它们放到面板或分组框中，当将若干个单选按钮控件放到一个 GroupBox 控件中时，这些控件组成一组。

1) 单选按钮的常用属性

(1) Text 属性：用于设置单选按钮旁边的说明文字，以说明单选按钮的用途。

(2) Checked 属性：用于表示单选按钮是否被选中，若 Checked 属性的值为 true 说明被选中，否

则为 false 说明没有被选中。

2) 单选按钮的常用事件

(1) Click 事件：鼠标单击单选按钮时触发。

(2) CheckedChanged 事件：指 Checked 属性的值改变，将同时触发。

【例题 9.3】设计一个 Windows 程序，实现功能：运用单选按钮在窗体上输出你选择的性别是男或女的信息，程序运行效果如图 9.6 所示。

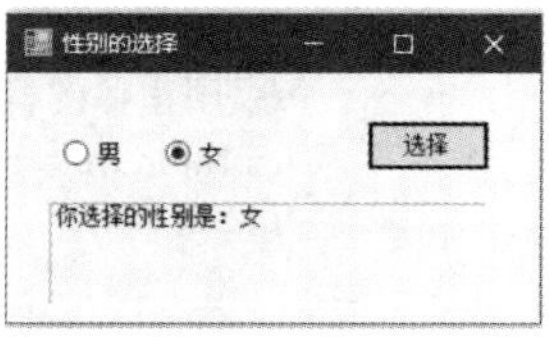

【实现步骤】

(1) 启动 Visual Studio 2019，在已创建的 Capter9 解决方案中添加 Project3 的 Windows 项目。

图 9.6　例题 9.3 程序运行效果

(2) 界面设计。

在项目 Project3 的 Form1 窗体上设计 2 个 RadioButton 单选按钮对象，分别是男、女；1 个 Label 标签对象，用于显示结果；1 个 Button 单击按钮对象。各控件对象的属性、属性值设置如表 9.13 所示。

表 9.13　各控件对象的属性、属性值

控件	属性	属性值	控件	属性	属性值
RadioButton1	Text	男	Label1	Name	lblShow
	Name	rdbMale		AutoSize	false
RadioButton2	Text	女		BorderStyle	Fixed3D
	Name	rdbFemale		Text	空
Button1	Name	btnChoice		—	
	Text	选择			

(3) 后台代码设计。

在 Project3 项目的窗体界面中双击"选择"按钮，进入选择按钮的 Click 事件代码编辑区。采用判断语句实现选择了男还是女(同学们可尝试其他的算法)，设计代码如下。

```
namespace Project3
{
    public partial class Form1 : Form
    {
        public Form1()
        {
            InitializeComponent();
        }

        private void btnChoise_Click(object sender, EventArgs e)
        {
            string sex = "";
            if (rdbMale.Checked)
            {
                sex = rdbMale.Text;
            }
            else
            {
```

```
                    sex = rdbFemale.Text;
                }
                lblShow.Text = "你选择的性别是：" + sex;
            }
        }
    }
```

(4) 编译运行。

单击工具栏中的"全部保存"按钮，右击 Project3，执行"生成"|"重新生成"命令，观察"输出"信息窗口，若没有语法错误，则单击工具栏中的"启动"按钮运行程序，程序运行效果如图 9.6 所示。

3. 复选框控件

复选框(CheckBox)控件和单选按钮控件一样，提供一组选项供用户选择。但与单选按钮有所不同，每个复选框都是一个单独的选项，用户既可以选择它，也可以不选择它，不存在互斥问题，可以同时选择多项。

若单击复选框，则复选框中间将出现一个"√"号，表示该项被选中。单击被选中的复选框，则取消对该复选框的选择。

1) 复选框的常用属性

(1) Text 属性：用于设置复选框旁边的说明文字，以说明复选框的用途。

(2) Check 属性：用于表示复选框是否被选中，true 表示复选框被选中，false 表示复选框未被选中。

(3) CheckState 属性：用于反映复选框的状态，它有 3 个可选值，分别是 Checked(表示复选框当前被选中)、Unchecked(表示复选框当前未被选中)、Indeterminate(表示复选框的当前状态未定)，此时该复选框呈灰色。

2) 复选框的常用事件

Click 事件：当单击复选框时将触发该事件并且改变 Checked 属性和 CheckState 属性的值。Checked 属性的值改变，将同时触发 CheckedChanged 事件；CheckState 属性的值改变，将同时触发 CheckStateChanged 事件。

【例题 9.4】设计一个 Windows 程序，实现功能：以对话框形式显示用户姓名、业余爱好(音乐、体育、电影、上网)的信息，程序运行效果如图 9.7 所示

图 9.7　例题 9.4 程序运行效果

【实现步骤】

(1) 启动 Visual Studio 2019，在已创建的 Capter9 解决方案中添加 Project4 的 Windows 项目。

(2) 界面设计。

在项目 Project4 的 Form1 窗体上设计 1 个 Label 标签对象，用于说明姓名；1 个 TextBox 文本框

对象,用于输入姓名;4 个 CheckBox 复选框按钮对象,分别是音乐、体育、电影、上网;2 个 Button 单击按钮对象,分别是确定、取消。各控件对象的属性、属性值设置如表 9.14 所示。

表9.14　各控件对象的属性、属性值

控件	属性	属性值	控件	属性	属性值
Label1	Text	姓名	TextBox1	Name	txtName
CheckBox1	Name	chkMusic	CheckBox3	Name	chkMovie
	Text	音乐		Text	电影
CheckBox2	Name	chkSport	CheckBox4	Name	chkInternet
	Text	体育		Text	上网
Button1	Name	btnOk	Button2	Name	btnExit
	Text	确定		Text	取消

(3) 后台代码设计。

在 Project4 项目的窗体界面中双击"确定"按钮,进入"确定"按钮的 Click 事件代码编辑区。定义 CheckBox 数组 hobby,并初始化 hobby 数组(数组的元素值分别是 chkMusic、chkSprot、chkMovie、chkInternet),采用循环遍历 hobby 字符串数组,如果某个数组元素被选中,则将该元素添加到 myhobby 字符串中。在 Project4 项目的窗体界面中双击"取消"按钮,进入"取消"按钮的 Click 事件代码编辑区,设计代码如下。

```
namespace Project4
{
    public partial class Form1 : Form
    {
        public Form1()
        {
            InitializeComponent();
        }

        private void btnOk_Click(object sender, EventArgs e) //确定按钮的单击事件
        {
            string myhobby = string.Empty;
            myhobby += txtName.Text + " 你的爱好是: \n";
            CheckBox[] hobby = new CheckBox[] { chkMusic, chkSprot, chkMovie, chkInternet };
            for (int i = 0; i < hobby.Length; i++)
            {
                if (hobby[i].Checked)
                {
                    myhobby += hobby[i].Text + ",";
                }
            }
            DialogResult result = MessageBox.Show(myhobby, "确定信息", MessageBoxButtons.OK, MessageBoxIcon.
                    Information, MessageBoxDefaultButton.Button1);
        }

        private void btnExit_Click(object sender, EventArgs e)//取消按钮的单击事件
        {
```

```
            this.Close();
        }
    }
}
```

(4) 编译运行。

单击工具栏中的"全部保存"按钮，右击 Project4，执行"生成"|"重新生成"命令，观察"输出"信息窗口，若没有语法错误，则单击工具栏中的"启动"按钮运行程序，程序运行效果如图 9.7 所示。

4. 复选列表框控件

复选列表框(CheckedListBox)控件提供一个项目列表，用户可以从中选择一项或多项。如果项目总数超过了可以显示的项目数，则自动在列表框上添加滚动条，供用户上下滚动选择。

在复选列表框内的项目为列表项，列表项的加入是按照一定的顺序进行的，这个顺序的序号称为索引号。列表框内列表项的索引号是从 0 开始的，第 1 个加入的列表项的索引号为 0，后续添加的列表项的索引号依次加 1。

1) 常用属性

(1) Items 属性：用于设置或获取复选列表框中的列表项，该属性用户可以事先在属性窗口进行设置，也可以在程序中进行设置。

(2) Multicolumn 属性：用于设置列表框是否为多列列表框，默认值为 false，表示列表项以单列显示。

(3) SelectionMode 属性：用于设定列表框选择属性，该属性有 4 个可选值，分别是 None(表示不允许进行选择)、One(表示只允许选择其中一项，此项是默认值)、MultiSimple(表示允许同时选择多个列表项)、MultiExtended(表示用鼠标和 Shift 键可以选择连续的列表项，用鼠标和 Ctrl 键可以选择不连续的列表项)。

(4) SelectedItem 属性：用于获取或设置列表框中的当前选定项。

(5) SelectedItems 属性：用于获取或设置列表框中当前选定项的集合。

(6) SelectedIndex 属性：用于获取或设置列表框中当前选定项从 0 开始的索引。在编程时，用户可以捕获该属性值，然后根据该值完成相应的操作。

2) 常用事件

复选列表框控件除了能响应常用的 Click、DoubleClick、GotFocus、LostFocus 等事件外，还可以响应 SelectedIndexChanged 事件。当用户改变列表框中的选择时将会触发 SelectedIndexChanged 事件。

3) 常用方法

列表框中的列表项可以在属性窗口中通过 Item 属性设置，也可以在应用程序中用 Items.Add() 方法或 Items.Insert() 方法添加，以及用 Items.Remove() 或 Items.Clear() 方法删除。

(1) Items.Add() 方法：其功能是将一个列表项加入复选列表框元素的末尾。其一般格式如下。

Listname.Items.Add(Item)

其中，Listname 是复选列表框控件的名称，Items 是要加入复选列表框的列表项，它必须是一个字符串表达式。

(2) Items.Insert()方法：其功能是将一个列表项插入复选列表框的指定元素位置的后面。其一般格式如下。

Listname.Items.Insert(Index,列表项)

(3) Items.Remove()方法：其功能是清除复选列表框中的指定列表项。其一般格式如下。

Listname.Items.Remove(Item)

(4) Items.Clear()方法：其功能是清除复选列表框中的所有列表项。

【例题 9.5】设计一个 Windows 程序，实现功能：采用复选列表框控件完成选购水果的操作，要求弹出选购水果的信息框，程序运行效果如图 9.8 所示。

图 9.8 例题 9.5 程序运行效果

【实现步骤】

(1) 启动 Visual Studio 2019，在已创建的 Capter9 解决方案中添加 Project5 的 Windows 项目。

(2) 界面设计。

在项目 Project5 的 Form1 窗体上设计 1 个 CheckedListBox 复选列表框控件、1 个 Button 按钮控件。各控件对象的属性、属性值设置如表 9.15 所示。

表 9.15　各控件对象的属性、属性值

控件	属性	属性值	控件	属性	属性值
CheckedListBox 1	Name	clbFruits	Button1	Name	btnPurchase
	selectionMode	One		Text	购买

通过对 CheckedListBox1 复选列表框的 Items 属性添加苹果、橘子、梨子、西瓜、李子、香蕉等水果名称。

(3) 后台代码设计。

在项目 Project5 的 Form1 窗体界面中双击"购买"按钮，进入"购买"按钮的 Click 事件代码编辑区。采用循环对复选框的列表项进行遍历，被选中的水果列表项添加到信息中，设计代码如下。

```
namespace Project5
{
    public partial class Form1 : Form
    {
        public Form1()
        {
            InitializeComponent();
        }
        //购买按钮的单击事件，用于实现在消息框中显示购买的水果种类
        private void btnPurchase_Click(object sender, EventArgs e)
        {
            string message = string.Empty;
            for (int i = 0; i < clbFruits.CheckedItems.Count; i++)
            {
                message += " " + clbFruits.CheckedItems[i].ToString();
```

```
            }
            if (message != "")
            {
                MessageBox.Show("你购买的水果有：" + message, "提示");
            }
            else
            {
                MessageBox.Show("你没有选购水果！", "提示");
            }
        }
    }
}
```

(4) 编译运行。

单击工具栏中的"全部保存"按钮，右击 Project5，执行"生成"｜"重新生成"命令，观察"输出"信息窗口，若没有语法错误，则单击工具栏中的"启动"按钮运行程序，程序运行效果如图 9.8 所示。

9.2.3　列表框和组合框

1. 列表框

列表框(ListBox)将所提供的内容以列表的形式显示出来，并可以选择其中的一项或多项内容，从形式上看比复选列表框更好一些。列表框的常用属性如表 9.16 所示。

表 9.16　列表框的常用属性

属性名	功能说明
MultiColumn	获取或设置列表框是否支持多列，若为 true，则为多列，默认为 false，表示单列
Items	获取或设置列表框控件中的值
SelectedItems	获取列表框中所有选中项的集合
SelectedItem	获取列表框中当前选中的项
SelectedIndex	获取列表框中当前选中项的索引，索引从 0 开始
SelectedMode	获取或设置列表框中选择的模式，当值为 One 时表示只能选中一项，当值为 MultiSimple 时表示能选择多项，当值为 None 时表示不能选择，当值为 MultiExtended 时表示用鼠标和 Shift 键可以选择连续的列表项，用鼠标和 Ctrl 键可以选择不连续的列表项

列表框还提供了一些常用方法来操作列表框中的选项，由于列表框中的选项是一个集合形式的，所以列表项的操作都是用 Items 属性进行的。例如：Items.Add()方法用于向列表框中添加项；Items.Insert()方法用于向列表框中的指定位置添加项；Items.Remove()方法用于移除列表框的项。

【例题 9.6】设计一个 Windows 程序，实现功能：运用 ListBox 控件实现将左边的 lstLeft 控件的一个选项或全部选项通过单击向左移一个按钮或向左移全部按钮移到右边 lstRight 控件上，并反之，程序运行效果如图 9.9 所示。

图 9.9　例题 9.6 程序运行效果

【实现步骤】

(1) 启动 Visual Studio 2019，在已创建的 Capter9 解决方案中添加 Project6 的 Windows 项目。

(2) 界面设计。

在项目 Project6 的 Form1 窗体上设计 3 个 ListBox 列表框控件、4 个 Button 按钮控件。各控件对象的属性、属性值设置如表 9.17 所示。

表 9.17　各控件对象的属性、属性值

控件	属性	属性值	控件	属性	属性值
ListBox1	Name	lstLeft	Button1	Name	btnRight
ListBox2	Name	lstRight		Text	>
ListBox3	Name	lstBottom	Button2	Name	btnRightAll
Button4	Name	btnLeftAll		Text	>>
	Text	<<	Button3	Name	btnLeft
	—			Text	<

(3) 后台代码设计。

在项目 Project6 的 Form1 窗体界面中分别单击 ">" ">>" "<" "<<" 按钮，进入这些按钮的 Click 事件代码编辑区，对于 ">" 按钮的 Click 事件首先判断 lstLeft 列表控件是否有元素，若没有，则返回，若有，则在 lstRight 添加一个选中项，同时在 lstLeft 列表选项中移除一个选项，在 lstBottom 中添加一个选中项，其他按钮设计思路与该按钮相似，设计代码如下。

```
namespace Project6
{
    public partial class Form1 : Form
    {
        public Form1()
        {
            InitializeComponent();
        }
        //将左边列表框 lstLeft 的列表项一项项移到右边列表框 lstRight 中
        private void btnRight_Click(object sender, EventArgs e)
        {
            if (lstLeft.SelectedItems.Count == 0)
            {
                return;
            }
            else
            {
                lstRight.Items.Add(lstLeft.SelectedItem);
                lstBottom.Items.Add(lstLeft.SelectedItem.ToString() + " 被移至右侧");
                lstLeft.Items.Remove(lstLeft.SelectedItem);
            }
        }
        private void btnRightAll_Click(object sender, EventArgs e)
        {
            foreach (var item in lstLeft.Items)
            {
                lstRight.Items.Add(item);
```

```
            }
            lstBottom.Items.Add("左侧列表项全部移至右侧");
            lstLeft.Items.Clear();
        }

        private void btnLeft_Click(object sender, EventArgs e)
        {
            if (lstRight.SelectedItems.Count == 0)
            {
                return;
            }
            else
            {
              lstLeft.Items.Add(lstRight.SelectedItem);
              lstRight.Items.Remove(lstRight.SelectedItem);
              lstBottom.Items.Add(lstRight.SelectedItem.ToString() + "被移至左侧");
            }
        }

        private void btnLeftAll_Click(object sender, EventArgs e)
        {
            foreach (var item in lstRight.Items )
            {
                lstLeft.Items.Add(item);
            }
            lstRight.Items.Clear();
            lstBottom.Items.Add("右侧列表项被全部移至左侧");
        }
    }
}
```

(4) 编译运行。

单击工具栏中的"全部保存"按钮，右击 Project6，执行"生成"｜"重新生成"命令，观察"输出"信息窗口，若没有语法错误，则单击工具栏中的"启动"按钮运行程序，程序运行效果如图 9.9所示。

2. 组合框控件

组合框(ComboBox)控件也称下拉列表框，用于选择所需的选项，如学生在注册信息时选择学历、专业等，使用组合框可以有效地避免非法值的输入。组合框常用的属性如表 9.18 所示。

表 9.18　组合框常用的属性

属性名	功能说明
DropdownStyle	设置或获取组合框的外观。若值为 Simple，则表示没有下拉列表框，不能选；若值为 DropDown，则表示有下拉框，既可以选也可以编辑；若值为 DropDownStyle，则表示有下拉列表框，只能选不能编辑
Items	设置或获取组合框的值
Text	设置或获取组合框中显示的文本
MaxDropDownItems	获取组合框中最多显示的项数
Sorted	指定是否对组合框中的项进行排序，默认不排序，值为 false

组合框控件的常用事件是在改变组合框中的值时发生，即组合框中的选项改变事件 SelectedIndexChanged 和 Click 事件。

组合框(ComboBox)控件的常用方法是向组合框中添加项、从组合框中删除项。

【例题 9.7】设计一个 Windows 程序，实现功能：运用 ComboBox 控件实现省市联动并弹出省市选择的消息框，程序运行效果如图 9.10 所示。

图 9.10　例题 9.7 程序运行效果

【实现步骤】

(1) 启动 Visual Studio 2019，在已创建的 Capter9 解决方案中添加 Project7 的 Windows 项目。

(2) 界面设计。

在项目 Project7 的 Form1 窗体上设计 2 个 Label 标签控件，分别表示省、市；2 个 ComboBox 组合框控件，分别为省、市组合框；1 个 Button 按钮控件，表示确定。各控件对象的属性、属性值设置如表 9.19 所示。

表 9.19　各控件对象的属性、属性值

控件	属性	属性值	控件	属性	属性值
Label1	Text	省	ComboBox1	Name	cmbCity
Label2	Text	市	Button1	Name	btnOk
ComboBox1	Name	cmbProvince		Text	确定
	DropDownStyle	DropDownList	—		

(3) 后台代码设计。

在项目 Project7 的 Form1 窗体单击"确定"按钮和窗体的加载事件，进入"确定"按钮的 Click 事件、窗体加载 Load 事件的代码编辑区。在窗体 Load 事件中加载省组合框索引值为 0 的列表项，同时设计省组合框的改变事件 cmbProvince_SelectedIndexChanged。当省组合框的索引改变时，会引起市的改变，此时"确定"按钮的 Click 事件将弹出消息框，设计代码如下。

```
namespace Project7
{
    public partial class Form1 : Form
    {
        public Form1()
        {
            InitializeComponent();
        }
        //在窗体的加载事件中加载省组合框索引值为 0 的选项
        private void Form1_Load(object sender, EventArgs e)
        {
            cboProvince.SelectedIndex = 0;
```

```
    }
    //省组合框的索引改变事件引起市组合框的改变
    private void cmbProvince_SelectedIndexChanged(object sender, EventArgs e)
    {
        switch (cboProvince.SelectedIndex)
        {
            case 0:
                cmbCity.Items.Clear();          //清除市组合框的选项
                cmbCity.Items.Add("武汉市"); //添加湖北省的市
                cmbCity.Items.Add("黄石市");
                cmbCity.Items.Add("宜昌市");
                cmbCity.Items.Add("襄阳市");
                cmbCity.Items.Add("荆州市");
                cmbCity.SelectedIndex = 0;
                break;
            case 1:
                cmbCity.Items.Clear();          //清除市组合框的选项
                cboCity.Items.Add("长沙市"); //添加湖南省的市
                cmbCity.Items.Add("岳阳市");
                cmbCity.Items.Add("浏阳市");
                cmbCity.Items.Add("湘潭市");
                cmbCity.SelectedIndex = 0;
                break;
            case 2:
                cmbCity.Items.Clear();    //清除市组合框的选项
                cmbCity.Items.Add("南昌市");    //添加江西省的市
                cmbCity.Items.Add("九江市");
                cmbCity.Items.Add("宜春市");
                cmbCity.Items.Add("吉安市");
                cmbCity.SelectedIndex = 0;
                break;
            case 3:
                cmbCity.Items.Clear();    //清除市组合框的选项
                cmbCity.Items.Add("合肥市");    //添加安徽省的市
                cmbCity.Items.Add("黄山市");
                cmbCity.Items.Add("宜城市");
                cmbCity.SelectedIndex = 0;
                break;
            default :
                cboCity.Items.Clear();
                break;
        }
    }
    private void btbOk_Click(object sender, EventArgs e)
    {
        string strSelect = cmbProvince.SelectedItem.ToString() + "："+ cmbCity.SelectedItem.ToString();
        MessageBox.Show(strSelect, "省市列表", MessageBoxButtons.OK, MessageBoxIcon.Information);
    }
  }
}
```

(4) 编译运行。

单击工具栏中的"全部保存"按钮，右击 Project7，执行"生成"|"重新生成"命令，观察"输出"信息窗口，若没有语法错误，则单击工具栏中的"启动"按钮运行程序，程序运行效果如图 9.10 所示。

9.2.4 图片控件

在 Windows 窗体应用程序中显示图片时要使用图片控件(PictureBox)，图片的设置方式与背景图片的设置方式相似。图片控件中常用的属性如表 9.20 所示。

表 9.20 图片控件中常用的属性

属性名	功能说明
Image	获取或设置图片控件中显示的图片
ImageLocation	获取或设置图片中显示的路径
SizeMode	获取或设置图片控件中图片显示的大小和位置。值为 Normal 则图片显示在控件的左上角；值为 StretchImage 则图片在图片控件中被拉伸或收缩为适合图片的大小；值为 AutoSize 则控件的大小适合图片；值为 CenterImage 则图片在图片控件中居中；值为 Zoom 则图片自动缩放至符合图片控件的大小

图片控件中图片的设置除了可以直接使用 ImageLoation 属性指定图片路径以外，还可以通过 Image.FromFile 方法来设置，实现的代码如下。

图片控件的名称.Image=Image.FromFile(图像的路径);

【例题 9.8】设计一个 Windows 程序，实现功能：实现两张图片的交换。程序运行前后效果分别如图 9.11 和图 9.12 所示。

图 9.11 交换图片前效果

图 9.12 交换图片后效果

【实现步骤】

(1) 启动 Visual Studio 2019，在已创建的 Capter9 解决方案中添加 Project8 的 Windows 项目。

(2) 界面设计。

在项目 Project8 的 Form1 窗体上设计 2 个 pictureBox 图片控件、1 个 Button 按钮控件为交换。各控件对象的属性、属性值设置如表 9.21 所示。

表 9.21　各控件对象的属性、属性值

控件	属性	属性值	控件	属性	属性值
pictureBox1	Name	pictureBox1	Button1	Name	btnSwap
pictureBox2	Name	pictureBox2		Text	交换

(3) 后台代码设计。

在 Project8 窗体的加载事件中加载图片并设置图片的模式；在 Project8 界面 From1 窗体的"交换"按钮的单击事件中实现两张图片的交换，设计代码如下。

```
namespace Project8
{
    public partial class Form1 : Form
    {
        public Form1()
        {
            InitializeComponent();
        }

        private void Form1_Load(object sender, EventArgs e)
        {
            pictureBox1.Image=Image.FromFile(@"D:\2019C#教材编写源程序代码\Capter9\Project8\Image\11.jpg");
            pictureBox1.SizeMode = PictureBoxSizeMode.StretchImage;
            pictureBox2.Image=Image.FromFile(@"D:\2019C#教材编写源程序代码\Capter9\Project8\Image\22.jpg");
            pictureBox2.SizeMode = PictureBoxSizeMode.StretchImage;
        }
        private void btnSwap_Click(object sender, EventArgs e) //交换按钮的单击事件实现图片交换
        {
            //定义中间变量存放图片地址，用于交换图片
            PictureBox pictureBoxAddress = new PictureBox();
            pictureBoxAddress.Image = pictureBox1.Image;
            pictureBox1.Image = pictureBox2.Image;
            pictureBox2.Image = pictureBoxAddress.Image;
        }
    }
}
```

(4) 编译运行。

单击工具栏中的"全部保存"按钮，右击 Project8，执行"生成"|"重新生成"命令，观察"输出"信息窗口，若没有语法错误，则单击工具栏中的"启动"按钮运行程序，程序运行前效果如图 9.11 所示，程序运行后效果如图 9.12 所示。

在 Windows 窗体应用程序中，图片也可用二进制数的形式存放到数据库中，并使用文件流的方式读取数据库中的图片。通过图片控件的 FromStream()方法来设置使用流读取的图片文件。

9.2.5　日期时间控件

在 Windows 应用窗体中的时间控件有定时器控件(Timer)、日期时间控件(DtaeTimePicker)、日历控件(MonthCalendar)。下面详细介绍每个控件的属性、方法和事件。

1. 定时器控件(Timer)

在 Windows 窗体应用程序中,定时器控件常与其他控件连用,表示每隔一段时间执行一次 Tick 事件。

定时器控件中常用的属性是 Interval,功能用于设置时间间隔,以毫秒为单位。在使用定时器控件时用到的方法是启动定时器方法(Start)、停止定时器方法(Stop)。

【例题 9.9】设计一个 Windows 程序,实现功能:使用定时器控件和图片控件完成每隔 1 秒钟切换一次图片,程序运行效果如图 9.13 所示。

【实现步骤】

(1) 启动 Visual Studio 2019,在已创建的 Capter9 解决方案中添加 Project9 的 Windows 项目。

(2) 界面设计。

图 9.13   例题 9.9 程序运行效果

在项目 Project9 的 Form1 窗体上设计 1 个 pictureBox 图片控件;2 个 Button 按钮控件,分别为启动定时器、停止定时器;1 个 Timer 定时器控件。各控件对象的属性、属性值设置如表 9.22 所示。

表 9.22   各控件对象的属性、属性值

控件	属性	属性值	控件	属性	属性值
pictureBox	Name	pictureBox1	Button1	Name	btnTimerStop
Button1	Name	btnTimerStart		Text	停止定时器
	Text	启动定时器	Timer1	Name	Timer1
	—			Interval	1000

(3) 后台代码设计。

在 Project9 窗体的加载事件中加载图片并设置图片的模式;在 Project9 界面 From1 窗体的"启动定时器""停止定时器"按钮的单击事件中实现两个图片按每 1 秒钟切换一次,设计代码如下。

```
namespace Project9
{
    public partial class Form1 : Form
    {
        //设置当前图片控件中显示的图片
        //如果是 11.jpg,则标志 flag 的值为 false
        //如果是 22.jpg,则标志 flag 的值为 true
        bool flag = false;
        public Form1()
        {
            InitializeComponent();
        }

        private void Form1_Load(object sender, EventArgs e) //窗体加载事件,在图片控件中设置图片模式
        {
            pictureBox1.Image＝Image.FromFile(@"D:\2019C#教材编写源程序代码\Capter9\Project9\Image\11.jpg");
            pictureBox1.SizeMode = PictureBoxSizeMode.StretchImage;
```

```
            //设置每隔 1 秒调用定时器的 Tick 事件
            timer1.Interval = 1000;
        }
        private void timer1_Tick(object sender, EventArgs e)
        {
            //当 flag 的值为 true 时，将图片控件的 Image 属性值切换到 22.jpg，否则将图片控件的 Image
              属性值切换到 11.jpg
            if (flag)
            {
                pictureBox1.Image = Image.FromFile(@"D:\2019C#教材编写\源程序代码\Capter9\Project9\
                    Image\11.jpg");
                flag = false;
            }
            else
            {
                pictureBox1.Image = Image.FromFile(@"D:\2019C#教材编写\源程序代码\Capter9\Project9\
                    Image\22.jpg");
                flag = true;
            }
        }

        private void btnTimerStart_Click(object sender, EventArgs e) //启动定时器
        {
            timer1.Start();
        }

        private void btnTimerStop_Click(object sender, EventArgs e)
        {
            timer1.Stop();
        }
    }
}
```

（4）编译运行。

单击工具栏中的"全部保存"按钮，右击 Project9，执行"生成"｜"重新生成"命令，观察"输出"信息窗口，若没有语法错误，则单击工具栏中的"启动"按钮运行程序，程序运行效果如图 9.13 所示。

切换是动态的，文中显示的是静态的，读者可以通过演示程序观察效果。在程序中设置 Interval 的属性值是 1000 毫秒，即 1 秒，读者可以更改此值，观察切换的效果。

2. 日期时间控件(DateTimePicker)

日期时间控件主要用在界面上显示系统当前的时间。日期时间控件常用属性 Format 的功能是设置日期显示格式，共提供 4 种属性值：① Short 属性值，用于设置短日期格式，如 2019/9/1；② Long 属性值，用于设置长日期格式，如 2019 年 9 月 1 日；③ Time 属性值，用于设置仅显示的时间，如 12：00：03；④ Custom 属性值，用于用户自定义显示格式。如果将 Format 属性设置为 Custom 值，则需要通过设置 CustomFormat 属性值来自定义显示日期时间的格式。

【例题 9.10】设计一个 Windows 程序，实现功能：使用定时器控件动态显示日期时间，程序运行效果如图 9.14 所示。

【实现步骤】

(1) 启动 Visual Studio 2019，在已创建的 Capter9 解决方案中添加 Project10 的 Windows 项目。

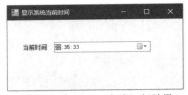

图 9.14　实例 9.10 程序运行效果

(2) 界面设计。

在项目 Project10 的 Form1 窗体上设计 1 个 DateTimePicker 日期时间控件用于显示当前的时间文本，1 个 Label 控件用于显示当前时间，1 个 Timer 定时器控件。各控件对象的属性、属性值设置如表 9.23 所示。

表 9.23　各控件对象的属性、属性值

控件	属性	属性值	控件	属性	属性值
DateTimePicker1	Name	DateTimePicker1	Label1	Text	当前时间
Timer1	Name	Time1	—		

(3) 后台代码设计。

在窗体 Form1 的加载事件中完成对 DateTimePicker1 控件只显示时间的设置和定时器间隔 1 秒的启动设置；定时器的 Tick 事件中重新设置日期时间控件的显示文本，设计代码如下。

```
namespace Project10
{
    public partial class Form1 : Form
    {
        public Form1()
        {
            InitializeComponent();
        }

        private void Form1_Load(object sender, EventArgs e)
        {
            //窗体加载事件中完成日期时间控件中仅显示的时间
            dateTimePicker1.Format = DateTimePickerFormat.Time;
            //设置每隔 1 秒调用定时器的 Tick 事件
            timer1.Interval = 1000;
            timer1.Start();
        }

        private void timer1_Tick(object sender, EventArgs e)
        {
            //重新设置日期时间控件的文本
            dateTimePicker1.ResetText();
        }
    }
}
```

(4) 编译运行。

单击工具栏中的"全部保存"按钮，右击 Project10，执行"生成"│"重新生成"命令，观察

"输出"信息窗口，若没有语法错误，则单击工具栏中的"启动"按钮运行程序，程序运行效果如图 9.14 所示。

3. 日历控件(MonthCalendar)

日历控件用于显示日期，常与文本框联用，将日期控件中选择的日期添加到文本框中。

1) 日历控件的常用属性

(1) MaxDate 属性：指定最大日期，默认是公元 9998 年 12 月 31 日。

(2) MinDate 属性：指定最小日期，默认是公元 1753 年 1 月 1 日。

(3) SelectionRange 属性：指定日期的选择范围，即起始日期和结束日期。

(4) MaxSelectionCount 属性：指定要选择日期的总天数，默认是 7 天。

(5) TadayDate 属性：返回系统当前日期。

2) 日历控件的常用事件

(1) DateChanged 事件：表示当用户选择的日期范围发生改变时触发的事件。

(2) DateSelected 事件：表示当用户选择某个日期或某个范围的日期时触发的事件。

【例题 9.11】设计一个 Windows 程序，实现功能：使用日历控件实现学生入学日期的选择，程序运行效果如图 9.15 所示。

图 9.15　例题 9.11 程序运行效果

【操作步骤】

(1) 启动 Visual Studio 2019，在已创建的 Capter9 解决方案中添加 Project11 的 Windows 项目。

(2) 界面设计。

在项目 Project11 的 Form1 窗体上设计 1 个 MonthCalendar1 日期时间控件，用于显示当前的时间文本；1 个 Label 控件，用于显示入学日期；1 个 Button 按钮控件，用于选择；1 个 TextBox 文本框控件，用于显示选择的日期。各控件对象的属性、属性值设置如表 9.24 所示。

表 9.24　各控件对象的属性、属性值

控件	属性	属性值	控件	属性	属性值
Label1	Text	入学时间	Button1	Name	btnSelect
TextBox1	Name	txtShowDate		Text	选择
MonthCalendar1	Name	monthCalendar1	—		

(3) 后台代码设计。

在窗体 Form1 的加载事件中隐藏日历控件；"选择"按钮单击用于实现显示日历控件；日历控件的日期改变事件实现日期的选择，当日期选择完成后隐藏日历控件，设计代码如下。

```
namespace Project11
{
    public partial class Form1 : Form
    {
        public Form1()
        {
            InitializeComponent();
        }

        private void Form1_Load(object sender, EventArgs e)
        {
            //在窗体加载事件中隐藏日历控件
            monthCalendar1.Hide();
        }

        private void btnSelect_Click(object sender, EventArgs e)
        {
            //选择按钮的单击事件显示日历控件
            monthCalendar1.Show();
        }

        private void monthCalendar1_DateChanged(object sender, DateRangeEventArgs e)
        {
            //日历事件的日期改变事件即选择的日期在文本框中显示
            txtShowDate.Text = monthCalendar1.SelectionStart.ToLongDateString();
            //选择日期完成后需要隐藏日历控件
            monthCalendar1.Hide();
        }

    }
}
```

(4) 编译运行。

单击工具栏中的"全部保存"按钮，右击 Project11，执行"生成"|"重新生成"命令，观察"输出"信息窗口，若没有语法错误，则单击工具栏中的"启动"按钮运行程序，程序运行效果如图9.15所示。

思考：不设计"选择"按钮，而是当鼠标进入文本框或单击文本框，显示日历控件完成日期选择，这种思想更加符合软件开发，请读者自行完成代码设计。

9.2.6 菜单栏和工具栏

在 Windows 窗体应用程序中提供拖曳方式为窗体添加控件，并通过控件所提供的事件和属性完成应用程序的实现。菜单栏和工具栏在 Windows 窗体应用程序中是很常用的，其效果与 Windows 操作系统中的菜单栏和工具栏风格保持一致。

1. 菜单栏

在 Visual Studio 2019 的工具箱中展开"菜单栏和工具栏"控件，可以看出提供了 3 个菜单控件，分别是主菜单(ContextMenuStrip)、上下文菜单(MenuStrip)、状态栏菜单(StatusMenuStrip)。

1) 主菜单(MenuStrip)

MenuStrip 控件提供主菜单控件，常在窗体中显示且在窗体的上方，由 System.Windows.Forms. MenuStrip 类提供。MenuStrip 包含多个不同的菜单项(MenuItem)并可以通过代码动态添加或删除菜单项。MenuStrip 包含以下 4 种类型菜单项。

(1) MenuItem 类型：相当于 Button 按钮的菜单项，通过单击实现某种功能，也可以包含子菜单项，以右三角形的形式表示包含子菜单。

(2) ComboBox 类型：相当于 ComboBox 下拉列表控件，可以在菜单中实现多个可选项的选择。

(3) TextBox 类型：相当于 TextBox 文本框控件，可以在菜单中输入任意的文本。

(4) Separator 类型：菜单项分隔符，以灰色的"—"表示。

菜单项也是控件，可通过设置 BackColor、ForeColor、Font 等属性设置显示外观，使其更具有特色。

不同类型的菜单项有不同的处理事件。MenuItem 类型菜单通过 Click 单击事件完成当前菜单需要执行的操作；ComboBox 类型菜单通过 SelectIndexChanged 索引改变事件判定选择项的处理，同时还提供用户数据的输入和输出；TextBox 类型菜单提供用户数据的输入，也可通过响应 TextChanged、KeyPress 事件实现扩展功能。

【例题 9.12】设计一个 Windows 程序，实现功能：使用主菜单实现学生信息管理系统的主菜单界面设计，程序运行效果如图 9.16 所示。

设计要求：

(1) 主菜单有：用户管理、专业管理、班级管理、学生管理、课程管理、成绩管理、系统管理。

(2) 主菜单"用户管理"的下拉菜单有用户添加、用户修改、用户删除、用户查询。

图 9.16　例题 9.12 程序运行效果

【实现步骤】

(1) 启动 Visual Studio 2019，在已创建的 Capter9 解决方案中添加 Project12 的 Windows 项目。

(2) 界面设计。

在项目 Project12 的 Form1 窗体上设计 1 个主菜单 MenuStrip，在水平方向的第 1 个菜单项中输入"用户管理"，从左向右依次输入"专业管理、班级管理、学生管理、课程管理、成绩管理、系统管理"。在"用户管理"菜单项的垂直方向从上向下依次输入"用户添加、用户修改、用户删除、用户查询"，设置 Form1 窗体 IsMdiContainer 的属性值为 true。

(3) 编译运行。

单击工具栏中的"全部保存"按钮，右击 Project12，执行"生成"|"重新生成"命令，观察"输出"信息窗口，若没有语法错误，则单击工具栏中的"启动"按钮运行程序，程序运行效果如图 9.16 所示。

2) 上下文菜单(ContextMenuStrip)

上下文菜单即右键菜单，是指右击某个控件或窗体时出现的菜单。在 Windows 窗体应用程序中，上下文菜单的设置是直接与控件的 ContextMenuStrip 属性绑定，如在 Windows 操作系统的桌面上右击弹出的菜单。

操作步骤：在工具栏中双击 ContextMenuStrip 控件，在窗体上添加一个 ContextMenuStrip 控件。刚创建的 ContextMenuStrip 控件处于选中状态，当该控件处于隐藏时，单击下方相应的 ContextMenuStrip 选项，即可将其显示出来；为 ContextMenuStrip 控件设计菜单项，设计方法与 MenuStrip 控件相同，只是不必设置主菜单项；选中需要设置上下文菜单的窗体或控件，在其"属性"窗口中，单击 ContextMenuStrip 选项，从弹出的下拉列表中选择所需的 ContextMenuStrip 控件。

【**例题 9.13**】设计一个 Windows 程序，实现功能：使用上下文菜单完成在 Form1 窗体的右击事件中弹出下拉菜单项为"复制""粘贴"，程序运行效果如图 9.17 所示。

图 9.17　例题 9.13 程序运行效果

【**实现步骤**】

(1) 启动 Visual Studio 2019，在已创建的 Capter9 解决方案中添加 Project13 的 Windows 项目。

(2) 界面设计。

在 Form1 窗体上添加一个 ContextMenuStrip 控件，Name 属性值为 ContextMenuStrip1，设置 ContextMenuStrip 的属性值为 ContextMenuStrip1 即绑定。设置 ContextMenuStrip1 菜单中的选项分别是"复制""粘贴"。

(3) 编译运行。

单击工具栏中的"全部保存"按钮，右击 Project13，执行"生成"｜"重新生成"命令，观察"输出"信息窗口，若没有语法错误，则单击工具栏中的"启动"按钮运行程序，程序运行效果如图 9.17 所示。

3) 状态栏菜单(StatusMenuStrip)

在 Windows 应用程序中，状态栏用于在界面中给用户一些提示信息，如登录到一个系统后，在状态栏中显示登录的用户名、系统时间信息等。

2. 工具栏

在软件开发过程中，使用工具栏可以快速执行某些操作，在.NET 类库中提供了 ToolStrip 控件方便实现工具栏界面。工具栏必须依靠在某个窗体上，可以包含多个工具栏项目(ToolStripItem)，不同的项目具有不同的功能和含义。

在.NET 类库，工具栏有以下 8 种类型的项目。

(1) Label 类型：与 Label 控件类似，常在工具栏上提示静态文本。

(2) Button 类型：与 Button 控件类似，常通过鼠标单击事件来引发某个具体的操作。

(3) ComboBox 类型：与 ComboBox 控件类似，常在工具栏上提供一些可选项的选择，并通过 SelectedIndexChanged 事件引发某个具体的操作。

(4) TextBox 类型：与 TextBox 控件相似，常在工具栏上让用户输入数据。

(5) SplitButton 类型：具有同步下拉菜单选项。

(6) DropDownButton 类型：具有下拉菜单的工具栏项目。

(7) ProgressBar 类型：进度条样式工具栏项目，通常在工具栏上进行进度提示。

(8) Separator 类型：工具栏分隔符，以灰色的"｜"表示。

工具栏也是控件，可以通过 Image、BackColor、ForeColor、Font 属性设置其外观，使其更具特色。不同类型的工具栏具有不同的事件需要处理，其中，Button 类型通过 Click 事件完成单击当前菜单需要执行的操作；ComboBox 类型通过处理 SelectedIndexChanged 事件判定选择改变的处理，同时还提供用户数据的输入和输出；TextBox 类型主要提供用户数据的输入，也可通过响应 TextChanged、KeyPress 等事件实现一些扩展功能。

【例题 9.14】设计一个 Windows 程序，实现功能：在例题 9.12 的学生信息管理系统的主菜单界面上设计工具栏，在工具栏上添加一个 Button 类型、ComboBox 类型、DropDownButton 类型，程序运行效果如图 9.18 所示。

图 9.18　例题 9.14 程序运行效果

【实现步骤】

(1) 启动 Visual Studio 2019，在已创建的 Capter9 解决方案中添加 Project14 的 Windows 项目。

(2) 界面设计。

在项目 Project14 的 Form1 窗体上设计 1 个主菜单 MenuStrip，在水平方向的第 1 个菜单项中输入"用户管理"，从左向右依次输入"专业管理、班级管理、学生管理、课程管理、成绩管理、系统管理"。在"用户管理"菜单项的垂直方向从上向下依次输入"用户添加、用户修改、用户删除、用户查询"，设置 Form1 窗体的 IsMdiContainer 的属性值为 true，在主菜单栏下设计工具栏 ToolStrip 控件，在该控件上分别添加 Button 类型、ComboBox 类型、DropDownButton 类型。

(3) 编译运行。

单击工具栏中的"全部保存"按钮，右击 Project14，执行"生成"|"重新生成"命令，观察"输出"信息窗口，若没有语法错误，则单击工具栏中的"启动"按钮运行程序，程序运行效果如图 9.18 所示。

9.2.7　MDI 窗体

在 Windows 窗体应用程序开发过程中，常常在一个窗体中打开另一个窗体，通过窗体上的不同菜单选择不同的操作，这种在一个窗体中打开另一个窗体的方式可以通过设置 MDI 窗体的方式实现。MDI(multiple document interface)窗体称为多文档窗体，是 Windows 应用程序开发中常用的界面设计。MDI 窗体设置方法将窗体的属性 IsMdiContainer 设置为 true 即可。IsMdiContainer 属性设置可在 Windows 窗体的属性窗口中设置，也可以在窗体的加载事件 Load 中设置，还可在窗体类的构造函数中设置，其代码如下。

```
This.IsMdiContainer=true;
```

在 MDI 窗体中，弹出窗体的代码与直接弹出窗体有区别，在使用 Show()方法显示窗体前需要使用窗体的 MdiParent 设置当前窗体的父窗体。例如，在学生信息管理系统中，当用户单击"用户管理"的"添加用户"菜单时，弹出"添加用户"窗体，在该窗体上完成用户信息的添加操作，代码如下。

```
frmAddUser fau = new frmAddUser();    //实例化添加用户窗体对象
fau.MdiParent = this;                 //指示添加用户窗体的父窗体是当前窗体
fau.Show();                           //显示添加用户窗体
```

如果不指定"添加用户"窗体的父窗体是当前学生信息管理的窗体，则"添加用户"窗体就出现在学生信息管理窗体的外部。

【例题 9.15】设计一个 Windows 程序，实现功能：在例题9.12的学生信息管理系统的主菜单界面上设计"用户添加"窗体，要求将学生信息管理系统窗体设置为 MDI 窗体，指示"用户添加"窗体的父窗体是学生信息管理窗体，程序运行效果如图9.19 所示。

图 9.19　例题 9.15 程序运行效果

【实现步骤】

(1) 启动 Visual Studio 2019，在已创建的 Capter9 解决方案中添加 Project15 的 Windows 项目。

(2) 界面设计。

在项目 Project15 的 Form1 窗体上设计 1 个主菜单 MenuStrip，在水平方向的第 1 个菜单项中输入"用户管理"，从左向右依次输入"专业管理、班级管理、学生管理、课程管理、成绩管理、系统管理"。在"用户管理"菜单项的垂直方向从上向下依次输入"用户添加、用户修改、用户删除、用户查询"，设置 Form1 窗体 IsMdiContainer 的属性值为 true。

右击项目 Project15，添加新窗体为"用户添加"，在该窗体上完成用户添加信息的界面设计。

(3) 后台代码设计。

在项目 Project15 的 Form1 窗体界面上双击"用户添加"菜单项，进入后台代码设计，设计代码如下。

```
Namespace Project15
{
public partial class Form1 : Form
{
        public Form1()
        {
            InitializeComponent();
        }

        private void 用户添加 ToolStripMenuItem_Click(object sender, EventArgs e)
        {
            frmAddUser fau = new frmAddUser();
            fau.MdiParent = this;
            fau.Show();
        }
    }
}
```

(4) 编译运行。

单击工具栏中的"全部保存"按钮，右击 Project15，执行"生成"|"重新生成"命令，观察"输出"信息窗口，若没有语法错误，则单击工具栏中的"启动"按钮运行程序。单击主菜单"用户管理"的"用户添加"菜单，程序运行效果如图9.19 所示。

9.2.8　TreeView 控件

TreeView 控件用来显示信息的分级，如同 Windows 中显示的文件和目录。

TreeView 控件中的各项信息都有一个与之相关联的 Node 对象。在实际应用中,利用 TreeView 控件设计树形目录,用于显示分类或具有层次结构的信息。

1. TreeView 控件的结构组成

TreeView 控件有两个重要概念:节点对象和节点集合。TreeView 控件的每个列表项都是一个 Node 对象,可以包括文本和图片。TreeView 控件中的所有 Node 对象构成 Node 集合,集合中的每个节点对象都具有唯一的索引。

2. TreeView 控件的常用属性

TreeView 控件的常用属性如表 9.25 所示。

表 9.25　TreeView 控件的常用属性

属性	功能说明
ImageList	获取或设置包含树节点所用的 Image 对象的 ImageList
ImageIndex	获取或设置树节点显示的默认图像的图像列表索引值
Indent	获取或设置每个树节点级别的缩进距离
LabelEdit	获取或设置一个值,用于指示是否可编辑树节点的标签文本。有两个值 0 和 1,0 表示自动编辑标签,1 表示手动编辑标签
ShowLines	获取或设置一个值,用于指示是否在树视图控件中树节点之间绘制连线,有两个值 false 和 true,用于设置是否显示出线条
ShowRootLines	获取或设置一个值,用于指示是否在树视图根处的树节点之间绘制连线,有两个值 false 和 true,用于设置是否显示出线条
Nodes	用于获取给树视图控件的树节点集合
TopNodes	用于获取树视图控件中第一个完全可见的树节点
PathSeperator	获取或设置树节点路径所使用的分隔符串,默认下设置为 "\"

3. TreeView 控件的常用方法

TreeView 控件的常用方法有:加入子节点、加入兄弟节点、删除节点、展开所有节点、展开选定节点的下一级节点、折叠所有节点。

1) 加入子节点——Add()方法

子节点是处于选定节点的下一级节点。实现步骤:首先在 TreeView 控件中定位要加入的子节点位置;其次创建一个节点对象;最后运用 TreeView 类中对节点的 Add()方法加入此节点对象,其实现代码如下。

```
TreeNode selectNode = this.treeView1.SelectedNode;
if (selectNode == null)
    {
            MessageBox.Show("添加节点前必须选中一个节点", "提示信息");
            return;
    }
TreeNode newNode = new TreeNode("节点显示内容" );
selectNode.Nodes.Add(newNode);
```

2) 加入兄弟节点——Add()方法

兄弟节点是指与选定节点平级的节点。加入兄弟节点的方法与加入子节点的方法基本相同，只是最后一步有所区别。加入兄弟节点的代码如下。

```csharp
TreeNode selectNode = this.treeView1.SelectedNode;
if (selectNode == null)
    {
        MessageBox.Show("添加子节点前必须选中一个节点", "提示信息");
        return;
    }
TreeNode newNode = new TreeNode("节点显示内容" );
selectNode.Nodes.Add(newNode);
```

3) 删除节点——Remove()方法

删除节点是指删除 TreeView 控件中选定的节点，删除节点可以是子节点，也可以是兄弟节点，无论是子节点还是兄弟节点，在删除前必须保证该节点没有下一级节点，否则必须先删除此节点的下一级节点，然后再删除此节点。删除 TreeView 控件中节点的代码如下。

```csharp
TreeNode selectedNode = this.treeView1.SelectedNode;
if (selectedNode == null)
    {
        MessageBox.Show("删除节点前必须选中一个节点", "提示信息");
        return;
    }
TreeNode parentNode = selectedNode.Parent;
if (parentNode == null)
    {
        this.treeView1.Nodes.Remove(selectedNode);
    }
else
    {
        parentNode.Nodes.Remove(selectedNode);
    }
```

4) 展开所有节点——ExpandAll()方法

如果要展开 TreeView 控件中的所有节点，首先要把选定的节点指针定位于 TreeView 控件的根节点上，然后调用选定控件的 ExpandAll()方法，实现代码如下。

```csharp
treeView1.SelectedNode = treeView1.Nodes[0];
treeView1.SelectedNode.ExpandAll();
```

5) 展开选定节点的下一级节点——Expand()方法

由于只是展开下一级节点，所以只需要调用 Expand()方法即可，实现代码如下。

```csharp
treeView1.SelectedNode.Expand();
```

6) 折叠所有节点—— Collapse()方法

折叠所有节点时首先选定根节点，然后调用选定控件的 Collapse()方法，实现代码如下。

```csharp
treeView1.SelectedNode = treeView1.Nodes[0];
treeView1.SelectedNode.Collapse();
```

4. TreeView 控件的常用事件

TreeView 控件的常用事件如表 9.26 所示。

表 9.26　TreeView 控件的常用事件

事件	功能说明
AfterLabelEdit	在编辑树节点标签文本后发生
BeforeLabelEdit	在编辑树节点标签文本前发生
AfterSelect	在选定树节点标签后发生
AfterExpend	在展开树节点后发生

除上述事件外，还有 Click 事件和 DoubleClick 事件。

【例题 9.16】设计一个 Windows 程序，实现功能：运用 TreeView 控件创建一个学校的学院、专业和班级分层的树形结构，程序运行效果如图 9.20 所示、

要求如下：

能动态添加学院信息(如信息工程学院、经济管理学院)、在学院信息节点下能动态添加专业信息(如信息工程学院节点下有计算机科学与技术专业、软件工程专业、电子信息工程专业)、在专业信息节点下能动态添加班级信息

图 9.20　例题 9.16 程序运行效果

(如计算机科学与技术专业节点下有 19 计科本 1、19 计科本 2、19 计网专 1、19 计网专 2)；能删除学院、专业和班级节点信息。

【操作步骤】

(1) 启动 Visual Studio 2013，在已创建的 Capter9 解决方案中添加 Project16 的 Windows 项目。

(2) 界面设计。

在项目 Project16 的 Form1 窗体上设计 1 个 TreeView 控件；3 个 TextBox 控件，分别实现学院、专业、班级的输入；5 个 Button 控件，分别实现添加学院、添加专业、添加班级、删除节点、清空按钮单击功能。各控件对象的属性、属性值设置如表 9.27 所示。

表 9.27　各控件对象的属性、属性值

控件	属性	属性值	控件	属性	属性值
TreeView1	Name	treeView1	Button3	Name	btnAddClass
TextBox1	Name	txtRoot		Text	添加班级
TextBox2	Name	txtChild	Button4	Name	btnDelete
TextBox3	Name	txtAddClass		Text	删除节点
Button1	Name	btnAddRoot	Button5	Name	btnClear
	Text	添加学院		Text	清空节点
Button2	Name	btnAddChild		—	
	Text	添加专业			

(3) 后台代码设计。

在 Project16 窗体的"添加学院"按钮单击事件中,构造节点的显示内容并激活 TreeView 控件;"添加专业"按钮单击事件中首先判断"添加学院"节点是否为空,若为空,则弹出添加子节点之前必须选中一个节点即添加的学院,否则添加专业子节点、展开添加的专业子节点并激活 TreeView 控件;"添加班级"按钮单击事件与"添加专业"按钮单击事件相似;"删除节点"按钮单击事件首先判断选定删除节点是否为空,若为空,则弹出提示信息,否则判断选定删除节点是否是父节点,若不是父节点,则直接删除,若是父节点,则将父节点连同其子节点一起删除。设计代码如下。

```csharp
namespace Project16
{
    public partial class Form1 : Form
    {
        public Form1()
        {
            InitializeComponent();
        }
        //添加学院按钮的单击事件代码
        private void btnAddRoot_Click(object sender, EventArgs e)
        {
            //构造节点显示内容
            TreeNode newNode = new TreeNode(this.txtRoot .Text );
            this.treeView1.Nodes.Add(newNode);
            this.treeView1.Select();
        }
        //添加专业按钮的单击事件代码
        private void btnAddChild_Click(object sender, EventArgs e)
        {
            TreeNode selectNode = this.treeView1.SelectedNode;
            if (selectNode == null)
            {
                MessageBox.Show("添加子节点前必须选中一个节点", "提示信息");
                return;
            }
            TreeNode newNode = new TreeNode(this.txtChild .Text );
            selectNode.Nodes.Add(newNode);
            selectNode.Expand();
            this.treeView1.Select();
        }

        private void btnAddClass_Click(object sender, EventArgs e)
        {
            //添加班级按钮单击事件代码
            TreeNode selectNode = this.treeView1.SelectedNode;
            if (selectNode == null)
            {
                MessageBox.Show("添加子节点前必须选中一个节点", "提示信息");
                return;
            }
            TreeNode newNode = new TreeNode(this.txtAddCalss.Text);
            selectNode.Nodes.Add(newNode);
```

```
            selectNode.Expand();
            this.treeView1.Select();
        }

        private void btnDelete_Click(object sender, EventArgs e)
        {
            //删除节点按钮的单击事件代码
            TreeNode selectedNode = this.treeView1.SelectedNode;
            if (selectedNode == null)
            {
                MessageBox.Show("删除节点前必须选中一个节点", "提示信息");
                return;
            }
            TreeNode parentNode = selectedNode.Parent;
            if (parentNode == null)
            {
                this.treeView1.Nodes.Remove(selectedNode);
            }
            else
            {
                parentNode.Nodes.Remove(selectedNode);
            }
            this.treeView1.Select(); //激活 treeView1 树形控件
        }

        private void btnClear_Click(object sender, EventArgs e)
        {
            treeView1.Nodes.Clear();
        }
    }
}
```

(4) 编译运行。

单击工具栏中的"全部保存"按钮，右击 Project16，执行"生成"｜"重新生成"命令，观察"输出"信息窗口，若没有语法错误，则单击工具栏中的"启动"按钮运行程序，程序运行效果如图 9.20 所示。

9.3　Windows 窗体中的对话框控件

Windows 窗体应用程序中提供了对话框控件，用于在 Windows 窗体中弹出对话框直接操作窗体中的元素，主要有字体对话框、文件对话框、颜色选择对话框。

9.3.1　字体对话框

字体对话框用于设置在界面上显示的字体，与 Windows 中字体的效果类似，能够设置字体的大小及显示的字体样式。字体对话框通过 FontDialog 字体对话框控件来实现。

【例题 9.17】设计一个 Windows 程序，实现功能：使用字体对话框实现对文本框输入的文本信息进行字体设置，程序运行效果如图 9.21 所示。

图 9.21　例题 9.17 程序运行效果

【实现步骤】

(1) 启动 Visual Studio 2019，在已创建的 Capter9 解决方案中添加 Project17 的 Windows 项目。

(2) 界面设计。

在项目 Project17 的 Form1 窗体上设计 1 个 TextBox 文本框对象并能多行显示输入的文本，一个设置文本框中字体的 Button 按钮对象。各控件对象的属性、属性值设置如表 9.28 所示。

表 9.28　各控件对象的属性、属性值

控件	属性	属性值	控件	属性	属性值
TextBox1	Name	txtFont	Button1	Name	btnSetFont
	Multiline	true		Text	设置字体
FontDialog	Name	fontDialog1	—		

(3) 后台代码设计。

在 Project17 的 Form1 窗体上双击"设置字体"按钮，进入"设置字体"按钮的单击事件后台代码设计界面，设计代码如下。

```
namespace Project17
{
    public partial class Form1 : Form
    {
        public Form1()
        {
            InitializeComponent();
        }

        private void btnSetFont_Click(object sender, EventArgs e)
        {
            //显示字体对话框
            DialogResult dr = fontDialog1.ShowDialog();
            //如果在字体对话框中单击"确定"按钮，则更改 txtFont 文本框中输入的字体设置
            if (dr == DialogResult.OK)
            {
                txtFont.Font = fontDialog1.Font;
            }
        }
    }
}
```

(4) 编译运行。

单击工具栏中的"全部保存"按钮，右击 Project17，执行"生成"|"重新生成"命令，观察"输出"信息窗口，若没有语法错误，则单击工具栏中的"启动"按钮运行程序，程序运行效果如图9.21 所示。

9.3.2　文件对话框

打开文件对话框和保存文件对话框是常用的对话框，C#语言中提供了打开文件对话框和保存文件对话框类的操作。

1. 打开文件对话框

在C#语言中打开文件对话框的创建是通过命名空间 System.Windows.Forms 中的 OpenFileDialog 类实现的，创建一个打开文件对话框对象的代码如下。

OpenFileDialog openFileDialog1 = new OpenFileDialog();

打开文件对话框控件的属性如表 9.29 所示。

表 9.29　打开文件对话框控件的属性

属性	功能说明
InitialDirectory	设置在对话框中显示的初始化目录
Filter	设定对话框中的过滤字符串
FilterIndex	设定显示的过滤字符串的索引
RestoreDirectoy	bool 类型，设定是否重新回到关闭此对话框时的当前目录
FileName	设定在对话框中选择的文件名称
ShowHelp	设定在对话框中是否显示"帮助"按钮
Title	设定对话框的标题

打开文件对话框控件的常用事件有以下两个。

(1) FileOk 事件：指当用户单击"打开"或"保存"按钮时要处理的事件。

(2) HelpRequest 事件：指当用户单击"帮助"按钮时要处理的事件。

【例题 9.18】设计一个 Windows 程序，实现功能：运用打开文件对话框实现打开文件弹出的消息框，程序运行效果如图 9.22 所示。

【实现步骤】

(1) 启动 Visual Studio 2019，在已创建的 Capter9 解决方案中添加 Project18 的 Windows 项目。

(2) 界面设计。

在项目 Project18 的 Form1 窗体上设计 1 个主菜

图 9.22　例题 9.18 程序运行效果

单 MenuStrip 控件，菜单名为"文件"，其垂直菜单设计为"打开""保存"，设计一个文件打开对话框 OpenFileDialog 控件并设置相关属性。各控件对象的属性、属性值设置如表 9.30 所示。

表 9.30   各控件对象的属性、属性值

控件	属性	属性值
MenuStrip1	Name	menuStrip1
OpenFileDialog1	FileName	openFileDialog1
	Filter	Text File(*.txt)|*.txt|word(*.docx)|*.docx|All File(*.*)|*.*
	FilterIndex	2

(3) 后台代码设计。

在项目 Project18 的 Form1 窗体上双击"打开"菜单，进入"打开"菜单的代码编辑界面，设计代码如下。

```
namespace Project18
{
    public partial class Form1 : Form
    {
        public Form1()
        {
            InitializeComponent();
        }

        private void 打开 ToolStripMenuItem_Click(object sender, EventArgs e)
        {
            if (openFileDialog1.ShowDialog() == DialogResult.OK)
            {
                MessageBox.Show("选择要打开的文件\n" + openFileDialog1.FileName, "打开文件",
                MessageBoxButtons.OK, MessageBoxIcon.Information);
            }
        }
    }
}
```

(4) 编译运行。

单击工具栏中的"全部保存"按钮，右击 Project18，执行"生成"|"重新生成"命令，观察"输出"信息窗口，若没有语法错误，则单击工具栏中的"启动"按钮运行程序。在某应用程序界面中单击"文件"|"打开"菜单，弹出"打开文件"对话框，选定要打开的文件，单击"确定"按钮，弹出消息框，程序运行效果如图 9.22 所示。

2. 保存文件对话框

在 C#语言中，保存文件对话框的创建是通过命名空间 System.Windows.Forms 中的 SaveFileDialog 类实现的。创建保存文件对话框对象的代码如下。

```
SaveFileDialog saveFileDialog1 = new SaveFileDialog();
```

保存文件对话的常用属性如表 9.31 所示。

表 9.31　保存文件对话框的常用属性

属性	功能说明
InitialDirectory	设置在对话框中显示的初始化目录
Filter	设定对话框中的过滤字符串
FilterIndex	设定显示的过滤字符串的索引
RestoreDirectoy	bool 类型，设定是否重新回到关闭此对话框时的当前目录
FileName	设定在对话框中选择的文件名称
ShowHelp	设定在对话框中是否显示"帮助"按钮
Title	设定对话框的标题

保存文件对话框 SaveFileDialog 控件的常用事件有以下两个。

(1) FileOk 事件：指当用户单击"打开"或"保存"按钮时要处理的事件。

(2) HelpRequest 事件：指当用户单击"帮助"按钮时要处理的事件。

【实例 9.19】设计一个 Windows 程序，实现功能：运用打开文件对话框控件、保存文件对话框控件实现文件的打开和保存，程序运行效果如图 9.23 所示。

设计要求：在窗体的 RichTextBox 控件中编写文件内容，单击窗体程序中的"文件"|"保存"菜单，弹出"保存"文件对话框，输入保存文件名为 1，选择保存文件路径，单击"保存"对话框中的"保存"按钮实现对编辑的文件内容的保存操作；单击窗体程序中的"文件"|"打开"菜单，将编辑的文件内容打开在 RichTextBox 控件中。

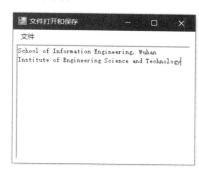

图 9.23　例题 9.19 程序运行效果

【实现步骤】

(1) 启动 Visual Studio 2019，在已创建的 Capter9 解决方案中添加 Project19 的 Windows 项目。

(2) 界面设计。

在项目 Project19 的 Form1 窗体上设计 1 个主菜单 MenuStrip 控件，菜单名为"文件"，其垂直菜单设计为"打开""保存"；设计一个文件打开对话框 OpenFileDialog 控件并设置相关属性，设计一个保存文件对话框 SaveFileDialog 控件并设置相关属性；设计一个多行文本编辑 RichTextBox 控件。各控件对象的属性、属性值设置如表 9.32 所示。

表 9.32　各控件对象的属性、属性值

控件	属性	属性值
MenuStrip1	Name	menuStrip1
OpenFileDialog1	FileName	openFileDialog1
SaveFileDialog1	FileName	saveFileDialog1
RichTextBox1	Name	rtbText

(3) 后台代码设计。

在项目 Project19 的 Form1 窗体上双击"打开"菜单，进入"打开"菜单的代码编辑界面；在项目 Project19 的 Form1 窗体上双击"保存"菜单，进入"保存"菜单的代码编辑界面。设计代码如下。

```
namespace Project19
{
    public partial class Form1 : Form
    {
        public Form1()
        {
            InitializeComponent();
        }

        private void 打开 ToolStripMenuItem_Click(object sender, EventArgs e)
        {
            DialogResult dr = openFileDialog1.ShowDialog();
            //获取打开文件的文件名
            string fileName = openFileDialog1.FileName;
            //判断对话框的返回值与对话框的确定值及打开的文件名不为空是否相等
            if (dr == DialogResult.OK && !string.IsNullOrEmpty(fileName))
            {
                rtbText.LoadFile(fileName, RichTextBoxStreamType.PlainText);
            }
        }

        private void 保存 ToolStripMenuItem_Click(object sender, EventArgs e)
        {
            DialogResult dr = saveFileDialog1.ShowDialog();
            //获取所保存文件的文件名
            string fileName = saveFileDialog1.FileName;
            if (dr == DialogResult.OK && !string.IsNullOrEmpty(fileName))
            {
                rtbText.SaveFile(fileName, RichTextBoxStreamType.PlainText);
            }
        }
    }
}
```

(4) 编译运行。

单击工具栏中的"全部保存"按钮，右击 Project19，执行"生成"|"重新生成"命令，观察"输出"信息窗口，若没有语法错误，则单击工具栏中的"启动"按钮运行程序。在文件打开和保存界面中单击"文件"|"保存"菜单，将编辑内容的文件保存到指定位置中，再执行"文件"|"打开"菜单，将保存的文件内容打开，程序运行效果如图 9.23 所示。

9.3.3 颜色选择对话框

颜色选择对话框也是常用的对话框，用来选取并返回颜色。颜色选择对话框分左右两个部分，左部分显示基本颜色和自定义颜色，右部分用来编辑自定义颜色。

在 C#语言中，颜色选择对话框的创建是通过命名空间 System.Windows.Forms 中的 ColorDialog 类实现的。

创建颜色对话框对象的代码如下。

ColorDialog colorDialog1 = new ColorDialog();

颜色对话框的常用属性如表 9.33 所示。

表9.33 颜色对话框的常用属性

属性	功能说明
AllowFullOpen	bool 类型，设定用户是否可以使用自定义颜色
FullOpen	bool 类型，设定对话框打开时是否显示右部分的编辑自定义颜色部分，true 为显示，false 为不显示
Color	Color 类型，设定对话框选择的颜色
CustomColor	int 数组，设定对话框显示的自定义颜色，数组中的每个元素即为一个颜色值

【例题 9.20】设计一个 Windows 程序，实现功能：运用颜色选择对话框完成文本编辑框中字体颜色的设置，程序运行效果如图 9.24 所示。

图 9.24 例题 9.20 程序运行效果

【实现步骤】

(1) 启动 Visual Studio 2019，在已创建的 Capter9 解决方案中添加 Project20 的 Windows 项目。

(2) 界面设计。

在项目 Project20 的 Form1 窗体上设计 1 个 RichTextBox 文本框编辑对象，1 个 Button 按钮对象。各控件对象的属性、属性值设置如表 9.34 所示。

表9.34 各控件对象的属性、属性值

控件	属性	属性值
RichTextBox1	Name	rtbText
Button1	Name	btnSetColor
	Text	设置字体颜色

(3) 后台代码设计。

在项目 Project20 的 Form1 窗体上双击"设置字体颜色"按钮，进入"设置字体颜色"代码编辑区，设置代码如下。

```
namespace Project20
{
    public partial class Form1 : Form
    {
        public Form1()
        {
            InitializeComponent();
        }

        private void btnSetColor_Click(object sender, EventArgs e)
        {
```

```
//显示颜色对话框
DialogResult dr = colorDialog1.ShowDialog();
//选中颜色，单击"确定"按钮，可改变文本框中的颜色
if (dr == DialogResult.OK)
{
        rtbText.ForeColor = colorDialog1.Color;
}

    }
  }
}
```

(4) 编译运行。

单击工具栏中的"全部保存"按钮，右击 Project20，执行"生成"|"重新生成"命令，观察"输出"信息窗口，若没有语法错误，则单击工具栏中的"启动"按钮运行程序，程序效果如图 9.24 所示。

9.4 窗体之间的数据交互

一个软件系统通常是由一个父窗体和若干个子窗体构成，父窗体与子窗体(弹出窗体)之间会发生数据交互。有时父窗体需要将数据传递到弹出窗体，有时弹出窗体数据修改后需要把新数据返回父窗体。父窗体与弹出窗体之间的数据交互通过属性、方法、事件实现。

(1) 属性：弹出窗体通过读写属性将数据传递到父窗体，接收父窗体数据。

(2) 方法：弹出窗体通过构造函数或方法将数据传递到父窗体，接收父窗体数据。

(3) 事件：弹出窗体通过事件的方式通知父窗体有数据需要进行交互。

9.4.1 通过属性实现窗体之间的数据交互

通过在弹出窗体中添加读写属性实现窗体之间的数据交互。具体实现步骤通过例题 9.21 进行说明。

【例题 9.21】设计一个 Windows 程序，实现功能：通过属性实现用户登录窗体与学生成绩管理系统主界面窗体之间用户信息数据传递，程序运行效果如图 9.25 所示。

设计要求：在 frmLogin 窗体中实现用户登录(登录窗体界面有学号、姓名、密码、登录按钮、退出按键)，登录成功后将学号、姓名信息在学生成绩管理系统 frmMain 主界面窗体中显示出来。

图 9.25　例题 9.21 程序运行效果

【实现步骤】

(1) 启动 Visual Studio 2019，在已创建的 Capter9 解决方案中添加 Project21 的 Windows 项目。

（2）界面设计。

在 frmLogin 窗体上设计 3 个 Label 标签对象，3 个 TextBox 文本框对象，2 个 Button 按钮对象。各控件对象的属性、属性值设置如表 9.35 所示。

表9.35　各控件对象的属性、属性值

控件	属性	属性值	控件	属性	属性值
Label1	Text	学号	TextBox1	Name	txtStuNo
Label2	Text	姓名	TextBox2	Name	txtStuName
Label3	Text	密码	TextBox3	Name	pwd
Button1	Text	登录		PasswordChar	*
	Name	btnLogin	Button2	Text	退出
—				Name	btnExit

在项目 Project21 的 frmMain 窗体上设计 1 个主菜单 MenuStrip，在水平方向的第 1 个菜单项中输入"用户管理"，从左向右依次输入"专业管理、班级管理、学生管理、课程管理、成绩管理、系统管理"。设置 frmMain 窗体的 IsMdiContainer 属性值为 true。在 frmMain 窗体的底部设计 1 个 Label 标签对象并设置相关属性。

（3）后台代码设计。

在项目 Project21 的 frmLogin 窗体界面双击"登录"按钮，进入"登录"按钮的代码编辑区，设计代码如下。

```
namespace Project21
{
    public partial class frmLogin : Form
    {
        public frmLogin()
        {
            InitializeComponent();
        }

        private void btnLogin_Click(object sender, EventArgs e)
        {
            //实例化 frmMain 学生成绩管理系统窗体对象
            frmMain fm = new frmMain();
            //假设用户登录的学生的学号是 2330190101，姓名是陈伟，密码是 123456
            string stuNo = txtStuNo.Text;
            string stuName = txtStuName.Text;
            string pwd = txtPwd.Text;
            if (stuNo == "2330190101" && stuName == "陈伟" && pwd == "123456")
            {
                //使用属性实现窗体间的数据传递
                fm.stuNo = stuNo.ToString();
                fm.stuName = stuName.ToString();
                //登录成功，显示学生成绩管理系统窗体
                fm.Show(); ;
            }
        }
```

```
            }
        }
```

在 frmMain 窗体定义学号、姓名读写属性，在 frmMain 窗体的加载事件中显示学号、姓名信息，设计代码如下。

```
namespace Project21
{
    public partial class frmMain : Form
    {
        public frmMain()
        {
            InitializeComponent();
        }
        private string _stuNo;
        private string _stuName;
        //学号、姓名属性
        public string stuNo
        {
            get { return this._stuNo; }
            set { this._stuNo = value; }
        }
        public string stuName
        {
            get { return this._stuName; }
            set { this._stuName = value; }
        }
        //frmMain 窗体加载事件
        private void frmMain_Load(object sender, EventArgs e)
        {
            lblShow.Text = "欢迎学号是：" + this._stuNo + "姓名是：" + this._stuName + "同学";
        }
    }
}
```

(4) 编译运行。

单击工具栏中的"全部保存"按钮，右击 Project21，执行"生成"|"重新生成"命令，观察"输出"信息窗口，若没有语法错误，则单击工具栏中的"启动"按钮运行程序，程序运行效果如图9.25 所示。

9.4.2 窗体构造函数实现窗体之间的数据交互

通过在弹出窗体中重载弹出窗体的构造函数来实现两个窗体之间的数据交互。具体实现步骤通过例题 9.22 来说明。

【例题 9.22】设计一个 Windows 程序，实现功能：运用窗体构造函数实现用户登录窗体与学生成绩管理系统主界面窗体之间用户信息数据传递，程序运行效果如图9.26 所示。

设计要求：在 frmLogin 窗体中实现用户登录(登录窗体界面有学号、姓名、密码、登录按钮、退出按键)，登录成功后将学号、姓名信息在学生成绩管理系统 frmMain 主界面窗体中显示出来。

图 9.26　例题 9.22 程序运行效果

【实现步骤】

(1) 启动 Visual Studio 2019，在已创建的 Capter9 解决方案中添加 Project22 的 Windows 项目。

(2) 界面设计。

在 frmLogin 窗体上设计 3 个 Label 标签对象，3 个 TextBox 文本框对象，2 个 Button 按钮对象。各控件对象的属性、属性值设置如表 9.36 所示。

表 9.36　各控件对象的属性、属性值

控件	属性	属性值	控件	属性	属性值
Label1	Text	学号	TextBox1	Name	txtStuNo
Label2	Text	姓名	TextBox2	Name	txtStuName
Label3	Text	密码	TextBox3	Name	pwd
Button1	Text	登录		PasswordChar	*
	Name	btnLogin	Button2	Text	退出
	—			Name	btnExit

在项目 Project22 的 frmMain 窗体上设计 1 个主菜单 MenuStrip，在水平方向的第 1 个菜单项中输入"用户管理"，从左向右依次输入"专业管理、班级管理、学生管理、课程管理、成绩管理、系统管理"。设置 frmMain 窗体的 IsMdiContainer 的属性值为 true。在 frmMain 窗体的底部设计 1 个 Label 标签对象并设置相关属性。

(3) 后台代码设计。

在项目 Project22 的 frmLogin 窗体界面双击"登录"按钮，进入"登录"按钮的代码编辑区，设计代码如下。

```
namespace Project22
{
    public partial class frmLogin : Form
    {
        public frmLogin()
        {
            InitializeComponent();
        }

        private void btnLogin_Click(object sender, EventArgs e)
        {
            //分别定义学号、姓名、密码字符串变量接收前台文本框中的值
            string stuNo = txtStuNo.Text;
            string stuName = txtStuName.Text;
            string pwd = txtPwd.Text;
```

```
//假定学号是 2330190101，姓名是陈伟，密码是 123456
if (stuNo == "2330190101" && stuName == "陈伟" && pwd == "123456")
{
    //通过学生成绩管理系统窗体构造函数实现参数学号、姓名数据传递
    frmMain fm = new frmMain(stuNo, stuName);
    fm.Show();
}
    }
  }
}
```

在项目 Project22 的 frmMain 窗体的构造函数中设计显示用户登录窗体中的学号、姓名信息，设计代码如下。

```
namespace Project22
{
    public partial class frmMain : Form
    {
        public frmMain(string No,string Name)
        {
            InitializeComponent();
            this.lblShow.Text = "欢迎学号：" + No + "姓名：" + Name + "同学访问本系统";
        }
    }
}
```

(4) 编译运行。

单击工具栏中的"全部保存"按钮，右击 Project22，执行"生成"|"重新生成"命令，观察"输出"信息窗口，若没有语法错误，则单击工具栏中的"启动"按钮运行程序。程序效果如图 9.26 所示。

习题 9

一、选择题

(1) Windows 窗体程序最基本单元是(　　)。

　　A. 窗体　　　　　　B. 对象　　　　　　C. 控件　　　　　　D. 以上都是

(2) 窗体是一个容器，在窗体上可以设置相应的控件，窗体继承(　　)类。

　　A. Form 类　　　　B. MessageBox 类　　C. Control 类　　　D. object 类

(3) 设置窗体标题文本的属性是(　　)。

　　A. Name 属性　　　B. Text 属性　　　　C. Font 属性　　　　D. Icon 属性

(4) 设置窗体标题图标的属性是(　　)。

　　A. Name 属性　　　B. Text 属性　　　　C. Font 属性　　　　D. Icon 属性

(5) 设置窗体无标题、无最大化、无最小化、无关闭按钮的属性是(　　)并设置其属性值为 none。

　　A. FormBorderStyle 属性　　　　　　　B. MaximizeBox 属性

　　C. MinimizeBox 属性　　　　　　　　　D. 以上都 是

(6) 设置窗体运行位置在屏幕中央的属性及属性值是(　　)。

　　A. Size 500,500

　　B. StartPosition　CenterSccreen

　　C. StartPosition　CenterParent

　　D. IsMdiContainer Ture

(7) 设置窗体为 MDI 容器窗体的属性及属性值是(　　)。

　　A. IsMdiContainer Ture

　　B. IsMdiContainer False

　　C. StartPosition　CenterSccreen

　　D. StartPosition　CenterParent

(8) 在多窗体的应用程序中,分别添加 frmMain 窗体、添加 frmStudent 窗体,当前窗体是 frmMain,从当前窗体显示 frmStudent 窗体的语句是(　　)。

　　A. frmStudent fs=new frmStudent(); fs.Show()

　　B. frmMain fm=new frmMain(); fm.Show();

　　C. frmStudent fs=new frmStudent();fs.Hide();

　　D. frmMain fm=new frmMain(); fm.Hide();

(9) 在多窗体的应用程序中,添加 frmMain 窗体、添加 frmStudent 窗体,当前窗体是 frmMain,从当前窗体显示 frmStudent 窗体,隐藏 frmMain 窗体的语句是(　　)。

　　A. frmStudent fs=new frmStudent(); fs.Show()

　　B. frmMain fm=new frmMain(); fm.Show();

　　C. frmStudent fs=new frmStudent();fs.Hide();

　　D. frmMain fm=new frmMain(); fm.Hide();

(10) 所有的窗体控件都继承于(　　)。

　　A. System.Windows.Forms.Control

　　B. System.Windows.Forms

　　C. System.Windows

　　D. System

(11) 在文本框(TextBox)控件中,将其设置为多行文本输入或输出的属性是(　　)。

　　A. Name 属性　　B. Multiline 属性　　C. ReadOnly 属性　　D. PasswordChar 属性

(12) 在同一窗体中添加了 4 个 RadioButton 控件分别是 RadioButton1、RadioButton2、RadioButton3、RadioButton4,其中 RadioButton4 被选中的语句是(　　)。

　　A. RadioButton1.Checked=false

　　B. RadioButton2.Checked

　　C. RadioButton3.Checked=false

　　D. RadioButton4.Checked=true

二、填空题

(1) 语句 DialogResult Show(string text,string caption, MessageBoxButtons buttons, MessageBoxIcon icon)参数 text 的含义是_____;参数 caption 的含义是_____;参数 buttons 的含义是_____;参数 icon 的含义是_____。

(2) 用户添加的所有窗体的父窗体是_____窗体,添加一个窗体程序实质是用户自定义一个类。

(3) 窗体与窗体之间数据交换方式有_____和_____。

(4) MDI 窗体设置方法将窗体的属性_____设置为 true。

第 10 章
文件和流

在程序设计过程中所用到的常量和变量的值通常是保存在内存中，当程序运行结束后所使用的数据全部被删除。如果需要长久保存程序设计中的数据，可选用文件或数据库形式来存储。文件通常存放在计算机硬盘中，可以是文本文件、Word 文档、图片等形式。C#语言中提供了相应的类来直接在程序中实现对文件的创建、移动、读取等操作。

10.1　文件操作

文件操作类在 System.IO 命名空间下，主要有：①DriveInfo 类，提供查看计算机驱动器的信息；②Directory 类，提供静态方法操作计算机的文件目录；③DirectoryInfo 类，提供实例方法操作计算机的文件目录；④File 类，提供静态方法操作计算机的具体文件；⑤FileInfo 类，提供实例方法操作计算机的具体文件；⑥Path 类，其是静态类，用于验证文件路径、文件名等字符串类型的值。

10.1.1　查看计算机硬盘驱动器信息

查看计算机硬盘驱动器的信息主要是磁盘空间、磁盘文件格式、磁盘卷标。查看计算机硬盘驱动器的操作通过 DriveInfo 类实现。

DriveInfo 类是密封类，不能被继承，仅提供一个构造函数，DriveInfo 类的构造函数形式如下。

```
public DriveInfo(string driveName);
```

其中：参数 driveName 是指驱动器路径或驱动器号，参数若是 Null 值则是无效的。创建 DriveInfo 类的磁盘盘符是 D 硬盘驱动器实例的对象代码如下。

```
DriveInfo driveInfo=new DriveInfo("d");
```

通过 driveInfo 对象能获取硬盘驱动器的信息，包括硬盘名称、硬盘的格式化信息等。

1. DriveInfo 类的常用属性

DriveInfo 类的常用属性如表 10.1 所示。

表 10.1　DriveInfo 类的常用属性

属性	功能说明
AvailableFreeSpace	只读属性，获取驱动器上的可用空闲空间量(以字节为单位)
DriveFormat	只读属性，获取文件系统格式的名称，如 NTFS 或 FAT32
DriveType	只读属性，获取驱动器的类型，如可移动驱动器、CD-ROM
IsReady	只读属性，获取一个指示驱动器是否已准备好的值，true 为准备好了，false 为未准备好
Name	只读属性，获取驱动器的名称
RootDirectory	只读属性，获取驱动器的根目录
TotalFreeSpace	只读属性，获取驱动器上的可用空闲空间量(以字节为单位)
TotalSize	只读属性，获取驱动器上存储空间的总大小(以字节为单位)
VolumeLabel	只读属性，获取驱动器的卷标

2. DriveInfo 类的常用方法

DriveInfo 类的常用方法为 DriveInfo[] GetDrives()静态方法，可用于检索计算机上所有逻辑驱动器的驱动器名称。

【例题 10.1】设计一个 Windows 程序，实现功能：运用 DriveInfo 类查看本地计算机 D 磁盘的磁盘名称、磁盘类型、磁盘文件格式、磁盘可用空间、磁盘总空间，程序运行效果如图 10.1 所示。

图 10.1　例题 10.1 程序运行效果

【实现步骤】

(1) 启动 Visual Studio 2019，在已创建的 Capter10 解决方案中添加 Project1 的 Windows 项目。

(2) 界面设计。

在项目 Project1 的 Form1 窗体上设计 1 个 Label 标签对象、1 个 Button 按钮对象。各控件对象的属性、属性值设置如表 10.2 所示。

表 10.2　各控件对象的属性、属性值

控件	属性	属性值	控件	属性	属性值
Label1	Name	lblShow	Button1	Name	btnDisplay
	AutoSize	false		Text	显示磁盘信息
	BorderStyle	Fixed3D		—	
	Text	空			

(3) 后台代码设计。

在 Project1 项目的窗体界面中双击"显示磁盘信息"按钮，进入"显示磁盘信息"按钮的 Click 事件代码编辑区。设计代码如下。

```
namespace Project1
{
    public partial class Form1 : Form
```

```
{
    public Form1()
    {
        InitializeComponent();
    }

    private void btnDisplay_Click(object sender, EventArgs e)
    {
        //创建磁盘驱动器对象，通过对象.属性实现信息显示
        DriveInfo drive = new DriveInfo("D");
        lblShow.Text = string.Format("驱动器名称：{0}\n\n 驱动器类型：{1}\n\n 驱动器文件格式：
            {2}\n\n 驱动器可用空间大小：{3}\n\n 驱动器总大小：{4}", drive.Name, drive.
            DriveType, drive.DriveFormat, drive.TotalFreeSpace, drive.TotalSize);
    }
}
}
```

(4) 编译运行。

单击工具栏中的"全部保存"按钮，右击 Project1，执行"生成"│"重新生成"命令，观察"输出"信息窗口，若没有语法错误，则单击工具栏中的"启动"按钮运行程序，程序运行效果如图 10.1 所示。

10.1.2　文件夹操作

在 C#语言中操作文件夹的类有：Directory 类、DirectoryInfo 类。Directory 类是静态类，不能实例化对象，直接通过"类名.类成员"的形式调用其属性和方法；DirectoryInfo 类能创建类的实例对象，通过"实例对象名.类成员"进行访问。

DirectoryInfo 类的构造函数代码如下。

```
public DirectoryInfo(string path);
```

其中，path 参数用于指定文件夹所在的磁盘路径，路径中如果使用\，则需要用转义字符来表示，即\\；或者在路径中将\改成/。

1. DirectoryInfo 类的常用属性

DirectoryInfo 类的常用属性如表 10.3 所示。

表 10.3　DirectoryInfo 类的常用属性

属性	功能说明
Exists	只读属性，指示目录是否存在的值
Name	只读属性，获取 DirectoryInfo 类实例的目录名称
Parent	只读属性，获取指定目录的父目录
Root	只读属性，获取目录的根目录

2. DirectoryInfo 类的常用方法

DirectoryInfo 类的常用方法如表 10.4 所示。

表 10.4 DirectoryInfo 类的常用方法

方法	功能说明
void Create()	创建目录
DirectoryInfo CreatSubdirectory(string path)	在指定路径上创建一个或多个目录
void Delete()	如果目录为空，则将目录删除
void Delete(bool recursive)	指定是否删除子目录和文件，若 recursive 为 true，则删除，否则不删除
DirectoryInfo[]GetDirectories()	返回当前目录的子目录
DirectoryInfo[]GetDirectories(string searchPattern)	返回匹配给定的搜索条件的当前目录

【例题 10.2】设计一个 Windows 程序，实现功能：运用 DirectoryInfo 类在本机磁盘 D 盘中创建 Capter10，并在 Capter10 文件夹下创建 Project1、Project2 两个子文件夹；运用 DirectoryInfo 类查看 D 盘中创建的 Capter10 文件夹中的文件夹，程序运行效果如图 10.2 所示。

图 10.2 例题 10.2 程序运行效果

【实现步骤】

(1) 启动 Visual Studio 2019，在已创建的 Capter10 解决方案中添加 Project2 的 Windows 项目。

(2) 界面设计。

在项目 Project2 的 Form1 窗体上设计 1 个 Label 标签对象、2 个 Button 按钮对象。各控件对象的属性、属性值设置如表 10.5 所示。

表 10.5 各控件对象的属性、属性值

控件	属性	属性值	控件	属性	属性值
Label1	Name	lblShow	Button1	Name	btnCreate
	AutoSize	false		Text	创建文件夹
	BorderStyle	Fixed3D	Button2	Name	btnDisplay
	Text	空		Text	显示文件夹

(3) 后台代码设计。

在项目 Project2 的 Form1 窗体上双击"创建文件夹"按钮，进入"创建文件夹"按钮的代码编辑单击事件中，设计代码如下。

```
private void btnCreate_Click(object sender, EventArgs e)
{
    //实例化 DirectoryInfo 类对象，其参数为 D:\\Capter10
    DirectoryInfo dir = new DirectoryInfo("D:\\Capter10");
    //调用创建文件夹方法 Create()
    dir.Create();
    //调用在指定文件夹下创建子文件夹的方法 CreateSubdirectory()
```

```
        dir.CreateSubdirectory("Project1");
        dir.CreateSubdirectory("Project2");
    }
```

在项目 Project2 的 Form1 窗体上双击"显示文件夹"按钮,进入"显示文件夹"按钮的代码编辑单击事件中,设计代码如下。

```
private void btnDisplay_Click(object sender, EventArgs e)
{
    //实例化 DirectoryInfo 类对象,其参数为 D:\\Capter10
    DirectoryInfo directory= new DirectoryInfo("D:\\Capter10");
    //调用返回当前目录 directory 信息的可枚举集合 IEnumerable<DirectoryInfo > dir
    IEnumerable<DirectoryInfo > dir = directory.EnumerateDirectories();
    //遍历枚举集合将其集合元素输出到窗体 Form1 的标签处
    foreach (var d in dir)
    {
        lblShow.Text +="\n"+ string.Format(d.Name);
    }
}
```

(4) 编译运行。

单击工具栏中的"全部保存"按钮,右击 Project2,执行"生成"|"重新生成"命令,观察"输出"信息窗口,若没有语法错误,则单击工具栏中的"启动"按钮运行程序,程序运行效果如图 10.2 所示。

10.1.3 File 类和 FileInfo 类

File 类和 FileInfo 类是文件操作类,能完成对文件的创建、文件的删除、文件名的更改、文件移动操作。File 类是静态类,类中成员也是静态成员,通过"类名.成员名"访问类中成员;FileInfo 是非静态类,可以创建实例对象,通过"对象名.成员名"访问类中成员。FileInfo 类的构造函数代码如下。

```
public FileInfo(string fileName);
```

其中,fileName 参数用于指定新文件的完全限定名或相对文件名。

1. FileInfo 类的常用属性

FileInfo 类的常用属性如表 10.6 所示。

表 10.6 FileInfo 类的常用属性

属性	功能说明
Directory	只读属性,获取父目录的实例
DirectoryName	只读属性,获取表示目录的完整路径的字符串
Exists	只读属性,获取指定的文件是否存在,若存在则返回 true,否则返回 false
IsReadOnly	获取或设置指定的文件是否为只读
Length	只读属性,获取文件的大小
Name	只读属性,获取文件的名称

2. FileInfo 类的常用方法

FileInfo 类的常用方法如表 10.7 所示。

表 10.7　FileInfo 类的常用方法

方法	功能说明
FileStream Create()	创建文件
void Delete()	删除文件
FileInfo CopyTo(string destFileName)	将现有文件复制到新文件，不允许覆盖现有文件
FileInfo CopyTo(string destFileName，bool overwrite)	将现有文件复制到新文件，允许覆盖现有文件
Void MoveTo(string destFileName)	将指定文件移到新位置，提供要指定新文件名的选项
FileInfo Replace(string destinationFileName, string destinationBackupFileName)	使用当前文件对象替换指定文件内容，先删除原始文件，再创建被替换文件的备份

【例题 10.3】设计一个 Windows 程序，实现功能：运用 FileInfo 类在本机磁盘 D 盘的 Capter10\ Project1 文件夹下创建名为 Test.txt 的文件，并获取该文件的存储位置、文件名称、文件大小、是否是只读等信息，然后将其移到本机磁盘 D 盘的 Capter10\Project2 文件夹下，程序运行效果如图 10.3 所示。

图 10.3　例题 10.3 程序运行效果

【实现步骤】

(1) 启动 Visual Studio 2019，在已创建的 Capter10 解决方案中添加 Project3 的 Windows 项目。

(2) 界面设计。

在项目 Project3 的 Form1 窗体上设计 1 个 Label 标签对象，用于显示获取文件信息；4 个 Button 按钮对象，分别是创建文件夹、显示文件夹、创建文件、移动文件。各控件对象的属性、属性值设置如表 10.8 所示。

表 10.8　各控件对象的属性、属性值

控件	属性	属性值	控件	属性	属性值
Label1	Name	lblShow	Button1	Name	btnCreate
	AutoSize	false		Text	创建文件夹
	BorderStyle	Fixed3D	Button2	Name	btnDisplay
	Text	空		Text	显示文件夹
Button3	Name	btnCreateFile	Button4	Name	btnMoveFile
	Text	新建文件		Text	移动文件

(3) 后台代码设计。

在 Project3 项目的 Form1 窗体上分别双击"创建文件夹""显示文件夹""创建文件""显示文件"按钮，分别进入"创建文件夹""显示文件夹""创建文件""显示文件"按钮的后台代码编辑区，设计代码如下。

```
namespace Project3
{
    public partial class Form1 : Form
    {
        public Form1()
        {
            InitializeComponent();
        }

        private void btnCreate_Click(object sender, EventArgs e)
        {
            //实例化 DirectoryInfo 类对象，其参数为 D:\\Capter10
            DirectoryInfo dir = new DirectoryInfo("D:\\Capter10");
            //调用创建文件夹方法 Create()
            dir.Create();
            //调用在指定文件夹下创建子文件夹的方法 CreateSubdirectory()
            dir.CreateSubdirectory("Project1");
            dir.CreateSubdirectory("Project2");
        }

        private void btnDisplay_Click(object sender, EventArgs e)
        {
            //实例化 DirectoryInfo 类对象，其参数为 D:\\Capter10
            DirectoryInfo directory = new DirectoryInfo("D:\\Capter10");
            //调用返回当前目录 directory 信息的可枚举集合 IEnumerable<DirectoryInfo> dir
            IEnumerable<DirectoryInfo> dir = directory.EnumerateDirectories();
            //遍历枚举集合将其集合元素输出到窗体 Form1 的标签处
            foreach (var d in dir)
            {
                lblShow.Text += "\n" + string.Format(d.Name);
            }
        }

        //创建 FileInfo 文件类对象
        FileInfo fileInfo = new FileInfo("D:\\Capter10\\Project1\\Text1.txt");
        private void btnCreateFile_Click(object sender, EventArgs e)
        {
            ////创建 FileInfo 文件类对象
            //FileInfo fileInfo = new FileInfo("D:\\Capter10\\Project1\\Text1.txt");
            //判断文件类对象中文件名是否存在
            if (!fileInfo.Exists)
            {
                //创建文件
                fileInfo.Create();
            }
            //设置文件的相关属性
            fileInfo.Attributes = FileAttributes.Normal;
            lblShow.Text = string.Format("文件路径：{0}\n 文件名称：{1}\n 文件是否只读：{2}\n 文件大
                        小：{3}",fileInfo.Directory ,fileInfo.Name ,fileInfo.IsReadOnly ,fileInfo.Length );
        }
```

```
            private void btnMoveFile_Click(object sender, EventArgs e)
            {
                FileInfo newfileInfo = new FileInfo("D:\\Capter10\\Project2\\Text1.txt");
                if (!newfileInfo.Exists)
                {
                    //移动文件到指定路径
                    fileInfo.MoveTo("D:\\Capter10\\Project2\\Text1.txt");
                }
                lblShow.Text += "\n" + "文件名为 Test1.txt 的文件从 Project1 移到 Project2 文件夹";
            }
        }
}
```

(4) 编译运行。

单击工具栏中的"全部保存"按钮,右击 Project3,执行"生成"|"重新生成"命令,观察"输出"信息窗口,若没有语法错误,则单击工具栏中的"启动"按钮运行程序,程序运行效果如图 10.3 所示。

3. File 类的常用属性和方法

File 类功能与 FileInfo 类相似,但 File 类提供了一些不同的方法,其常用方法如表 10.9 所示。

表 10.9　File 类的常用方法

方法	功能说明
Date Time GetCreationTime(string Path)	返回指定文件或目录的创建日期和时间
Date Time GetLastAccessTime(string Path)	返回上次访问指定文件或目录的日期和时间
Date Time GetLastWriteTime(string Path)	返回上次写入指定文件或目录的日期和时间
Void SetCreationtime(string Path,Date Time creationTime)	设置创建该文件的日期和时间
Void SetLastAccessTime(string Path, DateTime lastAccessTime)	设置上次访问指定文件的日期和时间
Void SetLastWriteTime(string Path, DtaeTime lastWriteTime)	设置上次写入指定文件的日期和时间

File 类是静态类,其成员也是静态成员,在访问时通过"类名.成员名"进行访问。例如:创建文件的代码如下。

```
FileStream filename=File.Create("Path");
```

删除文件的代码如下。

```
File.Delete("Path");
```

移动文件的代码如下。

```
File.Move("Path","newPath");
```

获取文件创建时间信息的代码如下。

```
File.GetCreationTime("Path");
```

10.1.4 Path 类

Path 类是一个静态类，用于文件路径的操作。Path 类的常用属性和方法如表 10.10 所示。

表 10.10 Path 类的常用属性和方法

属性和方法	功能说明
string ChangeExtension(string Path,string extension)	更改路径字符串的扩展名
string Combine(params string[] paths)	将字符串数组组合成一个路径
string Combine(string path1,string path2)	将两个字符串组合成一个路径
string GetDirectoryName(string Path)	返回指定字符串的目录信息
string GetExtension(string Path)	返回指定路径字符串的扩展名
string GetFileName(string Path)	返回指定路径字符串的文件名扩展名
stringGetFileNameWithoutExtension(string Path)	返回不具有扩展名的指定路径字符串的文件名
string GetFullPath(string Path)	返回指定路径字符串的绝对路径
char[] GetInvalidFileNameChars()	获取包含不允许在文件名中使用的字符数组
char[] GetInvalidPathChars()	获取包含不允许在路径中使用的字符数组
string GetPathRoot(string Paht)	获取指定路径的根目录信息
string GetRandomFileName()	返回随机文件夹或文件名
string GetTempPath()	返回当前用户临时文件夹的路径
bool HasExtension(string path)	返回路径是否包含文件的扩展名
Bool IsPathRooted(string path)	返回路径字符串是否包含根

10.2 流

计算机中的"流"形象地表示了数据流入和流出文件。文件与流是两个不同的概念，文件是存储在存储介质上的数据集，是静态的；流是打开一个文件并对其进行读写，该文件就成为流，因此流是动态的，代表正处于输入/输出状态的数据，是一种特殊的数据结构。

"流"所在的命名空间是 System.IO，主要有文本/文件的读写流、图像/声音文件的读写流、二进制文件的读写流。下面主要讲解文本/文件的读写流。

10.2.1 文本读写流

文本读写流使用的是 StreamReader 类和 StreamWrite 类，通过 File 类和 FileInfo 类可以得到 StreamReader 和 StreamWrite 类型的值。

1. StreamReader 类的构造函数

使用 StreamReader 类构造函数可以创建 StreamReader 类的实例对象，通过"对象名.成员名"能进行文本文件的读取操作。StreamReader 类中的构造函数如表 10.11 所示。

表 10.11　StreamReader 类中的构造函数

构造函数	功能说明
StreamReader(Stream stream)	为指定的流创建 StreamReader 类的实例
StreamReader(string Path)	为指定路径的文件创建 StreamReader 类的实例
StreamReader(Stream stream, Encoding encoding)	用指定的字符编码为指定的流初始化 StreamReader 类的一个新实例
StreamReader(string Path, Encoding encoding)	用指定的字符编码为指定的文件名初始化 StreamReader 类的一个新实例

2. StreamReader 类的常用属性和方法

StreamReader 类的常用属性和方法如表 10.12 所示。

表 10.12　StreamReader 类的常用属性和方法

属性和方法	功能说明
Encoding CurrentEncoding	只读属性，获取当前流中使用的编码方式
bool EndOfStream	只读属性，获取当前的流位置是否在流结尾
void Close()	关闭流
int Peck()	获取流中的下一个字符的整数，如果没有获取到字符，则返回-1
int Read()	获取流中的下一个字符的整数
int Read(char[] buffer,int index, int count)	从指定的索引位置开始将来自当前流的指定的最多字符读到缓冲区
string ReadLine()	从当前流中读取一行字符并将数据作为字符串返回
string ReadToEnd()	读取来自流的当前位置到结尾的所有字符

3. StreamWriter 类的构造函数

使用 StreamWriter 类构造函数可以创建 StreamWriter 类的实例对象，通过"对象名.成员名"能进行文本文件的写入操作。StreamWriter 类的构造函数如表 10.13 所示。

表 10.13　StreamWriter 类的构造函数

构造函数	功能说明
StreamWriter(Stream stream)	为指定的流创建 StreamWriter 类的实例
StreamWriter (string Path)	为指定路径的文件创建 StreamWriter 类的实例
StreamWriter (Stream stream, Encoding encoding)	用指定的字符编码为指定的流初始化 StreamWriter 类的一个新实例
StreamWriter (string Path, Encoding encoding)	用指定的字符编码为指定的文件名初始化 StreamWriter 类的一个新实例

4. StreamWriter 类的常用属性和方法

StreamWriter 类的常用属性和方法如表 10.14 所示。

表 10.14　StreamWriter 类的常用属性和方法

属性和方法	功能说明
bool AutoFlush	属性，获取或设置是否自动刷新缓冲区
Enconding Encoding	属性，获取当前流中的编码方式
void Close()	关闭流
void Flush()	刷新缓冲区
void Write(char value)	将字符写入流中
void WriteLine(char value)	将字符换行写入流中
void WriteAsync(char value)	将字符异步写入流中
void WriteLineAsync(char value)	将字符异步换行写入流中

【例题 10.4】设计一个 Windows 程序，实现功能：运用
StreamWriter 类向 D 磁盘中 Project2 文件夹的 Test1.txt 文件
中写入学号、姓名、专业信息；运用 StreamReader 类读取 D
磁盘中 Project2 文件夹的 Test1.txt 文件中的信息，程序运行
效果如图 10.4 所示。

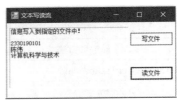

图 10.4　例题 10.4 程序运行效果

【实现步骤】

(1) 启动 Visual Studio 2019，在已创建的 Capter10 解决方案中添加 Project4 的 Windows 项目。

(2) 界面设计。

在项目 Project4 的 Form1 窗体上设计 1 个 Label 标签对象，用于显示获取文件信息；2 个 Button
按钮对象，分别是写入、读取。各控件对象的属性、属性值设置如表 10.15 所示。

表 10.15　各控件对象的属性、属性值

控件	属性	属性值	控件	属性	属性值
Label1	Name	lblShow	Button1	Name	btnWrite
	AutoSize	false		Text	写入
	BorderStyle	Fixed3D	Button2	Name	btnReader
	Text	空		Text	读取

(3) 后台代码设计。

在 Project4 的 Form1 窗体上分别双击"写入""读取"按钮，进入"写入""读取"后台单击事
件代码编辑区，设计代码如下。

```
namespace Project4
{
    public partial class Form1 : Form
    {
        public Form1()
        {
            InitializeComponent();
        }
```

```csharp
private void btnWrite_Click(object sender, EventArgs e)
{
    string path = @"D:\Capter10\Project2\Test1.txt";
    //创建 StreamWriter 类的实例对象
    StreamWriter writeFile = new StreamWriter(path);
    //向文件中写入学生的学号
    writeFile.WriteLine("2330190101");
    //向文件中写入学生姓名
    writeFile.WriteLine("陈伟");
    //向文件中写入学生专业
    writeFile.WriteLine("计算机科学与技术");
    //刷新缓存
    writeFile.Flush();
    //关闭流
    writeFile.Close();
    lblShow.Text += "信息写入指定的文件中！\n";
}

private void btnReader_Click(object sender, EventArgs e)
{
    string path = @"D:\Capter10\Project2\Test1.txt";
    //创建 StreamReader 类实例对象
    StreamReader readerFile = new StreamReader(path);
    //判断文件中是否有字符
    if (readerFile.Peek() != -1)
    {
        //读取文件 Test1.txt 中的一行字符串
        lblShow.Text += "\n" +  readerFile.ReadToEnd();
    }
    readerFile.Close();
}
```

(4) 编译运行。

单击工具栏中的"全部保存"按钮，右击 Project4，执行"生成"|"重新生成"命令，观察"输出"信息窗口，若没有语法错误，则单击工具栏中的"启动"按钮运行程序。程序运行效果如图 10.4 所示。

如果将实例 10.4 中的界面设计修改为如图 10.5 所示，即要求通过界面输入学生的学号、姓名、专业，单击"写文件"按钮，将输入的信息保存到指定的文件中，代码设计请同学们自行完成。

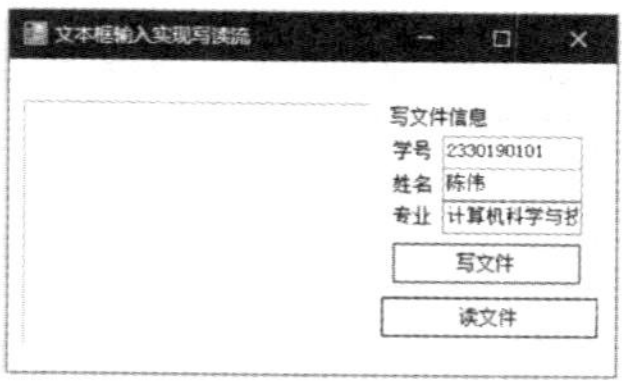

图 10.5 例题 10.4 修改界面设计图

10.2.2 文件读写流

文件读写流使用 FileStream 类表示，FileStream 类实现文件的读写，该文件可以是普通的文本文件，也可以是图像文件、声音文件等不同格式的文件。在创建

FileStream 类的实例时涉及多个枚举类型的值，主要有 FileAccess、FileMode、FileShare、FileOptions。

1. FileStream 类的构造函数

FileStream 类有许多构造函数，其中常用的构造函数如表 10.16 所示。在创建好 FileStream 实例后，通过"实例对象名.类成员名"完成读写数据的操作。

表 10.16　FileStream 类常用的构造函数

构造函数	功能说明
FileStream(string path,FileMode mode)	使用指定路径的文件、文件模式创建 FileStream 类的实例
FileStream(string path,FileMode mode, FileAccess access)	使用指定路径的文件、文件打开模式、文件访问模式创建 FileStream 类的实例
FileStream(string path,FileMode mode, FileAccess access，FileShare share)	使用指定路径、创建模式、读写权限和共享权限创建 FileStream 类的一个新实例
FileStream(string path,FileMode mode, FileAccess access，FileShare share, Int bufferSize,FileOptions options)	使用指定路径、创建模式、读写权限、共享权限、其他文件选项创建 FileStream 类的实例

2. FileStream 类的常用属性和方法

FileStream 类的常用属性和方法如表 10.17 所示。

表 10.17　FileStream 类的常用属性和方法

属性和方法	功能说明
bool CanRead	属性，获取一个值指示当前流是否支持读取
bool CanSeek	属性，获取一个值指示当前流是否支持查找
bool CanWrite	属性，获取一个值指示当前流是否支持写入
long Length	属性，获取用字节表示的流长度
long Position	属性，获取此流的当前位置
string Name	属性，获取传递给构造函数的 FileStream 的名称
int Read(byte[] array,int offset,int count)	从流中读取字节块并将数据写入给定缓冲区
int ReadByte()	从文件中读取一个字节，并将读取位置提升一个字节
void Write(byte[] array,int offset,int count)	将字节块写入文件流
void WriteByte(byte value)	将一个字节写入当前文件流中的当前位置

3. FileStream 类的实例常用枚举值

1) FileAccess 枚举类型

FileAccess 枚举类型用于设置文件的访问方式，枚举值有：① Read，以只读方式打开文件；② Write，以写方式打开文件；③ ReadWrite，以读写方式打开文件。

2) FileMode 枚举类型

FileMode 枚举类型用于设置文件打开或创建方式，枚举值有：① CreateNew，创建新文件，如果文件存在，则抛出异常；② Create，创建新文件，如果文件存在，则删除原文件，重新创建文件；③ Open，打开已经存在的文件，如果文件不存在，则抛出异常；④ OpenOrCreate，打开已经存在的文件，如果文件不存在，则创建文件；⑤ Append，打开文件，向文件末尾追加内容，如果文件不存在，则创建一个文件。

3) FileShare 枚举类型

FileShare 枚举类型用于设置多个对象同时访问一个文件时的访问控制，枚举值有：① Name，拒绝共享当前的文件；② Read，允许随后打开文件读取信息；③ ReadWrite，允许随后打开文件读写信息；④ Write，允许随后打开文件写入信息；⑤ Delete，允许随后删除文件；⑥ Inheritable，使文件句柄可由子进程继承。

4) FileOptions 枚举类型

FileOptions 枚举类型用于设置文件是否加密、访问后是否删除等，枚举值有：① WriteThrough，指示系统应通过任何中间缓存直接写入磁盘；② None，指示在生成 System.IO.FileStream 对象时不应使用其他选项；③ Encrypted，指示文件是加密的；④ DeleteOnClose，指示当前不再使用某个文件时自动删除该文件；⑤ RandomAccess，指示随机访问文件；⑥ SequentialScan，指示从头到尾顺序访问文件；⑦ Asynchronous，指示文件用于异步读取和写入。

【例题 10.5】设计一个 Windows 程序，实现功能：运用 FileStream 类向 D 磁盘中 Project1 文件夹的 student.txt 文件中写入学号、姓名、专业信息；运用 FileStream 类读取 D 磁盘中 Project1 文件夹的 student.txt 文件中的信息并在窗体Form1的标签处显示，程序运行效果如图10.6所示。

图 10.6 例题 10.5 程序运行效果

【实现步骤】

(1) 启动 Visual Studio 2019，在已创建的 Capter10 解决方案中添加 Project5 的 Windows 项目。

(2) 界面设计。

在项目 Project5 的 Form1 窗体上设计 4 个 Label 标签对象，其中一个用于显示获取文件信息，其余 3 个用于提示学号、姓名、专业；3 个 TextBox 文本框对象；2 个 Button 按钮对象，分别是写文件、读文件。各控件对象的属性、属性值设置如表 10.18 所示。

表 10.18 各控件对象的属性、属性值

控件	属性	属性值	控件	属性	属性值
Label1	Name	lblShow	Button1	Name	btnWrite
	AutoSize	false		Text	写文件
	BorderStyle	Fixed3D	Button2	Name	btnReader
	Text	空		Text	读文件
Label2	Text	学号	TextBox1	Name	txtStuNo
Label3	Text	姓名	TextBox2	Name	txtStuName
Label4	Text	专业	TextBox3	Name	txtStuSpecialty

（3）后台代码设计。

在 Project5 的 Form1 窗体上分别双击"写文件""读文件"按钮，进入"写文件""读文件"后台单击事件代码编辑区，设计代码如下。

```csharp
namespace Project5
{
    public partial class Form1 : Form
    {
        public Form1()
        {
            InitializeComponent();
        }

        private void btnWriteFile_Click(object sender, EventArgs e)
        {
            //定义文件路径
            string path = @"D:\Capter10\Project1\student.txt";
            //创建 FileStream 实例对象
            FileStream writeName =new FileStream(path, FileMode.OpenOrCreate, FileAccess.ReadWrite,
                            FileShare.ReadWrite);
            //定义学号、姓名、专业字符串
            string stuNo = txtStuNo.Text;
            string stuName = txtStuName.Text;
            string stuSpec = txtSpecialty.Text;

            //将字符串转变为字节数组
            byte[] bytes0 = Encoding.UTF8.GetBytes(stuNo);
            byte[] bytes1 = Encoding.UTF8.GetBytes(stuName);
            byte[] bytes2 = Encoding.UTF8.GetBytes(stuSpec);
            //向文件中写入字节数组
            writeName.Write(bytes0, 0, bytes0.Length);
            writeName.Write(bytes1, 0, bytes1.Length);
            writeName.Write(bytes2, 0, bytes2.Length);
            //刷新缓冲区
            writeName.Flush();
            //关闭流
            writeName.Close();
            lblShow.Text = "文本框输入数据写入文件中！";
        }

        private void btnReader_Click(object sender, EventArgs e)
        {
            //定义文件路径
            string path = @"D:\Capter10\Project1\student.txt";
            //判断指定的文件是否存在
            if (File.Exists(path))
            {
                FileStream readName = new FileStream(path,FileMode.Open ,FileAccess.Read );
                //定义存放文件信息的字节数组
                byte[] bytes=new byte[readName.Length];
                //读取文件信息
```

```
        readName.Read(bytes, 0, bytes.Length);
        //将得到的字节型数组重写编码为字符型数组
        char[] ch = Encoding.UTF8.GetChars(bytes);
        //输出读取文件信息
        lblShow.Text += "\n" +"读取文件信息是: \n";
        foreach (var by in ch)
        {
            lblShow.Text +=   by;
        }
        //关闭流
        readName.Close();
    }
    else
    {
        lblShow.Text += "\n" + "你读取的文件不存在! ";
    }
        }
    }
}
```

(4) 编译运行。

单击工具栏中的"全部保存"按钮,右击 Project5,执行"生成"|"重新生成"命令,观察"输出"信息窗口,若没有语法错误,则单击工具栏中的"启动"按钮运行程序。程序运行效果如图 10.6 所示。

10.2.3　以二进制形式读写流

以二进制代码形式存储的文件称为二进制文件,数据存储为字节序列。二进制文件可以是图像、声音、文本或编译后的程序代码。

在.NET Framework 中,读写二进制文件使用读取器 BinaryReader 类和写入器 BinaryWriter 类实现,它们所属命名空间是 System.IO。

1. BinaryReader 类

BinaryReader 类可以将原始数据类型的数据(二进制形式)读取为具有特定编码格式的数据。

1) BinaryReader 类的构造函数

BinaryReader 类的构造函数有3种,如表 10.19 所示。使用不同的构造函数可以创建 BinaryReader 类的实例。

表 10.19　BinaryReader 类的构造函数

构造函数	参数说明
BinaryReader(Stream input)	参数 input 是输入流
BinaryReader(Stream input,Encoding encoding)	参数 input 是输入流,encoding 是编码格式
BinaryReader(Stream input,Encoding encoding, bool leaveOpen)	参数 input 是输入流,encoding 是编码格式,leaveOpen 指流读取后是否包括流打开

2) BinaryReader 类的常用属性和方法

BinaryReader 类的常用属性和方法如表 10.20 所示。

表 10.20　BinaryReader 类的常用属性和方法

属性和方法	功能说明
int Read()	从指定流中读取字符
int Read(byte[]buffer,int index,int count)	以 index 为字节数组中的起点，从流中读取 count 个字节
int Read(char[]buffer,int index,int count)	以 index 为字节数组中的起点，从流中读取 count 个字符
bool ReadBoolean()	从当前流中读取 Boolean 值，并使该流的当前位置提升 1 个字节
byte[]ReadBytes(int count)	从当前流中读取指定字节数写入字节数组中，并将当前位置前移相应的字节数
char ReadChar()	从当前流中读取下一个字符，并根据所使用的 Encoding 和从流中读取的字符提升流的当前位置
char[] ReadChars(int count)	从当前流中读取字符数，并以字符数组形式返回数据，根据所使用的 Encoding 和从流中读取的字符将当前位置前移
decimal ReadDecimal()	从当前流中读取十进制数字，并将该流的当前位置提升 16 个字节
double ReadDouble()	从当前流中读取 8 个浮点值，并将该流的当前位置提升 8 个字节
int ReadInt32()	从当前流中读取 4 个有符号整数，并将该流的当前位置提升 4 个字节
sbyte ReadSbyte()	从当前流中读取 1 个有符号字节，并将该流的当前位置提升 1 个字节
string ReadString()	从当前流中读取 1 个字符串，字符串有长度前缀，一次 7 位地被编码为整数
void FillBuffer(int numBytes)	从流中读取指定字节数填充内部缓冲区

在 BinaryReader 类提供的方法并不能直接读取文件中指定的数据类型值，而是读取由 BinaryWrite 类写入文件中的数据。

2. BinaryWriter 类

BinaryWriter 类可以把原始数据类型的数据写入流中，并且还可以写入具有特定编码格式的字符串。

1) BinaryWriter 类的构造函数

BinaryWriter 类的构造函数有 3 种，如表 10.21 所示。使用不同的构造函数可以创建 BinaryWriter 类的实例。

表 10.21　BinaryWriter 类的构造函数

构造函数	参数说明
BinaryWriter(Stream output)	参数 output 是输出流
BinaryWriter(Stream output,Encoding encoding)	参数 output 是输出流，encoding 是编码格式
BinaryWriter(Stream output,Encoding encoding,bool leaveOpen)	参数 output 是输出流，encoding 是编码格式，leaveOpen 指流读取后是否包括流打开

2）BinaryWriter 类的常用属性和方法

BinaryWriter 类的常用属性和方法如表 10.22 所示。

表 10.22　BinaryWriter 类的常用属性和方法

属性和方法	功能说明
void Close()	关闭流
void Flush()	清理当前编辑器的所有缓冲区，使所有缓冲数据写入基础设备
long Seek(int offset,SeekOrgin orgin)	返回查找当前流的位置
void Write(char[] chars)	将字符数组写入当前流
Write7BitEncodedInt(int value)	以压缩格式写出 32 位整数

【例题 10.6】设计一个 Windows 程序，实现功能：运用 BinaryWriter 类向 D 磁盘中 Project1 文件夹的 student.txt 文件中写入学号、姓名、性别、专业；运用 BinaryReader 类读取 D 磁盘中 Project1 文件夹的 student.txt 文件中的信息并在窗体 Form1 的 ListBox 处显示，程序运行效果如图 10.7 所示。

图 10.7　例题 10.6 程序运行效果

【实现步骤】

(1) 启动 Visual Studio 2019，在已创建的 Capter10 解决方案中添加 Project6 的 Windows 项目。

(2) 界面设计。

在项目 Project6 的 Form1 窗体上设计 4 个 Label 标签对象，分别用于提示学号、姓名、性别、专业；3 个 TextBox 文本框对象，分别表示学号、姓名、专业的输入；2 个 RadioButton 单选按钮，分别表示男或女；1 个 ListBox 对象，用于显示信息；2 个 Button 按钮对象，分别是保存、打开。各控件对象的属性、属性值设置如表 10.23 所示。

表 10.23　各控件对象的属性、属性值

控件	属性	属性值	控件	属性	属性值
Label1	Text	学号	TextBox1	Name	txtStuNo
Label2	Text	姓名	TextBox2	Name	txtStuName
Label3	Text	专业	TextBox3	Name	txtStuSpec
Label4	Text	性别	ListBox1	Name	lstShow
RadioButton1	Name	rdoMale	Button1	Name	btnSave
	Text	男		Text	保存
RadioButton2	Name	rdoFemale	Button2	Name	btnOpen
	Text	女		Text	打开

(3) 后台代码设计。

在项目 Project6 的 Form1 界面上分别双击"保存""打开"按钮，进入"保存""打开"按钮的单击事件后台代码编辑区，设计代码如下。

```csharp
namespace Project6
{
    public partial class Form1 : Form
    {
        public Form1()
        {
            InitializeComponent();
        }

        private void btnSave_Click(object sender, EventArgs e)
        {
            //创建 FileStream 类实例对象，参数：指定创建文件路径，文件访问方式为写入，文件模式
            //为打开文件追加内容
            FileStream fs = new FileStream(@"D:\Capter10\Project2\student.dat",FileMode.Append ,FileAccess .Write );
            //通过文件流写文件
            BinaryWriter writeFile = new BinaryWriter(fs);
            //分别写入学号、姓名、专业的字符串
            writeFile.Write(txtStuNo.Text);
            writeFile.Write(txtStuName.Text);
            writeFile.Write(txtSpec.Text);
            //性别判断后写入字符串
            string sex = string.Empty;
            if (rdoMale.Checked) { sex = "男"; }
            else { sex = "女"; }
            writeFile.Write(sex);
            //关闭流
            fs.Close();
            writeFile.Close();
            MessageBox.Show("文件保存成功！ ");
        }

        private void btnOoen_Click(object sender, EventArgs e)
        {

            lstShow.Items.Clear(); //清除列表控件的元素
            //在列表控件中添加输入数据的表头
            lstShow .Items .Add ("学号\t 姓名\t 性别\t 专业");
            //创建 FileStream 类实例对象，参数：指定打开文件路径，文件访问方式为读取，文件模式
            //为打开文件
            FileStream fs=new FileStream (@"D:\Capter10\Project2\student.dat",FileMode.Open ,FileAccess .Read );
            //通过文件流读文件
            BinaryReader readFile=new BinaryReader (fs);
            //获取当前流位置
            fs.Position =0;
            //循环读取文件中的字符串，字符串默认空格隔开
            while(fs.Position !=fs.Length )
            {
                //读出文件 student.dat 中的字符串到相应的变量中
                string stuNo=readFile .ReadString ();
                String stuName=readFile .ReadString ();
```

```
                string spec=readFile .ReadString ();
                string sex=readFile .ReadString ();
                string result=string.Format ("{0}\t{1}\t{2}\t{3}",stuNo ,stuName ,sex,spec );
                lstShow.Items .Add (result );
            }
            readFile .Close ();
            fs.Close ();
        }
    }
}
```

(4) 编译运行。

单击工具栏中的"全部保存"按钮,右击 Project6,执行"生成"|"重新生成"命令,观察"输出"信息窗口,若没有语法错误,则单击工具栏中的"启动"按钮运行程序。程序运行效果如图 10.7 所示。

10.2.4 对象的序列化

在实例 10.6 中,可以将数据写入文件,也可以从文件中读出,其前提条件是必须保证读写顺序相同(特别是在各数据类型不相同时)。根据面向对象编程思想,将学号、姓名、性别、专业数据信息封装为一个整体,只要以对象或对象集为单位读写数据,就可避免这一问题,因此,要采用.NET Framework 的对象序列化实现。

对象序列化是将对象转换为流的过程,对象反序列化是将流转化为对象的过程,这两个过程相结合,能使数据以对象或对象集为单位存储和传输。

在.NET Framework 中实现序列化的类:BinaryFormatter 类用来把对象的值转换为字节流,以便写入磁盘文件;SoapFormatter 类用来把对象转换为 SOAP 格式的数据,实现 Internet 远程传输。

System.Runtime.Serialization.Formatters.Binary 是 BinaryFormatter 类的命名空间;System.Runtime.Serialization.Formatters.Soap 是 SoapFormatter 类的命名空间。

对象序列化编程基本步骤:首先用 Serializable 属性指定包含数据的类标记为可序列化的类,如果其中某个成员不需要序列化,则使用 NonSerialized 标识;其次调用 BinaryFormatter 或 SoapFormatter 的 Serialize()方法实现对象序列化。若反序列化,则调用 Deserialize()方法。

【例题 10.7】设计一个 Windows 程序,运用对象序列化和反序列化实现通过窗体界面文本框输入数据信息,单击"添加"按钮将输入的学生的学号、姓名、性别、专业信息添加到学生列表中;单击"保存"按钮将学生列表中的信息保存到学生文件中(文件扩展名为.dat);单击"打开"按钮将学生文件中的信息读到列表框控件上,程序运行效果如图 10.8 所示。

图 10.8 例题 10.7 程序运行效果

【实现步骤】

(1) 启动 Visual Studio 2019,在已创建的 Capter10 解决方案中添加 Project7 的 Windows 项目。

(2) 界面设计。

在项目 Project7 的 Form1 窗体上设计 4 个 Label 标签对象,分别用于提示学号、姓名、性别、专业；3 个 TextBox 文本框对象，分别表示学号、姓名、专业的输入；2 个 RadioButton 单选按钮，分别表示男或女；1 个 ListBox 对象，用于显示信息；3 个 Button 按钮对象，分别是添加、保存、打开。各控件对象的属性、属性值设置如表 10.24 所示。

表 10.24　各控件对象的属性、属性值

控件	属性	属性值	控件	属性	属性值
Label1	Text	学号	TextBox1	Name	txtStuNo
Label2	Text	姓名	TextBox2	Name	txtStuName
Label3	Text	专业	TextBox3	Name	txtStuSpec
Label4	Text	性别	ListBox1	Name	lstShow
RadioButton1	Name	rdoMale	Button1	Name	btnAdd
	Text	男		Text	添加
RadioButton2	Name	rdoFemale	Button2	Name	btnSave
	Text	女		Text	保存
—			Button3	Name	btnOpen
				Text	打开

(3) 后台代码设计。

在项目 Project7 中定义可序列化的学生类、学生列表类，设计代码如下。

```
namespace Project7
{
    [Serializable] //指示学生类是可序列化类
    public class Student //定义学生类
    {
        //定义 4 个字段变量
        public string stuNo;
        public string stuName;
        public string stuSex;
        public string stuSpec;
        //采用构造函数初始化字段
        public Student(string No, string Name, string Sex, string Spec)
        {
            this.stuNo = No;
            this.stuName = Name;
            this.stuSex = Sex;
            this.stuSpec = Spec;
        }
    }
    [Serializable]    //指示学生列表类是可序列化类
    public class StudentList
    {
        //定义学生类数组 list 保存添加学生信息
        private Student[] list = new Student[100];
        //定义索引器来检查索引的范围
        public Student this[int index]
        {
            get
```

```
        {
                if (index < 0 || index >= 100)
                {
                        return list[0];
                }
                else
                {
                        return list[index];
                }
        }
        set
        {
                if (!(index < 0 || index >= 100))
                {
                        list[index] = value;
                }
        }
    }
  }
}
```

使用 Serializable 属性标记类为序列类时，需要导入序列化类的命名空间。

在项目 Project7 的 Form1 界面上分别双击"添加""保存""打开"按钮，进入"保存""打开"按钮的单击事件后台代码编辑区，设计代码如下。

```
namespace Project7
{
    public partial class Form1 : Form
    {
        public Form1()
        {
                InitializeComponent();
        }
        //实例化学生列表对象，定义一个计数器变量 n
        public StudentList stuList = new StudentList();
        public int n = 0;
        private void btnAdd_Click(object sender, EventArgs e)//添加按钮单击事件
        {
                //定义字段获取前台文本框中输入的数据
                string stuNo = txtStuNo.Text;
                string stuName = txtStuName.Text;
                string stuSpec = txtSpec.Text;
                string stuSex = string.Empty;
                if (rdoMale.Checked) { stuSex = "男"; }
                else { stuSex = "女"; }
                //把学生添加到列表中
                Student students = new Student(stuNo, stuName, stuSex, stuSpec);
                stuList[n] = students;
                n++;
                MessageBox.Show("添加一个学生信息到学生列表中！");
        }

        private void btnSave_Click(object sender, EventArgs e)
        {
```

```
        string file = @"d:\Capter10\stuednt1.dat";
        Stream streamFile = new FileStream(file, FileMode.OpenOrCreate, FileAccess.Write);
        BinaryFormatter formatFile = new BinaryFormatter();
        formatFile.Serialize(streamFile, stuList);
        streamFile.Close();
        MessageBox.Show("将学生列表信息保存到文件中!");
    }

    private void btnOpen_Click(object sender, EventArgs e)
    {
        lstShow.Items.Clear();
        lstShow.Items.Add("学号\t 姓名\t 性别\t 专业");
        string file = @"d:\Capter10\stuednt1.dat";
        Stream streamFile = new FileStream(file, FileMode.Open, FileAccess.Read);
        BinaryFormatter formatFile = new BinaryFormatter();
        StudentList students = (StudentList)formatFile.Deserialize(streamFile);
        int m = 0;
        while (students[m] != null)
        {
            string sNo = students[m].stuNo;
            string sName = students[m].stuName;
            string sSex = string.Empty ;
            if (students[m].stuSex == sSex) { sSex = "男"; }
            else { sSex = "女"; }
            string sSpec = students[m].stuSpec;
            string result = string.Format("{0}\t{1}\t{2}\t{3}", sNo, sName, sSex, sSpec);
            lstShow.Items.Add(result);
            m++;
        }
        streamFile.Close();
    }
}
}
```

(4) 编译运行。

单击工具栏中的"全部保存"按钮,右击 Project7,执行"生成"|"重新生成"命令,观察"输出"信息窗口,若没有语法错误,则单击工具栏中的"启动"按钮运行程序。程序运行效果如图 10.8 所示。

10.3　文件操作控件

对于文件操作,.NET Framework 提供了一组控件,主要有 SaveFileDialog、OpenFileDialog、FolderBrowserDialog 控件,实现文件操作的可视化设计。

10.3.1　SaveFileDialog

SaveFileDialog 控件位于 System.Windows.Forms 命名空间中,其功能显示"另存为"对话框,使文件保存方式更加灵活,从抽象类 FileDialog 派生而来,常用属性和方法在基类 FileDialog 中均有定义。

SaveFileDialog 的常用属性如表 10.25 所示。

表 10.25 SaveFileDialog 的常用属性

属性	功能说明
AddExtension	是否在文件名中添加扩展名
CheckFileExists	如果用户指定不存在的文件名，对话框是否显示警告
CheckPathExists	如果用户指定路径不存在，对话框是否显示警告
DefaultExt	获取或设置默认文件扩展名
FileName	获取或设置一个包含在文件对话框中选定的文件名的字符串
FileNames	获取对话框中所有选定文件的文件名
Filter	获取或设置当前文件名筛选器字符串。对每个筛选器字符串都包含筛选说明，再跟一垂直线条 "|" 和筛选器模式，不同筛选项的字符串垂直线条隔开
FilterIndex	获取或设置文件对话框中当前选定筛选器的索引
InitialDirectory	获取或设置文件对话框显示的初始目录
Multiselect	指示对话框是否允许选择多个文件
RestoreDirectory	指示对话框在关闭前是否还原当前目录
Title	获取或设置文件对话框标题
ValidateNames	指示对话框是否只接受有效的 Win32 文件名

SaveFileDialog 控件具有两个特殊属性，CreatePrompt 属性用来指示如果用户指定不存在的文件，对话框是否提示用户允许创建该文件；OverwritePrompt 属性指示如果用户指定文件已存在，Save As 对话框是否显示警告。

SaveFileDialog 的常用方法和事件如表 10.26 所示。

表 10.26 SaveFileDialog 的常用方法和事件

方法和事件	功能说明
OpenFile()	打开用户选定的具有只读权限的文件，文件名由 FileName 属性指定
Reset	将所有属性重新设置为其默认值
ShowDialog()	显示对话框
FileOk()	当用户单击文件对话框中的 "打开" 或 "保存" 按钮时发生

10.3.2 OpenFileDialog

打开 "文件" 对话框，OpenFileDialog 控件位于 System.Windows.Forms 命名空间中，其功能是显示一个用户可从中选择文件的对话框，是从抽象类 FileDialog 派生出来的，其常用属性如表 10.25 所示，常用方法如表 10.26 所示。

【例题 10.8】设计一个 Windows 程序，运用 SaveFileDialog 控件将 Form1 窗体上输入学生的信息保存到磁盘文件中，并显示保存成功的提示信息；运用 OpenFileDialog 控件将保存在磁盘中的文件打开，并在列表框中显示学生数据信息，程序运行效果如图 10.9 所示。

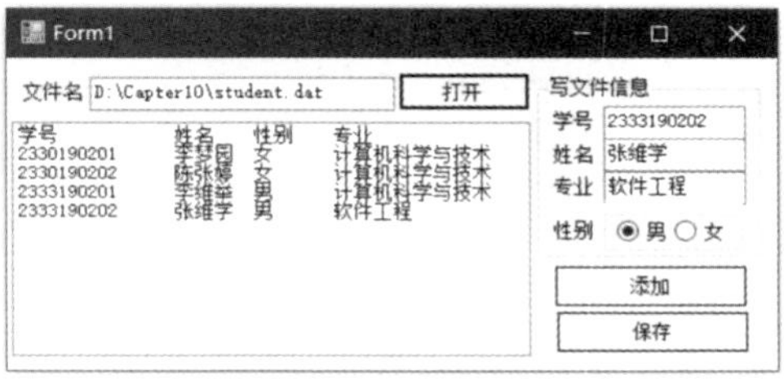

图 10.9 例题 10.8 程序运行效果

【实现步骤】

(1) 启动 Visual Studio 2019，在已创建的 Capter10 解决方案中添加 Project8 的 Windows 项目。

(2) 界面设计。

在项目 Project8 的 Form1 窗体上设计 5 个 Label 标签对象，分别用于提示学号、姓名、性别、专业、文件名；4 个 TextBox 文本框对象，分别表示学号、姓名、专业、文件名的输入；2 个 RadioButton 单选按钮，分别表示男或女；1 个 ListBox 对象用于显示信息；3 个 Button 按钮对象，分别是添加、保存、打开；1 个 SaveFileDialog 保存文件对话框控件；1 个 OpenFileDialog 打开文件对话框控件。各控件对象的属性、属性值设置如表 10.27 所示。

表 10.27　各控件对象的属性、属性值

控件	属性	属性值	控件	属性	属性值
Label1	Text	学号	TextBox1	Name	txtStuNo
Label2	Text	姓名	TextBox2	Name	txtStuName
Label3	Text	专业	TextBox3	Name	txtStuSpec
Label4	Text	性别	ListBox1	Name	lstShow
Label5	Text	文件名	Button1	Name	btnAdd
TextBox4	Name	txtFileName		Text	添加
RadioButton1	Name	rdoMale	Button2	Name	btnSave
	Text	男		Text	保存
RadioButton2	Name	rdoFemale	Button3	Name	btnOpen
	Text	女		Text	打开
SaveFileDialog1	Filter	*.dat|*.dat	OpenFileDialog1	Filter	*.dat|*.dat
	Name	sfDialog		Name	ofDialog

(3) 后台代码设计。

在 Project8 项目中添加序列化的学生类和学生列表类，添加序列化类需导入命名空间"using System.Runtime.Serialization.Formatters.Binary;"，设计代码如下。

```
namespace Project8
{
    [Serializable]      //指示学生类是可序列化的类
    public class Student
    {
        //定义字段变量
        public    string stuNo;
        public    string stuName;
        public string stuSex;
        public string stuSpec;
        //通过构造函数对字段变量初始化
        public Student(string No, string Name, string Sex, string Spec)
        {
            this.stuNo = No;
            this.stuName = Name;
            this.stuSex = Sex;
            this.stuSpec = Spec;
```

```
                    }
            }
        [Serializable]      //指示学生列表类是可序列化的类
        public class StudentList
        {
                //定义学生类数组
                Student[] list = new Student[100];
                //定义索引器
                public Student this[int index]
                {
                    get
                    {
                        if (index < 0 || index >= 100) //检查索引范围
                        {
                            return list[0];
                        }
                        else
                        {
                            return list[index];
                        }
                    }
                    set
                    {
                        //也可判断在  index >= 0 && index < 100 范围内
                        if (!(index < 0 || index >= 100))
                        {
                            list[index] = value;
                        }
                    }
                }
            }
        }
```

在 Project8 项目的 Form1 窗体界面中分别双击"添加""保存""打开"按钮，进入"添加""保存""打开"按钮的单击事件代码编辑区，其中，"保存""打开"按钮的单击事件只是实现"保存""打开"文件对话框的显示，还需要执行保存对话框的"保存"按钮单击时触发 FileOk()事件、打开对话框的"打开"按钮单击时触发 FileOk()事件，设计代码如下。

```
namespace Project8
{
    public partial class Form1 : Form
    {
        public Form1()
        {
            InitializeComponent();
        }
        public StudentList stuList = new StudentList();
        public    int n = 0;
        private void btnAdd_Click(object sender, EventArgs e)
        {
            //定义字段获取前台文本框中输入的数据
            string stuNo = txtStuNo.Text;
            string stuName = txtStuName.Text;
            string stuSpec = txtSpec.Text;
```

```
        string stuSex = string.Empty;
        if (rdoMale.Checked) { stuSex = "男"; }
        else { stuSex = "女"; }
        //把学生添加到列表中
        Student students = new Student(stuNo, stuName, stuSex, stuSpec);
        stuList[n] = students;
        n++;
        MessageBox.Show("添加一个学生信息到学生列表中！");
    }
    // "保存" 按钮单击事件显示保存文件对话框
    private void btnSave_Click(object sender, EventArgs e)
    {
        sfDialog.ShowDialog(); //显示另存为对话框
    }
    //文件保存对话框的 "保存" 按钮单击时触发 FileOk()事件
    private void sfDialog_FileOk(object sender, CancelEventArgs e)
    {
        Stream fileSave = sfDialog.OpenFile();//打开指定文件
        BinaryFormatter bf = new BinaryFormatter();
        bf.Serialize(fileSave, stuList);
        fileSave.Close();
        MessageBox.Show("数据成功保存！\n" + "文件名为：" + sfDialog.FileName);
    }
    // "打开" 按钮单击事件显示打开文件对话框
    private void btnOoen_Click(object sender, EventArgs e)
    {
        if (ofDialog.ShowDialog() == DialogResult.OK)
        {
            txtFile.Text = ofDialog.FileName;
        }
    }
    //打开对话框的 "打开" 按钮单击时触发 FileOk()事件
    private void ofDialog_FileOk(object sender, CancelEventArgs e)
    {
        lstShow.Items.Clear();
        lstShow.Items.Add("学号\t 姓名\t 性别\t 专业");
        Stream fileOpen = ofDialog.OpenFile();        //打开选中的文件
        BinaryFormatter bf = new BinaryFormatter();//创建序列化对象
        StudentList stus = (StudentList)bf.Deserialize(fileOpen);//把流反序列化
        int k = 0;
        while (stus[k] != null)
        {
            string stuNo = stus[k].stuNo;
            string stuName = stus[k].stuName;
            string stuSex = stus[k].stuSex;
            string stuSpec = stus[k].stuSpec;
            string result = string.Format("{0}\t{1}\t{2}\t{3}", stuNo, stuName, stuSex, stuSpec);
            lstShow.Items.Add(result);
            k++;
        }
        fileOpen.Close();
    }
}
}
```

(4) 编译运行。

单击工具栏中的"全部保存"按钮，右击 Project8，执行"生成"｜"重新生成"命令，观察"输出"信息窗口，若没有语法错误，则单击工具栏中的"启动"按钮运行程序，程序运行效果如图 10.9 所示。

10.3.3 FolderBrowserDialog

FolderBrowserDialog 控件的功能提示用户浏览、创建并最终选择一个文件夹。该控件位于 System.Windows.Forms 命名空间中，是从基类 CommonDialog 派生而来。

FolderBrowserDialog 的常用属性如表 10.28 所示。

表 10.28　FolderBrowserDialog 的常用属性

属性	功能说明
Description	获取或设置对话框中在树形图控件上显示的说明文本
RootFolder	获取或设置从其开始浏览的根文件夹
SelectedPath	获取或设置用户选择的路径
ShowNewFolderButton	新建文件夹按钮是否显示在文件夹浏览对话框中

FolderBrowserDialog 的常用方法有：①Reset()，将属性重置为其默认值；②ShowDialog()，显示对话框。

习题 10

1. 填空题

(1) 查看计算机硬盘驱动器的类是_____。

(2) 文本文件与二进制文件的区别是_____。

(3) 查看文件是否存在使用的属性是_____。

(4) 文件读写流指的是_____。

(5) 二进制读写流指的是_____。

(6) 以只读方式打开文件使用的枚举类型是_____。

2. 选择题

(1) 在.NET Framework 中，(　　)对象不能打开一个文本文件。

　　A. FileStream　　　　B. TextReader　　　　C. StreamReader　　　　D. StringReader

(2) 在.NET Framework 中，(　　)命名空间提供了操作文件和流的类。

　　A. System.Data　　　B. System.Text　　　C. System.IO　　　　D. System.Media

(3) 使用 BinaryReader 对象从二进制文件中读取一个字符，可引用(　　)方法。

　　A. ReadByte()　　　B. ReadChar()　　　C. ReadSingle()　　　D. ReadString()

(4) 使用 BinaryWrite 把数据写入文件时，下面描述错误的是(　　)。

　　A. 数据的值可以是整数　　　　　　　B. 数据的值可以是字符串

　　C. 数据的值可以是布尔值　　　　　　D. 数据的值可以是 object 对象

☙ 第 11 章 ☎
进程和线程

在操作系统中，每运行一个程序都会开启一个进程，一个进程由多个线程构成。线程是操作系统分配处理器时间的基本单元，是程序执行流中最小的单元。在应用程序中分为单线程程序和多线程程序，单线程程序是指在一个进程空间中只有一个线程在执行；多线程程序是指在一个进程空间中有多个线程在执行，并共享同一进程大小。

11.1 进程的基本操作

进程是指在每个操作系统中自动启动的系统进程和一些自动启动的应用程序进程，在 Windows 操作系统中提供任务管理器来查看当前启动的进程，并可关闭指定的进程。

11.1.1 Process 类

进程类是指 Process 类，Process 类所在的命名空间是 System.Diagnostics。Process 类主要实现本地进程和远程进程访问功能，以及本地进程的启动、停止操作。Process 类的常用属性和方法如表 11.1 所示。

表 11.1　Process 类的常用属性和方法

属性和方法	功能说明
MachineName	获取关联进程正在其上运行的计算机的名称
id	获取关联进程的唯一标识符
ProcessName	获取该进程的名称
StartTime	获取关联进程的启动时间
Threads	获取关联进程中运行的一组线程
UserProcessTime	获取此进程的用户处理器时间
TotalProcessorTime	获取此进程总的处理器时间
CloseMainWindows()	通过向进程主窗口发送关闭消息来关闭拥有用户界面的进程
Dispose()	释放由 Component 使用的所有资源
GetProcesses()	为本地计算机上的每个进程资源创建一个新 Process 类
Kill()	立即停止关联的进程
Start()	启动(或重用)此 Process 组件的 StartInfo 属性指定的进程资源并将其与该组件关联

(续表)

属性和方法	功能说明
Start(string)	通过指定文档或应用程序的名称来启动进程资源，并将资源与新的 Process 组件关联
GetProcessesByName(String)	创建新的 Process 组件的数组，并将它们与本地计算机上共享指定的进程名称的所有进程资源关联
GetCurrentProcess()	获取新的 Process 组件，并将其与当前活动的进程关联

11.1.2 进程使用

运用 Process 类中的 GetProcesses()方法可以获取所有运行进程的信息，运用 GetProcessesByName (String)方法可获取指定名称的线程。在实际工作中常常需要获取本地进程、启动进程、关闭进程操作。

【例题 11.1】设计一个 Windows 程序，实现功能：运用进程类 Process 的 GetProcesses()方法查看本机的所有进程，查看结果在多行文本框中显示，程序运行效果如图 11.1 所示。

图 11.1 例题 11.1 程序运行效果

【实现步骤】

(1) 启动 Visual Studio 2019，在已创建的 Capter11 解决方案中添加 Project1 的 Windows 项目。

(2) 界面设计。

在项目 Project1 的 Form1 窗体上设计 1 个 Button 按钮对象，一个 RichTextBox 多行文本框对象。各控件对象的属性、属性值设置如表 11.2 所示。

表 11.2 各控件对象的属性、属性值

控件	属性	属性值	控件	属性	属性值
RichTextBox1	Name	rtbProcess	Button1	Name	btnShow
				Text	显示所有进程

(3) 后台代码设计。

在 Project1 的 Form1 窗体上双击"显示所有进程"，进入"显示所有进程"后台单击事件代码编辑区，设计代码如下。

```
namespace Project1
{
    public partial class Form1 : Form
    {
        public Form1()
        {
            InitializeComponent();
        }

        private void btnShow_Click(object sender, EventArgs e)
        {
```

```
//定义一个进程类数组 processes，同时将本地计算机的每个进程资源创建一个新的进程类对
    象组件保存到该数组中
Process[] processes = Process.GetProcesses();
//遍历进程数组中存放的每个进程
foreach (Process ps in processes)
{
    rtbProcesses.Text = rtbProcesses.Text + ps.ProcessName + "\r\n";
}
        }
    }
}
```

注意:

使用进程类 Process 创建数组时，需要用户导入该类所在的命名空间 System.Diagnostics。

(4) 编译运行。

单击工具栏中的"全部保存"按钮，右击 Project1，执行"生成"|"重新生成"命令，观察"输出"信息窗口，若没有语法错误，则单击工具栏中的"启动"按钮运行程序，程序运行效果如图 11.1 所示。

11.2 线程的基本操作

线程包含在进程中，位于 System.Threading 命名空间中。线程的基本操作分单线程操作、多线程操作及线程同步。

创建控件单一线程，用户只需要利用 System.Threading 提供的大量线程编程类的接口来处理线程即可。

多线程是多个线程共享数据和资源时，根据主线程调度机制，线程将在没有警告的情况下中断或继续，如何处理好多线程资源共享和同步问题，.NET 提供了特殊的处理机制，即多线程同步。

多线程同步是指在任何时刻，只允许一个线程访问资源，这样开发人员就可以利用线程同步技术，对重要资源进行线程安全的访问。

11.2.1 操作线程的类

操作线程的类都在 System.Threading 命名空间中，其主要类及类的功能说明如表 11.3 所示。

表 11.3 操作线程的主要类

类名	功能说明
Thread	在初始应用程序中创建其他线程
ThreadState	指定 Thread 的执行状态，包括开始、运行、挂起等
ThreadPriority	线程在调度时的优先级枚举值，包括 Highest、AboveNormal、Normal、BelowNormal、Lowest
ThreadPoll	提供一个线程池，用于执行任务、发送工作项、处理异步 I/O 等操作

(续表)

类名	功能说明
Monitor	提供同步访问对象的机制
Mutex	用于线程间同步的操作
ThreadAbortException	调用 Thread 类中的 Abort()方法时出现的异常
ThreadStateException	Thread 处于对方法调用无效的 ThreadState 时出现的异常

Thread 功能主要实现创建、执行线程，Thread 类的常用属性和方法的功能说明如表 11.4 所示。

表 11.4　Thread 类的常用属性和方法

属性和方法	功能说明
Name	获取或设置线程的名称
Priority	获取或设置线程的优先级
ThreadState	获取线程的当前状态
IsAlve	获取当前线程是否处于启动状态
IsBackground	获取或设置值，表示当前线程是否为后台线程
CurrentThread	获取当前正在运行的线程
Start()	启动线程
Sleep(int millisecondsTimout)	将当前线程暂停指定的毫秒数
Suspend()	挂起当前线程(已经被弃用)
Join()	阻塞调用线程，直到某个线程终止为止
Interrupt()	中断当前线程
Resume()	继续已经挂起的线程(已经被弃用)
Abort()	终止线程

【例题 11.2】设计一个 Windows 程序，实现功能：创建和启动一个线程，并将结果在多行文本框中显示，程序运行效果如图 11.2 所示。

【实现步骤】

(1) 启动 Visual Studio 2019，在已创建的 Capter11 解决方案中添加 Project2 的 Windows 项目。

(2) 界面设计。

在项目 Project2 的 Form1 窗体上设计 1 个 Button 按钮对象、

图 11.2　例题 11.2 程序运行效果

一个 RichTextBox 多行文本框对象。各控件对象的属性、属性值设置如表 11.5 所示。

表 11.5　各控件对象的属性、属性值

控件	属性	属性值	控件	属性	属性值
RichTextBox1	Name	rtbProcess	Button1	Name	btnCreateandStart
				Text	创建进程并启动

(3) 后台代码设计。

在 Project2 的 Form1 窗体的加载事件是设计不检查跨线程调用 Windows 控件的安全性，代码如下。

```
private void Form1_Load(object sender, EventArgs e)
{
    //在 From1 窗体的加载事件是不检查跨线程的调用是否合法；如果检查调用合法则会抛出异常
    Control.CheckForIllegalCrossThreadCalls = false;
    Thread thread = new Thread(ActionMethod);
    thread.IsBackground = true;
}
```

在 Project2 的 Form1 窗体上双击"创建进程并启动"，进入"创建进程并启动"后台单击事件代码编辑区。在窗体 Form1 的部分类中设计调用线程的方法 ActionMethod(),设计代码如下。

```
namespace Project2
{
    public partial class Form1 : Form
    {
        public Form1()
        {
            InitializeComponent();
        }

        private void btnCreateandStart_Click(object sender, EventArgs e)
        {
            Thread.CurrentThread.Name = "主线程";   //修改当前线程的线程名
            Thread objThread = new Thread(new ThreadStart(ActionMethod));//创建线程
            objThread.Name = "子线程";
            objThread.Start();
            ActionMethod();
        }
        private void   ActionMethod() //调用线程的方法
        {
            for (int count = 1; count <= 5; count++)
            {
                rtbShowThread.Text = rtbShowThread.Text + Thread.CurrentThread.Name + "第" + count + "次\n";

            }
        }
    }
}
```

(4) 编译运行。

单击工具栏中的"全部保存"按钮，右击 Project2，执行"生成"|"重新生成"命令，观察"输出"信息窗口，若没有语法错误，则单击工具栏中的"启动"按钮运行程序，程序运行效果如图 11.2 所示。

11.2.2　简单线程

使用线程时首先需要创建线程,在使用 Thread 类的构造函数创建其实例时，需要用到 ThreadStart

委托或 ParameterizedThreadStart 委托创建 Thread 类的实例。其中，ThreadStart 委托只能用于无返回值、无参数的方法；ParameterizedThreadStart 委托则可用于带参数的方法。

1. ThreadStart 委托创建 Thread 类的实例

创建过程：先创建 ThreadStart 委托的实例，再创建 Thread 类的实例，具体实现代码如下。

```
ThreadStart ts = new ThreadStart(方法名);
    Thread td = new Thread(ts);
```

【例题 11.3】设计一个 Windows 程序，实现功能：使用 ThreadStart 委托创建线程，并定义一个方法输出 1～10 中的奇数，并将结果在多行文本框中显示，程序运行效果如图 11.3 所示。

图 11.3　例题 11.3 程序运行效果

【实现步骤】

(1) 启动 Visual Studio 2019，在已创建的 Capter11 解决方案中添加 Project3 的 Windows 项目。

(2) 界面设计。

在项目 Project3 的 Form1 窗体上设计 1 个 Button 按钮对象，一个 RichTextBox 多行文本框对象。各控件对象的属性、属性值设置如表 11.6 所示。

表 11.6　各控件对象的属性、属性值

控件	属性	属性值	控件	属性	属性值
RichTextBox1	Name	rtbProcess	Button1	Name	btnPrint
				Text	输出 1～10 中的奇数

(3) 后台代码设计。

在 Project3 的 Form1 窗体的加载事件是设计不检查跨线程调用 Windows 控件的安全性，双击 Project3 的 Form1 窗体中的"输出 1～10 中的奇数"按钮进入后台代码编辑区，设计一个输出 1～10 中的奇数的方法，设计代码如下。

```
namespace Project3
{
    public partial class Form1 : Form
    {
        public Form1()
        {
            InitializeComponent();
        }
        private void Form1_Load(object sender, EventArgs e)
        {
            //在 From1 窗体的加载事件中不检查跨线程的调用是否合法；如果检查调用合法则会抛出异常
            Control.CheckForIllegalCrossThreadCalls = false;
            Thread thread = new Thread(PrintOdd);
            thread.IsBackground = true;
        }
        //输出 1~10 中的奇数按钮单击事件
        private void btnPrint_Click(object sender, EventArgs e)
```

```
{
        ThreadStart ts = new ThreadStart(PrintOdd);
        Thread td = new Thread(ts);
        td.Start();
}
//定义打印 1~10 中的奇数的方法
private void PrintOdd ()
{
        for (int i = 1; i < 10; i = i + 2)
        {
                rtbShow.Text = rtbShow.Text + i+"\n";
        }
    }
  }
}
```

(4) 编译运行。

单击工具栏中的"全部保存"按钮，右击 Project3，执行"生成"|"重新生成"命令，观察"输出"信息窗口，若没有语法错误，则单击工具栏中的"启动"按钮运行程序，程序运行效果如图 11.3 所示。

2. ParameterizedThreadStart 委托创建 Thread 类的实例

创建过程：先创建 ParameterizedThreadStart 委托的实例，再创建 Thread 类的实例，具体实现代码如下。

```
ParameterizedThreadStart ts = new ParameterizedThreadStart (方法名);
    Thread td = new Thread(ts);
```

【例题 11.4】设计一个 Windows 程序，实现功能：定义一个方法输出 1～n 中的奇数，使用 ParameterizedThreadStart 委托调用该方法，启动打印奇数的线程并将结果在多行文本框中显示，程序运行效果如图 11.4 所示。

图 11.4 例题 11.4 程序运行效果

【操作步骤】

(1) 启动 Visual Studio 2019，在已创建的 Capter11 解决方案中添加 Project4 的 Windows 项目。

(2) 界面设计。

在项目 Project4 的 Form1 窗体上设计 1 个 Button 按钮对象，一个 RichTextBox 多行文本框对象。各控件对象的属性、属性值设置如表 11.7 所示。

表 11.7 各控件对象的属性、属性值

控件	属性	属性值	控件	属性	属性值
RichTextBox1	Name	rtbProcess	Button1	Name	btnPrint
				Text	输出 1～n 中的奇数

(3) 后台代码设计。

在 Project4 的 Form1 窗体的加载事件是设计不检查跨线程调用 Windows 控件的安全性，双击

Project4 的 Form1 窗体中的"输出 1～n 中的奇数"按钮进入后台代码编辑区，设计一个输出 1～n
中的奇数的方法，设计代码如下。

```
namespace Project4
{
    public partial class Form1 : Form
    {
        public Form1()
        {
            InitializeComponent();
        }

        private void Form1_Load(object sender, EventArgs e)
        {
            //在 From1 窗体的加载事件中不检查跨线程的调用是否合法；如果检查调用合法则会抛出异常
            Control.CheckForIllegalCrossThreadCalls = false;
            Thread thread = new Thread(PrintOdd);
            thread.IsBackground = true;
        }
        private void btnPrint_Click(object sender, EventArgs e)
        {
            ParameterizedThreadStart pts = new ParameterizedThreadStart(PrintOdd);
            Thread td = new Thread(pts);
            td.Start(10);
        }
        private void PrintOdd ( object   n)
        {
            for (int i = 1; i <= (int)n; i = i + 2)
            {
                rtbShow.Text = rtbShow.Text + i + "\n";
            }
        }
    }
}
```

运行实例 11.4 程序时，在使用 ParameterizedThreadStart 委托调用带参数的方法时，方法中的参
数只能是 object 类型并且只能含有一个参数。在启动线程时要在线程的 Start()方法中为委托的方法
传递实际参数。

(4) 编译运行。

单击工具栏中的"全部保存"按钮，右击 Project4，执行"生成"|"重新生成"命令，观察"输
出"信息窗口，若没有语法错误，则单击工具栏中的"启动"按钮运行程序，程序运行效果如图 11.4
所示。

11.2.3　多线程

在多线程编程中，当多个线程共享数据和资源时，根据主线程调度机制，线程
将在没有警告的情况下中断或继续，因此多线程处理存在资源共享和同步问题。可
以通过设置线程优先级和线程调度来解决。

线程的优先级可以对线程的 Priority 属性进行设置,默认优先级是 Normal。设置优先级后,优先级高的线程优先执行,优先级的值通过 ThreadPriority 枚举类型来设置,从低到高分别是 Lowerst、BelowNormal、Normal、AboveNormal、Height。

【例题 11.5】设计一个 Windows 程序,实现功能:运用多线程优先级机制输出指定范围内的奇数和偶数的线程并让线程休眠 1 秒钟,输出结果在多行文本框控件中显示,程序运行效果如图 11.5 所示。

图 11.5 例题 11.5 程序运行效果

【实现步骤】

(1) 启动 Visual Studio 2019,在已创建的 Capter11 解决方案中添加 Project5 的 Windows 项目。

(2) 界面设计。

在项目 Project5 的 Form1 窗体上设计 1 个 Button 按钮对象,1 个 RichTextBox 多行文本框对象。各控件对象的属性、属性值设置如表 11.8 所示。

表 11.8 各控件对象的属性、属性值

控件	属性	属性值	控件	属性	属性值
RichTextBox1	Name	rtbProcess	Button1	Name	btnPrint
				Text	输出奇数偶数

(3) 后台代码设计。

Project5 的 Form1 窗体的加载事件是设计不检查跨线程调用 Windows 控件的安全性,双击 Project5 的 Form1 窗体中的"输出奇数偶数"按钮进入后台代码编辑区,分别设计输出 1~10 的奇数方法、0~10 的偶数方法,设置奇数线程为低优先级、偶数线程为高优先级,设计代码如下。

```
namespace Project5
{
    public partial class Form1 : Form
    {
        public Form1()
        {
            InitializeComponent();
        }
        private void Form1_Load(object sender, EventArgs e)
        {
            //在 From1 窗体的加载事件中不检查跨线程的调用是否合法;如果检查调用合法则会抛出异常
            Control.CheckForIllegalCrossThreadCalls = false;
            Thread tsodd = new Thread(PrintOdd);
            tsodd.IsBackground = true;
            Thread tdeven = new Thread(PrintEven);
            tdeven.IsBackground = true;

        }
        //定义打印 1~10 中的奇数的方法
        private   void PrintOdd()
        {
            for (int i = 1; i <= 10; i = i + 2)
            {
```

```
                Thread.Sleep(1000);
                rtbShow.Text = rtbShow.Text + i + "\n";
            }


        }
        //定义打印 0~10 中偶数的方法
        private void PrintEven()
        {
            for (int i = 0; i <= 10; i = i + 2)
            {
                Thread.Sleep(1000);
                rtbShow.Text = rtbShow.Text + i + "\n";
            }


        }
        private void btnPrint_Click(object sender, EventArgs e)
        {
            ThreadStart tsodd = new ThreadStart(PrintOdd);
            Thread tdodd = new Thread(tsodd);
            //设置奇数线程为低优先级
            tdodd.Priority = ThreadPriority.Lowest;
            ThreadStart tseven = new ThreadStart(PrintEven);
            Thread tdeven = new Thread(tseven);
            //设置偶数线程为高优先级
            tdeven.Priority = ThreadPriority.Highest;
            tdodd.Start();
            tdeven.Start();
        }
    }
}
```

(4) 编译运行。

单击工具栏中的"全部保存"按钮，右击 Project5，执行"生成"|"重新生成"命令，观察"输出"信息窗口，若没有语法错误，则单击工具栏中的"启动"按钮运行程序，程序运行效果如图 11.5 所示。

从图 11.5 中可以看出，偶数线程优先级高于奇数线程优先级，因此输出结果中偶数次数多一些。此外，每次输出的结果也不是固定的，通过优先级是不能控制线程中的输出先后顺序的。

11.2.4　线程同步

在实例 11.5 中使用线程的 Sleep()方法来控制线程的暂停时间，从而改变线程之间的先后顺序，但每次调用线程的结果是随机的。线程同步技术是将线程资源共享，允许控制每次执行一个线程，并交替执行每个线程。在 C#语言中实现线程同步可以使用 lock 关键字和 Monitor 类、Mutex 类来实现。

1. lock 关键字

关于线程同步操作最简单的方式是使用 lock 关键字，通过 lock 关键字能保证加锁的线程只有在执行完成后才能执行其他线程。Lock 的语法形式如下。

```
lock(object)
{
    //临界区代码
}
```

注意:

在 lock 后面通常是一个 object 类型的值,也可以使用 this 关键字表示。

【例题 11.6】设计一个 Windows 程序,实现功能:使用 lock 关键字控件打印奇数和偶数的线程,要求先执行奇数线程,再执行偶数线程,输出结果在多行文本框控件中显示,程序运行效果如图 11.6 所示。

图 11.6　例题 11.6 程序运行效果

【操作步骤】

(1) 启动 Visual Studio 2019,在已创建的 Capter11 解决方案中添加 Project6 的 Windows 项目。

(2) 界面设计。

在项目 Project6 的 Form1 窗体上设计 1 个 Button 按钮对象,1 个 RichTextBox 多行文本框对象。各控件对象的属性、属性值设置如表 11.9 所示。

表 11.9　各控件对象的属性、属性值

控件	属性	属性值	控件	属性	属性值
RichTextBox1	Name	rtbProcess	Button1	Name	btnPrint
				Text	按先奇数后偶数输出

(3) 后台代码设计。

在 Project6 的 Form1 窗体的加载事件是设计不检查跨线程调用 Windows 控件的安全性,双击 Project6 的 Form1 窗体的"按先奇数后偶数输出"按钮进入后台代码编辑区,分别设计输出 1~10 的奇数方法并用 lock 加锁、0~10 的偶数方法并用 lock 加锁,设计代码如下。

```
namespace Project6
{
    public partial class Form1 : Form
    {
        public Form1()
        {
            InitializeComponent();
        }
        private void Form1_Load(object sender, EventArgs e)
        {
            //在 From1 窗体的加载事件中不检查跨线程的调用是否合法;如果检查调用合法则会抛出异常
            Control.CheckForIllegalCrossThreadCalls = false;
            Thread tsodd = new Thread(PrintOdd);
            tsodd.IsBackground = true;
            Thread tdeven = new Thread(PrintEven);
            tdeven.IsBackground = true;

        }
        //定义打印 0~10 中偶数线程的方法
        private void PrintEven()
        {
            lock (this)
            {
                for (int i = 0; i <= 10; i = i + 2)
```

```
                {
                    rtbShow.Text = rtbShow.Text + i + "\n";
                }
            }
        }
        //定义打印 1~10 中奇数线程的方法
        private void PrintOdd()
        {
            lock (this)
            {
                for (int i = 1; i <= 10; i = i + 2)
                {
                    rtbShow.Text = rtbShow.Text + i + "\n";
                }
            }
        }
        private void btnPrint_Click(object sender, EventArgs e)
        {
            ThreadStart tsOdd = new ThreadStart(PrintOdd);
            Thread tdOdd = new Thread(tsOdd );
            tdOdd.Start();
            ThreadStart tsEven = new ThreadStart(PrintEven);
            Thread tdEven = new Thread(tsEven);
            tdEven.Start();
        }

    }
}
```

(4) 编译运行。

单击工具栏中的"全部保存"按钮，右击 Project6，执行"生成"｜"重新生成"命令，观察"输出"信息窗口，若没有语法错误，则单击工具栏中的"启动"按钮运行程序。程序运行效果如图 11.6 所示。

2. Monitor 类

Monitor 类实现了同步对对象的访问机制，它通过向单线程授予对象锁来控制对对象的访问，对象锁提供限制访问代码块(临界区)的能力。当一个线程拥有对象锁时，其他任何线程都不能获取该锁。

Monitor 类的常用方法及功能说明如表 11.10 所示。

表 11.10　Monitor 类的常用方法及功能

方法名	功能说明
Enter()	在指定对象上获取排他锁
Exit()	释放指定对象上的排他锁
Wait()	释放对象上的锁并阻止当前线程，直到它重新获取该锁

3. Mutex 类

Mutex 类是用于线程同步操作的类。当多个线程同时访问一个资源时保证一次只能有一个线程访问资源，此时应调用 Mutex 类的方法实现。Mutex 类的常用方法及功能说明如表 11.11 所示。

表 11.11　Mutex 类的常用方法及功能

方法名	功能说明
WaitOne()	等待资源释放，在等待 ReleaseMutex()方法执行后才结束
ReleaseMutex()	释放资源

【例题 11.7】设计一个 Windows 程序，实现功能：运用线程互斥功能实现停车位每次只能停放一辆车的功能，程序运行效果如图 11.7 所示。

图 11.7　例题 11.7 程序运行效果

【操作步骤】

(1) 启动 Visual Studio 2019，在已创建的 Capter11 解决方案中添加 Project7 的 Windows 项目。

(2) 界面设计。

在项目 Project7 的 Form1 窗体上设计 2 个 Label 标签对象，分别实现输入信息提示和显示程序运行结果；1 个 TextBox 文本框对象，实现车牌号输入；1 个 Button 按钮对象，实现停车位信息的显示。各控件对象的属性、属性值设置如表 11.12 所示。

表 11.12　各控件对象的属性、属性值

控件	属性	属性值	控件	属性	属性值
Label1	Text	车牌号	Label2	Name	lblShow
TextBox1	Name	txtName		AutoSize	False
Button1	Name	btnMesShow		BorderStyle	Fixed3D
	Text	信息显示		Text	空

(3) 后台代码设计。

在 Project7 的 Form1 窗体的加载事件是设计不检查跨线程调用 Windows 控件的安全性，在编辑区外实例化 Mutex 类对象，定义一个 PakingSpace()方法，判断 Mutex 类对象的 WaitOne()占用资源是否释放，在 Project7 的 Form1 窗体的"信息显示"按钮的单击事件代码编辑区中使用 ParameterizedThreadStart 委托创建 Thread 类实例。设计代码如下。

```
namespace Project7
{
    public partial class Form1 : Form
    {
        public Form1()
        {
            InitializeComponent();
        }
        private void Form1_Load(object sender, EventArgs e)
        {
            //在 From1 窗体的加载事件中不检查跨线程的调用是否合法；如果检查调用合法则会抛出异常
            Control.CheckForIllegalCrossThreadCalls = false;
            Thread tsodd = new Thread(PakingSpace);
            tsodd.IsBackground = true;
        }
        private static Mutex mtx = new Mutex(); //实例化 Mutex 类静态对象
```

```
//定义一个方法实现停车位的车辆驶入和离开，其中停放时间由用户设定
public void PakingSpace(object name)
{
    if (mtx.WaitOne())
    {
        try
        {
            lblShow.Text += "\n" + string.Format("车牌号为{0}的车驶入！", name);
            Thread.Sleep(1000);
        }
        finally
        {
            lblShow.Text += "\n" + string.Format("车牌号为{0}的车离开！", name);
            mtx.ReleaseMutex();
        }
    }
}
//显示信息按钮的单击事件；使用 ParameterizedThreadStart 委托创建 Thread 实例，调用 Thread
  实例对象的 Start()方法
private void btnMesShow_Click(object sender, EventArgs e)
{
    ParameterizedThreadStart ts = new ParameterizedThreadStart(PakingSpace);
    Thread td = new Thread(ts);
    td.Start(txtName .Text );
}
}
}
```

(4) 编译运行。

单击工具栏中的"全部保存"按钮，右击 Project7，执行"生成"｜"重新生成"命令，观察"输出"信息窗口，若没有语法错误，则单击工具栏中的"启动"按钮运行程序，程序运行效果如图 11.7 所示。

习题 11

填空题

(1) 进程与线程的关系是_____。

(2) 启动和关闭进程的方法是_____。

(3) 一个 C#应用程序运行后，在系统中作为一个_____。

(4) Thread 类的_____属性可以获取或设置线程的名称。

(5) 一个线程如果调用了 Sleep()方法，则可以唤醒它的方法是_____。

(6) 设线程访问一种资源的逻辑均为：获得新资源的独占权，随后释放旧资源的独占权。已知资源 S 被线程 A 访问，资源 T 被线程 B 访问，当 A、B 希望互换访问资源时，会出现_____现象。

(7) 定义一个线程对象 myThread 并启动该线程的方法是_____。

(8) 线程休眠的方法是_____。

第 12 章

ADO.NET技术

软件开发离不开数据库存储技术的支持，.NET 框架中提供了多种方式来访问数据存储，ADO.NET 是最直接、最灵活、执行效率最高的方式。本章主要讲解 ADO.NET 的体系结构、核心对象及操作数据库的应用技术。

12.1　ADO.NET 概述

ADO.NET 是向.NET Framework 程序员公开数据访问服务的类。ADO.NET 为创建分布式数据共享应用程序提供了一组丰富的组件。它提供了对关系数据、XML 和应用程序数据的访问。ADO.NET 支持多种开发需求，包括创建由应用程序、工具、语言或 Internet 浏览器使用的前端数据库客户端和中间层业务对象。

ADO.NET 是应用程序和数据库沟通的"桥梁"。通过 ADO.NET 提供的对象，再配合 SQL 语句即可访问数据库中的数据，而且凡是能通过 ODBC 或 OLEDB 接口访问的数据库(如 Access、SQL Sever、Oracle 等)也可通过 ADO.NET 来访问。

12.1.1　ADO.NET 相关概念

1. 什么是 ADO

微软公司的 ADO 是一个用于存取数据源的 COM 组件。COM 是微软公司为了使计算机工业的软件生产更加符合人类的行为方式而开发的一种新的软件开发技术。在 COM 构架下人们可以开发出各种各样、功能专一的组件，根据用户需求将它们组合起来，构成复杂的应用软件系统。

ADO 提供了编程语言和统一数据访问方式(OLE DB)的一个中间层，OLE DB 的全称是 object link and embed 即对象连接与嵌入。ADO 允许开发人员编写访问数据的代码而不关心数据库是如何实现的，只关心数据的连接。

ADO 最常用的用法是在关系数据库查询一个表或多个表，然后在应用程序中检索并显示查询结果，还允许用户更改并保存数据。

2. 什么是 ADO.NET

ADO.NET 是微软公司提出的访问数据库的一项新技术。ADO.NET 的名称源于 ADO，是 ADO 的升级版，是一个类库，主要用于.NET Framework 平台对数据的操作。ADO.NET 是在.NET 平台上访问数据库的组件，ADO.NET 是以 ODBC(open database connectivity)技术的方式来访问数据库的一种技术。

12.1.2 ADO.NET 结构

1. ADO.NET 模型

ADO.NET 采用层次管理模型,各部分间的逻辑关系如图 12.1 所示。ADO.NET 模型最顶层是窗体应用程序,中间层是 ADO.NET 数据层和数据提供程序(提供 ADO.NET 的通用接口),不同的数据源要使用不同的数据提供程序。中间层相当于一个容器,包括一组类及相关的命令,是数据源DataSource 与数据集 DataSet 之间的"桥梁",负责将数据源中的数据读到数据集中,也可以将用户处理完毕的数据保存到数据源中。底层是数据存储区。

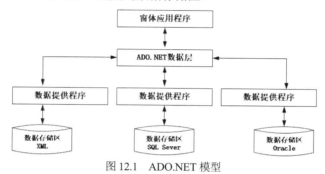

图 12.1 ADO.NET 模型

2. ADO.NET 组件

ADO.NET 提供两个主要的组件来访问和操作数据,分别是.NET Framework 数据提供程序和数据集 DataSet。

数据集 DataSet 临时存储应用程序从数据源读取的数据,可以对数据进行增、删、改、查操作;.NET Framework 数据提供程序用于建立数据集和数据源的连接。数据提供程序和数据集之间的关系如图 12.2 所示。

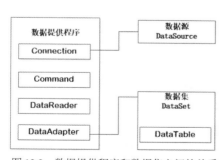

图 12.2 数据提供程序和数据集之间的关系

12.2 ADO.NET 五大对象

ADO.NET 对象是指包含在.NET Framework 数据提供程序和数据集 DataSet 中的对象,其中DataSet 对象是驻留在内存中的数据库,位于 System.Data 命名空间下。ADO.NET 从数据库抽取数据后数据就存放在 DataSet 中，因此可以把 DataSet 看成一个数据容器。.NET Framework 数据提供程序包括 Connection 对象、Command 对象、DataReader 对象、DataAdapter 对象。ADO.NET 五大对象之间的关系如图 12.3 所示。

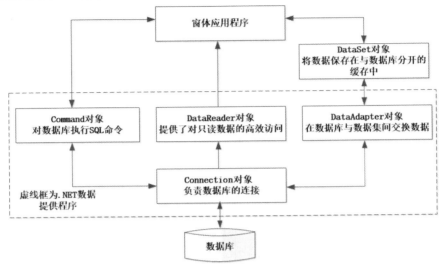

图 12.3　ADO.NET 五大对象之间的关系

　　ADO.NET 的五大对象可以理解为：连接 Connection，执行 Command，读取 DataReader，分配 DataAdapter，填充 DataSet。这正是 ADO.NET 对数据库操作的基本步骤。

　　.NET Framework 数据提供程序的 4 个对象，不同数据库的访问功能的区别仅是前缀不同，数据库名与数据提供程序对象名如表 12.1 所示。

表 12.1　数据库名与数据提供程序对象名

数据库名	数据提供程序对象名
SQL Server	SqlConnection 对象、SqlCommand 对象、SqlDataReader 对象、SqlDataAdapter 对象
Access	OleDbConnection 对象、OleDbCommand 对象、OleDbDataReader 对象、OleDbDataAdapter 对象
Oracle	OracleConnection 对象、OracleCommand 对象、OracleDataReader 对象、Oracle DataAdapter 对象
MySQL	MySqlConnection 对象、MySqlCommand 对象、MySqlDataReader 对象、MySqlDataAdapter 对象

12.2.1　Connection 对象

1. Connection 对象概述

　　在打开 Windows 窗体应用程序时需要与数据库进行交互，在与数据库进行交互之前必须实现和数据库的连接。使用 Connection 对象可以实现应用程序与数据库的连接。

　　对于 ADO.NET，不同的数据源对应不同的 Connection 对象。Connection 对象名及所在的命名空间如表 12.2 所示。

表 12.2　Connection 对象名及所在的命名空间

对象名称	命名空间	功能说明
SqlConnection	System.Data.SqlClient	实现与 SQL Server 数据库的连接对象
OleDbConnection	System.Data.OleDb	实现与 Access 数据库的连接对象
OracleConnection	System.Data.OracleClient	实现与 Oracle 数据库的连接对象

2. Connection 对象的常用属性

Connection 对象的常用属性有以下两个。

(1) ConnectionString 属性：用来获取或设置数据库连接字符串。

(2) State 属性：用来设置和显示当前 Connection 对象的状态，其状态有 Open 和 Closed。

3. Connection 对象的常用方法

Connection 对象的常用方法有以下两个。

(1) Open()方法：打开数据库连接。

(2) Close()方法：关闭数据库连接。

4. 使用 Connection 对象连接数据库

ADO.NET 使用 SqlConnection 对象与 SQL Server 数据库进行连接，下面介绍具体的连接方法。

1) 定义数据库连接字符串

定义数据库连接字符串常用方式有两种：使用 Windows 身份验证和使用 SQL Server 身份验证。

(1) 使用 Windows 身份验证。使用 Windows 身份验证连接字符串方式有助于在连接到 SQL Server 时提供安全保护，因为它在连接字符串中没有提供用户的 ID 和密码，适用安全级别较高的数据库连接方式。连接字符串的语法格式如下。

```
string connStr = "Server=服务器名或 IP;Database=数据库名;Integrated Security=true";
```

各项说明如下。

Server(或 Data Source)：指定了 SQL Server 服务器的名字或 IP 地址，可以用 localhost 或圆点 "." 表示本机。

Integrated Security=true：指明采用信任连接方式，也就是采用 Windows 账号登录到 SQL Server 数据库服务器。

Database(或 Initial Catalog)：用于设置登录到服务器中的哪个数据库。

(2) 使用 SQL Server 身份验证。使用 SQL Server 身份验证连接字符串方式把登录数据库的用户的 ID 和密码写在连接字符串中，适用安全级别较低的数据库连接方式。连接字符串的语法格式如下。

```
String conStr= "Server=服务器名或 IP;Database=数据库名;uid=用户名;pwd=密码";
```

各项说明如下。

uid：表示 SQL Server 登录用户名。

pwd：表示 SQL Server 登录用户密码。

2）创建 Connection 对象

以创建的数据库连接字符串为参数，调用 SqlConnection 类的构造函数创建 Connection 对象，其语法格式如下。

```
SqlConnection 连接对象名 = new SqlConnection("连接字符串");
```

用户也可以首先使用构造函数创建一个不含参数的 Connection 对象，再通过 Connection 对象的 ConnectionString 属性设置连接字符串，其语法格式如下。

```
SqlConnection 连接对象名 = new SqlConnection();
        连接对象名.ConnectionString=连接字符串;
```

3）打开数据库

打开数据库的语法格式如下。

```
连接对象名.Open();
```

【例题 12.1】设计一个 Windows 程序，实现功能：在窗体上分别单击"打开连接""关闭连接"按钮，并在窗体的指定标签处显示当前数据库的状态信息，程序运行效果如图 12.4 所示。

图 12.4　例题 12.1 程序运行效果

【实现步骤】

(1) 启动 Visual Studio 2019，在已创建的 Capter12 解决方案中添加 Project1 的 Windows 项目。

(2) 界面设计。

在项目 Project1 的 Form1 窗体上设计 1 个 Label 标签对象，2 个 Button 按钮对象。各控件对象的属性、属性值设置如表 12.3 所示。

表 12.3　各控件对象的属性、属性值

控件	属性	属性值	控件	属性	属性值
Label1	Name	lblShow	Button1	Name	btnOpen
	AutoSize	false		Text	打开连接
	BorderStyle	Fixed3D	Button2	Name	btnClose
	Text	空		Text	关闭连接

(3) 后台代码设计。

在 Project1 的 Form1 窗体界面所有事件外定义数据库连接字符串、数据库连接对象；在 Form1 窗体的加载事件中首次显示"当前数据库的连接状态是：Closed"，在"打开连接""关闭连接"按钮单击事件中打开数据库并刷新当前数据库连接状态。设计代码如下。

```
namespace Project1
{
    public partial class Form1 : Form
    {
```

```
public Form1()
{
    InitializeComponent();
}
//在窗体的所有事件之外定义数据库连接
static string conStr = "server=.;database=SSMSDB1905;uid=sa;pwd=123456";
SqlConnection conn = new SqlConnection(conStr);
//窗体的加载事件实现在标签处显示当前数据库的状态信息
private void Form1_Load(object sender, EventArgs e)
{
    lblShow.Text = "当前数据库连接状态是：" + conn.State.ToString();
}
// "打开连接" 按钮的单击事件
private void btnOpen_Click(object sender, EventArgs e)
{
    conn.Open();
    lblShow.Text = "当前数据库连接状态是：" + conn.State.ToString();
}
// "关闭连接" 按钮的单击事件
private void btnClose_Click(object sender, EventArgs e)
{
    conn.Close();
    lblShow.Text= "当前数据库连接状态是：" + conn.State.ToString();
}
}
}
```

(4) 编译运行。

单击工具栏中的"全部保存"按钮，右击 Project1，执行"生成"|"重新生成"命令，观察"输出"信息窗口，若没有语法错误，则单击工具栏中的"启动"按钮运行程序，程序运行效果如图 12.4 所示。

说明：本例采用的数据库是 SQL Server 2019，用户以 SQL Server 身份登录，登录的用户名是 sa，登录的密码是 123456，登录的数据库服务器本机采用圆点"."表示，操作的数据库名为 SSMSDB1905。本书后续实例均采用这种方式登录。

12.2.2　Command 对象

ADO.NET 的 SqlCommand 对象就是 SQL Server 命令或者对存储过程的引用。除了检索、更新数据之外，SqlCommand 对象可用来对数据源执行一些不返回结果集的查询任务，以及用来执行改变数据源结构的数据定义命令。

在使用 SqlConnection 对象与数据源建立连接后，可以使用 Command 对象对数据源执行查询、添加、删除和修改等操作，操作的实现可以使用 SQL 语句，也可以使用存储过程。根据所用的.NET Framework 数据提供程序的不同，Command 对象可以有 3 种(如表 12.1 所示)。

1. Command 对象的常用属性

Command 对象的常用属性有以下几个。

(1) Connection 属性：用于获取或设置 Command 对象使用的 Connection 对象的名称。

(2) CommandText 属性：用于获取或设置对数据源执行的 SQL 语句或存储过程名。

(3) CommandType 属性：用于获取或设置 Command 对象要执行命令的类型。

2. Command 对象的常用方法

Command 对象的常用方法有以下几个。

(1) ExecuteNonQuery()方法：执行 CommandText 属性指定的内容，并返回受影响的行数。

(2) ExecuteReader()方法：执行 CommandText 属性指定的内容，并创建 DataReader 对象。

(3) ExecuteScalar()方法：执行 SQL 查询语句，并返回查询结果集中第 1 行第 1 列。

3. 创建 Command 对象

Command 对象的构造函数中的参数有 2 个，一个是需要执行的 SQL 语句，另一个是数据库连接对象。以 SqlCommand 类的构造方法创建 Command 对象进行说明，其语法格式如下。

```
SqlCommand 命令对象名=new SqlCommand(SQL 语句,连接对象);
```

用户也可以首先使用 SqlCommand 构造函数创建一个不带参数的 Command 对象，再设置 Command 对象的 Connection 属性和 CommandText 属性，其语法格式如下。

```
SqlCommand 命令对象名=new SqlCommand();
命令对象名.Connection=连接对象;
命令对象名.CommandText=SQL 语句;
```

【例题 12.2】设计一个用户登录的 Windows 程序，要求实现：用户在窗体界面上分别输入用户名、密码，单击"登录"按钮后，应用程序去操作数据库 SSMSDB，弹出登录成功或失败的消息框，程序运行效果如图 12.5 所示。

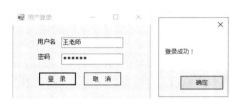

图 12.5 例题 12.2 程序运行效果

【实现步骤】

(1) 启动 Visual Studio 2019，在已创建的 Capter12 解决方案中添加 Project2 的 Windows 项目。

(2) 界面设计。

在项目 Project2 的 Form1 窗体上设计 2 个 Label 标签对象，2 个 TextBox 文本框对象，2 个 Button 按钮对象。各控件对象的属性、属性值设置如表 12.4 所示。

表 12.4 各控件对象的属性、属性值

控件	属性	属性值	控件	属性	属性值
Label1	Text	用户名	Button1	Name	btnLogin
Label2	Text	密码		Text	登录
TextBox1	Name	txtName	Button2	Name	btnCancel
TextBox2	Name	txtPwd		Text	取消

(3) 后台代码设计。

在项目 Project2 的 Form1 窗体界面上分别双击"登录""取消"按钮，进入"登录""取消"按钮的单击事件后台代码编辑区，在单击事件之外定义数据库连接字符串，创建数据库连接对象。设计代码如下。

```
namespace Project2
{
    public partial class Form1 : Form
    {
        public Form1()
        {
            InitializeComponent();
        }
        //1. 定义数据库连接字符串
        static string connStr = "server=.;database=SSMSDB1905;uid=sa;pwd=123456";
        //2. 创建数据库连接对象
        SqlConnection conn = new SqlConnection(connStr);
        //窗体界面"登录"按钮单击事件
        private void btnLogin_Click(object sender, EventArgs e)
        {
            //3. 打开数据库
            conn.Open();
            //4. 编写 SQL 命令。采用拼接字符串方式，用窗体上文本框输入的用户名、密码字符串作为
            //   sql 语句中的用户名和密码
            string sql = "select count(*) from tbUserInfo where UserName ='"+txtName .Text +"'and UserPwd
                ='"+txtPwd .Text +"'";
            //5. 创建命令对象
            SqlCommand comm = new SqlCommand(sql, conn);
            //6. 执行命令，调用命令对象中的 ExecuteScalar()方法并将返回结果赋给整型变量 n
            int n =Convert .ToInt32 ( comm.ExecuteScalar());
            //7. 判断返回值 n 是否大于 0，若大于 0，则说明登录成功，并弹出登录成功的消息框；否
            //   则登录失败
            if (n >= 1)
            {
                MessageBox.Show("登录成功！");
            }
            else
            {
                MessageBox.Show("登录失败!");
            }
        }
        //窗体界面"取消"按钮单击事件
        private void btnCancel_Click(object sender, EventArgs e)
        {
            Application.Exit();
        }
    }
}
```

(4) 编译运行。

单击工具栏中的"全部保存"按钮，右击 Project2，执行"生成"|"重新生成"命令，观察"输出"信息窗口，若没有语法错误，则单击工具栏中的"启动"按钮运行程序，程序运行效果如图 12.5 所示。

12.2.3 DataReader 对象

当 Command 对象返回结果集时需要使用 DataReader 对象来检索数据。DataReader 对象返回一个来自 Command 的只读的、只能向前的数据流。DataReader 每次只能在内存中保留一行，因此开销非常小，提高了应用程序的性能。

由于 DataReader 只执行读操作，并且每次只在内存缓冲区里存储结果集中的一条数据，因此使用 DataReader 对象的效率比较高，如果要查询大量数据，同时不需要随机访问和修改数据，则 DataReader 是最佳的选择。

1. DataReader 对象的常用属性

DataReader 对象的常用属性有以下几个。

(1) Fieldcount 属性：表示由 DataReader 得到的一行数据中的字段数。

(2) HasRows 属性：表示 DataReader 是否包含数据行。

(3) IsClosed 属性：表示 DataReader 对象是否关闭。

2. DataReader 对象的常用方法

DataReader 对象的常用方法有以下几个。

(1) Read()方法：返回 SqlDataReader 的第一条，并一条一条地向下读取。

(2) GetName()方法：通过输入列索引获得该列的名称。

(3) GetDataTypeName()方法：通过输入列索引获得该列的类型。

(4) GetValue()方法：根据传入的列的索引值返回当前记录行里指定列的值。

(5) Close()方法：关闭 DataReader 对象。

(6) IsNull()方法：判断指定索引号的列的值是否为空，返回 true 或 false。

3. 创建 DataReader 对象

如果要创建一个 DataReader 对象，可以通过 Command 对象的 ExecuteReader()方法实现，其语法格式如下。

```
SqlDatareader 数据读取器对象=Command 命令对象.ExecuteReader();
```

【例题 12.3】设计一个读取数据库用户信息的 Windows 程序，运用 DataReader 对象读取数据库用户信息表并在 ListBox 列表框中显示，程序运行效果如图 12.6 所示。

【操作步骤】

(1) 启动 Visual Studio 2019，在已创建的 Capter12 解决方案中添加 Project3 的 Windows 项目。

(2) 界面设计。

在项目 Project3 的 Form1 窗体上设计 1 个 ListBox 列表框控件对象，1 个 Button 按钮对象。各控件对象的属性、属性值设置如表 12.5 所示。

图 12.6 例题 12.3 程序运行效果

表 12.5　各控件对象的属性、属性值

控件	属性	属性值	控件	属性	属性值
ListBox1	Name	lstShow	Button1	Name	btnReader
				Text	读取

(3) 后台代码设计。

在项目 Project3 的 Form1 窗体上双击"读取"按钮，进入"读取"按钮的单击事件代码编辑区。设计代码如下。

```
namespace Project3
{
    public partial class Form1 : Form
    {
        public Form1()
        {
            InitializeComponent();
        }

        private void btnReader_Click(object sender, EventArgs e)
        {
            //创建数据库连接字符串
            string connStr = "server=.;database=SSMSDB1905;uid=sa;pwd=123456";
            //创建数据库连接对象
            SqlConnection conn = new SqlConnection(connStr);
            //打开数据库
            conn.Open();
            //创建命令对象
            SqlCommand comm = new SqlCommand();
            comm.Connection = conn;
            comm.CommandText = "select *from tbUserInfo   ";
            //执行命令并将结果存储到 SqlDatareader 对象中
            SqlDataReader sdr = comm.ExecuteReader();
            //将 SqlDataReader 对象的信息一条一条读到列表框中
            lstShow.Items .Add (string.Format("编号\t 姓名\t 密码\t 用户类型"));
            while (sdr.Read())
            {
                lstShow.Items.Add(string.Format("{0}\t{1}\t{2}\t{3}", sdr[0], sdr[1], sdr[2], sdr[3]));
            }
            //关闭数据库
            conn.Close();
        }
    }
}
```

(4) 编译运行。

单击工具栏中的"全部保存"按钮，右击 Project3，执行"生成"｜"重新生成"命令，观察"输出"信息窗口，若没有语法错误，则单击工具栏中的"启动"按钮运行程序，程序运行效果如图 12.6 所示。

12.2.4 DataAdapter 对象

DataAdapter(数据适配器)对象是一种用来充当 DataSet 对象与实际数据源之间"桥梁"的对象。DataSet 对象是一个非连接的对象，它与数据源无关。DataAdapter 负责实现数据源数据填充到本机内存的特定区域(DataSet 对象)，DataAdapter 与 DataSet 配合使用可以执行新增、查询、修改和删除操作。

DataAdapter 对象是一个双向通道，用来把数据从数据源中读到一个内存表中，在内存表中对数据进行增加、删除、修改、查询操作，操作完成后再将新的数据写回到数据库中。把数据读到内存中的操作称为填充(Fill)，把内存中的数据写回到数据库中的操作称为更新(Update)。

1. DataAdapter 对象的常用属性

DataAdapter 对象的常用属性如表 12.6 所示。

表 12.6　DataAdapter 对象的常用属性

属性名	功能说明
SelectCommand	获取或设置一个语句或存储过程，在数据源中选择记录
UpdateCommand	获取或设置一个语句或存储过程，在数据源中更新记录
InsertCommand	获取或设置一个语句或存储过程，在数据源中插入新记录
DeleteCommand	获取或设置一个语句或存储过程，在数据源中删除记录

2. DataAdapter 对象的常用方法

DataAdapter 对象的常用方法有以下几个。

(1) Fill()方法：把从数据库读取的数据行填充到 DataSet 对象中。

(2) Update()方法：将 DataSet 对象中的数据进行增加、删除、修改、查询操作后的结果更新数据库中的数据。

3. 创建 DataAdapter 对象

DataAdapter 对象的构造函数中有两个参数，一个是需要执行的 SQL 语句，另一个是数据库连接对象，调用 SqlDataAdapter 类的构造函数创建 DataAdapter 对象，其语法格式如下。

```
SqlDataAdapter 数据适配器对象=new SqlDataAdapter(SQL 语句,连接对象);
```

用户也可首先使用构造函数创建一个不含参数的 DataAdapter 对象，再设置 DataAdapter 对象的 Connection 属性和 CommandText 属性，其语法格式如下。

```
SqlDataAdapter 数据适配器对象=new SqlDataAdapter();
数据适配器对象.Connection=连接对象;
数据适配器对象.CommandText=SQL 语句;
```

12.2.5 DataSet 对象

DataSet 对象是 ADO.NET 的核心组件之一。ADO.NET 从数据库中抽取数据后，数据就存放在 DataSet 对象中，因此，可以把 DataSet 看成一个数据容器，也称为"内存中的数据库"。

DataSet 从数据库中获取数据后就断开了与数据源之间的连接。用户可以在 DataSet 对象中对数据进行增加、删除、修改、查询等操作，在完成各种操作后还可以把 DataSet 中的数据再送回数据库中。

每一个 DataSet 都是一个或多个 DataTable 对象的集合，DataTable 相当于数据库中的一个数据表。

1. DataTable 对象的常用属性

DataTable 对象的常用属性有以下几个。

(1) Columns 属性：用于获取 DataTable 对象中的列属性集合。

(2) Rows 属性：用于获取 DataTable 对象中的行属性集合。

(3) DefaultView 属性：用于获取 DataTable 表的自定义视图。

2. DataSet 对象的常用属性

DataSet 对象的常用属性有以下几个。

(1) Tables 属性：用于获取 DataSet 中表的集合，用户可以通过索引来引用 Tables 集合中的一个表，例如，Tables[i]，表示第 i 个表，表的索引从 0 开始编号。

(2) DataSetName 属性：用于获取或设置当前 DataSet 的名称。

3. DataSet 对象的常用方法

DataSet 对象的常用方法有以下几个。

(1) Clear()方法：用于删除 DataSet 对象中所有的表。

(2) Copy()方法：用于复制 DataSet 对象的结构和数据到另一个 DataSet 对象中。

4. 创建 DataSet 对象

创建 DataSet 对象的方法有：先创建一个空的数据集对象，然后再把建立的数据表放到该数据集中，语法格式如下。

```
DataSet 数据集对象=new DataSet();
```

另一个方法是先创立数据表，再创建包含数据表的数据集，语法格式如下。

```
DataSet 数据集对象=new DataSet("表名");
```

12.2.6 DataRow 类和 DataColumn 类

SqlCommand 对象中的 ExecuteNonQuery()方法执行非查询 SQL 语句来实现对数据表的更新操作，使用 DataSet 对象也能实现相同的功能，并且能节约数据库访问时间。每个 DataSet 都是由多个 DataTable 构成的，更新 DataSet 中的数据实际上是通过更新 DataTable 表来实现的。每个 DataTable 对象都是由行(DataRow)和列(DataColumn)构成的。

1. DataRow 类

DataRow 类表示数据表中的行，并允许通过该类直接对数据表进行添加、修改、删除行的操作。DataRow 类中常用的属性和方法如表 12.7 所示。

表 12.7　DataRow 类中常用的属性和方法

属性和方法	功能说明
Table	设置 DataRow 对象所创建 DataTable 的名称
RowState	获取当前行的状态
HasErrors	获取当前行是否存在错误
AcceptChanges()	更新 DataTable 中的值
RejectChanges()	撤销对 DataTable 中值的更新
Delete()	标记当前的行被删除，并在执行 AcceptChanges()方法后更新数据表

在 DataRow 类中没有提供构造方法，需要通过 DataTable 中的 NewRow()方法创建 DataRow 类的对象，语法格式如下。

```
DataTable dt=new DataTable();
DataRow dr=dt.NewRow()
```

说明：dr 为新添加的行，每行数据是由多列构成的，如果在 DataTable 对象中已存在表结构，则直接使用"dr[编号或列名]=值"的形式即可为表中的列赋值。

2. DataColumn 类

DataColumn 类是数据表中的列对象，与数据库中表的列定义一致，都可以为其设置列名及数据类型。DataColumn 类常用的构造方法如表 12.8 所示。

表 12.8　Datacolumn 类常用的构造方法

构造方法	功能说明
DataColumn()	无参构造方法
DataColumn(string columnName)	带参构造方法，columnName 参数表示表的列名
DataColumn(string columnName, Type datatype)	带参构造方法，columnName 参数表示表的列名，dataType 参数表示列的数据类型

DataColumn 类提供系列属性对 DataColumn 对象进行设置，常用的属性如表 12.9 所示。

表 12.9　DataColumn 类常用的属性

属性	功能说明
ColumnName	设置 DataColumn 对象的列名
Datatype	设置 DataColumn 对象的数据类型
MaxLength	设置 DataColumn 对象值的最大长度
Caption	设置 DataColumn 对象在显示时的列标题
DefaultValue	设置 DataColumn 对象默认值
AutoIncrement	设置 DataColumn 对象为自动增长列
AutoIncrementSecd	与 AutoIncrement 属性联用，设置自动增长列的初始值
AutoIncrementStep	与 AutoIncrement 属性联用，设置自动增长列每次增加的值
Unique	设置 DataColumn 对象的值是唯一的
AllowDBNull	设置 DataColumn 对象的值是否允许为空

【例题 12.4】设计一个添加专业的 Windows 程序，使用 DataRow 类、DataColumn 类、DataTable 类设计专业信息表，向该表中添加专业信息并在 ListBox 控件中显示所有专业信息，程序运行效果如图 12.7 所示。

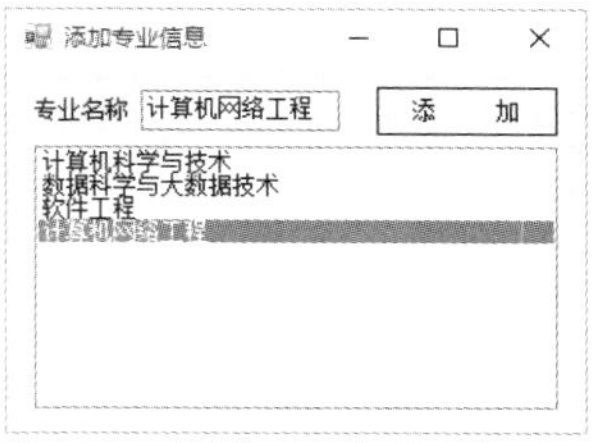

图 12.7　实例 12.4 程序运行效果

【操作步骤】

(1) 启动 Visual Studio 2019，在已创建的 Capter12 解决方案中添加 Project4 的 Windows 项目。

(2) 界面设计。

在项目 Project4 的 Form1 窗体上设计 1 个 Label 标签对象，1 个 TextBox 文本框对象，1 个 ListBox 列表框控件对象，1 个 Button 按钮对象。各控件对象的属性、属性值设置如表 12.10 所示。

表 12.10　各控件对象的属性、属性值

控件	属性	属性值	控件	属性	属性值
Label1	Text	专业名称	TextBox1	Name	txtSpecName
ListBox1	Name	lstShow	Button1	Name	btnAddSpec
—				Text	添加

(3) 后台代码设计。

专业信息表的列包括专业编号(唯一的)、专业名称、专业描述。本例仅实现添加专业名称并显示在 ListBox 控件上。

在项目 Project4 的 Form1 窗体上双击"添加"按钮，进入"添加"按钮的单击事件代码编辑区。设计代码如下。

```
namespace Project4
{
    public partial class frmSpec : Form
    {
        //创建 DataTable 类对象，其数据表名为 tbSpecInfo
        private DataTable dt = new DataTable("tbspecInfo");
        public frmSpec() //在窗体初始化过程中创建专业编号、专业名称、专业描述列
        {
            InitializeComponent();
            //创建专业编号列，列名为 SpecNo，数据类型是整型
            DataColumn SpecNo = new DataColumn("SpecNo", typeof(int));
            //将专业编号列加入 DataTable 对象中
            dt.Columns.Add(SpecNo);
            //创建专业名称列，列名为 SpecName，数据类型是字符串类型
            DataColumn SpecName = new DataColumn("SpecName", typeof(string));
            //将专业名称列加入 DataTable 对象中
            dt.Columns.Add(SpecName);
            //创建专业描述列，列名为 SpecRemark，数据类型是字符串类型
            DataColumn SpecRemark = new DataColumn("SpecRemark", typeof(string));
            //将专业名称列加入 DataTable 对象中
            dt.Columns.Add(SpecRemark);
        }
```

```
private void btnAddSpec_Click(object sender, EventArgs e)//窗体界面"添加"按钮单击事件
{
    //向 DataTable 中添加一行，创建 DataRow 对象
    DataRow dr = dt.NewRow();
    //添加专业名称列的值
    dr["SpecName"] = txtSpecName.Text;
    //将 DataRow 对象行添加到 DataTable 对象中
    dt.Rows.Add(dr);
    //设置 ListBox 控件中的数据源 DataSource 属性
    lstShow.DataSource = dt;
    //设置在 ListBox 控件中显示的列
    lstShow.DisplayMember = dt.Columns["SpecName"].ToString();

}
}
}
```

(4) 编译运行。

单击工具栏中的"全部保存"按钮，右击 Project4，执行"生成"|"重新生成"命令，观察"输出"信息窗口，若没有语法错误，则单击工具栏中的"启动"按钮运行程序。程序运行效果如图 12.7 所示。

从实例 12.4 程序运行结果来看，DataTable 类的使用与直接设计数据库中的表很相似，只是没有将数据存储到数据库中。因此可使用 DataTable 类更新数据库的数据表操作，并能在离线状态下保存数据。

12.3　数据库访问模式

通过 ADO.NET 执行数据库操作的基本步骤如下。

(1) 导入相关应用程序的命名空间。例如，SqlConnection 连接程序的命名空间是 System.Data.SqlClient。

(2) 使用 Connection 对象创建与数据库的连接。

(3) 使用 Command 对象或 DataAdapter 对象对数据库执行 SQL 命令，实现对数据库的查询、插入、更新和删除操作。

(4) 通过 DataSet 对象或 DataReader 对象访问数据。

(5) 使用数据控件或输出语句显示数据。

12.3.1　连接模式

1. 使用连接模式访问数据库的基本步骤

(1) 创建 Connection 对象与数据库建立连接。

(2) 创建 Command 对象对数据库执行 SQL 命令或存储过程，包括增加、删除、修改和查询数据库命令。

(3) 打开与数据库的连接。

(4) 执行操作数据库的命令，如果查询数据库的数据，则建立 DataReader 对象读取 Command 命令查询到的结果集，并将查询的结果绑定到控件上。

(5) 关闭与数据库的连接。

2. 操作数据库的方法

Command 对象常用操作数据库的方法有以下两个。

(1) ExecuteReader()方法：它提供了顺序读取数据库的方法，该方法根据提供的 select 语句返回一个 DataReader 对象，开发者可以使用 DataReader 对象的 Read()方法循环依次读取每一条记录中各字段的内容。

(2) ExecuteNonQuery()方法：该方法执行 SQL 语句并返回因操作受影响的行数，一般将其用于 update、insert、delete、select 语句直接操作数据库中数据表数据。对于 update、insert、delete 语句，ExecuteNonQuery()方法返回值为语句所影响的行数；对于 select 语句，ExecuteNonQuery()方法执行后数据库并无变化，因此返回值为-1。

12.3.2 断开模式

DataSet 对象包含多个 DataTable 对象，DataTable 对象的作用就是存储从数据库中读取的数据表。使用 DataAdapter 对象的 Fill()方法从数据库提取查询的结果并填充到 DataTable 中，关闭数据库连接，运用应用程序处理处于离线的 DataSet 数据，这种操作数据库的模式称为断开模式。

1. 断开模式查询数据库的基本步骤

(1) 创建 Connection 对象与数据库的连接。

(2) 创建 DataAdapter 对象并设置 Select 语句。

(3) 创建 DataSet 对象或 DataTable 对象。

(4) 使用 DataAdapter 的 Fill()方法填充 DataSet。

(5) 使用数据控件显示数据信息。

2. 使用断开模式编辑数据的基本步骤

(1) 创建 Connection 对象与数据库的连接。

(2) 创建 DataAdapter 对象并设置 Select 语句。

(3) 创建 CommandBuilder 对象。

(4) 创建 DataSet 对象或 DataTable 对象。

(5) 使用 DataAdapter 的 Fill()方法填充 DataSet。

(6) 使用数据控件对数据进行插入、更新或删除操作。

(7) 调用 DataAdapter 对象的 Update()方法更新数据库。

【例题 12.5】设计一个添加用户信息的 Windows 程序，使用 DataAdapter 对象、DataTble 对象实现用户信息的添加(用户信息包括用户编号、用户名、用户密码、用户类型)，程序运行效果如图 12.8 所示。

图 12.8　例题 12.5 程序运行效果

【实现步骤】

(1) 启动 Visual Studio 2019，在已创建的 Capter12 解决方案中添加 Project5 的 Windows 项目。

(2) 界面设计。

在项目 Project5 的 Form1 窗体上设计 4 个 Label 标签对象，4 个 TextBox 文本框对象，1 个 DataGridView 数据绑定控件对象，1 个 Button 按钮对象。各控件对象的属性、属性值设置如表 12.11 所示。

表 12.11　各控件对象的属性、属性值

控件	属性	属性值	控件	属性	属性值
Label	Text	用户编号	TextBox1	Name	txtNo
Labe2	Text	用户名	TextBox2	Name	txtName
Labe3	Text	用户密码	TextBox3	Name	txtPwd
Labe4	Text	用户类型	TextBox4	Name	txtType
DataGridView1	Name	dataGridView1	Button1	Name	btnAddUser
—				Text	添加

(3) 后台代码设计。

创建的数据库名为 SSMSDB1905，在数据库 SSMSDB1905 中创建用户信息表 tbUserInfo，用户信息表中的字段有用户编号、用户名、用户密码、用户类型。

在 Form1 窗体加载事件中将数据库中的用户信息表 tbUserInfo 的数据绑定到 dataGridView1 控件对象上。

在 Form1 窗体上双击"添加"按钮，进入"添加"按钮的单击事件，在窗体加载事件和"添加"按钮的单击事件外定义连接数据库字符串。设计代码如下。

```
namespace Project5
{
    public partial class Form1 : Form
    {
        public Form1()
        {
            InitializeComponent();
        }
        //定义数据库连接字符串
        string constr = "server=.;uid=sa;pwd=123456;database=SSMSDB1905";
        private void Form1_Load(object sender, EventArgs e)
        {
            //在窗体加载事件中加载用户信息表中的数据信息
            using (SqlConnection conn = new SqlConnection(constr))
            {
                //定义 SQL 语句
                string sql = "select ID as '用户编号',UserName as '用户姓名',UserPwd as '用户密码',UserType '用户类型' from tbUserInfo    ";
                //创建 SaqDataAdapter 对象
                SqlDataAdapter da = new SqlDataAdapter(sql, conn);
                //创建一个 DataTable 表
```

```
                DataTable dt = new DataTable();
                //调用 SaqDataAdapter 对象的填充方法 Fill()
                da.Fill(dt);
                //设置 dataGridView1 控件的数据源并绑定数据
                dataGridView1.DataSource = dt;
            }
        }

        private void btnAddUser_Click(object sender, EventArgs e)
        {
            //添加按钮的单击事件实现输入的数据添加到数据表中
            using (SqlConnection conn = new SqlConnection(constr))
            {
                //定义 SQL 语句
                string sql = "select ID as '用户编号',UserName as '用户姓名',UserPwd as '用户密码',UserType '
                        用户类型' from tbUserInfo ";
                //创建 SaqDataAdapter 对象
                SqlDataAdapter da = new SqlDataAdapter(sql, conn);
                //创建 SqlCommandBuilder 对象，根据 SqlDataAdapter 对象的 GetInsertCommand()方法
                    为 SqlDataAdapter 对象生成 InsertCommand()方法，从而调用 DataAdapter 对象的
                    Update()方法更新数据库
                SqlCommandBuilder builder = new SqlCommandBuilder(da);
                //创建 DataTable 对象
                DataTable dt = new DataTable();
                //调用 SqlDataAdapter 对象的填充方法将数据库中的数据表填充在 DataTable 对象 dt 中
                da.Fill(dt);
                //获取用户编号焦点
                this.txtNo.Focus();
                //创建数据行对象
                DataRow row = dt.NewRow();
                //为数据行中每列赋上前台文本框的输入值
                row[0] = this.txtNo.Text.Trim();
                row[1] = this.txtName.Text.Trim();
                row[2] = this.txtPwd.Text.Trim();
                row[3] = this.txtType.Text.Trim();
                //将创建的数据行添加到 DataTable 对象中
                dt.Rows.Add(row);
                //更新数据表
                da.Update(dt);
                //重新绑定 dataGridView1 对象的数据源
                dataGridView1.DataSource = dt;
                MessageBox.Show("添加一个用户信息成功！ ");
            }
        }
    }
}
```

(4) 编译运行。

单击工具栏中的"全部保存"按钮，右击 Project5，执行"生成"|"重新生成"命令，观察"输出"信息窗口，若没有语法错误，则单击工具栏中的"启动"按钮运行程序，程序运行效果如图 12.8

所示。

在图 12.8 中单击弹出信息框"添加一个用户信息成功!"中的"确定"按钮,将在窗体文本中输入的用户编号、用户名、用户密码、用户类型的信息更新数据库并重新绑定 DataGridView 控件的数据,如图 12.9 所示。

说明:创建 SqlCommandBuilder 对象,根据 SqlDataAdapter 对象提供的 SEIECT 语句和连接字符串,利用 SqlCommandBuilder 对象的 GetInsertCommand()方法、GetUpdateCommand()方法、GetDeleteCommand()方法为 SqlDataAdapter 对象生成 InsertCommand、UpdateCommand、DeleteCommand,就可以调用 SqlDataAdapter 对象的 Update()方法更新数据库。

图 12.9　更新数据表重新绑定 DataGridView 控件

12.4　ADO.NET 技术操作数据库

12.4.1　数据的添加

数据添加是项目开发中最基本的工作,如果采用把数据绑定到控件的方式,则需要设置每个控件的相关属性,灵活性受到限制,如果使用 ADO.NET 对象则方便多了。在添加数据过程中首先创建 SqlConnection 对象和 SqlCommand 对象,然后打开数据库连接,并调用 SqlCommand 对象的 ExecuteNonQuery()方法完成插入操作。

【例题 12.6】设计一个添加专业记录的 Windows 程序,使用 SqlCommand 对象的 ExecuteNonQuery()方法向数据库 SSMSDB1905 的专业信息表添加一条记录,运用 DataTble 对象绑定数据控件 DataGridView 并显示专业表信息(专业表 tbSpecInfo,包含的字段有专业编号、专业名称、专业描述),程序运行效果如图 12.10 所示。

图 12.10　例题 12.6 程序运行效果

【实现步骤】

(1) 启动 Visual Studio 2019,在已创建的 Capter12 解决方案中添加 Project6 的 Windows 项目。

(2) 界面设计。

在项目 Project6 的 Form1 窗体上设计 3 个 Label 标签对象,2 个 TextBox 文本框对象,1 个 RichTextBox 多行文本框编辑对象,1 个 DataGrideView 数据绑定控件对象,2 个 Button 按钮对象。各控件对象的属性、属性值设置如表 12.12 所示。

表 12.12　各控件对象的属性、属性值

控件	属性	属性值	控件	属性	属性值
Label1	Text	专业编号	TextBox1	Name	txtSpecNo
Label2	Text	专业名称	TextBox2	Name	txtSpecName

（续表）

控件	属性	属性值	控件	属性	属性值
Label3	Text	专业描述	RichTextBox1	Name	rtbSpecRemark
Button1	Name	btnSpecAdd	Button2	Name	btnReset
	Text	添加		Text	重置
DataGridView1	Name	dataGridView1	—		

（3）后台代码设计。

在项目 Project6 的 Form1 窗体加载事件中加载专业信息表的数据，在项目 Project6 的 Form1 窗体界面上双击"添加""重置"按钮，分别进入"添加""重置"按钮的单击事件代码编辑区。设计代码如下。

```
namespace Project6
{
    public partial class Form1 : Form
    {
        public Form1()
        {
            InitializeComponent();
        }
        //定义静态数据库连接字符串
        static    string conStr = "server=.;uid=sa;pwd=123456;database=SSMSDB1905";
        //创建数据连接对象
        SqlConnection conn = new SqlConnection(conStr);
        private void Form1_Load(object sender, EventArgs e)//窗体的加载事件实现专业信息表数据的显示
        {
            //打开数据库
            conn.Open();
            //定义 SQl 语句
            string sql = "select SpecID as '专业编号',SpecName as '专业名称',SpecRamark as '专业描述' from
                tbSpecInfo ";
            //创建 SqlDataAdapter 对象
            SqlDataAdapter da = new SqlDataAdapter(sql, conn);
            //创建 DataTable 对象
            DataTable dt = new DataTable();
            //调用 SqlDataAdapter 对象的填充方法将数据表数据填充到 DataTable 对象中
            da.Fill(dt);
            conn.Close();
            //设置数据绑定控件 DataGridView 的数据源
            dataGridView1.DataSource = dt;
        }
        private void btnSpecAdd_Click(object sender, EventArgs e)//添加按钮事件实现界面文本框输入信息
                                            插入专业信息表中
        {
            try
            {
                //打开数据库
                conn.Open();
```

```
                //定义向数据表中插入一个信息的数据
                string sql = "insert into tbSpecInfo values('"+txtSpecNo .Text +"','"+txtSpecName .Text +"',
                    '"+rtbSpecRemark .Text+ "')";
                //创建 SqlCommand 命令对象
                SqlCommand comm = new SqlCommand(sql, conn);
                //调用命令对象的 ExecuteNonQuery()方法
                comm.ExecuteNonQuery();
                MessageBox.Show("插入一条记录成功！");
                //创建 SqlDataAdapter 对象，刷新数据绑定控件 DataGridView
                SqlDataAdapter da = new SqlDataAdapter("select SpecID as '专业编号',SpecName as '专业
                    名称',SpecRamark as '专业描述' from tbSpecInfo", conn);
                //创建 DataTable 对象
                DataTable dt = new DataTable();
                //调用 SqlDataAdapter 对象的填充方法将数据表数据填充到 DataTable 对象中
                da.Fill(dt);
                conn.Close();
                //设置数据绑定控件 DataGridView 的数据源
                dataGridView1.DataSource = dt;
            }
            catch
            {
                MessageBox.Show("插入一条记录失败！");
            }
        }
        private void btnReset_Click(object sender, EventArgs e)//重置按钮事件实现对界面文本框中信息的清空
        {
            txtSpecNo.Text = "";
            txtSpecName.Text = "";
            rtbSpecRemark.Text = "";
        }
    }
}
```

(4) 编译运行。

单击工具栏中的"全部保存"按钮，右击 Project6，执行"生成"|"重新生成"命令，观察"输出"信息窗口，若没有语法错误，则单击工具栏中的"启动"按钮运行程序，程序运行效果如图 12.10 所示。

单击"插入一条记录成功！"对话框中的"确定"按钮后，将插入的数据信息刷新数据绑定控件 DataGridView 并显示出来，如图 12.11 所示。

说明：try 语句块打开数据库连接，创建 SqlCommand 对象，调用 SqlCommand 对象的 ExecuteNonQuery()方法

图 12.11　刷新数据绑定控件 DataGridView

完成数据的插入操作。创建 SqlDataAdapter 对象和 DataTable 对象，调用 SqlDataAdapter 的 Fill()方法填充 DataTable，使用 DataGridView 数据绑定控件把数据显示出来，catch 语句块用来捕获异常，一旦操作失败，则抛出异常"插入一条记录失败！"。本例中有部分代码是重复的，将重复的代码设计为一个方法，然后调用这个方法以减少代码的冗余度，请读者自己去改良程序中的代码。

12.4.2 数据的更新

在项目开发过程中，更新指定的数据是常用的操作，可以用 update 语句修改选定行上一列或多列的值。

【例题 12.7】设计一个更新专业记录的 Windows 程序，使用 SqlCommand 对象的 ExecuteNonQuery() 方法更新数据库 SSMSDB1905 的专业信息表一条记录中一个或多个列值，运用 DataTable 对象绑定数据控件 DataGridView 并显示专业表信息(专业表 tbSpecInfo，包含的字段有专业编号、专业名称、专业描述)，程序运行结果如图 12.12 所示。

图 12.12 实例 12.7 程序运行效果

【实现步骤】

(1) 启动 Visual Studio 2019，在已创建的 Capter12 解决方案中添加 Project7 的 Windows 项目。

(2) 界面设计。

在项目 Project7 的 Form1 窗体上设计 3 个 Label 标签对象，2 个 TextBox 文本框对象，1 个 RichTextBox 多行文本框编辑对象，1 个 DataGridView 数据绑定控件对象，1 个 Button 按钮对象。各控件对象的属性、属性值设置如表 12.13 所示。

表 12.13 各控件对象的属性、属性值

控件	属性	属性值	控件	属性	属性值
Label1	Text	专业编号	TextBox1	Name	txtSpecNo
Label2	Text	专业名称	TextBox2	Name	txtSpecName
Label3	Text	专业描述	RichTextBox1	Name	rtbSpecRemark
Button1	Name	btnSpecUpdate	DataGridView1	Name	dataGridView1
	Text	更新			—

(3) 后台代码设计。

在 Project7 命名空间的所有事件外定义静态数据库连接字符串，创建数据库连接对象，供其他方法调用。设计代码如下。

```
//定义静态数据库连接字符串
    static string conStr = "server=.;uid=sa;pwd=123456;database=SSMSDB1905";
    //创建数据连接对象
SqlConnection conn = new SqlConnection(conStr);
```

定义一个将数据库中专业信息表 tbSpecInfo 的数据加载到 DataGridView 数据绑定控件的方法 DataGridViewBind()。设计代码如下。

```
public void DataGridViewBind()//定义加载专业数据表的方法 DataGridViewBind()
{
    //打开数据库
    conn.Open();
    //定义 SQL 语句
```

```
        string sql = "select SpecID as '专业编号',SpecName as '专业名称',SpecRamark as '专业描述' from
tbSpecInfo ";
        //创建 SqlDataAdapter 对象
        SqlDataAdapter da = new SqlDataAdapter(sql, conn);
        //创建 DataTable 对象
        DataTable dt = new DataTable();
        //调用 SqlDataAdapter 对象的填充方法将数据表数据填充到 DataTable 对象中
        da.Fill(dt);
        conn.Close();
        //设置数据绑定控件 DataGridView 的数据源
        dataGridView1.DataSource = dt;
    }
```

在窗体的加载事件中，调用 DataGridViewBind()方法实现数据库中专业信息表数据的加载。设计代码如下。

```
private void Form1_Load(object sender, EventArgs e)  //窗体加载时调用加载专业数据表方法 DataGridView()
                                            实现专业数据在数据绑定控件中显示
        {
            DataGridViewBind();
        }
```

在窗体运行后的 DataGridView 数据绑定控件中，双击行标题，将选定行的各列值加载到窗体的"专业编号""专业名称""专业描述"文本框中。设计代码如下。

```
private void dataGridView1_RowHeaderMouseDoubleClick(object sender, DataGridViewCellMouseEventArgs e)
{
    //行标题的双击事件，实现选定行数据的列值加载到相应的文本框中
    DataGridViewRow row = new DataGridViewRow();
    row = dataGridView1.CurrentRow;
    txtSpecNo.Text = row.Cells["专业编号"].Value.ToString();
    txtSpecName.Text = row.Cells["专业名称"].Value.ToString();
    rtbSpecRemark.Text = row.Cells["专业描述"].Value.ToString();
}
```

在 Project7 的窗体界面上，双击"更新"按钮，进入"更新"按钮的单击事件代码编辑区。设计代码如下。

```
public    void btnSpecUpdate_Click(object sender, EventArgs e)//更新按钮的单击事件完成数据表的更新
{
    conn.Open();
    string sql = "update tbSpecInfo set SpecID ='"+txtSpecNo.Text +"',SpecName ='"+txtSpecName .Text
        +"',SpecRamark ='"+rtbSpecRemark .Text +"'where SpecID ='"+txtSpecNo .Text +"'";
    SqlCommand comm = new SqlCommand(sql,conn);
    int n=comm.ExecuteNonQuery();
    conn.Close ();
    if (n == 1) //执行 comm 对象的 ExecuteNonQuery()方法，若成功则返回 1，否则返回 0
    {
        MessageBox.Show("修改成功！ ");
        DataGridViewBind();
    }
```

```
        else
        {
            MessageBox.Show("修改失败！");
        }
}
```

(4) 编译运行。

单击工具栏中的"全部保存"按钮，右击 Project7，
执行"生成"|"重新生成"命令，观察"输出"信息窗口，
若没有语法错误，则单击工具栏中的"启动"按钮运行程
序。程序运行效果如图 12.12 所示。

在图 12.12 中弹出的"修改成功！"对话框中单击"确
定"按钮，将修改的专业信息表数据刷新 DataGridView 数
据绑定控件并显示，效果如图 12.13 所示。

图 12.13 刷新 DataGridView 数据绑定控件

12.4.3 数据的删除

【例题 12.8】设计删除一条专业记录的 Windows 程序，功能要求：运行程序时，数据库
SSMSDB1905 中专业信息表 tbSpecInfo(字段有 SpecNo、SpecName、SpecRemark)的数据信息绑定到
DataGridView 数据控件上并显示；选定某一行数据，单击"删除"按钮，弹出询问对话框是否删除？
单击对话框中的"确定"按钮，删除选定的数据记录，若单击"取消"按钮，则放弃删除选定的数
据记录，程序运行效果如图 12.14 所示。

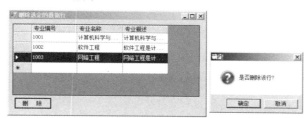

图 12.14 实例 12.8 程序运行效果

【实现步骤】

(1) 启动 Visual Studio 2019，在已创建的 Capter12 解决方案中添加 Project8 的 Windows 项目。

(2) 界面设计。

在项目 Project8 的 Form1 窗体上设计 1 个 DataGridView 数据绑定控件对象，1 个 Button 按钮对
象。各控件对象的属性、属性值设置如表 12.14 所示。

表 12.14 各控件对象的属性、属性值

控件	属性	属性值	控件	属性	属性值
Button1	Name	btnDelete	DataGridView1	Name	dataGridView1
	Text	删除		—	

(3) 后台代码设计。

在所有事件外定义静态数据库连接字符串、创建数据库连接对象，设计填充数据的方法 DataGridViewBind()，在 Form1 窗体的加载事件中调用 DataGridViewBind()方法，双击窗体 Form1 上的"删除"按钮，进入"删除"按钮的单击事件并完成删除功能的代码设计。设计代码如下。

```
namespace Project8
{
    public partial class Form1 : Form
    {
        public Form1()
        {
            InitializeComponent();
        }
        //定义静态数据库连接字符串
        static string conStr = "server=.;uid=sa;pwd=123456;database=SSMSDB1905";
        //创建数据连接对象
        SqlConnection conn = new SqlConnection(conStr);
        private void Form1_Load(object sender, EventArgs e)
        {
            DataGridViewBind();
        }
        public void DataGridViewBind()//定义加载专业数据表的方法 DataGridViewBind()
        {
            //打开数据库
            conn.Open();
            //定义 SQL 语句
            string sql = "select SpecNo as '专业编号',SpecName as '专业名称',SpecRemark as '专业描述'
                from tbSpecInfo ";
            //创建 SqlDataAdapter 对象
            using (SqlDataAdapter da = new SqlDataAdapter(sql, conn))
            {
                //创建 DataTable 对象
                DataTable dt = new DataTable();
                //调用 SqlDataAdapter 对象的填充方法将数据表数据填充到 DataTable 对象中
                da.Fill(dt);
                conn.Close();
                //设置数据绑定控件 DataGridView 的数据源
                dataGridView1.DataSource = dt;
            }

        }

        private void btnDelete_Click(object sender, EventArgs e)
        {
            //定义数据行对象
            DataGridViewRow row;
            //判断是否选定行，选定单元格所在行不为空，说明已选定了行
            if (dataGridView1.CurrentRow != null)
            {
                row = dataGridView1.CurrentRow; //获取选定单元格所在的行
```

```
//按专业编号查询行信息，其中"专业编号"是设置的参数
string sql = "select *from tbSpecInfo where SpecNo =@SpecID"; =conn.Open();
SqlCommand comm = new SqlCommand(sql, conn);
comm.Parameters.Add(new SqlParameter ("@SpecID",row .Cells ["专业编号"].Value .ToString ()));
SqlDataReader read = comm.ExecuteReader();
if (read.Read())
{
    read.Close();
    string sqld="delete from tbSpecInfo where SpecNo =@delSpecID";
    comm.Parameters .Add (new SqlParameter ("@delspecID",row.Cells ["专业编号"].
                        Value .ToString ()));
    comm.CommandText =sqld;
    //弹出对话框，询问是否删除，单击"确定"则删除，单击[取消]则放弃删除
    DialogResult drl = MessageBox.Show("是否删除该行?", "确定", MessageBoxButtons.
                        OKCancel, MessageBoxIcon.Question);
    if (drl == DialogResult.OK)
    {
        comm.ExecuteNonQuery();
    }
    conn.Close();
    //删除选定行后，刷新 DataGridView1 数据绑定控件并显示删除行记录的数据信息
    DataGridViewBind();
}
else
{
    MessageBox .Show ("该专业下有班级，请先删除班级后再删除专业!");
}
}
}
}
}
```

(4) 编译运行。

单击工具栏中的"全部保存"按钮，右击 Project8，执行"生成"|"重新生成"命令，观察"输出"信息窗口，若没有语法错误，则单击工具栏中的"启动"按钮运行程序，程序运行效果如图 12.14 所示。

说明：在图 12.14 中单击"确定"对话框中的"确定"按钮，删除选定数据行记录；单击"确定"对话框中的"取消"按钮，则放弃选定数据行的删除。

习题 12

一、填空题

(1) ADO.NET 是_____和_____ 连接的桥梁，通过 ADO.NET 提供的对象，结合 SQL 语句进行访问。

(2) 微软公司 ADO 是一个专用于存储_____ 组件。

(3) ADO.NET 最基本的应用是在关系数据库_____，在应用程序中_____，同时还允许

进行_____数据操作。

(4) ADO.NET 模型结构是层次管理模型，最顶层是_____，中间层是_____，最底层是。

(5) ADO.NET 组件分别是_____和_____。

(6) .NET Framework 数据提供程序主要有_____、_____、_____和_____。

(7) ADO.NET 的数据连接程序 Connection 的属性 ConnectionString 作用是_____。

(8) 数据连接程序 Connection 对象打开数据库方法是_____；关闭数据库的方法是_____。

(9) 定义 ADO.NET 与数据库 SQL Server 连接字符串的方式有_____，连接字符串的格式是_____；另一方式是_____，连接字符串的格式是_____。

二、选择题

(1) 能实现数据库与应用程序连接的对象是(　　)。
　　A. Connection　　　　B. Command　　　　C. DataReader　　　　D. DataAdapter

(2) 使用 Windows 身份验证连接数据库更加有利于数据库的安全性，特别适用安全级别较高的数据库连接，是因为(　　)。
　　A. 连接字符串中没有提供登录用户的 ID 号
　　B. 连接字符串中没有提供登录用户的登录密码
　　C. 连接字符串中提供了登录用户的 ID 和登录的密码
　　D. 连接字符串中没有提供了登录用户的 ID 和登录的密码

(3) 创建应用程序与 SQL Server 数据库连接对象的语句是(　　)。
　　A. SqlConnection conStr = new SqlConnection(conn);
　　B. OleDbConnection conStr = new OleDbConnection(conn);
　　C. OracleConnection conStr = new OracleC onnection(conn);
　　D. 以上都是

(4) 使用 SQL Server 身份验证连接数据库的安全性，适用于安全级别较低的数据库连接方式，是因为(　　)。
　　A. 连接字符串中没有提供登录用户的 ID 号
　　B. 连接字符串中没有提供登录用户的登录密码
　　C. 连接字符串中提供了登录用户的 ID 和登录的密码
　　D. 连接字符串中没有提供了登录用户的 ID 和登录的密码

(5) 创建应用程序与 SQL Server 数据库连接对象的语句是(　　)。
　　A. SqlConnection conStr = new SqlConnection();
　　B. SqlCommand comm = new SqlCommand();
　　C. SqlConnection conStr = new SqlConnection();
　　　conStr.ConnectionString = "server=.;database=BBSDB;uid=sa;pwd=123456";
　　D. SqlCommand comm = new SqlCommand();
　　　comm.ExecuteScalar();

(6) SqlCommand 对象的常用属性有(   )。

    A. CommandText   B. Connection   C. CommandType   D. 以上都是

(7) SqlCommand 对象的常用方法有(   )。

    A. ExecuteNonQuery()方法   B. ExecuteReader()方法

    C. ExecuteScalar()方法   D. 以上都是

(8) 执行 SqlCommand 对象的(   )方法，返回受影响的行数。

    A. ExecuteNonQuery()方法   B. ExecuteReader()方法

    C. ExecuteScalar()方法   D. 以上都是

(9) 执行 SqlCommand 对象的(   )方法，返回查询结果的首行首列。

    A. ExecuteNonQuery()方法   B. ExecuteReader()方法

    C. ExecuteScalar()方法   D. 以上都是

(10) 执行 SqlCommand 对象的(   )方法，返回并创建 SqlDataReader 对象。

    A. ExecuteNonQuery()方法   B. ExecuteReader()方法

    C. ExecuteScalar()方法   D. 以上都是

(11) SqlCommand 对象的构造函数的参数有 2 个，分别是(   )。

    A. 数据库连接字符串，数据库连接对象   B. 数据库连接对象，命令对象

    C. SQL 语句，数据库连接对象   D. SQL 语句，数据库连接字符串

(12) 当使用 SqlCommand 对象返回结果集时需要使用(   )对象来检索数据。

    A. Connection   B. Command   C. DataReader   D. DataAdapter

(13) DataReader 对象的(   )方法，返回 SqlDataReader 的第一条且一条一条向下读取。

    A. Read()   B. GetName()   C. GetValue()   D. Close()

(14) 创建一个 DataReader 对象的正确语句是(   )。

    A. SqlDataReader dr = new SqlDataReader();

    B. SqlDataReader dr = new SqlDataReader(conStr); conStr 是数据库连接对象

    C. SqlDataReader dr = new SqlDataReader(comm); comm 是命令对象

    D. SqlDataReader dr = comm.ExecuteReader();comm 是命令对象

(15) 实现数据库数据填充到本机内存区域 DataSet 对象中的连接对象是(   )。

    A. Connection   B. Command   C. DataReader   D. DataAdapter

(16) DataAdapter 对象将数据源数据读到内存中的操作是(   )。

    A. Fill()   B. Update()   C. Open()   D. Close()

(17) DataAdapter 对象将本机内存的数据写回到数据库的操作是(   )。

    A. Fill()   B. Update()   C. Open()   D. Close()

(18) DataAdapter 对象的常用属性有(   )。

    A. SelectCommand   B. UpdateCommand   C. InsertCommand

    D. DeleteCommand   E. 以上都是

(19) 创建 DataAdapter 对象的构造函数有 2 个参数，分别是(   )。

    A. 数据库连接字符串，数据库连接对象   B. 数据库连接对象，命令对象

    C. SQL 语句，数据库连接对象   D. 数据库连接字符串，SQL 语句

(20) 创建 SqlDataAdapter 对象的正确语句是(　　)，其中 conn 是数据库连接对象；SQL 是定义的 SQL Serve 的语句；conStr 是数据库连接字符串。

  A. SqlDataAdapter sdr = new SqlDataAdapter(conStr,SQL);

  B. SqlDataAdapte sdr = new SqlDataAdapter(conn,SQL);

  C. SqlDataAdapter sdr = new SqlDataAdapter(SQL,conn);

  D. SqlDataAdapter sdr = new SqlDataAdapter(SQL,conStr);

(21) 每一个 DataSet 都是一个或多个 DataTable 对象的集合，DataTable 相当于数据库中的一个数据表，DataTable 对象常用属性有(　　)。

  A. Columns 属性 B. Rows 属性 C. DefaultView 属性 D. 以上都是

(22) DataSet 对象的(　　)属性常用于获取 DataSet 中表集合，用户可以通过索引进行引用。

  A. Tables[i]属性   B. DataSetName 属性

  C. Rows 属性   D. Columns 属性

(23) 创建 DataSet 对象的正语句是(　　)，其中 conn 是数据库连接对象；SQL 是定义的 SQL Server 数据库操作语句；conStr 是定义的数据库连接字符串。

  A. DataSet ds = new DataSet();   B. DataSet ds = new DataSet(conn);

  B. DataSet ds = new DataSet(conStr)   D. DataSet ds = new DataSet(SQL)

(24) DataRow 类是数据表 DataTabl 行对象，创建 DataRow 类对象的正确语句是(　　)。

  A. DataRow dr = new DataRow();

  B. DataTable dr = new DataTable();

  C. DataSet ds = new DataSet();

  D. DataTable dt = new DataTable();DataRow dr = dt.NewRow();

(25) DataColumn 类是数据表 DataTabl 列对象，通过(　　)属性可以设置列名。

  A. ColumnName B. Caption   C. Datatype   D. MaxLength

(26) DataColumn 类是数据表 DataTabl 列对象，通过(　　)属性可以设置列标题。

  A. ColumnName B. Caption   C. Datatype   D. MaxLength

(27) 将数据绑定到 ListBox 控件的正确语句是(　　)，其中 dt 是 DataTable 表对象。

  A. listBox1.DataSource = dt;   B. listBox1.Add(dt);

  C. dt= listBox1.DataSource;   D. listBox1.DataBindings = dt;

(28) SqlCommand 对象操作数据库常用的方法有 ExecuteReader()方法和(　　)方法,且该方法执行 SQL 语句并返回受影响的行数，一般用于插入、修改和删除操作。

  A. DataReader 对象 Read()方法   B. ExecuteNonQuery()方法

  C. ExecuteReader()方法   D. ExecuteScalar()方法

(29) 数据库连接模式中断开模式实现数据插入、修改和删除操作的基本步骤是(　　)。

  A. 创建连接对象、命令对象、打开数据库、定义 SQL 语句、执行命令、关闭数据库

  B. 创建连接对象、创建 DataSet 对象、打开数据库、定义 SQL 语句、执行命令、关闭数据库

  C. 创建连接对象、创建 DataSet 对象、打开数据库、定义 SQL 语句、创建 DataAdapter 对象、调用 DataAdapter 对象的 Update()方法更新数据

  D. 创建连接对象、创建 DataSet 对象、打开数据库、定义 SQL 语句、创建 DataAdapter 对象、使用数据控件显示数据信息

(30) ADO.NETE 采用(　　)管理模型。

A. 关系　　B. 层次　　C. 线性　　D. 非关系

三、判断题

(1) ADO.NET 技术操作的数据源只能是 SQL Server。(　　)

(2) 数据集 DataSet 是存储应用程序从数据源中读取的数据，但不能对数据进行增、删除、改、查操作。(　　)

(3) DataReader 对象的构造函数不能实例化对象，但可以通过 Command 对象的 ExecuteReader()方法实现对 DataReader 实例赋值。(　　)

(4) 下列在 App.config 配置文件中定义数据库连接字符串的语句是否正确。(　　)

```
<connectionStrings>
    <add name="conStr"
connectionString="server=.;database=BBSDB;uid=sa;pwd=123456"/>
    </connectionStrings>
```

(5) 下列读取配置文件中数据库连接字符串的语句是否正确。(　　)

```
static string conn = ConfigurationManager.ConnectionStrings["conStr"].ToString();
```

(6) 下列创建数据库连接对象的语句是否正确。(　　)

```
SqlConnection conStr = new SqlConnection();
conStr.ConnectionString = conn;
```

(7) 下列创建命令对象的语句是否正确。(　　)

```
SqlCommand comm = new SqlCommand();
    comm.CommandText = "select *from tbUserInfo";
comm.Connection = conStr;
```

(8) 当 Command 对象返回结果集时需要使用 DataAdapter 对象来检索数据。DataAdapter 对象返回一个来自 Command 的只读的、只能向前的数据流。(　　)

(9) 下列设置 DataGridView 控件的数据源并绑定数据的语句是否正确。(　　)

```
dataGridView1.DataSource = new DataTable();
```

(10) 数据集 DataSet 是由多个 DataTable 构成的，更新 DataSet 中的数据实际上是通过更新 DataTable 表来实现的，且每个 DataTable 对象都是由行(DataRow)和列(DataColumn)构成的。(　　)

(11) 在添加数据过程中首先创建 SqlConnection 对象和 SqlCommand 对象，然后打开数据库连接，并调用 SqlCommand 对象的 ExecuteNonQuery()方法完成插入操作。(　　)

第 13 章

数据绑定技术

数据绑定是一种自动将数据按照指定格式显示到界面上的技术。数据绑定技术在 Windows 应用程序开发中的很多控件都提供了 DataSoure 属性，并将 DataSet 或 DataTable 的值直接赋给该属性，这样在控件中即可显示从数据库中查询到的数据。常用的数据绑定控件有文本框(TextBox)、标签(Label)、列表框(ListBox)、组合列表框(ComboBox)、数据视图控件(DataGridView)等。本章将介绍常用的且有代表性的组合列表框、数据视图控件。

13.1 使用组合列表框控件绑定数据

组合列表框控件(ComboBox)在 Windows 窗体应用程序中是常用的控件，主要用于存放如省市信息、专业信息、图书类型信息、课程信息、用户类型信息等。在 Windows 窗体应用程序中提供了可视化数据绑定和使用代码绑定数据方法，本节主要介绍代码绑定数据方法。

通过代码设置组合列表框(ComboBox)的数据源、显示成员、值成员的具体语句如下所示。

```
ComboBox cmb = new ComboBox();        //创建一个 ComboBox 对象
DataTable dt = new DataTable();        //创建一个 DataTable 对象
cmb.DataSource = dt;                   //设置 ComboBox 对象的数据源是 DataTable 对象
cmb.DisplayMember = "列名";            //设置组合框的显示成员属性
cmb.ValueMember = "列名";              //设置组合框的值成员属性
```

【例题 13.1】设计一个 Windows 窗体应用程序，实现功能要求：将数据库 SSMSDB1905 中课程信息表 tbCourseInfo(表字段有课程编号 couNo、课程名称 couName、课程学分 couScoure、课程说明 couRemark)的课程编号、课程名称分别绑定到 Form1 窗体上的 ComboBox1、ComboBox2 控件上。单击"选择"按钮，将选择的结果在窗体的动态标签处显示出来，程序运行效果如图 13.1 所示。

图 13.1　例题 13.1 程序运行效果

【实现步骤】

(1) 启动 Visual Studio 2019，在已创建的 Capter13 解决方案中添加 Project1 的 Windows 项目。

(2) 界面设计。

在项目 Project1 的 Form1 窗体上设计 3 个 Label 标签对象，1 个 Button 按钮对象，2 个 ComboBox 对象。各控件对象的属性、属性值设置如表 13.1 所示。

表 13.1　各控件对象的属性、属性值

控件	属性	属性值	控件	属性	属性值
Label1	Name	课程编号	ComboBox1	Name	cmbCouNo
Label2	Name	课程名称	ComboBox2	Name	cmbCouName
Label3	Name	lblShow	Button1	Name	btnChoice
	AutoSize	false		Text	选择
	BorderStyle	Fixed3D			
	Text	空		—	

(3) 后台代码设计。

设计将数据库 SSMSDB1905 的课程信息表 tbCoureInfo 中的课程编号、课程名称信息分别加载到 cmbCouNo、cmbCouName 列表框中的方法 GetLoadComboBox()；在 Project1 项目的 From1 窗体的加载事件中调用 GetLoadComboBox()方法实现数据信息加载；单击"选择"按钮，将选定的 cmbComboBox 控件中的课程编号、课程名称信息在窗体的动态标签处显示出来。设计代码如下。

```
namespace Project1
{
    public partial class Form1 : Form
    {
        public Form1()
        {
            InitializeComponent();
        }
        //定义数据库连接字符串
        static string conStr = "server=.;uid=sa;pwd=123456;database=SSMSDB1905";
        //创建数据库连接对象
        SqlConnection conn = new SqlConnection(conStr);
        private void Form1_Load(object sender, EventArgs e)
        {
            //调用加载数据到 ComboBox 控件的方法
            GetLoadComboBox();
        }
        //定义一个加载数据到 ComboBox 控件的方法
        private void GetLoadComboBox()
        {
            try
            {
            //打开数据库
            conn.Open();
            //定义 SQL 语句
            string sql = "select *from tbCoureInfo ";
            //创建 SqlDataAdapter 对象
            SqlDataAdapter da = new SqlDataAdapter(sql, conn);
            //创建 DataSet 对象
```

```
        DataSet ds = new DataSet();
        //使用 SqlDataAdapter 对象 da 将查询结果填充到 DataSet 对象 ds 中
        da.Fill(ds);
        //设置组合框的 DataSource 属性
        cmbCourNo.DataSource = ds.Tables[0];
        cmbCourName.DataSource = ds.Tables[0];
        //设置组合框的 DisplayMember 属性
        cmbCourNo.DisplayMember = "No";
        cmbCourName.DisplayMember = "Name";
        //设置组合框的 ValueMember 属性
        cmbCourNo.ValueMember = "couNo";
        cmbCourName.ValueMember = "couName";
    }
    catch(Exception ex)
    {
            MessageBox.Show("加载数据出现错误！" + ex.Message);
    }
    finally
    {
            if (conn != null)
            {
                //关闭数据库
                conn.Close();
            }
    }
}
private void btnChoice_Click(object sender, EventArgs e)
{
        string    couNo=cmbCourNo.SelectedValue .ToString ();
        string couName=cmbCourName .SelectedValue.ToString ();
        lblShow .Text =string.Format ("选择的课程编号是：{0}，课程名称是：{1}",couNo ,couName );
    }
  }
}
```

（4）编译运行。

单击工具栏中的"全部保存"按钮，右击 Project1，执行"生成"｜"重新生成"命令，观察"输出"信息窗口，若没有语法错误，则单击工具栏中的"启动"按钮运行程序，程序运行效果如图 13.1 所示。

在软件项目开发中，大多使用代码绑定的方式，主要在于它体现了代码的灵活性，增强了代码的可移植性。

13.2 数据视图控件绑定数据

数据视图 DataGridView 控件是 Windows 窗体应用程序中用于查询时以表格形式显示数据的重要控件。数据视图 DataGridView 控件可以使用可视化方法绑定数据库中数据表的数据和代码方法绑定数据库中数据表的数据，并能在数据视图 DataGridView 控件中实现对数据表中数据进行增、删、改、查操作。本节主要介绍代码绑定数据方法。

使用代码绑定数据视图 DataGridView 控件时需要为该控件设置数据源 DataSource 属性,具体实现的语句如下。

```
DataGridView dgv = new DataGridView();    //在窗体添加 DataGridView 控件对象,设置 Name 属性值
DataTable dt = new DataTable();           //创建一个 DataTable 对象(即内存中数据表)
dgv.DataSource = dt;                       //设置 DataGridView 控件对象的数据源
```

可以通过 DataGridView 控件对象(如 dgvCourseInfo)的属性设置数据视图控件的列标题、数据视图控件不允许添加行、数据视图控件只允许选中单行、数据视图控件选中整行,具体实现语句如下。

```
//设置 dgvCourseInfo 控件的列标题
dgvCoureseInfo.Columns[0].HeaderText = "课程编号";
dgvCoureseInfo.Columns[1].HeaderText = "课程名称";
dgvCoureseInfo.Columns[2].HeaderText = "课程学分";
dgvCoureseInfo.Columns[3].HeaderText = "课程说明";
//设置 dgvCourseInfo 控件不允许添加行
dgvCoureseInfo.AllowUserToAddRows = false;
//设置 dgvCourseInfo 控件只允许选择单行
dgvCoureseInfo.MultiSelect = false;
//设置 dgvCourseInfo 控件是整行选中
dgvCoureseInfo.SelectionMode = DataGridViewSelectionMode.FullRowSelect;
```

【例题 13.2】设计一个 Windows 窗体应用程序,实现功能要求:将数据库 SSMSDB1905 中课程信息表 tbCourseInfo(表字段有课程编号 couNo、课程名称 couName、课程学分 couScoure、课程说明 couRemark)的数据绑定到窗体的 DataGridView 控件上,并且列标题分别是课程编号、课程名称、课程学分、课程说明,不允许添加新行,只能单行或整行选中,程序运行效果如图 13.2 所示。

图 13.2　例题 13.2 程运行效果

【实现步骤】

(1) 启动 Visual Studio 2019,在已创建的 Capter13 解决方案中添加 Project2 的 Windows 项目。

(2) 界面设计。

在项目 Project2 的 Form1 窗体上设计 1 个 DataGridView 对象。DataGridView 控件对象的属性、属性值设置如表 13.2 所示。

表 13.2　DataGridView 控件对象的属性、属性值

控件	属性	属性值
DataGridView1	Name	dgvCourseInfo

(3) 后台代码设计。

在 Form1 窗体的所有事件外,定义连接数据库字符串,创建数据库连接对象。在 Form1 部分类中定义加载数据表信息到 dgvCourseInfo 对象的方法 GetdgvCourseInfo()。在 Form1 窗体加载事件中

调用 GetdgvCourseInfo()方法。设计代码如下。

```
namespace Project2
{
    public partial class Form1 : Form
    {
        public Form1()
        {
            InitializeComponent();
        }
        //定义静态数据库连接字符串
        static string conStr = "server=.;uid=sa;pwd=123456;database=SSMSDB1905";
        //创建数据库连接对象
        SqlConnection conn = new SqlConnection(conStr);
        //定义加载数据表信息到 dgvCourseInfo 控件的方法
        private void GetdgvCourseInfo()
        {
            try
            {
                conn.Open();// 打开数据库
                //定义 SQL 语句
                string sql = "select *from tbCoureInfo ";
                //创建 SqlDataAdapter 对象
                SqlDataAdapter da = new SqlDataAdapter(sql, conn);
                //创建 DataSet 对象
                DataSet ds = new DataSet();
                //调用 SqlDataAdapter 对象 da 的填充方法 Fill()，将数据表数据填充到 ds 对象中
                da.Fill(ds);
                //设置 dgvCourseInfo 控件对象的数据源
                dgvCoureseInfo.DataSource = ds.Tables [0];
                //设置 dgvCourseInfo 控件的列标题
                dgvCoureseInfo.Columns[0].HeaderText = "课程编号";
                dgvCoureseInfo.Columns[1].HeaderText = "课程名称";
                dgvCoureseInfo.Columns[2].HeaderText = "课程学分";
                dgvCoureseInfo.Columns[3].HeaderText = "课程说明";
                //设置 dgvCourseInfo 控件不允许添加行
                dgvCoureseInfo.AllowUserToAddRows = false;
                //设置 dgvCourseInfo 控件只允许选择单行
                dgvCoureseInfo.MultiSelect = false;
                //设置 dgvCourseInfo 控件是整行选中
            dgvCoureseInfo.SelectionMode = DataGridViewSelectionMode.FullRowSelect;
            }
            catch(Exception ex)
            {
                MessageBox.Show("查询失败！"+ex.Message );
            }
            finally
            {
                if (conn != null)
                {
                    conn.Close();
```

```
            }
        }
    }
    //窗体加载事件调用 GetdgvCourseInfo()方法实现数据加载并显示
    private void Form1_Load(object sender, EventArgs e)
    {
        GetdgvCourseInfo();
    }
    }
}
```

（4）编译运行。

单击工具栏中的"全部保存"按钮，右击 Project2，执行"生成"|"重新生成"命令，观察"输出"信息窗口，若没有语法错误，则单击工具栏中的"启动"按钮运行程序，程序运行效果如图 13.2 所示。

从图 13.2 中可以看出，通过设置 DataGridView 控件的 DataSoure 属性即可实现数据绑定到 DataGridView 控件上，但绑定后的 DataGridView 控件的列标题是数据表中的列名，需要通过更改 DataGridView 控件的列标题，当然 SQL 语句还可以用别名来实现，如："select　couNo as '课程编号' from tbCoureInfo "

13.3　数据视图控件的应用

本节通过对学生信息管理系统中课程管理模块的课程信息进行添加、查询、修改和删除的操作，说明数据视图控件的应用。

课程信息管理模块的界面设计如图 13.3 所示。

13.3.1　创建课程信息表

在 SQL Server 2019 数据库开发环境下，创建数据库名为 SSMSDB1905 并创建课程信息表 tbCourseInfo。

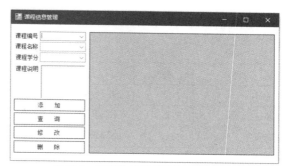

图 13.3　课程信息管理模块的界面设计

在课程信息 tbCourseInfo 中设计的字段有课程编号、课程名称、课程学分、课程说明，设计表结构如表 13.3 所示。

表 13.3　课程信息 tbCourseInfo 表结构

字段名	数据类型(长度)	功能描述
couNo	nvarchar(4)	课程编号
couName	nvarchar(20)	课程名称
cou Score	nvarchar(3)	课程学分
couRemark	nvarchar(120)	课程说明

13.3.2 课程管理模块课程信息添加

【例题 13.3】 设计一个 Windows 窗体应用程序，功能要求：在课程信息管理界面中的课程编号、课程名称、课程学分下拉列表框 ComboBox 中选择相关信息，在课程说明高级文本框中输入信息，单击"添加"按钮完成课程信息的添加并在 DataGridview 控件上显示结果，程序运行效果如图 13.4 所示。

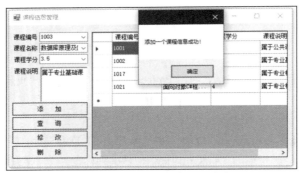

图 13.4　例题 13.3 程序运行效果

【实现步骤】

(1) 启动 Visual Studio 2019，在已创建的 Capter13 解决方案中添加 Project3 的 Windows 项目。

(2) 界面设计。

在项目 Project3 的 Form1 窗体上设计 4 个 Label 标签对象，3 个 ComboBox 列表框对象，1 个 RichTextBox 多行文本框输入对象，1 个 DataGridView 对象，4 个 Button 按钮对象。各控件对象的属性、属性值设置如表 13.4 所示。

表 13.4　各控件对象的属性、属性值

控件	属性	属性值	控件	属性	属性值
Label1	Text	课程编号	ComboBox1	Name	cmbcouNo
Label2	Text	课程名称	ComboBox2	Name	cmbcouName
Label3	Text	课程学分	ComboBox3	Name	cmbcouScore
Label4	Text	课程说明	RichTextBox1	Name	rtbcouRemark
Button1	Text	添加	Button2	Text	查询
	Name	btnAddCourse		Name	btnSelect
Button3	Text	修改	Button4	Text	删除
	Name	btnCouModify		Name	btnDelete
DataGridView1	Name	dgvCourseInfo	—		

(3) 后台代码设计。

在 Form1 窗体的所有事件外，定义连接数据库字符串，创建数据库连接对象。在 Form1 部分类中定义加载数据表信息到 dgvCourseInfo 对象的方法 GetdgvCourseInfo()。在 Form1 窗体加载事件中调用 GetdgvCourseInfo()方法。

"添加"按钮单击事件代码设计思想：创建 SqlCommandBuilder 对象，根据 SqlDataAdapter 对象的 GetInsertCommand()方法为 SqlDataAdapter 对象生成 InsertCommand()方法，从而调用 DataAdapter 对象的 Update()方法更新数据库。 由于每行记录有 4 列，分别是课程编号、课程名称、课程学分、课程说明，因此需要创建数据行对象，由于数据行对象没有构造函数，所以只好将 DataTable 对象的新行值赋给行对象，将新创建的数据行添加到 DataTable 表中。

设计代码如下。

```
Namespace Project3
{
public partial class Form1 : Form
{
        public Form1()
        {
            InitializeComponent();
        }
        //定义静态数据库连接字符串
        static string conStr = "server=.;uid=sa;pwd=123456;database=SSMSDB1905";
        //创建数据库连接对象
        SqlConnection conn = new SqlConnection(conStr);
        //定义课程信息表绑定到 dgvCoureseInfo 控件的方法 GetdgvCourseInfo()
        private void GetdgvCourseInfo()
        {
            try
            {
                conn.Open();// 打开数据库
                //定义 SQL 语句
                string sql = "select *from tbCourseInfo ";
                //创建 SqlDataAdapter 对象
                SqlDataAdapter da = new SqlDataAdapter(sql, conn);
                //创建 DataSet 对象
                DataSet ds = new DataSet();
                //调用 SqlDataAdapter 对象 da 的填充方法 Fill()，将数据表数据填充到 ds 对象中
                da.Fill(ds);
                //设置 dgvCourseInfo 控件对象的数据源
                dgvCoureseInfo.DataSource = ds.Tables[0];
                //设置 dgvCourseInfo 控件的列标题
                dgvCoureseInfo.Columns[0].HeaderText = "课程编号";
                dgvCoureseInfo.Columns[1].HeaderText = "课程名称";
                dgvCoureseInfo.Columns[2].HeaderText = "课程学分";
                dgvCoureseInfo.Columns[3].HeaderText = "课程说明";
            }
            catch (Exception ex)
            {
                MessageBox.Show("查询失败！" + ex.Message);
            }
            finally
            {
                if (conn != null)
                {
                    conn.Close();
                }
```

```
    }
}
private void Form1_Load(object sender, EventArgs e)
{
    GetdgvCourseInfo();
}
//添加按钮的单击事件完成课程信息的添加
private void btnAddCourse_Click(object sender, EventArgs e)
{
    try
    {
    //打开数据库
    conn.Open();
    //定义 SQL 语句
    string sql = "select couNo as '课程编号',couName as '课程名称',couScore as '课程学分',couRemark as
              '课程说明' from tbCourseInfo ";
    //创建 SqlDataAdapter 对象
    SqlDataAdapter da = new SqlDataAdapter(sql, conn);
    //创建 SqlCommandBuilder 对象，根据 SqlDataAdapter 对象的 GetInsertCommand()方法为
     SqlDataAdapter 对象生成 InsertCommand()方法，从而调用 DataAdapter 对象的 Update()方法
     更新数据库
    SqlCommandBuilder builder = new SqlCommandBuilder(da);
    //创建 DataTable 对象
     DataTable dt = new DataTable();
    //调用 SqlDataAdapter 对象的填充方法将数据库中数据表填充在 DataTable 对象 dt 中
     da.Fill(dt);
    //获取用户编号焦点
     this.cmbcouNo.Focus();
    //创建数据行对象
     DataRow row = dt.NewRow();
    //为数据行中每列赋上前台列表框的选择值或多行文本框的输入值
     row[0] = this.cmbcouNo.SelectedItem.ToString();
     row[1] = this.cmbcouName.SelectedItem.ToString();
     row[2] = this.cmbcouScore.SelectedItem.ToString();
     row[3] = this.rtbcouRemark.Text.Trim();
    //将创建的数据行添加到 DataTable 对象中
     dt.Rows.Add(row);
    //更新数据表
     da.Update(dt);
    //重新绑定 dataGridView1 对象的数据源
     dgvCourseInfo.DataSource = dt;
     MessageBox.Show("添加一个用户信息成功！ ");
    }
    catch (Exception ex)
    {
        MessageBox.Show("添加失败！ " + ex.Message);
    }
    finally
    {
        if (conn != null) { conn.Close(); }
    }
```

```
            }
        }
    }
```

(4) 编译运行。

单击工具栏中的"全部保存"按钮，右击 Project3，执行"生成"|"重新生成"命令，观察"输出"信息窗口，若没有语法错误，则单击工具栏中的"启动"按钮运行程序，程序运行效果如图 13.4 所示。

单击弹出消息框中的"确定"按钮，刷新数据视图的显示信息，将添加的一条课程信息在数据视图的最下行显示出来。

13.3.3　课程管理模块课程信息查询

【例题 13.4】　设计一个 Windows 窗体应用程序，功能要求：在课程信息管理界面的课程名称下拉列表框 ComboBox 中选择课程名称，单击"按课程名称查询"按钮进行课程信息查询，查询结果在数据视图控件 DataGridView 上显示，程序运行效果如图 13.5 所示。

图 13.5　例题 13.4 程序运行效果

【实现步骤】

(1) 启动 Visual Studio 2019，在已创建的 Capter13 解决方案中添加 Project4 的 Windows 项目。

(2) 界面设计。

界面设计参照实例 13.3(注："查询"按钮的 Text 属性修改为"按课程名称查询")。

(3) 后台代码设计。

在项目 Project4 的 Form1 窗体的所有事件外定义数据库连接字符串，创建数据库连接对象。在 Project4 的 Form1 类中定义绑定课程信息表到 dgvCourseInfo 数据视图控件方法 GetdgvCourseInfo()。在 Form1 窗体加载事件中调用 GetdgvCourseInfo()方法实现课程信息表绑定。在 Form1 窗体的"按课程名称查询"的单击事件中实现查询。设计代码如下。

```
namespace Project4
{
    public partial class Form1 : Form
    {
        public Form1()
        {
            InitializeComponent();
        }
        //定义静态数据库连接字符串
        static string conStr = "server=.;uid=sa;pwd=123456;database=SSMSDB1905";
```

```
//创建数据库连接对象
SqlConnection conn = new SqlConnection(conStr);
//定义绑定数据表信息到 dgvCourseInfo 控件的方法 GetdgvCourseInfo()
private void GetdgvCourseInfo()
{
    try
    {
        conn.Open();// 打开数据库
        //定义 SQL 语句
        string sql = "select *from tbCourseInfo ";
        //创建 SqlDataAdapter 对象
        SqlDataAdapter da = new SqlDataAdapter(sql, conn);
        //创建 DataSet 对象
        DataSet ds = new DataSet();
        //调用 SqlDataAdapter 对象 da 的填充方法 Fill()，将数据表数据填充到 ds 对象中
        da.Fill(ds);
        //设置 dgvCourseInfo 控件对象的数据源
        dgvCourseInfo.DataSource = ds.Tables[0];
        //设置 dgvCourseInfo 控件的列标题
        dgvCourseInfo.Columns[0].HeaderText = "课程编号";
        dgvCourseInfo.Columns[1].HeaderText = "课程名称";
        dgvCourseInfo.Columns[2].HeaderText = "课程学分";
        dgvCourseInfo.Columns[3].HeaderText = "课程说明";
    }
    catch (Exception ex)
    {
        MessageBox.Show("查询失败！" + ex.Message);
    }
    finally
    {
        if (conn != null)
        {
            conn.Close();
        }
    }
}
//窗体加载事件调用 GetdgvCourseInfo()方法，实现数据绑定并显示
private void Form1_Load(object sender, EventArgs e)
{
    GetdgvCourseInfo();
}
//单击窗体"按课程名查询"，查询结果重新绑定到 DataGridView 控件并显示
private void btnSelect_Click(object sender, EventArgs e)
{
    try
    {
        //打开数据库
        conn.Open();
        //定义模糊查询的 SQL 语句
        string sql = "select *from tbCourseInfo where couName like '{0}'";
        //填充占位符
```

```
sql = string.Format(sql, cmbcouName.SelectedItem.ToString());
//创建 DataAdapter 对象
SqlDataAdapter da = new SqlDataAdapter(sql, conn);
//创建 DataSet 对象
DataSet ds = new DataSet();
//使用 SqlDataAdapter 对象 da 查询结果填充到 DataSet 对象 ds 中
da.Fill(ds);
dgvCoureseInfo.DataSource = ds.Tables[0];
                }
                catch (Exception ex)
                {
                    MessageBox.Show("查询出错！" + ex.Message);
                }
                finally
                {
                    if (conn != null)
                    {
                        //关闭数据库
                        conn.Close();
                    }
                }
            }
        }
    }
```

(4) 编译运行。

单击工具栏中的"全部保存"按钮，右击 Project4，执行"生成"|"重新生成"命令，观察"输出"信息窗口，若没有语法错误，则单击工具栏中的"启动"按钮运行程序，程序运行效果如图 13.5 所示。

13.3.4 课程管理模块课程信息修改

【例题 13.5】 设计一个 Windows 窗体应用程序，功能要求：在课程信息管理界面的数据视图控件 DataGridView 上双击要修改的行标题，将选中行的信息分别加载到课程信息管理界面的课程编号、课程名称、课程学分的下拉列表框 ComboBox 控件上及高级文本框 RichTextBox 上。单击"修改"按钮，按选中行的课程编号对课程信息进行修改，修改完成刷新数据视图控件 DataGridView 数据，程序运行效果如图 13.6 所示。

图 13.6　例题 13.5 程序运行效果

【实现步骤】

(1) 启动 Visual Studio 2019，在已创建的 Capter13 解决方案中添加 Project5 的 Windows 项目。

(2) 界面设计。

界面设计参照例题 13.3。

(3) 后台代码设计。

在项目 Project5 的 Form1 窗体的所有事件外定义数据库连接字符串，创建数据库连接对象。在 Project5 的 Form1 类中定义绑定课程信息表到 dgvCourseInfo 数据视图控件方法 GetdgvCourseInfo()。在 Form1 窗体加载事件中调用 GetdgvCourseInfo()方法实现课程信息表绑定。设计将数据视图选中修改行的信息加载到"课程编号、课程名称、课程学分、课程说明"控件上的方法 RowHeaderMouseDoubleClick()。在 Form1 窗体的"修改"单击事件中实现课程信息的修改。设计代码如下。

```csharp
namespace Project5
{
    public partial class Form1 : Form
    {
        public Form1()
        {
            InitializeComponent();
        }
        //定义静态数据库连接字符串
        static string conStr = "server=.;uid=sa;pwd=123456;database=SSMSDB1905";
        //创建数据库连接对象
        SqlConnection conn = new SqlConnection(conStr);
        /// <summary>
        ///定义绑定数据表信息到 dgvCourseInfo 控件的方法 GetdgvCourseInfo()
        /// </summary>
        private void GetdgvCourseInfo()
        {
            try
            {
                conn.Open();// 打开数据库
                //定义 SQL 语句
                string sql = "select *from tbCourseInfo ";
                //创建 SqlDataAdapter 对象
                SqlDataAdapter da = new SqlDataAdapter(sql, conn);
                //创建 DataSet 对象
                DataTable dt = new DataTable();
                //调用 SqlDataAdapter 对象 da 的填充方法 Fill()，将数据表数据填充到 ds 对象中
                da.Fill(dt);
                //设置 dgvCourseInfo 控件对象的数据源
                dgvCourseseInfo.DataSource = dt;
                //设置 dgvCourseInfo 控件的列标题
                dgvCourseseInfo.Columns[0].HeaderText = "课程编号";
                dgvCourseseInfo.Columns[1].HeaderText = "课程名称";
                dgvCourseseInfo.Columns[2].HeaderText = "课程学分";
                dgvCourseseInfo.Columns[3].HeaderText = "课程说明";
            }
            catch (Exception ex)
            {
                MessageBox.Show("数据绑定失败！" + ex.Message);
            }
            finally
            {
```

```csharp
            if (conn != null)
            {
                conn.Close();
            }
        }
    }
/// <summary>
/// 窗体加载事件调用 GetdgvCourseInfo()方法，实现数据绑定并显示
/// </summary>
/// <param name="sender"></param>
/// <param name="e"></param>
private void Form1_Load(object sender, EventArgs e)
{
    GetdgvCourseInfo();
}
/// <summary>
/// 单击窗体 Form1 上的"修改"按钮，完成对选中行以课程编号为条件进行课程信息的修改操作
/// </summary>
/// <param name="sender"></param>
/// <param name="e"></param>
private void btnModify_Click(object sender, EventArgs e)
{
    try
    {
        //打开数据库
        conn.Open();
        //编写 SQL 语句
        string sql = "update tbCourseInfo set couNo ='"+cmbcouNo.Text +"',couName ='"+cmbcouName. Text
            +"',couScore ='"+cmbcouScore.Text +"',couRemark ='"+rtbcouRemark .Text +"
            'where couNo ='"+cmbcouNo.Text+"' ";
        //创建命令对象
        SqlCommand comm = new SqlCommand(sql, conn);
        //执行命令
        int n = comm.ExecuteNonQuery();
        conn.Close();
        //判断执行是否成功，并弹出相应的消息框
        if (n == 1)
        {
            MessageBox.Show("修改成功！");
            GetdgvCourseInfo();
        }
        else
        {
            MessageBox.Show("修改失败！");
        }
    }
    catch(Exception ex)
    {
        MessageBox.Show("修改失败！" + ex.Message);
    }
    finally
    {
```

341

```
                    if (conn != null)
                    {
                            conn.Close();
                    }
            }
    }
    /// <summary>
    /// 鼠标双击行标题，将选中行字段加载到 ComboBox 的课程编号、课程名称、课程学分、课程
        说明下拉列表框中
    /// </summary>
    /// <param name="sender"></param>
    /// <param name="e"></param>
    private void dgvCoureseInfo_RowHeaderMouseDoubleClick(object sender, DataGridViewCellMouseEventArgs e)
    {
            DataGridViewRow row=new DataGridViewRow ();
            row=dgvCoureseInfo.CurrentRow;
            cmbcouNo.Text = row.Cells[0].Value .ToString();
            cmbcouName.Text    = row.Cells[1].Value .ToString();
            cmbcouScore.Text    = row.Cells[2].Value .ToString();
            rtbcouRemark.Text = row.Cells[3].Value .ToString().Trim ();
    }
}
```

(4) 编译运行。

单击工具栏中的"全部保存"按钮，右击 Project5，执行"生成"|"重新生成"命令，观察"输出"信息窗口，若没有语法错误，则单击工具栏中的"启动"按钮运行程序，程序运行效果如图 13.6 所示。

13.3.5　课程管理模块课程信息删除

【例题 13.6】 设计一个 Windows 窗体应用程序，功能要求：在课程信息管理界面的数据视图控件 DataGridView 上选中要删除的行标题，单击课程信息管理界面上的"删除"按钮，弹出删除确认对话框，单击对话框中的"确定"按钮，删除选中行，单击"取消"按钮，放弃选中行的删除，程序运行效果如图 13.7 所示。

图 13.7　例题 13.6 程序运行效果

【实现步骤】

(1) 启动 Visual Studio 2019，在已创建的 Capter13 解决方案中添加 Project6 的 Windows 项目。

(2) 界面设计。

界面设计参照例题 13.3。

(3) 后台代码设计。

在项目 Project6 的 Form1 窗体的所有事件外定义数据库连接字符串，创建数据库连接对象。在 Project6 的 Form1 类中定义绑定课程信息表到数据视图 dgvCourseInfo 控件方法 GetdgvCourseInfo()。在 Form1 窗体加载事件中调用 GetdgvCourseInfo()方法实现课程信息表绑定。选中数据视图 dgvCourseInfo 控件某行，单击"删除"按钮，弹出删除确认对话框，设计代码如下。

```
namespace Project6
{
    public partial class frmDeleteCourse : Form
    {
        public frmDeleteCourse()
        {
            InitializeComponent();
        }
        //定义静态数据库连接字符串
        static string conStr = "server=.;uid=sa;pwd=123456;database=SSMSDB1905";
        //创建数据库连接对象
        SqlConnection conn = new SqlConnection(conStr);
        /// <summary>
        ///   定义绑定数据表信息到 dgvCourseInfo 控件的方法 GetdgvCourseInfo()
        /// </summary>
        private void GetdgvCourseIn()
        {
            try
            {
                //打开数据库
                conn.Open();
                //定义 SQL 语句
                string sql = "select couNo as '课程编号',couName as '课程名称',couScore as '课程学分',
                        couRemark as '课程说明' from tbCourseInfo ";
                //创建 SqlDataAdapter 对象
                SqlDataAdapter da = new SqlDataAdapter(sql, conn);
                //创建 DataTbale 对象
                DataTable dt = new DataTable();
                //调用 SqlDataAdapter 对象的填充方法
                da.Fill(dt);
                dgvCoureseInfo.DataSource = dt;
            }
            catch (Exception ex)
            {
                MessageBox.Show("数据绑定失败！" + ex.Message);
            }
            finally
            {
                if (conn != null)
                {
                    conn.Close();
                }
```

```
        }
    }
    /// <summary>
    /// 课程信息管理窗体的加载事件实现课程信息绑定到 DataGridView 控件上并显示
    /// </summary>
    /// <param name="sender"></param>
    /// <param name="e"></param>
    private void Form1_Load(object sender, EventArgs e)
    {
        GetdgvCourseIn();
    }
    private void btnDelete_Click(object sender, EventArgs e)
    {
        //定义数据行对象，获得删除行
        DataGridViewRow row;
        if (dgvCoureseInfo.CurrentRow != null)
        {
            row = dgvCoureseInfo.CurrentRow;
            //按课程编号查询
            string sql = "select *from tbCourseInfo where couNo=@No";
            conn.Open();
            SqlCommand comm = new SqlCommand(sql, conn);
            comm.Parameters.Add(new SqlParameter("@No", row.Cells["课程编号"].Value.ToString()));
            SqlDataReader read = comm.ExecuteReader();
            if (read.Read())
            {
                read.Close();
                string sqldel = "delete from tbCourseInfo where couNo=@couNo";
                comm.Parameters.Add(new SqlParameter("@couNo", row.Cells["课程编号"].Value.ToString()));
                comm.CommandText = sqldel;
                DialogResult drl=MessageBox.Show("是否删除选中行？课程编号是："+row.Cells["课程
                        编号"].Value.ToString(),"确定",MessageBoxButtons.OKCancel,MessageBoxIcon.Question);
                if (drl == DialogResult.OK)
                {
                    comm.ExecuteNonQuery();
                    MessageBox.Show("删除成功！课程编号："+row.Cells["课程编号"].Value.ToString());
                }
                conn.Close();
                GetdgvCourseIn();
            }
            else
            {
                MessageBox.Show("课程有学生选学，先删除选学学生！");
            }
        }
    }
}
```

（4）编译运行。

单击工具栏中的"全部保存"按钮，右击 Project6，执行"生成"|"重新生成"命令，观察"输

出"信息窗口,若没有语法错误,则单击工具栏中的"启动"按钮运行程序。程序运行效果如图 13.7 所示。

在图 13.7 中,单击"确定"对话框中的"确定"按钮,则删除课程编号是 2002 的课程信息;若在对话框中单击"取消"按钮,则放弃删除课程编号是 2002 的课程信息;无论是单击"确定"按钮还是"取消"按钮,均刷新 dgvCourseInfo 数据绑定控件的数据信息。

习题 13

填空题

(1) .NET 框架中被用来访问数据库的组件集合称为_____。

(2) 使用 DataSet 类定义数据集对象必须添加对命名空间_____的引用。

(3) Connection 对象的数据库连接字符串保存在_____属性中。

(4) ExecuteScalar()方法能够执行查询,并返回查询所返回的结果集中第_____行的第_____列。

(5) 某 Command 对象 comm 将被用来执行的 SQL 语句是 insert into tbScore(100, "tom")实现向数据源中插入一条记录,则语句 comm.ExecuteNonQuery()执行后,返回值可能是_____或_____。

(6) DataTable 是数据集 myDataSet 中的数据表对象,假设有 9 条记录,则在调用语句 dataTable.Rows[8].Delete()后 DataTable 中还剩下_____条记录。

(7) 在使用 DataAdapter 对象时,只需分别设置 SQL 命令、数据库连接对象两个参数,就可以通过它的_____方法把查询结果放在一个_____对象中。

(8) 如果要创建一个 DataReader 对象,则可以通过 Command 对象的_____方法。

(9) 用户可以先使用构造函数创建一个不含参数的 DataAdapter 对象,再设置 DataAdapter 对象的_____属性和_____属性。

(10) 每一个 DataSet 都是一个或多个_____对象的集合。

第 14 章

三层架构学生信息管理系统实现

14.1 系统功能分析

需求分析的关键点是软件解决什么实际问题、软件使用主要场景、用户角色有哪些、用户核心关注点是什么，即用户、场景、目标、关注点。以上四个问题是进行需求分析的前提条件也是落实需求细节的依据。

计算机软件需求分析的主要方法有功能分析法、结构化分析法、信息建模法等。

随着社会的不断进步，社会各行各业对人才的要求不断提高，培养人才的高等学校为满足社会需求，学校学生数量急剧增加，在此开发学生信息管理系统有助于提高学生信息管理的工作效率。

运用软件工程基本思想对学生信息管理系统进行功能需求分析，并形成功能需求分析报告。

学生信息管理系统采用 SQL Server 2019 数据库、Visual Studio 2019 开发平台进行 B/S 架构的开发，运用当前较流行的 C#语言为开发语言，程序的代码及结构都得到了优化，提高了程序的运行效率。该开发环境提供了大量可供选择的数据控件，开发人员可以很方便地建立与数据库的连接，并在此基础上利用各种常用的组件对数库进行操作。

学生信息管理系统的使用对象有管理员、教师和学生。管理员实现的功能有：用户管理、专业管理、班级管理、学生管理、课程管理及成绩管理。教师实现的功能有：用户信息的修查、成绩录入。学生实现的功能有：用户信息的修查、成绩查询。系统总体功能结构图如图 14.1 所示。

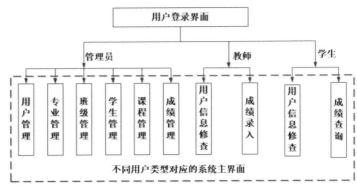

图 14.1 系统总体模块结构图

14.2　数据库设计

14.2.1　数据库的创建

学生信息管理系统中需要采集大量信息，包括学生信息、班级信息、课程信息等，如果不合理创建数据库，通过数据库组织数据表的结构，设置各数据表所包含的字段，则在应用程序开发过程中对数据进行整理、汇总操作时，会增加开发人员的编程难度，造成效率降低。根据学生信息系统功能需求分析，数据信息可归纳如下：

- 专业信息：描述所开设的专业名称、专业编号、专业描述属性。
- 班级信息：描述班级名称、班级编号、专业名称、教室编号、入校时间、学制、辅导员信息。
- 学生信息：描述学生编号、学生学号、姓名、性别、出生年月、专业、班级编号、家庭地址、联系方式、学生说明。
- 课程信息：描述课程编号、课程名称、班级编号、开设学期、学分、专业名称。
- 成绩信息：描述学生学号、课程编号、成绩编号、学期、分数。
- 教师信息：描述教师编号、姓名、性别、毕业院校、毕业专业、任教课程、联系电话、家庭地址。
- 用户信息：描述用户名称、密码、用户类型。

创建数据库名为 SIMSDB，在该数据库下创建数据表分别是：用户信息表 tbuserInfo、专业信息表 tbspecInfo、班级信息表 tbClassInfo、学生信息表 tbStudent、课程信息表 tbCourse、成绩信息表 tbScore、教师信息表 tbTeacher。

14.2.2　数据表设计

1）用户信息表设计

用户信息表是描述用户的属性特征，主要有用户 ID 号、用户姓名、用户密码、用户类型，各属性的数据类型除 ID 号外，均设计为字符串类型。创建 tbUserInfo 表结构如表 14.1 所示。

表 14.1　tbUserInfo 表结构

字段名	数据类型(宽度)	是否为空	说明
id	int	否	主键，自动编号
userName	Nvarchar(20)	否	用户名
userPwd	Nvarchar(20)	否	密码
userType	Nvarchar(20)	否	用户类型

2）专业信息表设计

专业信息表描述专业实体的属性特征，主要特征有：专业 id 号、专业编号 specNo、专业名称 specName、专业说明 specRemark。tbspecInfo 结构如表 14.2 所示。

表 14.2　tbspecInfo 结构

字段名	数据类型	是否为空	说明
id	int	否	主键、自动编号
specNo	Nvarchar(4)	否	专业编号，具有唯一性
specName	Nvarchar(20)	否	专业名称
specRemark	Nvarchar(100)	是	专业说明

3) 班级信息表设计

班级信息表描述班级实体的属性特征，班级实体属性特征有：班级 id、班级编号、班级名称、专业名称、教室编号、学制、辅导员、班级说明等。班级信息 tbClassInfo 表结构如表 14.3 所示。

表 14.3　tbClassInfo 表结构

字段名	数据类型	是否为空	说明
id	int	否	主键、自动编号
clsNo	Nvarchar(8)	否	班级编号，具有唯一性
clsName	Nvarchar(20)	否	班级名称
specName	Nvarchar(20)	否	专业名称，专业表外键
clsRoomNo	Nvarchar(12)	否	教室编号
clsYear	Nvarchar(2)	否	学制
clsAdmin	Nvarchar(8)	否	辅导员
clsRemark	Nvarchar(100)	是	班级说明

4) 学生信息表设计

学生信息表描述学生实体的特征，学生实体特征有：学生编号、学生学号、姓名、性别、出生年月、专业、班级编号、家庭地址、联系方式、学生说明等。学生信息表 tbStudent 表结构如表 14.4 所示。

表 14.4　学生信息表 tbStudent 表结构

字段名	数据类型	是否为空	说明
stuId	int	否	主键、自动编号
stuNo	Nvarchar(8)	否	学生学号，具有唯一性
stuName	Nvarchar(20)	否	学生姓名
stuSex	Nvarchar(2)	否	学生性别
stuBirthday	Nvarchar(12)	否	学生出生日期
specName	Nvarchar(20)	否	专业名称，专业表外键
clsNo	Nvarchar(8)	否	班级编号，班级表外键
stuAddress	Nvarchar(50)	否	家庭地址
stuPhone	Nvarchar(12)	否	联系电话
clsRemark	Nvarchar(100)	是	学生说明

5）课程信息表设计

课程信息表描述课程实体的属性特征，课程实体的特征有：课程编号、课程名称、班级编号、开设学期、学分、专业名称、课程说明等。课程信息表 tbCourse 表结构如表 14.5 所示。

表 14.5　课程信息表 tbCourse 表结构

字段名	数据类型	是否为空	说明
couId	int	否	主键、自动编号、课程编号
couName	Nvarchar(20)	否	课程名称
clsNo	Nvarchar(8)	否	班级编号，班级表外键
couYear	Nvarchar(8)	否	开设学期
specName	Nvarchar(20)	否	专业名称，专业表外键
couNumber	Nvarchar(2)	否	学分
couRemark	Nvarchar(100)	是	课程说明

6）成绩信息表设计

学生成绩信息表描述成绩实体属性特征，成绩实体属性特征有：课程编号、班级编号、课程名称、成绩编号、学生学号、分数、学期等。成绩信息表 tbScore 表结构如表 14.6 所示。

表 14.6　成绩信息表 tbScore 表结构

字段名	数据类型	是否为空	说明
scoId	int	否	主键、自动编号、成绩编号
couId	int	否	课程编号，课程表外键
clsNo	Nvarchar(8)	否	班级编号，班级表外键
couName	Nvarchar(20)	否	课程名称
stuNo	Nvarchar(8)	否	学生学号，学生表外键
couYear	Nvarchar(8)	否	开设学期,课程信息表外键
score	Nvarchar(2)	否	学分
scoRemark	Nvarchar(100)	是	成绩说明

7）教师信息表设计

教师信息表描述教师实体属性特征，教师实体属性特征有：教师编号、姓名、性别、出生年月、毕业院校、毕业专业、任教课程、联系电话、家庭地址等。教师信息表 tbTeacher 表结构如表 14.7 所示。

表 14.7　教师信息表 tbTeacher 表

字段名	数据类型	是否为空	说明
teaId	int	否	主键、自动编号
teaNo	Nvarchar(8)	否	教师编号，具有唯一性
teaName	Nvarchar(20)	否	教师姓名
teaSex	Nvarchar()	否	教师性别

(续表)

字段名	数据类型	是否为空	说明
teaBirthday	Nvarchar(12)	否	教师出生日期
teaCollage	Nvarchar(20)	否	教师毕业院校
teaSpecName	Nvarchar(20)	否	教师专业名称
teaCourseName	Nvarchar(8)	否	教师任教课程
teaAddress	Nvarchar(50)	否	家庭地址
teaPhone	Nvarchar(12)	否	联系电话
teaRemark	Nvarchar(100)	是	教师说明

14.3 系统框架搭建

14.3.1 系统三层架构搭建

根据三层架构设计模式，运用软件工程思想，按企业项目管理要求创建项目的解决方案名称为"StudentInfomationManagerSystem"，即学生信息管理。同时在该解决方案下分别创建表示层名为"StuInfoWinForm"的窗体应用程序；创建实体模型层名为"StuInfoModel"的类库；创建数据层名为"StuInfoDAL"的类库；创建逻辑层名为"StuInfoBLL"的类库。学生信息管理项目框架搭建效果如图 14.2 所示。

图 14.2 学生信息管理项目框架搭建

按三层架构各层间的访问原则，要求分别添加数据层 StuInfoDAL 对实体模型层 StuInfoModel 的引用；逻辑层 StuInfoBLL 对数据层 StuInfoDAL 和实体模型 StuInfoModel 的引用，表示层 StudentInfomationManagerSystem 对逻辑层 StuInfoBLL 和模型 StuInfoModel 的引用。如：表示层 StuInfoWinform 对逻辑层 StuInfoBLL 和实体模型 StuInfoModel 的引用如图 14.3 所示(具体实现过程：展开表示层叠 BLL，右击选择"引用"，执行"添加引用"命令，打开引用管理器，单击"解决方案"，展现需要添加的引用项目，并在需要引用项目前打上对勾后，单击"确定"即可)，其他各层间的引用采用类似的方法实现。

图 14.3 表示层 StuInfoWinform 对逻辑层 StuInfoBLL 和实体模型 StuInfoModel 的引用

14.3.2 系统实现基本业务流程

当运行系统时，首先是登录页面，按用户类型即管理员、教师、学生分别进入到管理员页面、教师页面、学生页面。用户登录页面如图 14.4 所示。

在用户登录页面中分别输入用户名王先水、密码 123456、用户类型选择管理员，单击"登录"

按钮，管理员登录成功效果如图 14.5 所示。

图 14.4　用户登录界面

图 14.5　管理员登录成功效果

在用户登录页面中分别输入用户名刘艳、密码 123456、用户类型选择教师，单击"登录"按钮，教师登录成功效果如图 14.6 所示。

在用户登录页面中分别输入用户名李伟、密码 123456、用户类型选择学生，单击"登录"按钮，学生登录成功效果如图 14.7 所示

图 14.6　教师登录成功效果

图 14.7　学生登录成功效果

当管理员、教师、学生分别登录成功后，单击"确定"按钮，则分别跳转到学生信息管理系统相应用户的功能页面。如管理员功能页面效果如图 14.8 所示。

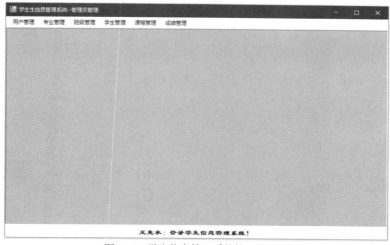

图 14.8　学生信息管理系统管理员页面

14.4　用户登录模块的设计

学生信息管理系统的用户对象分别有管理员、教师、学生，因此需要分别设计各用户登录成功

后进入不同的主界面从而实现相应的功能。

14.4.1 用户登录界面设计

在学生信息管理解决方案的表示层 StuInfoWinform 中创建用户管理文件夹 UserManager，同时在该文件夹下添加 frmUserLogin 窗体。

frmUserLogin 窗体对象相关属性设置，如：最大化、最小化、窗体边框、窗体运行出现在屏幕的位置、字体、窗体样式等。

在 frmUserLogin 窗体对象上分别设计文本框、标签、下拉列表框、按钮对象并分别重新命名其 Name 的属性值，以便后台访问，用户登录界面设计如图 14.9 所示。

图 14.9　用户登录界面

14.4.2 用户登录后台代码设计

三层架构后台代码设计的基本原则是从最底层中的模型层开始，逐步到数据层、逻辑层、表示层，采用封装对象来实现。因此需要在模型层中创建与数据库中设计的用户信息表相同的类(类名与表名相同，类中只有 get、set 属性，没有其他任何成员)；在数据层中创建操作数据库操作帮助类 SqlHelper，在该类中实现数据库连接字符串的定义、操作数据表的系列方法，如定义根据传入的 SQL 语句返回一个数据表 DataTable 表的方法；在数据层中定义用户信息表操作的功能类 tbUserInfoDAL，在该类中定义一个检索 tbUserInfo 表中的用户是否存在的方法 CheckUserInfo()，以返回一个用户对象；在逻辑层中定义用户信息表操作的逻辑类 tbUserInfoBLL，在该类中定义一个返回用户信息对象的方法。

14.4.3 用户登录模型层设计

在实体层中定义用户信息类，通过属性实现对用户信息表 tbUserInfo 各字段的访问。设计代码如下：

```
public class tbUserInfo    //与数据库用户信息表各字段相同的类
{
    public int id
    {
        get;
        set;
    }
    public string userName
    {
        get;
        set;
    }
    public string userPwd
    {
        get;
        set;
    }
    public string userType
    {
```

```
            get;
            set;
        }
    }
```

14.4.4　用户登录数据层的设计

1. 数据库操作帮助类 SqlHelper 类的设计

在数据层中定义数据库操作帮助类 SqlHelper。在该类中创建数据库连接字符串，通过调用 ConfigurationManager.ConnectionStrings[] 类实现。

实现过程：首先在 App.config 配置文件中添加<connectionStrings>标签，在标签中添加<add name="conString" connectionString="server=.;uid=sa;pwd=123456;database=SIMSDB2021"/>标签。

接下来在数据操作帮助类中定义静态的仅只读的连接字符串：public static readonly　string connStr=ConfigurationManager.ConnectionStrings["conString"].ToString();。

注意：在使用 ConfigurationManager 类时，需要导入 System.Configuration 命名空间同时在引用管理器的程序集框架里还需选中此项。

在数据库帮助类中定义数据库连接字符串，定义根据传入 SQL 语句返回一个数据表 DataTable 的方法 GetDataTable()。代码设计如下：

```
public class SqlHelper    //数据库操作帮助类
{
    //1.定义数据库连接字符串为静态只读
    public static readonly string connStr = ConfigurationManager.ConnectionStrings["conString"].ToString();
    //2.定义根据传入的 SQL 语句，返回一个 DataTable 表的方法 GetDataTable()，需要导入 DataTable 类
    //  所在的命名空间 System.Data，需要导入 SqlParameter 类所在的命名空间 System.Data.SqlClient。
    public DataTable GetDataTable(string sql, params    SqlParameter[] ps)
    {
        //2.1 创建 DataTable 类对象 dt
        DataTable dt = new DataTable();
        //2.2 创建数据库连接对象 conn
        using( SqlConnection conn = new SqlConnection(connStr))
        {
            conn.Open();    //2.3 打开数据库
            try
            {
                //2.4 创建命令对象 comm
                SqlCommand comm = new SqlCommand(sql, conn);
                if (ps != null && ps.Length>0)
                {
                    comm.Parameters.AddRange(ps);
                }
                //2.5 执行命令并将数据表信息加载到数据表对象中
                SqlDataAdapter da = new SqlDataAdapter(comm);
                da.Fill(dt);
            }
            catch(Exception ex)
            {
```

```
                    throw new Exception(ex.Message);//抛到外边处理
            }
            finally
            {
                    conn.Close();   //关闭数据库
            }
        }
        return dt;
    }
}
```

2. 用户信息功能类 tbUserInfoDAL 的设计

在数据层 StuInfoDAL 中设计用户信息功能 tbUserInfoDAL 类,在该类中设计检测用户登录的方法 CheckLogin()返回一个用户 tbUserInfo 实体对象(数据层需要添加对实体模型层的引用,同时还需要导入自命名空间 StuInfoModel)。方法中参数要求传入用户名、密码、用户类型。方法实现功能:定义 SQL 语句,实例化 tbUserInfo 实体对象,采用 try-catch 进行异常处理,调用数据库操作帮助类 SqlHelper 中的返回一个数据表 DataTable 的方法 GetDataTable(),判断数据表中满足传入用户名、密码、用户类型的统计行是否等于 1,若是,则获取该实体对象的字段信息(id 号、用户名、密码、用户类型)并返回这个用户实体对象。设计代码如下:

```csharp
namespace StuInfoDAL
{
    public class tbUserInfoDAL //定义用户信息功能类
    {
        //定义检测用户信息登录的方法,返回一个满足条件的用户实体对象
        public tbUserInfo CheckLogin(string userName, string userPwd, string userType)
        {
            tbUserInfo UserModel = null;
            SqlHelper userModelDAL=new SqlHelper();
            try
            {
                //定义 SQL 语句,采用参数法
                string sql = "select *from tbUserInfo where userName=@name and
                    userPwd =@pwd and userType=@type";
                //定义 DataTable 对象,以存放调用数据库操作帮助类中返回数据表的方法
                DataTable dt = userModelDAL.GetDataTable(sql new SqlParameter("@name", userName),
                        new SqlParameter("@pwd", userPwd),
                        new SqlParameter("@type", userType));
                if (dt.Rows.Count == 1)
                {
                    UserModel = new tbUserInfo();
                    UserModel.id = Convert.ToInt32(dt.Rows[0]["id"]);
                    UserModel.userName = dt.Rows[0]["userName"].ToString();
                    UserModel.userPwd = dt.Rows[0]["userPwd"].ToString();
                    UserModel.userType = dt.Rows[0]["userType"].ToString();
                }
            }
            catch (Exception ex)
            {
```

```
                throw new Exception(ex.Message);
            }
            return UserModel; //返回一个用户对象
        }
    }
}
```

14.4.5　用户登录逻辑层的设计

在用户登录逻辑层中定义用户信息管理逻辑类 bUserInfoBLL 实现与数据层中用户功能类相同的功能，实现数据表的增删改查操作。定义返回用户对象的方法，方法参数分别是用户名、密码、用户类型，并采用 ref 返回参数的值。设计代码如下：

```
namespace StuInfoBLL
{
    public class tbUserInfoBLL       //在业务逻辑层中定义用户逻辑类，并定义检测用户实体对象的方法，
                                     以返回一个用户实体对象
    {
        private tbUserInfoDAL userDal = null; //创建数据层中用户信息功能类对象
        //通过 tbUserInfoBLL 构造函数初始化 userDal 对象
        public tbUserInfoBLL()
        {
            this.userDal = new tbUserInfoDAL();
        }
        //定义检测用户登录的方法，返回一个 tbUserInfo 对象
        public tbUserInfo CheckLogin(string userName, string userPwd, string userType, ref string errMsg)
        {
            try
            {
                //验证数据的有效性
                if (string.IsNullOrEmpty(userName))
                {
                    errMsg = "用户名不能为空！";
                    return null;
                }
                if (string.IsNullOrEmpty(userPwd))
                {
                    errMsg = "密码不能为空！";
                    return null;
                }
                if (string.IsNullOrEmpty(userType))
                {
                    errMsg = "用户类型不能为空！";
                }
                return this.userDal.CheckLogin(userName, userPwd, userType);
            }
            catch (Exception ex)
            {
                errMsg = ex.Message;
            }
```

```
            return null;
        }
    }
}
```

14.4.6 用户登录表示层的设计

在用户登录界面中分别设计验证码的实现、登录按钮功能实现、注册按钮功能的实现。实现逻辑为判断验证码提示信息、用户名不得为空提示信息、密码不得为空提示信息、登录成功弹出消息框。实现效果如图 14.10所示。

按管理员、教师、学生分别实现用户登录，弹出登录成功消息框后，单击"登录"按钮分别跳转到相应用户的功能界面。

图 14.10 用户登录效果

在用户登录界面的加载事件中生成验证并在 lblCode 标签处显示出来，在 lblCode 标签的单击事件中重新生成新的验证码。设计代码如下：

```
private void Form1_Load(object sender, EventArgs e) //产生验证码的随机数
{
    Random rd = new Random();
    int num = rd.Next(0000, 9999);
    lblCode.Text = Convert.ToString(num);
}
private void lblCode_Click(object sender, EventArgs e) //验证码的单击改变事件
{
    Random rd = new Random();
    int num = rd.Next(0000, 9999);
    lblCode.Text = Convert.ToString(num);
}
```

在用户登录界面的"登录"按钮单击事件中实现登录是否成功的判断，显示相应的提示信息。

设计思路：先判断验证码的正确性，不正确，弹出提示消息框；正确，判断用户类型是管理员、教师还是学生，可采用 Switch 语句；代码执行过程中，先进行为空的判断，为空则弹出提示信息，不为空则创建用户类对象；调用逻辑层的方法判断用户名是否存在，存在则判断密码是否正确，正确则弹出登录成功消息框并实现界面跳转，不存在则弹出"用户不存在的消息"。设计代码如下：

```
namespace StuInfoManUi
{
    public partial class Form1 : Form
    {
        public Form1()
        {
            InitializeComponent();
        }
        private void Form1_Load(object sender, EventArgs e)
        {
            //页面载时在 lblCheckCode 标签处显示随机产生的验证码
```

```
            int num;
            Random rm = new Random();
            num = rm.Next(0000, 9999);
            lblCheckCode.Text = num.ToString();
        }
        private void btnLogin_Click(object sender, EventArgs e)
        {
            //验证用户名、密码、用户类型
            tbUserInfoBLL userBLL = new tbUserInfoBLL();
            string errMsg="";
            tbUserInfo userModel = userBLL.CheckLogin(txtName.Text, txtPwd.Text,
                cmbType.SelectedItem.ToString (), ref errMsg);
            if(txtCkeck.Text ==lblCheckCode .Text )
            {
                if (!string.IsNullOrEmpty(errMsg))
                {
                    MessageBox.Show(errMsg);
                    return;
                }
                if (userModel == null)
                {
                    MessageBox.Show("登录失败！");
                }
                else
                {
                    MessageBox.Show("用户：" + userModel.userName + "登录成功！");
                    switch (cmbType.SelectedIndex)
                    {
                        case 0:
                            frmAdminMain fam = new frmAdminMain(userModel.userName);
                            fam.Show();
                            this.Hide();
                            break;
                        case 1:
                            frmTeacherMain ftm = new frmTeacherMain(userModel.userName);
                            ftm.Show();
                            this.Hide();
                            break;
                        case 2:
                            frmStudentMain fsm = new frmStudentMain(userModel.userName);
                            fsm.Show();
                            this.Hide();
                            break;
                    }
                }
            }
            else
            {
                MessageBox.Show("验证码错误！");
            }
        }
    }
}
```

14.4.7　用户登录测试

在用户登录界面，分别输入用户名、密码、选择不同类型后，单击"登录"按钮进行测试。

测试示例：用户名为王先水，密码为123456，用户类型为管理员，测试结果为登录成功。管理员测试结果如图14.11所示。

测试示例：用户名为刘艳，密码为123456，用户类型为管理员，测试结果为"登录失败！"。教师按管理员测试结果如图14.12所示。

图 14.11　管理员测试结果

图 14.12　教师按管理员测试结果

14.5　管理员模块用户管理功能设计

当在用户登录界面输入用户名王先水、密码123456、用户类型选择管理员，单击"登录"按钮，登录成功则跳转到管理员的主窗体界面。根据需求分析，管理员功能有：用户管理、专业管理、教师管理、学生管理、课程管理。管理员主窗体界面设计效果如图14.13所示。

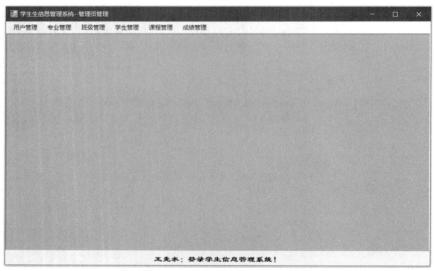

图 14.13　管理员主窗体界面效果

14.5.1　用户信息添加

用户的添加有两种，分别是用户通过登录界面的"注册"功能实现用户的添加，管理员登录成功后进入管理员功能界面由"用户管理"|"用户添加"功能菜单实现。

实现用户信息的添加需要设计"用户添加管理"界面，界面设计效果如图 14.14 所示。

采用三层架构设计，为了保证各层方法的调用正确性，需要按实体模型、数据层、逻辑层、表示层的设计思路进行。

实体模型中已创建了用户信息类 tbUserInfo，数据层设计了操作数据库的帮助类 SqlHelper，在 SqlHelper 中设计实现数据增删改的方法。设计代码如下：

图 14.14 用户添加管理

```
//3.定义一个增删改的方法 GetAddModefyDelete()
public int GetAddModefyDelete(string sql, params    SqlParameter[] ps)
{
    int n = 0;
    SqlConnection conn = new SqlConnection(connStr);
    try
    {
        conn.Open();
        SqlCommand comm = new SqlCommand(sql,conn);
        if (ps != null && ps.Length > 0)
        {
            comm.Parameters.AddRange(ps);
        }
        n = comm.ExecuteNonQuery();
    }
    catch (Exception ex)
    {
        throw new Exception(ex.Message);
    }
    finally
    {
        conn.Close();
    }
    return n;
}
```

在数据层 StuInfoDAL 中定义的 tbUserInfoDAL(用户信息功能类)中，分别定义添加一条记录的方法 InsertUserDAL 返回一个布尔值；定义加载数据表方法返回一个 DataTable；定义修改数据表的方法返回一个布尔值；定义删除数据表记录行的方法返回一个布尔值；定义查询数据表记录行的方法返回一个 DataTable。设计代码如下：

```
//定义添加一条记录的方法
public bool InsertUserDAL(tbU，serInfo User)
{
    string sql = "insert into tbUserInfo values('"+User .userName+"','"+User.userPwd+"','"+User.userType+"')";
    return   userModelDAL.GetAddModefyDelete(sql)>0;
}
//定义加载数据表信息的方法
public DataTable LoadTableDAL(tbUserInfo User)
```

```
{
    string sql = "select *from tbUserInfo";
    return userModelDAL.GetDataTable(sql);
}

//定义删除数据表信息的方法
public bool DeleteTableDAL(tbUserInfo User,string myId)
{
    string sql = "delete tbUserInfo where id='"+myId +"'";
    return userModelDAL.GetAddModefyDelete(sql)>0;
}
//定义按条件查询用户信息的方法
public DataTable    SelectUserInfodal(tbUserInfo User,string myName)
{
    string sql = "select *from tbUserInfo where userName='"+myName +"'";
    return userModelDAL.GetDataTable(sql);
}
```

在 StuInfoBLL 逻辑层的 tbUserInfoBLL 类中，定义添加一个用户的方法 InsertUserBLL，并返回一个布尔值。设计代码如下：

```
//定义添加一个用户的方法
public bool InsertUserBLL(tbUserInfo User)
{
    return userDal.InsertUserDAL(User);
}
```

在用户登录界面中单击"注册"按钮，由登录界面跳转到用户注册管理界面，在用户注册 frmUserAdd 窗体中单击"添加"按钮实现用户信息的添加。设计代码如下：

```
private void btnAddUser_Click(object sender, EventArgs e)
{
    tbUserInfoBLL UserModel = new tbUserInfoBLL();
    tbUserInfo User = new tbUserInfo();
    User.userName = txtName.Text;
    User.userPwd = txtPwd.Text;
    User.userType = cmbType.SelectedItem.ToString();
    if (UserModel.InsertUserBLL(User))
    {
        MessageBox.Show("添加一条记录成功！");
    }
    else
    {
        MessageBox.Show("添加一条记录失败！");
    }
}
```

在管理员主界面中执行"用户管理"|"用户添加"菜单命令，跳转到"用户注册管理"界面，由用户注册管理界面中的"添加"按钮功能实现用户信息的添加。设计代码如上所示。

14.5.2　用户信息浏览

在数据库操作帮助类中定义 GetDataTable 方法，参数为 SQL 语句，参数数组 PS，返回数据表 DataTable。

在数据层 StuInfoDAL 的 tbUserInfoDAL 中定义加载数据表的方法 LoadTableDAL()，参数为用户对象(即 tbUserInfo User)，返回数据表 DataTable。设计代码如下：

```
//定义加载数据表信息的方法
public DataTable LoadTableDAL(tbUserInfo User)
{
    string sql = "select *from tbUserInfo";
    return userModelDAL.GetDataTable(sql);
}
```

在逻辑层 StuInfoBLL 的 tbUserInfoBLL 类中定义 LoadTableBLL 方法，参数为用户对象，返回数据表 DataTable。设计代码如下：

```
//定义返回数据表的方法
public DataTable LoadTableBLL(tbUserInfo User)
{
    return userDal.LoadTableDAL(User);
}
```

在 frmUserBrows 窗体的加载事件 frmUserBrows_Load 中调用 LoadTableInfo()方法，实现将数据表信息加载到数据视图控件上(即 dgvUserInfo)。LoadTableInfo()方法的设计代码如下：

```
public void LoadTableInfo()
{
    tbUserInfoBLL UserTable = new tbUserInfoBLL();
    tbUserInfo User=new tbUserInfo();
    dgvUserInfo .DataSource = UserTable.LoadTableBLL(User);
    dgvUserInfo.Columns[0].HeaderText = "序号";
    dgvUserInfo.Columns[1].HeaderText = "用户名";
    dgvUserInfo.Columns[2].HeaderText = "密码";
    dgvUserInfo.Columns[3].HeaderText = "用户类型";
}
```

14.5.3　用户信息修改

由于在数据库操作帮助类中设计了用户信息的添加、修改、删除方法 GetAddModefyDelete 且返回一个整型值，现只需在数据层 StuInfoDAL 的 tbUserInfoDAL 中设计实现对数据进行修改的方法 ModefyUserDAL 并返回一个布尔值，方法中的参数要求传入一个用户实体、一个用户实体的 ID 号。设计代码如下：(注意：当修改的字段过多时应采用参数形式，本例中采用的是用拼接字符串形式实现。)

```
//定义修改数据表信息的方法
public bool ModefyUserDAL(tbUserInfo User,string myId)
{
    string sql = "update tbUserInfo set userName ='"+User.userName+"',userPwd ='"+User.userPwd+"',
```

```
            userType ='''+User.userType+''' where id='''+myId+''''';
    return userModelDAL.GetAddModefyDelete(sql) > 0;
}
```

在逻辑层 StuInfoBLL 中定义用户逻辑类 tbUserInfoBLL，在 tbUserInfoBLL 中定义修改数据表的方法 ModefyTableBLL，方法参数分别是用户对象和用户对象的 ID 值，方法返回一个布尔值。设计代码如下：

```
//定义修改数据表的方法
public bool ModefyTableBLL(tbUserInfo User,string myId)
{
    return userDal.ModefyUserDAL(User,myId);
}
```

在表示层 StuInfoWinForm 的管理员主界面中，单击"用户管理"|"用户浏览"菜单，调出"用户浏览"界面，在用户浏览界面中，选定要修改的数据行标题，单击"修改"按钮，将选定行的用户信息加载到用户修改窗体 frmUserModefy 界面上，在 frmUserModefy 界面上单击"修改"按钮，弹出修改是否成功的消息框。

管理员主界面"用户浏览"菜单的功能代码设计如下：

```
private void 用户浏览 ToolStripMenuItem_Click(object sender, EventArgs e)
{
    frmUserBrows fub = new frmUserBrows();
    fub.MdiParent = this;
    fub.Show();
}
```

用户浏览界面"修改"按钮的代码设计如下：

```
private void btnUserModefy_Click(object sender, EventArgs e)
{
    //单击用户浏览界面的"修改"按钮，调出用户信息修改窗体并指定该窗体的父窗体是学生信息管理系
      统的主窗体
    //单击 DataGridView 控件的行标题获取选定行的各个单元格值，将值通过 frmUserModefy 窗体的构造
      函数传入
    DataGridViewRow row = new DataGridViewRow();
    row = dgvUserInfo.CurrentRow;
    string id = row.Cells["id"].Value .ToString();
    string name = row.Cells["userName"].Value .ToString();
    string pwd = row.Cells["userPwd"].Value .ToString();
    string type = row.Cells["userType"].Value .ToString();
    frmUserModefy fum = new frmUserModefy(id,name,pwd,type);
    fum.MdiParent = this.MdiParent;
    fum.Show();
    this.Hide();
}
```

用户修改窗体的构造函数实现将用户浏览界面中选定的信息加载到用户修改窗体各控件对象上，设计代码如下：

```
public frmUserModefy( string myid,string myname,string mypwd,string mytype)
{
    //修改窗体的构造函数实现选定行的字段信息加载到各控件对象上
    InitializeComponent();
    txtId.Text = myid;
    txtName.Text = myname;
    txtPwd.Text = mypwd;
    cmbType.Text = mytype;
}
```

用户修改窗体frmUserModefy的"修改"按钮单击事件代码设计如下：

```
private void btnModefyUser_Click(object sender, EventArgs e)
{
    tbUserInfo User = new tbUserInfo();
    tbUserInfoBLL UserBLL=new tbUserInfoBLL();
    User.id = Convert.ToInt32(txtId.Text);
    User.userName = txtName.Text.Trim();
    User.userPwd = txtPwd.Text;
    User.userType = cmbType.SelectedItem.ToString();
    if (UserBLL.ModefyTableBLL(User,txtId .Text ))
    {
        MessageBox.Show("修改成功！");
        frmUserBrows fub = new frmUserBrows();
        fub.MdiParent = this.MdiParent ;
        fub.Show();
        this.Hide();
    }
    else
    {
        MessageBox.Show("修改失败！");
    }
}
```

14.5.4　用户信息删除

由于在数据库操作帮助类中设计了用户信息的添加、修改、删除方法 GetAddModefyDelete 且返回一个整型值，现只需在数据层 StuInfoDAL 的 tbUserInfoDAL 中设计实现对数据进行删除的方法 DeleteTableDAL，方法参数分别是用户对象、用户 ID 号，方法返回值是布尔型。方法设计代码如下：

```
//定义删除数据表记录的方法
public bool DeleteTableDAL(tbUserInfo User,string myId)
{
    string sql = "delete tbUserInfo where id='"+myId +"'";
    return userModelDAL.GetAddModefyDelete(sql)>0;
}
```

在逻辑层 StuInfoBLL 的 tbUserInfoBLL 类中定义删除数据表一行记录 DeleteTableBLL 的方法，方法参数分别是用户实体对象和用户实体的 ID 值，方法的返回值为布尔值。方法的设计代码如下：

```
//定义删除数据表一行记录的方法
public bool DeleteTableBLL(tbUserInfo user,string myId)
```

```
{
        return userDal.DeleteTableDAL(user,myId);
}
```

在表示层 StuInfoWinForm 的管理员主界面中，单击"用户管理"｜"用户浏览"菜单，调出"用户浏览"界面，在用户浏览界面中，选定要删除的数据行标题，单击"删除"按钮。"删除"按钮的单击事件代码设计如下：

```
private void btnUserDelete_Click(object sender, EventArgs e)
{
        DataGridViewRow row = new DataGridViewRow(); //实例化数据表行对象
        row = dgvUserInfo.CurrentRow;
        string id = row.Cells["id"].Value.ToString();
        tbUserInfoBLL userBLL = new tbUserInfoBLL();
        tbUserInfo User = new tbUserInfo();
        DialogResult drl = MessageBox.Show("是否要删除该条记录！", "确定", MessageBoxButtons.OKCancel,
                        MessageBoxIcon.Question);
        if (drl == DialogResult.OK)
        {
                if (userBLL.DeleteTableBLL(User, id))
                {
                        MessageBox.Show("删除成功！");
                        LoadTableInfo();
                }
                else
                {
                        MessageBox.Show("删除失败！");
                }
        }
}
```

14.5.5 用户信息查询

在数据库操作帮助类 SqlHelper 中定义 GetDataTable 方法并返回数据表 DataTable，方法参数分别为 SQL 语句和参数。

在数据层 StuInfoDAL 的 tbUserInfoDAL 类中定义查询数据表记录方法 SelectUserInfodal，按用户名查询，返回 DataTable，方法参数分别是用户对象、用户名。设计代码如下：

```
//定义查询数据表记录的方法，按用户名查询，返回 DataTable
public DataTable    SelectUserInfodal(tbUserInfo User,string myName)
{
        string sql = "select *from tbUserInfo where userName='"+myName +"'";
        return userModelDAL.GetDataTable(sql);
}
```

在逻辑层 StuInfoBLL 的 tbUserInfoBLL 类中定义返回按条件查询结果 SelectUserInfoBll 方法，方法参数分别是用户对象、用户名，方法返回满足条件的一条记录的 DataTable。方法设计代码如下：

```
//定义返回按条件查询结果的方法
public DataTable    SelectUserInfoBll(tbUserInfo User,string myName)
```

```
    {
        return userDal.SelectUserInfodal(User,myName );
    }
```

在表示层 StuInfoWinForm 的管理员主界面中，单击"用户管理"|"用户浏览"菜单，调出"用户浏览"界面，在用户浏览界面的"按用户名查询"文本框中输入用户名。单击"查询"按钮的单击事件代码设计如下：

```
private void btnUserSelect_Click(object sender, EventArgs e)
{
    //单击用户信息浏览界面的"查询"按钮，按输入的"用户名"进行查询并将查询结果以一条信息显示
    tbUserInfoBLL UserBLL = new tbUserInfoBLL();
    tbUserInfo User = new tbUserInfo();
    if (UserBLL.SelectUserInfoBll(User, txtName.Text)!=null)
    {
        dgvUserInfo.DataSource = UserBLL.SelectUserInfoBll(User, txtName.Text);
    }
}
```

14.5.6　用户信息添加测试

用户信息添加有两种方式：第一种是通过用户登录界面的"注册"按钮实现用户信息的添加，此方式只能添加用户类型为学生、教师，但不能添加管理员；第二种是由管理员通过菜单"用户管理"|"用户信息添加"实现，同理也只能添加学生、教师。两种添加用户信息的方式均是由 frmUserAdd 窗体实现的。

现以管理员身份通过"用户管理"|"用户信息添加"菜单功能实现用户信息添加，用户信息添加效果如图 14.15 所示。

图 14.15　用户信息添加效果

单击提示信息框的"确定"按钮，刷新用户信息浏览界面，并显示所有用户信息，效果如图 14.16 所示。

图 14.16　用户信息显示效果

注意:

如果通过用户登录界面的"注册"按钮实现新用户信息添加,当添加成功后,在弹出的提示信息框中单击"确定"按钮,则要求界面跳转到登录界面。

14.5.7　用户信息修改测试

用户信息修改功能是由管理员实现的,需在用户浏览界面中完成。实现过程:选定要修改的用户信息对象,单击"修改"按钮,将选定行的用户对象信息加载到修改窗体 frmUserMoefy 中,在 frmUserMoefy 窗体的"修改"按钮事件中完成修改。用户信息修改如图 14.17 所示。

图 14.17　用户信息修改

当管理员单击提示框的"确定"按钮后,刷新用户信息浏览页面,显示所修改的用户信息。

14.5.8　用户信息删除测试

用户信息删除功能是由管理员实现的,在用户信息浏览界面中,选定要删除的用户对象,然后单击用户信息浏览界面的"删除"按钮,则弹出删除信息的提示框,在提示框中单击"确定"按钮完成删除功能,在提示框中单击"取消"按钮放弃删除。弹出删除信息提示框如图 14.18 所示。

图 14.18　删除信息提示框

14.5.9　用户信息查询

　　用户信息查询功能是由管理员实现的，在用户信息浏览界面中的"按用户名查询"后的文本框中输入用户名，单击"查询"按钮，如果查询到该用户，则在用户信息浏览界面中只显示该用户信息，如果未查询到，则在用户信息浏览界面中显示空信息。用户信息查询结果如图 14.19 所示。

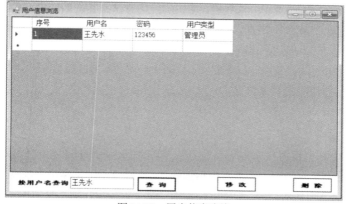

图 14.19　用户信息查询

❧ 第 15 章 ℜ

上 机 实 验

实验一　数据类型与程序设计基础

一、实验目的

通过本次实验掌握创建 C#语言的控制台程序和 Windows 程序的基本步骤和方法；掌握 Visual Studio 2019 集成开发环境各个菜单、工具栏、窗口的使用方法及它们的作用；掌握 C#语言控台程序和窗体程序的基本结构、基本数据类型、常量和变量及运算符表达式基本用法；掌握选择语句、循环语句在程序设计中的基本用法；掌握文本框控件、按钮控件、标签控件的常用属性和事件，了解下拉列表框控件的基本用法；掌握 Console 类、Convert 类基本方法的应用；掌握 C#语言程序的创建、编辑、编译和运行程序的基本方法。

二、实验内容

实验 1：分别用控制台程序和 Windows 程序完成输入任意两数的四则混合运算(加、减、乘、除)。

设计要求：在控制台程序中，要求有提示输入任意两数的信息，输出结果为一个表达式，如：23+12=25 的格式；在 Windows 窗体程序中，要求在文本框中分别输入任意的两数，在下拉列表框中选择两数的运算符，单击"="按钮，结果在文本框中显示。窗体程序的设计效果如图 15.1 所示。

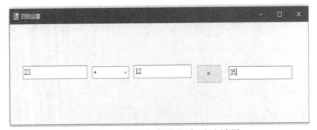

图 15.1　实验 1 窗体程序设计效果

实验 2：分别用控制台程序和窗体程序完成在文本框中输入任意的年份，判断是否是闰年并输出相应的提示信息。

设计要求：在控制台程序中，要求输出结果为：××××年是闰年或非闰年的信息；在窗体程序中，在文本框中输入年份，单击"显示"按钮，判断结果在指定标签处显示，其格式也为××××

年是闰年或非闰年的信息。窗体程序设计效果如图 15.2 所示。

实验 3：用控制台程序和窗体程序分别实现输入一个正整型数据，求该数各位数字之和。

设计要求：控制台程序要求有输入正整型数据的提示信息；窗体程序设计要求运行程序时，在窗体界面的文本框中输入一个正整数，在窗体的指定标签处或文本框中显示各位数字之和。窗体程序运行效果如图 15.3 所示。

图 15.2　实验 2 窗体程序设计效果

图 15.3　实验 3 窗体程序运行效果

三、实验步骤

实验 1 实现步骤

(1) 启动 Visual Studio 2019。

在 Visual Studio 2019 开始使用界面，单击"继续但无需代码"选项，打开"Visual Studio 开发环境"界面，如图 15.4 所示。

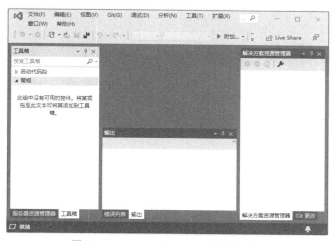

图 15.4　Visual Studio 2019 开发环境界面

(2) 创建空白解决方案。

执行"文件|新建|项目"命令，打开"创建新项目"界面，在"搜索模板"中搜索"空白解决方案"，选定模板中"空白解决方案"模板，单击"下一步"，打开"配置新项目"界面，在"解决方案名称"框中输入"学号姓名实验一"，如 2330230101 张三实验一(若没有输入解决方案名，则系统默认为 Solution1)，在位置框中选择解决方案保存的磁盘路径，单击"创建"，完成空白解决方案"学号姓名实验一"的创建。

(3) 添加新项目。

右击 "学号姓名实验一" 解决方案，分别添加 Project1 _实验 1 控制台程序、Project2 _实验 1 窗体程序等。

(4) 控制台程序设计。

双击"Project1 学号_实验 1 控制台程序"项目下的"Program.cs"文件，在控制台程序编辑界面设计代码如下。

```
static void Main(string[] args)
{
    int num1;
    int num2;
    int result=0;
    string op;
    Console.WriteLine("请输入任意的两个数！");
    num1 = Convert.ToInt32(Console.ReadLine());
    num2 = Convert.ToInt32(Console.ReadLine());
    op = Console.ReadLine();
    switch (op)
    {
        case "+":
            result = num1 + num2;
            break;
        case "-":
            result = num1 - num2;
            break;
        case "*":
            result = num1 * num2;
            break;
        case "/":
            result = num1 / num2;
            break;
    }
    Console.WriteLine("{0} {1} {2}={3}", num1, op, num2, result);
    Console.ReadKey();
}
```

(5) 窗体程序设计。

窗体界面设计：在窗体界面上分别设计 3 个 TextBox 文本框控件对象，分别表示为第 1 个数、第 2 个数、存放运算结果；1 个 ComboBox 下拉列表框控件表示运算符号的选择；1 个 Button 按钮表示"="号，同时设置相关控件对象的属性。四则运算窗体界面设计效果如图 15.5 所示。

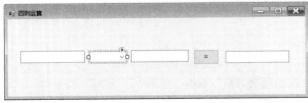

图 15.5　四则运算窗体界面设计效果

功能逻辑代码设计：在窗体界面上双击"="按钮，则由窗体界面进入后台"="号按钮单击事件编辑区，在编辑区中设计代码如下：

```
private void btnResult_Click(object sender, EventArgs e)
{
```

```
int num1 = Convert.ToInt32(txtNum1.Text);
int num2 = Convert.ToInt32(txtNum2.Text);
int result = 0;
switch (cmbOp.SelectedItem.ToString())
{
    case "+":
        result = num1 + num2;
        break;
    case "-":
        result = num1 - num2;
        break;
    case "*":
        result = num1 * num2;
        break;
    case "/":
        result = num1 / num2;
        break;
}
txtResult.Text = result.ToString ();
}
```

实验 2 实现步骤

右击 "学号姓名实验一" 解决方案，分别添加"Project3_实验 2 控制台程序、Project4_实验 2 窗体程序"项目。

(1) 窗体程序设计。

窗体界面设计：在窗体界面上分别设计 1 个 TextBox 文本框对象、1 个 Button 按钮对象、2 个 Label 对象，同时分别设计它们的相关属性，程序运行效果如图 15.6 所示。

图 15.6　实验 2 程序运行效果

功能逻辑设计：在窗体界面上双击"判断"按钮，则由窗体界面进入后台"判断"按钮单击事件编辑区，在编辑区中设计代码如下：

```
private void btnClick_Click(object sender, EventArgs e)
{
    //判断年份是闰年的算法：年份能被 4 整除但不能被 100 整除，或者年份能被 400 整除。
    int year = Convert.ToInt32(txtYear.Text);
    if (year % 4 == 0 && year % 100 != 0 || year % 400 == 0)
    {
        lblMessage.Text = year + "是闰年！ ";
    }
    else
    {
        lblMessage.Text = year + "是非闰年！ ";
    }
}
```

(2) 控制台程序设计(参考窗体程序代码)。

实验 3 实现步骤

右击 "学号姓名实验一" 解决方案，分别添加"Project5_实验 3 控制台程序"、"Project6_实验 3 窗体程序"项目。

(1) 窗体程序设计。

窗体界面设计：在窗体界面上分别设计 1 个 TextBox
文本框对象、1 个 Button 按钮对象、2 个 Label 对象，同
时分别设计它们的相关属性，实验 3 程序运行效果如
图 15.7 所示。

功能逻辑设计：在窗体界面上双击"求和"按钮，
则由窗体界面进入后台"求和"按钮单击事件编辑区，
在编辑区中设计代码如下：

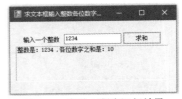

图 15.7　实验 3 程序运行效果

```
private void btnSum_Click(object sender, EventArgs e)
{
    int num = Convert.ToInt32(txtNum.Text);
    int sum = 0;
    lblResult.Text = string.Format("整数是：{0}", num);
    while (num != 0)
    {
        sum += num % 10;
        num = num / 10;
    }
    lblResult.Text += string.Format("，各位数字之和是：{0}", sum);
}
```

(2) 控制台程序设计，要求输出结果的格式为：某某数的各位数字之和是多少。

四、实验报告

学生完成实验后按创建的解决方案提交实验项目的源代码；按实验报告格式要求完成实验报告
文档的编写。

实验二　字符串和数组

一、实验目的

通过本次实验要求学生掌握 C#语言控制台程序和窗体程序创建的基本步骤及代码编辑规范；掌
握字符串、一维数组的定义，数据类型的转换方法；掌握常用正则表达的基本用法、字符串常用属
性和方法、一维数组及二维数组常用属性和方法及其基本应用；掌握标签对象、文本框对象、按钮
对象的常用属性设置及事件代码设计。

二、实验内容

实验 1：设计一个实现用户注册的数据验证的 Windows 程序。

设计要求：用户注册信息有：用户名、密码、邮箱，其中，用户名必须由字母构成且长度不能
小于 6，密码长度在 6～15 位之间，并且两次输入的密码要一致，邮箱必须按规则书写正确。程序

运行效果如图 15.8 所示。

实验 2：分别用控制台程序和窗体程序设计完成，在文本框中输入数字字符串且以英文逗号隔开，运用字符串的属性和方法分割为整型数组，求数组中的最大数、最小数和元素和。

窗体程序设计要求：在文本框中输入一串数字字符串，以英文逗号分隔，单击界面的"添加"按钮，则将该数字串分隔为整型数据存放到数组中；单击界面的"最大数""最小数""元素和"，则在标签对象中显示数组元素中的最大数、最小数及元素和。窗体程序设计效果如图 15.9 所示。

控制台程序设计要求：对输入一串数据字符串要有提示信息，以英文逗号分隔，并将该数字字符串转换成整型数组，求该数组中最大数、最小数和各元素的和并在屏幕上显示。

实验 3：设计一个 Window 程序，实现求若干名学生若干门课程的每门课程总分和平均分。

设计要求：在窗体界面上分别输入学号、C 语言、Java 语言、C#语言课程成绩，单击"添加"按钮在窗体的标签处显示添加学号与课程成绩信息；单击"求每门课程总分及平均分"，则显示三门课的总分和平均分信息，窗体程序运行效果如图 15.10 所示。

当单击"添加"按钮次数超过数组下标时，则要求弹出提示信息，效果如图 15.11 所示。

图 15.8　实验 1 程序运行效果

图 15.9　实验 2 窗体程序设计效果

图 15.10　实验 3 程序运行效果

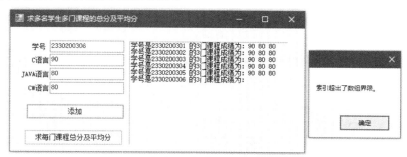

图 15.11　实验 3 添加数组元素越界提示信息

实验 4：分别用控制台程序和窗体程序设计一个简单的售票系统。功能要求：运行窗体程序，在窗体界面中用文本框显示车票信息，信息分为 10 行 10 列"有票"信息，程序运行效果如图 15.12 所示。

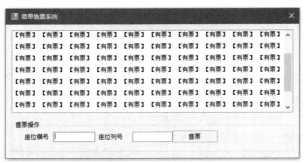

图 15.12　实验 4 程序运行效果

在窗体界面的座位行号、座位列号输入不大于 9 的数字，显示如图 15.13 所示的已售车票信息。

图 15.13　实验 4 程序运行效果

三、实验步骤

启动 VS 2019，创建"学号姓名实验二"空白解决方案，按实验内容分别添加相应的项目名称(项目命名规定：Project 序号_项目名，如 Project1_实验 1 控制台/窗体程序)。

实验 1 实现步骤

(1) 窗体程序设计：在"学号姓名实验二"解决方案下添加"Project1_实验 1"窗体程序项目。

(2) 窗体界面设计：在 Project1_实验 1 的窗体界面上分别设计 4 个标签对象；4 个文本框对象；1 个按钮对象，并分别设置窗体界面各对象的属性。

(3) 逻辑功能设计：双击界面中的"注册"按钮，由窗体设计界面进入到后台代码设计界面，在"注册"按钮单击事件代码框架中编辑功能代码，代码设计参考如下：

```
//用户名必须由字母构成的判断方法：
string userName = txtName.Text;
Regex regex = new Regex(@"^[A-Za-z]{6,}$");
if (regex.IsMatch(userName))
{
    MessageBox.Show("用户名格式正确！ ");
}
else
{
    MessageBox.Show("用户名格式不正确!");
    return;
}
```

```
//邮箱格式设计方法：
string email=txtEmail.text;
regex = new Regex((@"^\w)+(\.\w)*@(\w)+((\.\w+)+)+$");
if (regex.IsMatch(email))
{
    MessageBox.Show("邮箱格式正确！");
}
else
{
    MessageBox.Show("邮箱格式不正确！");
    return;
}
//密码长度的设计和前后两次密码不一致判断方法：
if (userPwd.Length >= 6 && userPwd.Length <= 15)
{
    MessageBox.Show("密码长度符合要求！");
}
else
{
    MessageBox.Show("密码长度不符合要求！");
    return;
}
//判断前后两次输入的密码是否一致
if (txtPwd.Text == txtResetPwd.Text)
{
    MessageBox.Show("两次输入的密码一致！");
}
else
{
    MessageBox.Show("两次输入的密码不一致！");
    return;
}
```

实验 2 实现步骤

(1) 控制台程序设计：在"学号姓名实验二"解决方案下添加"Project2_实验 2 控制台程序"项目。控制台程序设计核心代码如下：

```
static void Main(string[] args)
{
    string str = "";                    //定义字符串用于接收 ReadLine()方法输入的字符串
    int[] num;                          //定义整型数组
    Console.WriteLine("请输入以逗号分隔的数字字符串！");
    str = Console.ReadLine();
    //对数字字符串按逗号分割为字符串数组并保存到数组 strArray 中
    string[] strArray = str.Split(',');  //定义字符串数组
    num = new int[strArray.Length];      //创建一个整型数组
    //将字符串数组元素分别存储到整型数组中
    Console.WriteLine("整型数组中的元素分别是：");
    for (int i = 0; i <strArray.Length; i++)
    {
```

```
            num[i] = Convert.ToInt32(strArray[i]);
            Console.Write("{0} ",num[i]);
        }
        Console.ReadKey();
    }
}
```

(2) 窗体程序实现：在"学号姓名实验二"解决方案下添加"Project3_实验 2 窗体程序"项目。

(3) 窗体界面设计：在窗体界面设计 1 个文本框对象、2 个标签对象、4 按钮对象，同时设置各对象的相关属性。

(4) 逻辑功能设计：分别双击窗体界面的"添加""最大数""最小数""元素和"按钮对象，则分别进入相应功能事件代码设计框。功能事件代码设计框架结构如下：

```
namespace Project2330200301_求数组元素最大数最小数及元素和窗体程序
{
    public partial class Form1 : Form
    {
        public Form1()
        {
            InitializeComponent();
        }

        private void btnAdd_Click(object sender, EventArgs e)
        {
            //将文本框输入的数字字符串分割的整型数据存入整型数组中
        }

        private void btnMax_Click(object sender, EventArgs e)
        {
            //求整型数组中最大元素
        }

        private void btnMin_Click(object sender, EventArgs e)
        {
            //求整型数组中最小元素
        }

        private void btnSum_Click(object sender, EventArgs e)
        {
            //求整型数组中元素的和
        }
```

实验 3 实现步骤

(1) 控制台程序设计：在"学号姓名实验二"解决方案下添加"Project4_实验 3 控制台程序"项目。代码设计自行完成。

(2) 窗体程序设计：在"学号姓名实验二"解决方案下添加"Projec5_实验 3 窗体程序"项目。

(3) 窗体界面设计：在"Project5_实验 3 窗体程序"的窗体界面上分别设计 5 个标签对象、4 个文本框对象、2 个按钮对象，并设置这些对象的属性。

(4) 逻辑功能设计：在窗体界面上分别双击"添加""求每门课程总分及平均分"按钮，则分别在相应的单击事件框架下编辑代码，代码设计自行完成。

实验 4 实现步骤

(1) 控制台程序设计：在"学号姓名实验二"解决方案下添加"Projec6_实验 4 控制台程序"项目。

(2) 窗体程序设计：在"学号姓名实验二"解决方案下添加"Projec7_实验 4 窗体程序"项目。

(3) 窗体界面设计：在"Projec7_实验 4 窗体程序"项目界面上分别设计 3 个文本框对象，2 个标签对象，1 个按钮对象，1 个组合框对象，并设置这些对象的属性，设计效果如图 15.12 所示。

(4) 窗体加载事件显示"简单售票系统有票"信息；在座位行号、座位列号输入小于 10 的数，单击"售票"按钮，显示已售票和剩余票信息，代码设计自行完成。

四、实验报告

学生完成实验后按创建的解决方案提交实验项目的源代码；按实验报告格式要求完成实验报告文档的编写。

实验三　类和方法

一、实验目的

通过本次实验要求学生理解面向对象程序的三大基本特征即封装性、继承性、多态性；掌握类的设计和创建对象的基本方法；理解类设计中字段、属性、构造函数、方法的基本应用；掌握构造函数的基本含义及初始化字段值的基本方法；掌握方法重载的基本含义及基本应用；掌握通过实例化对象调用类中成员的基本方法；掌握标签对象、文本框对象、按钮对象的常用属性及常用事件的设计。

二、实验内容

实验 1：分别用控制台程序和窗体程序完成学生基本信息的显示程序。窗体程序设计基本要求：设计一个 Windows 应用程序，在窗体界面各文本框中输入学生的学号、姓名、性别、年龄、专业，单击"添加"按钮，显示该学生的相应信息，程序运行效果如图 15.14 所示。

设计要求：定义一个 Student 类，包括：

- 定义 5 个私有字段，分别表示学号、姓名、性别、年龄、专业。
- 一个构造函数通过传入的参数对学生信息初始化。
- 3 个只读属性对学号、姓名、性别的读取。
- 2 个读写属性对年龄、专业进行读写，当用户输入年龄是负数时，则读出的值是 0。当用户未输入专业信息时，读出的值为"未输入专业"。
- 一个方法对学生的相应信息进行显示。

图 15.14　实验 1 程序运行效果

实验 2：设计一个 Windows 应用程序，程序能够自动获取系统时间，并能实现单击增加秒的方法。实验 2 程序运行效果如图 15.15 所示。

设计要求：定义一个 Time 类，包括：

- 3 个私有字段表示时、分、秒。
- 两个构造函数，一个通过传入参数对时间初始化；另一个获取系统的当前时间。
- 3 个只读属性对时、分、秒的读取。
- 一个方法实现对秒加 1(注意进位单位是 60)。

图 15.15　实验 2 程序运行效果

实验 3：设计一个模拟 ATM 取款机存取款的 Windows 程序。实现功能有：查询余额、存款、取款和退出。

设计要求：设计一个银行账户 BankAcocount 类，包括：

- 账户卡号、账户姓名、账户身份证号、账户余额私有字段；属性封装字段。
- 构造函数通过属性初始化字段。
- 查询余额方法、存款方法、取款方法。
- 窗体界面设计如图 15.16 所示。

三、实验步骤

启动 VS 2019，创建解决方案"2330200301 张三实验三"，按实验内容分别添加相应的项目名称(项目命名规定：Project 学号_项目名，如 Project2330200301_项目名)。

图 15.16　实验 3 窗体界面效果图

实验 1 实现步骤

在解决方案"2330200301 张三实验三"中添加"Project2330200301_输出学生基本信息"项目，项目界面设计如图 15.14 所示。

(1) 项目后台代码设计：分为定义学生类和"添加"按钮单击事件代码设计，定义学生类代码设计如下：

```csharp
public class Student
{
    //1.定义 5 个私有字段
    private string stuNo;
    private string stuName;
    private string stuSex;
    private int stuAge;
    private string stuSpecialty;
    //2.构造函数初始化字段
    public Student(string myNo, string myName, string mySex, int myAge, string mySpecialty)
    {
        this.stuNo = myNo;
        this.stuName = myName;
        this.stuSex = mySex;
        this.stuAge = myAge;
        this.stuSpecialty = mySpecialty;
    }
    //3.只读属性读取学号、姓名、性别
    public string StuNo
    {
        get { return stuNo; }
    }
    public string StuName
    {
        get { return stuName; }
    }
    public string StuSex
    {
        get { return stuSex; }
    }
    //4.读写属性读写年龄、专业
    public int StuAge
    {
        get
        {
            if (stuAge <= 0) { return 0; }
            else { return stuAge; }
        }
        set { stuAge = value; }
    }
    public string StuSpecialty
    {
        get
        {
            if (stuSpecialty ==null) { return "未输入"; }
            else { return stuSpecialty; }
        }
        set { stuSpecialty = value; }
    }
    //5.通过访问属性返回学生信息的方法 GetMessage()
    public string GetMessage()
    {
```

```
        return string.Format("添加学生信息为：\n 学号：{0}\n 姓名：{1}\n 性别：{2}\n 年龄：{3}\n 专业：
    {4}\n",StuNo ,StuName ,StuSex ,StuAge ,StuSpecialty );
    }
}
```

(2) "添加"事件后台代码设计：实例化学生类对象，通过对象调用类的方法。

实验 2 实现步骤

在解决方案"2330200301 张三实验三"中添加项目 Project2330200301_模拟时钟，项目界面设计如图 15.15 所示。

(1) 定义时间类，代码设计如下：

```
public class Time
{
    //1.定义时分秒 3 个私有字段
    private int hour;
    private int minute;
    private int second;
    //2.读写时分秒属性
    public int Hour
    {
        get { return hour; }
        set { hour = value; }
    }
    public int Minute
    {
        get { return minute; }
        set { minute = value; }
    }
    public int Second
    {
        get { return second; }
        set { second = value; }
    }
    //3.默认构造函数获得系统时间
    public Time()
    {
        hour = DateTime.Now.Hour;
        minute = DateTime.Now.Minute;
        second = DateTime.Now.Second;
    }
    //4.定义带参数的构造函数对时间初始化
    public Time(int myHour, int myMinute, int mySecond)
    {
        this.hour = myHour;
        this.minute = myMinute;
        this.second = mySecond;
    }
    //5.定义秒加 1 的方法 AddSecond()
    public void AddSecond()
    {
        second++;
```

```
        if (second >= 60) { second = second % 60; minute++; }
        if (minute >= 60) { minute = minute % 60; hour++; }
    }
}
```

(2) 页面加载事件设计，代码设计如下：

```
private void Form1_Load(object sender, EventArgs e)
{
    Time tm=new Time ();
    txtHour.Text = Convert .ToString ( tm.Hour);
    txtMinute.Text = tm.Minute.ToString();
    txtSecond.Text = tm.Second.ToString();
}
```

(3) "+" 按钮单击事件设计，代码设计如下：

```
private void btnAdd_Click(object sender, EventArgs e)
{
    Time tm = new Time(Convert.ToInt32(txtHour.Text), Convert.ToInt32(txtMinute.Text),
                Convert.ToInt32(txtSecond.Text));
    tm.AddSecond();
    txtSecond.Text = tm.Second.ToString();
    txtMinute.Text = tm.Minute.ToString();
    txtHour.Text = tm.Hour.ToString();
}
```

实验 3 实现步骤

在解决方案"2330200301 张三实验三"中添加项目 Project2330200301_ATM 取款机，项目界面设计如图 15.16 所示；项目后台代码设计自行完成。

四、实验报告

学生完成实验后按创建的解决方案提交实验项目的源代码；按实验报告格式要求完成实验报告文档的编写。

实验四　继承与多态

一、实验目的

通过本次实验理解面向对象程序设计的基本特征；理解继承、多态、抽象和接口的基本含义；理解类在程序设计中的重要作用和程序的算法设计；掌握继承、抽象、接口的基本定义和基本应用；掌握类的设计、标签对象、文本框对象、按钮对象的常用属性和事件的设计。

二、实验内容

实验 1：设计一个 Windows 程序。在 Form 窗体的文本框中输入姓名、年龄、语文/必修课、数学/选修课、英语数据后，分别单击"小学生""中学生""大学生"按钮，输出当前学生的总人数、该学生的姓名、学生类型(小学生、中学生、大学生)和实际成绩。实验1程序运行效果如图15.18所示。

图 15.17　实验 1 程序运行效果

设计要求:

(1) 设计一个学生抽象类，在该类中定义学生的姓名、年龄私有字段和一个静态统计人数字段，通过构造函数对私有字段进行初始化，一个计算学生平均成绩的抽象方法。

(2) 分别设计小学生类、中学生类、大学生类继承学生类，并扩展自己的字段，学生类扩展字段有：语文、数学；中学生类扩展字段有：语文、数学、英语；大学生类扩展字段有：必修课、选修课；通过构造函数实现字段的初始化，重写学生类的抽象方法。

(3) 单击"小学生""中学生""大学生"按钮，系统进入 Click 事件，分别创建小学生对象、中学生对象、大学生对象，并输出题目中要求的信息。

实验 2：设计酒店人员管理信息系统中输出人员信息和工资的 Windows 程序。在 Form 窗体的文本框中输入员工编号、姓名、身份证号、健康证号、工作小时、每小时工资标准等数据。其中服务员工资按小时计算，厨师工资按月计算，单击"服务员工资""厨师工资"按钮，输出人员的信息和工资。实验 2 程序运行效果如图 15.18 所示。

图 15.18　实验 2 程序运行效果

设计要求:

(1) 设计一个员工信息抽象类 Employee，在该类中声明员工编号、姓名、身份证号、健康证号字段、属性、构造方法和计算工资的方法。

(2) 分别设计服务员类、厨师类，服务员类除员工信息类中的字段外，还包括工作小时、每小时工资标准信息；厨师类除员工信息类中的字段外，还包括厨师等级、月薪信息。

(3) 单击"服务员工资""厨师工资"按钮，进入系统的 Click 事件中，分别创建服务对象、厨师对象，并输出服务员、厨师的信息和工资。

实验 3：设计学生信息管理系统中学生信息的添加和查询的 Windows 程序。学生信息主要有学号、姓名、性别、年龄、专业，学生的数量不超过 10 人。实验 3 程序运行效果如图 15.19 所示。

图 15.19　实验 3 程序运行效果

设计要求:

(1) 采用接口技术实现。

(2) 创建学生信息 Student 类，在该类中声明学号、姓名、性别、年龄、专业私有字段，属性保护私有字段、构造函数初始化字段、返回学生信息的方法。

(3) 定义信息 IMessage 接口，在该接口中声明添加学生信息的方法。

(4) 创建实现信息 IMessage 接口的 Message 类，在该类中实现学生信息添加的方法。

三、实验步骤

启动 VS，创建解决方案"2330200301 张三实验四"，按实验内容分别添加相应的项目名称(项目命名规定：Project 学号_项目名，如 Project23302003_项目名)。

实验 1 实现步骤

在解决方案"2330200301 张三实验四"下添加"Project2330200301_计算学生平均成绩"项目，项目界面设计如图 15.17 所示。

项目后台逻辑代码设计：分别设计学生抽象类、小学生类、中学生类、大学生类、在窗体部分类中定义一个学生类数组和一个显示题目要求的输出方法，方法参数为学生对象。

(1) 分别设计"小学生""中学生""大学生"按钮的单击事件代码。

学生抽象类代码设计如下：

```
public abstract class Student    //定义学生抽象基类
{
    private string stuName;
    private int stuAge;
    public static int count;
    public string StuNanme
    {
        get { return stuName; }
        set { stuName = value; }
    }
    public int StuAge
    {
        get
        {
            if (stuAge <= 0) { return 0; }
            else { return stuAge; }
        }
    }
    public Student(string Myname, int Myage)
    {
        this.stuName = Myname;
        this.stuAge = Myage;
        count++;
    }
    public abstract double GetAverage(); //抽象方法
}
```

小学生类代码设计如下：

```
public class Pupil:Student
{
    private double chinese;
    private double math;
    public double Chinese
    {
        get { return chinese; }
        set { chinese = value; }
    }
}
```

```
        public double Math
        {
            get { return math; }
            set { math = value; }
        }
        public Pupil(string Myname, int Myage, double Mychinese, double Mymath)
            : base(Myname, Myage)
        {
            this.chinese = Mychinese;
            this.math = Mymath;
        }
        public override double GetAverage()//重写学生抽象类中抽象方法
        {
            return (chinese + math) / 2;
        }
    }
```

中学生类、大学生类设计代码参照小学生类完成。

(2) 在窗体部分类中定义一个学生类数组和一个显示题目要求的输出方法，方法参数为学生对象，设计代码如下：

```
Student[] stu = new Student[100];
public void    Display(Student stu)
{
    string type = "";
    if (stu    is CollegeStu)
    { type = "大学生"; }
    else if (stu is MiddleStu)
    { type = "中学生"; }
    else if (stu is Pupil)
    { type = "小学生"; }
    lblShow.Text += string.Format("总人数: {0},姓名: {1},年龄: {2}, {3},平均成绩为: {4}\n", Student.count ,
                stu.StuNanme ,stu.StuAge , type, stu.GetAverage ());
}
```

窗体界面"小学生""中学生""大学生"按钮单击事件代码框架如下：

```
private void btnPupil_Click(object sender, EventArgs e)
    {
        //实例化小学生类对象，调用显示信息方法
    }

    private void btnMiddle_Click(object sender, EventArgs e)
    {
        //实例化中学生类对象，调用显示信息方法
    }

    private void btnCollege_Click(object sender, EventArgs e)
    {
        //实例化大学生类对象，调用显示信息方法
    }
}
```

实验 2 实现步骤

在解决方案"2330200301　张三实验四"下添加"Project2330200301_酒店管理系统"项目，项目界面设计如图 15.18 所示。

项目后台逻辑代码设计：员工信息抽象类、服务员类(扩展字段：工作小时、每小时工资标准)、厨师类(扩展字段：厨师等级、月薪)的设计、窗体界面"服务员工资""厨师工资"按钮单击事件设计。

员工信息抽象类代码设计如下：

```
public abstract class Employee          //定义员工抽象类
{
    //1.定义员工的信息字段
    private string empId;                //员工编号
    private string empName;              //员工姓名
    private string empIdNumber;          //员工身份证号
    private string empHealth;            //员工健康证号
    private string empPhone;             //员工电话
    //2.属性封装字段
    public string EmpId
    {
        get { return empId; }
        set { empId = value; }
    }
    public string EmpName
    {
        get { return empName; }
        set { empName = value; }
    }
    public string EmpIdNumber
    {
        get { return empIdNumber; }
        set { empIdNumber = value; }
    }
    public string EmpHealth
    {
        get { return empHealth; }
        set { empHealth = value; }
    }
    public string EmpPhone
    {
        get { return empPhone; }
        set { empPhone = value; }
    }
    //3.构造函数对字段进行初始化
    public Employee(string id, string name, string idNumber, string health, string phone)
    {
        this.empId = id;
        this.empName = name;
        this.empIdNumber = idNumber;
        this.empHealth = health;
        this.empPhone = phone;
```

```
    }
    //4.计算员工工资的抽象方法
    public abstract double GetSalary();
    //5.获取员工信息的方法
    public string ToSalary()
    {
        return string.Format("员工编号：{0}\n 员工姓名：{1}\n 员工身份证号：{2}\n 员工健康证号：
        {3}\n 电话：{4}",
        EmpId ,EmpName ,EmpIdNumber ,EmpHealth ,
        EmpPhone );
    }
}
```

服务员类代码设计如下：

```
public class Waiter:Employee          //定义一个服务员类
{
    //1.扩展服务员类字段
    private int watCount;              //工作小时数
    private double watWage;           //每小时工资标准
    //2.属性封装字段
    public int WatCount
    {
        get { return watCount; }
        set { watCount = value; }
    }
    public double WatWage
    {
        get { return watWage; }
        set { watWage = value; }
    }
    //3.构造函数初始化字段
    public Waiter(int count, double wage, string id, string name,
        string idNumber, string health, string
        phone): base(id, name, idNumber, health,
        phone)
    {
        this.watCount = count;
        this.watWage = wage;
    }
    //4.重写员工工资的抽象方法(按工作小时数*每小时工资额计算)
    public override double GetSalary()
    {
        return WatCount * WatWage;
    }
}
```

厨师类代码设计如下：

```
public class Cook:Employee
{
    //1.扩展私有字段
```

```
    private string ckLevel;
    private double ckSalary;
    //2.属性保护字段
    public string CkLevel
    {
        get { return ckLevel; }
        set { ckLevel = value; }
    }
    public double CkSalary
    {
        get { return ckSalary; }
        set { ckSalary = value;}
    }
    //3.构造函数初始化字段
    public Cook(string level, double salary, string id, string name,
        string idNumber, string health, string
        phone): base(id, name, idNumber, health,
        phone)
    {
        this.ckLevel = level;
        this.ckSalary = salary;
    }
    //4.重写员工工资的抽象方法(按月计算工资额)
    public override double GetSalary()
    {
        return ckSalary;
    }
}
```

窗体界面【服务员工资】按钮单击事件代码设计如下：

```
private void btnWaiter_Click(object sender, EventArgs e)
{
    Waiter wt = new Waiter(Convert.ToInt32(txtCount.Text), Convert.ToDouble(txtWage.Text), txtId.Text,
            txtName.Text, txtIdNumber.Text, txtHealth.Text, txtPhone.Text);
    lblShow.Text += wt.ToSalary() + "\n 工资： " + wt.GetSalary() + "\n";
}
```

窗体界面"厨师工资"按钮单击事件代码设计参照"服务员工资"按钮单击事件代码设计。

实验 3 实现步骤

在解决方案"2330200301 张三实验四"下添加"Project2330200301_接口实现学生信息添加"项目，项目界面设计如图 15.19 所示。

项目后台逻辑代码设计：设计学生类、设计 IMessage 接口、设计实现接口 Message 类。

学生类设计代码如下：

```
public class Student
{
    //1.声明学生信息的私有字段
    private string stuNo;
    private string stuName;
    private string stuSex;
```

```csharp
        private int stuAge;
        private string stuSpec;
        //2.属性封装字段
        public string StuNo
        {
            get { return stuNo; }
            set { stuNo = value; }
        }
        public string StuName
        {
            get { return stuName; }
            set { stuName = value; }
        }
        public string StuSex
        {
            get { return stuSex; }
            set { stuSex = value; }
        }
        public int StuAge
        {
            get { return stuAge; }
            set { stuAge = value; }
        }
        public string StuSpec
        {
            get { return stuSpec; }
            set { stuSpec = value; }
        }

        //3.构造函数初始化字段
        public Student() { }
        public Student(string No, string Name, string Sex, int Age, string Spec)
        {
            this.stuNo = No;
            this.stuName = Name;
            this.stuSex = Sex;
            this.stuAge = Age;
            this.stuSpec = Spec;
        }
        //4.显示学生信息的方法
        public string Display()
        {
            return string.Format("学生信息：\n 学号：{0}\n 姓名：{1}\n 性别：{2}\n 年龄：{3}\n 专业：
            {4}",StuNo ,StuName ,StuSex ,StuAge, StuSpec );
        }
    }
```

设计 IMessage 接口代码如下：

```csharp
Interface IMessage //定义信息接口
{
    string AddStudent(Student stu);
}
```

设计实现接口 Message 类代码如下：

```
public class Message:IMessage //定义实现接口的类
{
    //1.定义存放添加学生的数组
    private Student[] s = new Student[3];
    //2.学生信息数组下标变量
    private static int count = 0;
    //3.重写接口中添加学生信息的方法
    public string   AddStudent(Student stu)
    {
        string mes = null;
        //4.判断学号是否重复
        foreach (Student st in s )
        {
            if (st != null && st.StuNo == stu.StuNo)
            {
                mes=   string.Format("学生学号重复!");

            }
        }
        if (count < s.Length)
        {
            s[count++] = stu;

            mes = string.Format("\n 添加成功！ ");
        }
        else
        {
            mes=string.Format("\n 学生信息已经录满！ ");

        }
        return mes;
    }
}
```

窗体界面"添加"按钮的单击事件代码设计如下：

```
private void btnAdd_Click(object sender, EventArgs e)
{
    Message ms = new Message();
    Student stus = new Student(txtNo.Text, txtName.Text, txtSex.Text, Convert.ToInt32(txtAge.Text),
                txtSpecialty.Text);
    lblShow.Text +="\n"+ ms.AddStudent(stus)+stus .Display ();
}
```

四、实验报告

学生完成实验后按创建的解决方案提交实验项目的源代码；按实验报告格式要求完成实验报告文档的编写。

实验五　集合和泛型

一、实验目的

通过本次实验要求学生掌握常用的公共控件的属性、方法和事件的设计；掌握容器控件GroupBox 的正确使用；能完成比较美观的窗体界面设计；掌握集合基本概念及基本应用；掌握ArrayList 类的常用属性、事件及方法；掌握泛型的基本概念及基本应用；掌握选择语句、循环语句在程序设计中的基本应用。

二、实验内容

实验 1： 设计一个 Windows 应用程序，实现商品信息管理系统中对商品信息的添加、修改、删除、查询、排序操作，实验 1 程序运行效果如图 15.20 所示。

设计要求：

(1) 创建 ArrayList 泛型集合，在泛型集合中添加商品信息。商品信息主要有：商品编号、商品名称、商品价格、商品入库日期。

(2) 根据商品编号进行商品信息修改。

(3) 根据商品编号删除商品信息。

(4) 根据商品编号查询商品信息。

(5) 查询全部商品信息，并要求按商品价格排序。

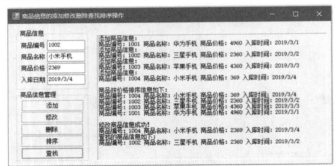

图 15.20　实验 1 程序运行效果

实验 2： 设计一个 Windows 程序，要求实现功能：在窗体界面文本框中输入学生信息，分别单击"添加小学生""添加中学生""添加大学生"按钮，在窗体动态标签处或多行文本框中显示添加的学生信息，单击"显示"按钮则显示学生的行为特征信息，实验 2 程序运行效果如图 15.21 所示。

设计要求：

(1) 创建一个学生抽象基类。

(2) 分别创建小学生类、中学生类、大学生类继承学生类，要求具有不同的特征和行为。

(3) 定义一个泛型班级类，约束参数类型为学生类，泛型班级类由一个泛型集合和一个方法构成，其中泛型集合用于存放各种学生对象，方法用于显示每个学生信息。

(4) 创建泛型班级类对象，完成对学生信息的添加和信息的输出。

图 15.21　实验 2 程序运行效果

三、实验步骤

启动 VS，创建解决方案"2330200301 张三实验五"，按实验内容分别添加相应的项目名称(项目命名规定：Project 学号_项目名，如 Project23302003_项目名)。

实验 1 实现步骤

在解决方案"2330200301 张三实验五"下添加"Project2330200301_商品信息管理增删改查"项目，在该项目下添加商品 Product 类同时继承 IComparable 接口以实现商品按价格排序。

商品 Product 类设计代码参考如下：

```
class Product:IComparable<Product >
{
    //1.定义商品信息字段
    private string proNo;
    private string proName;
    private double proPrice;
    private string proTime;
    //2.属性封装字段
    public string ProNo
    {
        get { return proNo;   }
        set { proNo = value; }
    }
    public string ProName
    {
        get { return proName; }
        set { proName = value; }
    }
    public double ProPrice
    {
        get { return proPrice; }
        set { proPrice = value; }
    }
    public string ProTime
    {
        get { return proTime; }
        set { proTime = value; }
    }
    //3.构造函数初始化字段
```

```
    public Product(string No, string Name, double Price, string Time)
    {
        this.proNo = No;
        this.proName = Name;
        this.proPrice = Price;
        this.proTime = Time;
    }
    //4.返回商品信息方法
    public string GetProdouctMessage()
    {
        return string.Format("商品编号:{0}  商品名称:{1}  商品价格:{2}  入库时间:{3}", proNo, proName,
        proPrice, proTime);
    }
    //5.添加按商品价格比较的比较器
    public int CompareTo(Product other)
    {
        if (this.proPrice < other.proPrice)
        {
            return -1;
        }
        else
        {
            return 1;
        }
    }
}
```

在"Project2330200301_商品信息管理增删改查"项目下添加显示商品信息的 GetMessage 类。该类要求实现功能如下：实例化商品泛型集合 productList 对象；将商品对象添加到商品泛型集合的方法；实现商品按价格从小到大排序查询的方法；实现商品按编号修改商品价格的方法；实现商品按编号删除商品信息的方法；实现商品按编号查询商品信息的方法，显示商品信息 GetMessage 类的设计代码参考如下：

```
class GetMessage
{
    public List<Product> productList = new List<Product>();
    //1.定义添加商品信息的方法
    public string   AddProduct(Product prodt)
    {
        productList.Add(prodt);
        return prodt.GetProdouctMessage();
    }
    //2.定义查询所有商品信息，按从小到大的顺序输出的方法
    public string ForeachProduct()
    {
        string ms=null;
        productList.Sort();
        foreach (Product pro in productList)
        {
            ms+= string.Format("{0}\n", pro.GetProdouctMessage ());
        }
```

```
        return ms;
    }
    //定义根据商品编号修改商品信息的方法，方法参数为商品对象
    public string   UpdateProduct(Product prot)
    {
        foreach (Product pro in productList)
        {
            if (pro.ProNo == prot.ProNo)
            {
                pro.ProPrice = prot.ProPrice;
            }
        }
        return prot.GetProdouctMessage();
    }
    //定义根据商品编号删除商品的方法
    public void DeleteProduct(string No)
    {
        for (int i = 0; i < productList.Count; i++)
        {
            if (productList[i].ProNo == No)
            {
                productList.RemoveAt(i);
            }
        }
    }
    //定义根据商品编号查询商品信息的方法
    public string SearchProduct(string No)
    {
        string mes=null;
        foreach (Product pro in productList)
        {
            if (pro.ProNo.Equals(No))
            {
                mes= string.Format("{0}\n",pro.GetProdouctMessage ());
            }
        }
        return mes;
    }
}
```

在窗体界面的"商品信息管理"功能菜单中，分别设计商品的"添加、修改、删除、排序、查找"的单击事件。在所有事件外实例化显示商品信息类对象，即创建一个商品信息类全局对象。

"添加"功能设计代码参考如下。其他功能代码自行完成。

```
private void btnProductAdd_Click(object sender, EventArgs e)
{
    Product prod = new Product(txtProNo.Text, txtProName.Text, Convert.ToDouble(txtProPrice.Text),
                txtProTime.Text);
    lblShow.Text += "添加商品信息：\n";
    lblShow .Text += message.AddProduct(prod)+"\n";
}
```

实验 2 实现步骤

在解决方案"2330200301 张三实验五"下添加"Project2330200301_抽象和泛型显示学生信息"项目,在该项目下分别定义抽象学生 Student 基类、小学生 Pupil 类、中学生 Middle 类、大学生 College 类、班级泛型 Grade 类。

学生抽象 Student 类设计代码参考如下:

```
public abstract    class Student //定义学生抽象基类
{
    //1.定义学生信息字段
    private string stuNo;
    private string stuName;
    private string stuSex;
    private int stuAge;
    //2.属性封装字段
    public string StuNo
    {
        get { return stuNo; }
        set { stuNo = value; }
    }
    public string StuName
    {
        get { return stuName; }
        set { stuName = value; }
    }
    public string StuSex
    {
        get { return stuSex; }
        set { stuSex = value; }
    }
    public int StuAge
    {
        get { return stuAge; }
        set { stuAge = value; }
    }
    //3.构造函数初始化字段
    public Student(string No, string Name, string Sex, int Age)
    {
        this.stuNo = No;
        this.stuName = Name;
        this.stuSex = Sex;
        this.stuAge = Age;
    }
    //4.定义抽象方法由继承的类重写
    public abstract string Study();
}
```

小学生类、中学生类、大学生类参照学生类及窗体界面设计要求定义,定义时继承学生类,并重写抽象类中的方法,代码设计自行完成。

班级泛型类的设计:在类中创建班级泛型集合,集合约束条件是学生 Student 类,定义泛型集合的只读属性,遍历泛型集合中的每个成员并输出相应的信息,代码参考如下:

```
public class Grade<T> where T:Student
{
    //1.创建一个班级泛型集合
    public List<T> student = new List<T>();
    //2.定义一个只读属性返回泛型集合 student
    public List<T> Students
    {
        get { return student ; }
    }
    //3.遍历泛型集合 student 中的每个成员，并调用 Study 方法
    public string GetListMessage()
    {
        string msg = string.Empty;
        foreach (T stu in student)
        {
            msg += "\n" + stu.Study();
        }
        return msg;
    }
}
```

在窗体界面的基本操作菜单中分别设计 "添加小学生、添加中学生、添加大学生、显示" 按钮单击事件，创建一个班级泛型类全局对象。

"添加小学生" 按钮单击事件设计代码参考如下。其他操作功能按钮的代码自行完成。

```
public partial class Form1 : Form
{
    public Form1()
    {
        InitializeComponent();
    }
    Grade<Student> stus = new Grade<Student>();
    private void btnPupli_Click(object sender, EventArgs e)
    {
        stus.student.Add(new Pupil(txtstuNo.Text, txtstuName.Text, txtstuSex.Text,
            Convert.ToInt32(txtstuAge.Text)));
        lblShow.Text += string.Format("\n 添加小学生： 学号： {0} 姓名： {1} 性别： {2} 年龄： {3}",
            txtstuNo.Text, txtstuName.Text, txtstuSex.Text, txtstuAge.Text);
    }
}
```

四、实验报告

学生完成实验后按创建的解决方案提交实验项目的源代码；按实验报告格式要求完成实验报告文档的编写。

实验六　委托和事件

一、实验目的

通过本次实验要求学生掌握常用的公共控件的属性、方法和事件的设计；能完成比较美观的窗

体界面设计；掌握事件、委托的基本概念、事件处理机制；掌握运用委托的基本原理解决实际问题的能力。

二、实验内容

实验 1：设计一个 Windows 应用程序，随机生成 10～100 之间的 10 个随机数，运用委托实现升序或降序排列，程序生成数组和升序排序效果如图 15.22 所示。

图 15.22　程序生成数组和升序排序效果

三、实验步骤

启动 VS，创建解决方案"2330200301 张三实验六"，按实验内容分别添加相应的项目名称(项目命名规定：Project 学号_项目名，如 Project2330200301_项目名)。

实验 1 实现步骤

在解决方案"2330200301 张三实验五"下添加 Project2330200301_事件生成随机数的排序项目。

在窗体 Form1 类中，定义一个整型数组 num，定义带 2 个参数的委托 Compare，将委托变量作为数组元素排序方法的形式参数，在该方法中使用委托调用方法，比较两数大小。分别定义返回 bool 型的两数比较大小的升序方法(x<y)、降序方法(x>y)，定义输出数组元素的方法供其他事件调用。

在窗体类中定义数组、定义委托、定义排序的方法代码设计如下：

```csharp
namespace Experiment2
{
    public partial class Form1 : Form
    {
        public Form1()
        {
            InitializeComponent();
        }
        int[] num = new int[10];
        delegate bool Compare(int x, int y);              //定义委托类型
        void SortArray(Compare compare)                   //定义排序数组的方法
        {
            for (int i = 0; i < num.Length; i++)
                for (int j = 0; j < i; j++)
                {
                    if(compare (num[i],num[j]))           //使用委托方法，比较两数大小
                    {
                        int temp = num[i];
                        num[i] = num[j];
                        num[j] = temp;
                    }
                }
        }
        bool Ascending(int x, int y)                      //升序
        {
            return x < y;
```

```
        }
        bool Descending(int x,int y)                        //降序
        {
            return x > y;
        }
        public void display()                               //定义输出数组元素的方法
        {
            txtTarget.Text = "";
            foreach (int array in num)
            {
                txtTarget.Text += array + "\r\n";
            }
        }
    }
```

设计窗体"生成数组"的单击事件，创建随机类对象，调用 Next()方法随机生成 10 个数添加到定义的数组 num 中，同时将数组元素在排序前文本框 txtSource 中显示。设计代码如下：

```
private void btnCreateArray_Click(object sender, EventArgs e) //生成数组元素
{
    txtSource.Text = "";
    Random rm = new Random();
    for (int i = 0; i < num.Length; i++)
    {
        num[i] = rm.Next(10, 100);      //在 0～100 之间随机生成 10 个数
        txtSource.Text += num[i] + "\r\n";
    }
}
```

设计"升序排序""降序排序"按钮的单击事件，实例化委托对象，并将该对象作为调用排序数组方法的实参，同时调用显示数组元素的方法。设计代码如下：

```
private void btnAscSort_Click(object sender, EventArgs e)    //升序排序
{
    SortArray(new Compare(Ascending));      //调用数组排序方法，传递的实参是创建的委托对象
    display();
}

private void btnDescSort_Click(object sender, EventArgs e)   //降序排序
{
    SortArray(new Compare(Descending));     //调用数组排序方法，传递的实参是创建的委托对象
    display();
}
```

四、实验报告

写出实验报告，报告内容包括实验内容、任务分析、算法设计、实验体会，并记录实验过程中的难点。

实验七　Windows 窗体控件对象

一、实验目的

通过本次实验要求学生掌握窗体界面设计基本要求，如窗体标题、边框、最大化、最小化、关闭按钮的正确设置；掌握常用的公共控件的属性、方法和事件的设计；掌握容器控件 GroupBox 的正确使用；能完成比较美观的窗体界面设计；掌握窗体显示、隐藏方法的使用及窗体跳转参数传值的基本方法及基本应用；掌握下拉列表框实现联动的程序设计基本方法；掌握选择语句、循环语句在程序设计中的基本应用。

二、实验内容

实验 1：设计一个用户注册的 Windows 应用程序，将窗体界面输入或选择对象框的信息在 MessageBox 中显示，实验 1 用户注册程序运行效果如图 15.23 所示。

图 15.23　实验 1 用户注册程序运行效果

设计要求：

(1) 对用户名控件进行不得为空的验证，若为空则要求弹出消息框。

(2) 对输入的两次密码进行不一致的判断，若不一致要求弹出消息框。

(3) 对地址中的省、市要有二级联动效应，在省下拉列表框选择湖北省，则要求市下拉列表框必须是湖北省的相关市。

(4) 对于登录信息(用户名、密码、确认密码、用户类型)、性别(男、女)和省市、业余爱好(看电影、运动、上网、听音乐)分别用组合框框起来。

(5) 注册成功，单击确认框的"确定"按钮，要求窗体界面跳转到登录界面，并将注册的用户名填充到登录界面的用户名框中，同时隐藏注册界面。

三、实验步骤

启动 VS，创建解决方案"2330200301 张三实验七"，按实验内容分别添加相应的项目名称(项目命名规定：Project 学号_项目名，如 Project23302003_项目名)。

实验 1 实现步骤

在解决方案"2330200301 张三实验七"下添加"Project2330200301_用户注册"窗体项目。按要求完成窗体界面设计；完成"提交"和"取消"按钮单击事件代码设计。

(1) 文件名框不为空的验证：右击窗体界面中文件名框，执行"属性"命令，再将属性窗口切换到单击事件窗口并双击"Validating"验证事件，设计代码参考如下：

```
private void txtName_Validating(object sender, CancelEventArgs e)
//验证用户名为空的事件
```

```
    {
        if (txtName.Text == string.Empty)
        {
            MessageBox.Show("用户名不得为空，请输入！");
            txtName.Focus();        //获得用户名的焦点
        }
    }
```

(2) 省、市联动及省市信息加载事件设计：省下拉列表框的索引改变引起市下拉列表框索引的改变，设计代码参考如下：

```
private void cboProvince_SelectedIndexChanged(object sender, EventArgs e)
{
    switch (cboProvince.SelectedIndex)
    {
        case 0:
            cboCity.Items.Clear();              //清除市组合框的选项
            cboCity.Items.Add("武汉市");          //添加湖北省的市
            cboCity.Items.Add("黄石市");
            cboCity.Items.Add("宜昌市");
            cboCity.Items.Add("襄阳市");
            cboCity.Items.Add("荆州市");
            cboCity.SelectedIndex = 0;
            break;
        case 1:
            cboCity.Items.Clear();              //清除市组合框的选项
            cboCity.Items.Add("长沙市");          //添加湖南省的市
            cboCity.Items.Add("岳阳市");
            cboCity.Items.Add("浏阳市");
            cboCity.Items.Add("湘潭市");
            cboCity.SelectedIndex = 0;
            break;
        case 2:
            cboCity.Items.Clear();              //清除市组合框的选项
            cboCity.Items.Add("南昌市");          //添加江西省的市
            cboCity.Items.Add("九江市");
            cboCity.Items.Add("宜春市");
            cboCity.Items.Add("吉安市");
            cboCity.SelectedIndex = 0;
            break;
        case 3:
            cboCity.Items.Clear();              //清除市组合框的选项
            cboCity.Items.Add("合肥市");
            cboCity.Items.Add("黄山市");
            cboCity.Items.Add("宜城市");
            cboCity.SelectedIndex = 0;
            break;
        default :
            cboCity.Items.Clear();
            break;
    }
}
```

窗体加载事件设计代码如下:

```
private void Form1_Load(object sender, EventArgs e)
{
    cboProvince.SelectedIndex = 0;
}
```

(3) 窗体"提交"事件设计: 判断两次输入密码是否一致; 用户类型选择采用 switch 语句实现; 性别选择; 省、市选择; 业余爱好定义一个 CheckBox 数组, 将爱好元素初始化该数组, 通过 foreach 循环判断是否被选中; 信息显示采用 DialogResult 对话框实现; 设计代码自行完成。

四、实验报告

学生完成实验后按创建的解决方案提交实验项目的源代码; 按实验报告格式要求完成实验报告文档的编写。

实验八　ADO.NET 技术

一、实验目的

通过本次实验要求学生理解数据库连接对象 Connection、命令对象 Command 在数据库应用设计中的相互关系及各对象的创建和使用方法、步骤; 具备在配置文件中定义数据库连接字符串、在相应功能界面中读取配置文件信息的能力; 能运用窗体界面设计技术完成比较美观大方的界面设计; 能运用程序设计基本方法完成窗体对象后台逻辑功能代码设计。

二、实验内容

实验 1: 完成学生信息管理系统登录界面、注册界面、管理员主界面窗体程序的设计。

设计要求:

(1) 完成学生信息管理系统数据库的设计, 数据库名为 SIMSDB, 在该数据库下设计用户信息表 TUserInfo。用户信息表结构如表 15.1 所示。

表 15.1　用户信息表结构

字段(属性名)	数据类型(长度)	是否为空	备注(说明)
id	Int	否	主键, 自动增长
UserName	nvarchar(11)	否	用户登录名
UserPwd	nvarchar(11)	否	用户登录密码
UserType	nvarchar(8)	否	用户类型
UserSex	nvarchar(4)	否	用户性别
UserBirthday	nvarchar(11)	否	用户出生年月
UserPhone	nvarchar(12)	否	用户联系电话
UserAddress	nvarchar(50)	否	用户家庭地址

(2) 根据用户信息表结构中的字段名完成用户注册界面的设计。用户登录名、用户密码、用户联系电话采用文本框控件 TextBox 实现；用户类型、出生年月、家庭地址采用组合框控件 ComboBox 实现；用户性别用单选按钮 RadioButton 实现。用户注册界面设计效果如图 15.24 所示。

(3) 用户登录界面的设计。用户登录界面运行在屏幕中央位置，标题、最大化、最小化按钮均不显示且不允许改变其大小，界面字体大小为小四号隶书，用户登录界面设计效果如图 15.25 所示。

图 15.24　用户注册界面设计效果

图 15.25　用户登录界面设计效果

(4) 管理员界面的设计。管理员界面设计效果如图 15.26 所示。

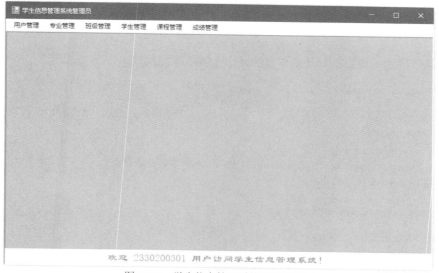

图 15.26　学生信息管理系统管理员界面

(5) 完成注册界面、用户登录界面、管理员界面设计后，首次运行程序则单击登录界面的"注册"按钮，程序跳转到注册界面，用户注册信息要求写入到数据库 SIMSDB 的 TUserInfo 数据表中，此时需要隐藏登录界面。完成用户注册后要求弹出注册成功消息框，关闭消息框，则由用户注册界面跳转到用户登录界面并将注册的用户名加载到登录界面的用户名框中，并隐藏注册界面。

(6) 完成用户登录功能，在用户登录界面中输入用户名、密码信息，选择用户类型，单击"登录"按钮，要求弹出登录成功消息框，单击"确定"按钮，跳转到管理员界面。

(7) 数据库连接字符串要求定义在配置文件中。

三、实验步骤

启动 VS，创建解决方案"2330200301 张三实验八"，按实验内容分别添加相应的项目名称(项目命名规定：Project 学号_项目名，如 Project2330200301_项目名)。

实验 1 实现步骤

在解决方案"2330200301 张三实验八"下添加"Project2330200301_SIMS"窗体项目。并在该项目下分别添加用户登录窗体、用户注册窗体、管理员窗体。

(1) 窗体界面设计：根据用户信息表字段或设计要求分别完成用户注册窗体界面设计、用户登录窗体界面设计、管理员窗体界面设计。

(2) 数据库设计：按设计要求在 SQL Server2012 及以上版本上创建数据库 SIMSDB,并在该数据库上创建数据表 TUserInfo。

(3) 后台代码设计：在配置文件中定义数据库连接字符串，参考代码如下：

```
<connectionStrings >
    <add name ="conString" connectionString ="server=.;uid=sa;pwd=123456;database=SIMSDB"/>
  </connectionStrings>
```

在 Project2330200301_SIMS 项目下，添加数据库操作帮助 SQLHelper 类，在该类分别定义数据库添加、删除、修改操作方法，实现对数据表的插入、删除、修改操作；定义返回数据表的方法，实现对数据表信息的浏览、查询操作；读取配置文件数据库连接字符串；添加数据库连接程序的命名空间。

定义数据库添加、删除、修改操作方法设计代码参考如下：

```
public int GetAddDeleteModefy(string SQL, params   SqlParameter[] ps)
{
    int n = 0;
    //创建数据库连接对象
    SqlConnection conn = new SqlConnection(connStr);
    SqlCommand comm = new SqlCommand(SQL, conn);   //创建命令对象
    if (ps != null && ps.Length > 0)
    {
        comm.Parameters.AddRange(ps);
    }
    try
    {
        conn.Open();
        n = comm.ExecuteNonQuery();
    }
    catch { }
    finally { conn.Close(); }
    return n;
}
```

定义返回数据表方法的设计代码参考如下：

```
public DataTable GetAllDataTable(string sql, params SqlParameter[] ps)
{
    //定义根据传入的 SQL 语句返回数据表的方法
```

```
DataTable dt = new DataTable();
//创建数据库连接对象
SqlConnection conn = new SqlConnection(connStr);
SqlCommand comm = new SqlCommand(sql, conn);
if (ps != null && ps.Length > 0)
{
    comm.Parameters.AddRange(ps);
}
try
{
    conn.Open();
    SqlDataAdapter da = new SqlDataAdapter(comm);
    da.Fill(dt);
}
catch { }
finally { conn.Close(); }
return dt;
}
```

(4) 用户注册功能设计：用户登录时，用户名不存在，则单击登录界面的“注册”按钮，打开“用户注册”窗体界面，在窗体界面各对象中输入数据或选择数据信息后，单击“提交”按钮，即将窗体界面各对象的数据信息写入数据库 TUserInfo 数据表中，并弹出注册成功的消息框，用户注册成功的效果如图 15.27 所示。

图 15.27　用户注册成功效果

用户注册窗体界面“提交”按钮设计代码参考如下：

```
private void btnSbumitInfo_Click(object sender, EventArgs e)
{
    //定义窗体界面各控件对象相应字段，并用各对象的值初始化字段
    string name = txtName.Text;
    string pwd = txtPwd.Text;
    string type = cmbType.SelectedItem.ToString();
    string phone = txtPhone.Text;
    string sex = string.Empty;        //表示空字符串
    string birthday = string.Empty;
    string address = string.Empty;
    //性别 radioButton 单选按钮被选中值的判断
    if (rdbMan.Checked) { sex = rdbMan.Text; }
    else { sex = rdbWoman.Text; }
```

```
birthday = cmbYear.Text + cmbMonth.Text + cmbDays.Text;
address = cmbProvince.Text + cboCity.Text;
//实例化数据库操作帮助类对象
SQLHelper tUser = new SQLHelper();
//定义 SQL 语句
string sql = "insert into
            TUserIfno(UserName ,UserPwd ,UserType,UserSex ,
            UserBirthday,UserPhone ,UserAddress )
            values(@Name,@Pwd,@Type,@Sex,@Birthday,@Phone,@Address)";
//定义 SqlParameter 数组，通过窗体界面各对象的输入值初始化 SQL 语句中的各参数
SqlParameter[] ps = new SqlParameter[] { new SqlParameter("@Name", name),
                new SqlParameter("@Pwd", pwd),
                new SqlParameter("@Type", type),
                new SqlParameter("@Sex", sex),
                new SqlParameter("@Birthday", birthday),
                new SqlParameter("@Phone", phone),
                new SqlParameter("@Address",address ) };
//调用数据库操作帮助类的数据表增删改方法，并判断返回值大于 0 则注册成功
if (tUser.GetAddDeleteModefy(sql, ps) != 0)
{
    //注册成功
    MessageBox.Show("用户注册成功！");
    //将注册的用户名传递到窗体登录界面的登录文本框中
}
else
{
    //注册失败
    MessageBox.Show("用户注册失败！");
}
}
```

在用户注册的"提交"按钮事件中，还需要设计出生年月组合框数据绑定方法；设计省市联动组合框数据绑定方法，代码自行设计。

(5) 用户登录功能设计：启动程序，显示用户登录窗体界面，如果用户存在，输入用户名、密码、选择用户类型，单击"登录"按钮，用户登录成功效果如图 15.28 所示。

图 15.28　用户登录成功效果

用户登录窗体界面"登录"按钮设计代码参考如下：

```
private void btnLogin_Click(object sender, EventArgs e)
{
    //定义 SQL 语句
```

```
string sql = "select *from TUserIfno where UserName =@name and UserPwd =@pwd   and UserType =@type";
//定义 SqlParameter 数组，通过窗体界面各对象的输入初始化 SQL 语句中的各参数
SqlParameter[] ps = new SqlParameter[] {
                    new SqlParameter("@Name", txtName .Text ),
                    new SqlParameter("@Pwd", txtPwd .Text ),
                    new SqlParameter("@Type",
                    cmbUserType .SelectedItem .ToString ()) };
//实例化数据库操作帮助类对象
SQLHelper tUser = new SQLHelper();
// 调用 SQLHelper 类中的返回数据表的方法 GetAllDataTable
DataTable    dt = tUser.GetAllDataTable(sql, ps);
//判断数据表中满足选件的行统计不等于 0，则用户登录成功
if (dt.Rows.Count != 0)
{
    //用户登录成功
    MessageBox.Show("用户登录成功");
    frmAdmin fa = new frmAdmin(txtName.Text);
    fa.Show();
    this.Hide();
}
else{
    //用户登录失败
    MessageBox.Show("用户登录失败");
}
}
```

在图 15.26 中单击消息框中的"确定"按钮，则程序跳转到主界面，根据不同用户类型跳转的主界面不相同。如果是管理员，则跳转到管理员窗体界面；如果是教师，则跳转到教师窗体界面；如果是学生，则跳转到学生窗体界面。管理员界面效果如图 15.29 所示。

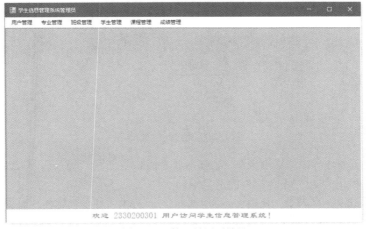

图 15.29　管理员界面效果

四、实验报告

学生完成实验后按创建的解决方案提交实验项目的源代码；按实验报告格式要求完成实验报告文档的编写。

实验九 数据绑定技术

一、实验目的

通过本次实验要求学生理解数据库连接对象Connection、命令对象Command、在数据库应用设计中的相互关系及各对象的创建和使用方法、步骤；掌握数据库基本操作，对数据表的查询、添加、修改、删除操作基本方法和技巧；掌握DataGridView数据视图控件绑定数据源的方法；掌握在配置文件中定义数据库连接字符串、在相应功能界面中读取配置文件信息的能力；能运用窗体界面设计技术完成比较美观大方的界面设计；能运用程序设计基本方法完成窗体对象后台逻辑功能代码设计。

二、实验内容

实验1：在实验八的基础上，注册管理员用户并登录，登录成功后在管理员窗体界面完成用户管理功能，以及用户信息浏览、用户信息查询、用户信息修改、用户信息删除功能。

设计要求：

(1) 管理员登录后，在管理员窗体界面功能菜单中单击"用户管理/用户浏览"菜单，则浏览所有用户的信息，程序运行效果如图15.30所示。

图15.30 程序运行效果

(2) 在用户浏览窗体界面的查询操作中，输入要查询的用户名，若存在，则显示该用户的信息，若用户不存在，则弹出"用户不存在"的消息框。

(3) 在用户浏览窗体界面中，选定要修改的数据行，单击"修改"按钮，则实现对选定数据行进行修改，修改成功与否，均要求弹出相应的消息框。

(4) 在用户浏览窗体界面中，选定要修改的数据行，单击"删除"按钮，弹出是否删除的询问消息框，单击"确定"按钮，则实现对选定数据行进行删除，无论删除成功与否，均要求弹出相应的消息框。

(5) 在用户浏览窗体界面中，单击"添加"按钮，则链接"用户注册"窗体界面，实现管理员完成用户信息注册的功能。

实验 2：完成学生信息管理系统用户管理模块功能设计，在 SQL Server 数据库开发环境下创建数据库 SSMSDB，在该数据库下创建的学生管理信息表 tbStudent 如表 15.2 所示。

表 15.2　学生管理信息表

字段(属性名)	数据类型(长度)	是否为空	备注(说明)
id	Int	否	主键，自动增长
stuNo	nvarchar(11)	否	学号
stuName	nvarchar(11)	否	姓名
stuSex	nvarchar(4)	否	性别
stuSpec	nvarchar(11)	否	专业
stuClass	nvarchar(11)	否	班级
stuBirthday	nvarchar(11)	否	出生年月
stuPhone	nvarchar(12)	否	联系电话
stuAddress	nvarchar(50)	否	家庭地址

设计要求：

(1) 设计一个学生信息添加的窗体页面，实现学生信息的添加，要求专业、班级、性别字段采用下拉列表框 ComboBox 选择实现添加，其他字段通过文本框 TextBox 输入实现，在数据库断开模式下完成操作，界面设计如图 15.31 所示。

图 15.31　学生信息添加界面

(2) 设计一个修改学生信息的窗体页面，实现学生信息的修改。当单击数据视图 DataGridView 控件的行标题时，将选中行的记录加载到修改学生信息窗体界面的对应控件上。单击"修改"按钮完成学生信息修改操作，要求在数据库断开模式下完成，修改学生信息界面设计如图 15.32 所示。

图 15.32　修改学生信息界面

当单击图 15.32 中"修改学生信息成功"消息框的"确定"按钮时,刷新数据视图 dgvStudent 的显示信息如图 15.33 所示。

图 15.33　数据视图 dgvStudent 的显示信息

(3) 设计一个删除学生信息的窗体界面,实现学生信息的删除。当单击数据视图 DataGridView 控件的行标题时,将弹出删除学生信息对话框,询问是否删除,要求在数据库断开模式下完成,删除学生信息界面设计如图 15.34 所示。

在图 15.34 中,若单击"确定"按钮则删除选定学生信息,若单击"取消"按钮则放弃删除。

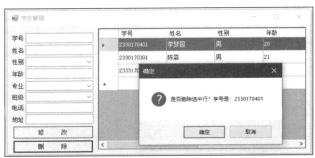

图 15.34　删除学生信息界面

三、实验步骤

启动 VS,创建解决方案"2330200301 张三实验九",按实验内容分别添加相应的项目名称(项目命名规定:Project 学号_项目名,如 Project2330200301_项目名)。

实验 1 实现步骤

在"2330200301 张三实验九"解决方案下,添加现有项(2330200301 张三实验八下的"Project2330200301_SIMS"窗体项目)。添加用户信息浏览窗体界面,并设置该窗体界面的父窗体是学生信息管理系统管理员窗体, 在该窗体界面上设计一个 DataGridView 数据表格控件,用于显示数据表信息;在该窗体界面上设计查询操作、基本操作分别实现查询、添加、修改、删除操作。

查询、添加、修改和删除操作的代码设计同学们自己完成。

实验 2 实现步骤

在"2330200301 张三实验九"解决方案下,添加 Project2330200301_学生信息添加、修改、删除窗体项目,添加窗体界面设计如图 15.31 所示,修改窗体界面设计如图 15.32 所示、删除窗体界面设计如图 15.34 所示;分别设计添加、修改、删除按钮的功能代码事件。

添加、修改和删除操作的代码设计同学们自己完成。

四、实验报告

学生完成实验后按创建的解决方案提交实验项目的源代码;按实验报告格式要求完成实验报告文档的编写。

参 考 文 献

[1] 罗福强，杨剑，张敏辉. C#程序设计经典教程[M]. 2 版. 北京：清华大学出版社，2014.

[2] 王斌，秦婧，刘存勇. C#程序设计从入门到实战(微课版) [M]. 北京：清华大学出版社，2018.

[3] 向燕飞. C#程序设计案例教程[M]. 北京：清华大学出版社，2018.

[4] 黄兴荣，李昌领，李继良. C#程序设计实用教程[M]. 2 版. 北京：清华大学出版社，2018.

[5] 胡学钢. C#应用开发与实践[M]. 北京：人民邮电出版社，2012.

[6] 罗福强，白忠建，杨剑. Visual C#. NET 程序设计教程[M]. 2 版. 北京：人民邮电出版社，2012.

[7] 王超，殷晓伟，汤泳萍. C#面向对象程序设计项目教程[M]. 镇江：江苏大学出版社，2014.

[8] 冯庆东，杨丽. C#项目开发全程实录[M]. 3 版. 北京：清华大学出版社，2015.

[9] 涂俊英. ASP. NET 程序设计案例教程[M]. 北京：清华大学出版社，2018.

[10] 传智播客高教产品研发部. C#程序设计基础入门教程[M]. 北京：人民邮电出版社，2015.

[11] 刘萍. ASP. NET 动态网站设计教程[M]. 2 版. 北京：清华大学出版社，2016.

[12] 崔建江. C#编程和. NET 框架[M]. 北京：机械工业出版社，2014.

[13] 王先水. C#语言程序设计教程[M].1 版.北京：清华大学出版社，2020.